高等学校计算机专业核心课
名师精品·系列教材

操作系统原理

慕课版

Principle of
Operating Systems

苏曙光 ◉ 编著

人民邮电出版社

北　京

图书在版编目（CIP）数据

操作系统原理：慕课版 / 苏曙光编著. -- 北京：
人民邮电出版社，2022.5
高等学校计算机专业核心课名师精品系列教材
ISBN 978-7-115-58615-5

Ⅰ．①操… Ⅱ．①苏… Ⅲ．①操作系统－高等学校－
教材 Ⅳ．①TP316

中国版本图书馆CIP数据核字（2022）第017737号

内 容 提 要

操作系统是计算机系统中最重要和最基础的软件系统。本书主要介绍操作系统的四大核心内容：进程管理、存储管理、设备管理和文件管理。本书以 Linux 和 Windows 工作机制作为示例，以帮助读者更好地理解抽象的原理。本书概念清晰规范、内容系统完整、语言通俗易懂。

本书多数章节都提供了教学视频，可供读者参考。每章后面提供了一定数量的习题和开放性的思考题。

全书共 9 章，先后介绍操作系统的功能、定义、发展历史、逻辑结构、基本硬件环境、启动过程、用户界面、进程管理、进程调度、存储管理、设备管理、文件管理等内容。

本书适合作为计算机、软件工程、网络安全、电子信息等相关专业本科生和研究生操作系统原理或操作系统设计等课程的教材或参考书，也可供专业技术人员参考。

◆ 编　著　苏曙光
　　责任编辑　刘　博
　　责任印制　王　郁　陈　犇
◆ 人民邮电出版社出版发行　　北京市丰台区成寿寺路 11 号
　　邮编　100164　　电子邮件　315@ptpress.com.cn
　　网址　https://www.ptpress.com.cn
　　固安县铭成印刷有限公司印刷
◆ 开本：787×1092　1/16
　　印张：21.25　　　　　　　　　2022 年 5 月第 1 版
　　字数：603 千字　　　　　　　2024 年 8 月河北第 3 次印刷

定价：79.80 元

读者服务热线：(010)81055256　印装质量热线：(010)81055316
反盗版热线：(010)81055315
广告经营许可证：京东市监广登字 20170147 号

操作系统是计算机系统中最重要和最基础的软件系统，也是我国亟待发展提升的重要基础软件之一。操作系统的设计和实现过程涉及计算机领域的软件、硬件、算法等各个方面，十分复杂。操作系统中处处体现的抽象思维和系统思维，对我们开发其他大型软件同样有启发。操作系统中有两个全局性的抽象概念：文件和进程。文件是设备的抽象，进程是 CPU 的抽象。深入研究操作系统，读者往往都会被操作系统为了提高系统管理的效率、安全性、开放性、可伸缩性等而采用的种种精巧设计所折服。操作系统的入门学习往往较难，但是读者一旦克服了初学阶段的困难，深入学习之后就会发现操作系统的设计之美。

编者既是一个热爱三尺讲台的教师，也是一个地地道道的程序员，喜欢编写系统程序，喜欢设计嵌入式系统硬件和编写相应的底层程序，喜欢刨根问底研究软件运行在硬件之上的全过程，享受系统编程之乐、之美。因此，我在编写本书时，特别注重理论结合实际。为了避免枯燥无味的理论学习，我结合常见的 Linux 操作系统和 Windows 操作系统，引用其具体工作机制或源代码片段，对操作系统的通用原理和算法进行解释，让读者能更加深刻地理解操作系统的基础原理，以及它们在工程实践中具体的或变通的实现过程。这十分有利于培养读者阅读、分析和裁剪开源操作系统，设计和开发小型或简化的操作系统，以及设计和研发大型程序的能力。

本书内容遵循中国共产党二十大报告提出的加强基础学科建设的要求，注重培养读者自主创新的意识，注重培养操作系统国产化意识，选材上突出国产操作系统的进展和成果。操作系统课程的教学环节包括理论课、实验课、课程设计 3 个环节。不同课程和年级的建议学时详见表 1。

表 1　不同课程和年级的建议学时

课程名称和开课年级	建议教学环节和学时			
	理论课	实验课	课程设计	合计
操作系统原理(操作系统设计与实现)（大三/大四）	48	16	32（2 周）	96
操作系统原理（大二）	40	16	32（2 周）	88
操作系统设计与实现（研究生）	48	16		64

对于本科生低年级的"操作系统原理"课程，理论课可以删减部分内容，减少到 40 课时，主要侧重于原理讲解，辅以少量源代码分析；对于本科生高年级或研究生"操作系统原理（操作系统设计与实现）"课程，理论课尽量不要低于 48 课时，理论和源代码分析并重。无论是哪个阶段的课程，实验课环节都不能缺少，课程设计环节应尽量开设。

全书 9 章内容中，第 4 章～第 6 章与进程管理相关，第 7 章是存储管理，这 4 个章节是全书重点，建议安排较多学时。表 2 以大三/大四年级的"操作系统设计与实现"课程为例，列出各章的建议学时，其他课程和年级可以在此基础上结合实际情况调整。

表 2 各章建议学时

章号章名	理论学时	实验学时	总学时
第 1 章 操作系统概述	4		4
第 2 章 操作系统的硬件基础	4		4
第 3 章 用户界面	4	4	8
第 4 章 进程管理	10	4	14
第 5 章 死锁	2		2
第 6 章 进程调度	4		4
第 7 章 存储管理	10	4	14
第 8 章 设备管理	5	3	8
第 9 章 文件管理	5	1	6
合计	48	16	64

本书的特点主要体现在三个方面。

（1）概念清晰规范，内容系统完整，语言通俗易懂，配套资源丰富。

本书的大多数理论章节都提供了教学视频、教学课件、实验指南和参考源代码等配套资源，可供读者参考。图 1 展示了实验指南的部分内容，实验指南有利于减少教师备课工作量、降低实验指导强度。每章后面提供了一定数量的习题和开放性的思考题。前者供读者复习和巩固书本内容，后者督促读者做更广泛的阅读调研和思考，没有标准答案。因此本书的实践性与实用性都很强。

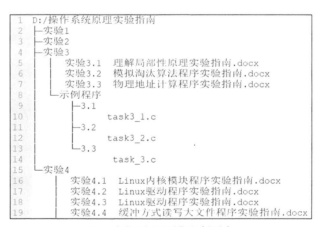

图 1 本书配套的实验指南（部分）

（2）用大量可阅读性强的源代码案例来验证基本理论。

操作系统中有很多学生较难理解、教师也难以解释清楚的理论和算法，本书中都通过源代码案例进行了条分缕析的解释，希望这部分内容能让读者有恍然大悟的感觉。本书中对程序的注释都注重可读性，采用了与理论相结合的原则，便于读者通过源代码进一步理解原理和算法，而不是单纯地对源代码做断章取义的解释。

例如，"子进程是父进程的复制"的原理往往是学生难以理解透彻、教师难以讲解清楚的难点，书中通过类似图 2 中的源代码分析进程创建的执行过程，分析子进程的进程控制块 PCB 的初始化和个性化的具体过程，清楚地解释了子进程和父进程之间的关系。

```
1   int copy_process(int nr,long ebp,long edi,long esi,long gs,long none,
2           long ebx,long ecx,long edx,long fs,long es,long ds,
3           long eip,long cs,long eflags,long esp,long ss)
4   {
5       struct task_struct *p;
6       int i;
7       struct file *f;
8       p = (struct task_struct *) get_free_page();
9       task[nr] = p;
10      *p = *current;  /* NOTE! this doesn't copy the supervisor stack */
11      p->state = TASK_UNINTERRUPTIBLE;
12      p->pid = last_pid;
13      p->father = current->pid;
14      .......
54      set_tss_desc(gdt+(nr<<1)+FIRST_TSS_ENTRY,&(p->tss));
55      set_ldt_desc(gdt+(nr<<1)+FIRST_LDT_ENTRY,&(p->ldt));
56      p->state = TASK_RUNNING;   /* do this last, just in case */
57      return last_pid;
58  }
```

图 2　书中的创建进程源代码案例（部分）

再例如，Linux 中"线程是轻量级进程"的概念也较难理解。如果教师仅仅泛泛而谈这一概念，不免会给学生留下"雾里看花"的感觉。书中也通过 clone( )函数实现的源代码案例详实介绍了该概念的真实含义，让学生明白线程和进程的异同，理解线程和进程本质上很像，仅仅是一些资源的共享属性不同而已。

又例如，"设备就是文件"的概念也是一个高度抽象的概念，不好学，不好讲。本书通过分析两类源代码案例来帮助读者理解该概念：一是驱动程序的开发案例（见图 3），帮助读者建立"设备要通过文件接口去操作"的概念；二是文件接口函数案例（见图 4），帮助读者建立"文件接口覆盖在设备操作之上"的概念。

```
1   static const  struct file_operations chr_fops =
2   {
3       .read           = chr_read,
4       .write          = chr_write,
5       .release        = chr_release,
6       .open           = chr_open,
7       .unlocked_ioctl = chr_ioctl,
8   };
```

图 3　书中的驱动程序开发源代码案例（部分）

```
1   int sys_write(unsigned int fd,char * buf,int count)
2   {
3       struct file * file;
4       struct m_inode * inode;
5
12      inode=file->f_inode;
13      if (inode->i_pipe)
14          return (file->f_mode&2)?
15      write_pipe(inode,buf,count):-EIO;
16
17      if (S_ISCHR(inode->i_mode))
18          return rw_char(WRITE,inode->i_zone[0],buf,count,&file->f_pos);
19
20      if (S_ISBLK(inode->i_mode))
21          return block_write(inode->i_zone[0],&file->f_pos,buf,count);
22
23      if (S_ISREG(inode->i_mode))
24          return file_write(inode,file,buf,count);
27  }
```

图 4　书中的文件接口函数源代码案例（部分）

操作系统中的重要原理和算法在书中几乎都能找到类似上面的详实案例，免去了教师们、学生们和其他读者在海量的资料库和技术手册中漫无目的地查找之苦。

（3）本书内容覆盖了"操作系统原理"2021 版统考考研大纲要求考生掌握的内容。

本书内容丰富、全面，概念规范，也适合考研的同学们参考。本书配套的 MOOC 视频也会帮助考生事半功倍地快速学通本课程。

编写本书是劳心劳力的工作。感谢我的学生们在此过程中给我提供的帮助。特别地，感谢李刚、武顺天、陆凡等同学协助我完成了文献查找、源代码阅读报告撰写、实验资源整理、范例核对等大量的工作；感谢李志鹏、刘泽宁、张子逸、吴磊、罗润等同学帮助我整理文稿和校对文字。

教学相长。编写本书的过程也是我重新学习操作系统的过程。操作系统体系庞大，内容繁杂。每一个章节或模块倘若展开，都是值得深入研究的专题。对于书中的不少内容，我以前也仅理解其基本概念和原理，并未做过深入研究或分析过源代码，可以说知之甚浅。在编写本书的过程中，我才第一次去探究其内部原理和分析相关的源代码，虽是管中窥豹，也能再次感受到操作系统设计之美、代码之美。

编者乐意与读者朋友和选用本书的教师们交流学习心得和教学经验，也乐意为大家提供教辅资料或实验资料供参考。受限于个人的理论知识储备和项目实践经验，书中可能存在疏漏、不足，请读者朋友们不吝赐教指正，我定会虚心接受，并期望再版更正。我的联系邮箱：sushuguang@hust.edu.cn。

操作系统原理
课程介绍

苏曙光

2022 年 11 月于华中科技大学

CONTENTS 目录

第 1 章
操作系统概述

1.1 操作系统直观认识和定义

1.1.1 操作系统的直观认识

在信息化时代，大多数人几乎每天和某种操作系统"打交道"。对于普通办公用户和管理人员来说，可能微软公司的 Windows 操作系统是使用得最多的；对于软件开发人员来说，Linux 和 Windows 都可能是常用的操作系统；对于智能手机用户来说，Android、iOS、HarmonyOS 等都是常用的操作系统；而对于嵌入式系统开发人员来说，可选的操作系统就更多了。对大多数用户来说，操作系统不外乎提供以下几种直观功能。

操作系统初步认识

1. 提供操作界面

用户利用窗口、按钮、图标、图片、菜单、工具栏等一些可视化的元素来操作计算机，展示计算机的执行结果。图 1-1 是 Windows 7 可视化的工作界面，里面包含上述全部可视化的元素，以方便用户高效使用计算机。

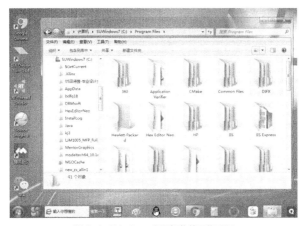

图 1-1 Windows 7 可视化的工作界面

2. 控制程序运行

利用图形化的方式或命令行的方式可以启动一个程序、结束一个程序、最小化或最大化程序的主窗口、强制结束一个没有响应的程序。图 1-2 展示了使用操作系统提供的命令行方式启动用户程序的情形。

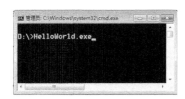

图 1-2　操作系统提供命令行方式启动用户程序

3. 管理系统资源

操作系统为用户更新设备或安装新的设备提供了多种手段，用户可以更新驱动程序或安装新的驱动程序，卸载不再需要的设备。另外，应用程序在运行过程中需要频繁地访问硬盘、键盘、鼠标、显示器或打印机等资源，这些资源的具体访问过程都由操作系统在合适的时候自动完成。

4. 配置系统参数

通过注册表（仅Windows 操作系统）、图形化的控制面板或系统配置文件等方式可以设置或改变系统参数。图 1-3 展示了用户通过控制面板的交互方式配置系统参数的情形。

图 1-3　通过控制面板配置系统参数

5. 监控系统状态

通过桌面的状态栏、控制面板、任务管理器、注册表（仅Windows 中）或系统文件（例如 Linux 中的/proc 文件系统），可以观察系统的实时工作状态或参数设置情况。

6. 工具软件集合

操作系统提供一些用于系统管理的辅助工具或内置命令，方便用户对系统进行个性化的配置、调优或测试，譬如网络配置工具、磁盘优化工具等。这些工具软件或命令实质上属于应用程序。

对于程序员用户来说，操作系统提供的功能远不止上述直观的功能。应用程序会在运行过程中通过操作系统间接地使用系统的软件和硬件资源。应用程序可以理解为一系列指令的有序集合。应用程序使用特定的语言，例如 C/C++、Java、Pascal 等，以及相应语言的接口（应用编程接口，API）间接地使用操作系统提供的功能来实现特定的功能。代码 1-1 是一个简单的 C 程序，利用 printf 函数在屏幕上输出字符串。即便是这样一个 C 语言入门者必学的小程序，操作系统也需要做很多支持工作。这些支持工作至少包括：在硬盘上存放可执行程序文件、将可执行程序装入内存、为程序分配内存、驱动显卡设备在屏幕上显示字符串、结束程序并回收程序占用的资源等。如果没有操作系统的支持，这个程序将完全无法运行。

```
1  // HelloWorld.c → HelloWorld.exe
2  #include "stdio.h"
3  int main( )
4  {
5      int i = 100;
6      printf("HelloWorld!");
7      return 0;
8  }
```

代码 1-1　利用 printf 函数输出字符串的 C 程序

1.1.2　操作系统的定义

操作系统功能的定义

计算机操作系统，即使是嵌入式计算机系统中运行的小型操作系统，实际上十分复杂。用户使用计算机解决应用问题不但要使用硬件资源，而且要使用软件资源。由用户直接使用系统的硬、软件资源解决应用问题几乎是不可能的，原因之一是硬、软件资源的操作细节实在是太复杂了，已经远超用户的能力范围。而且多个用户（或任务）共用一台计算机时还会互相干扰，发生资源使用上的冲突，可能造成逻辑错误或硬件设备工作失控。

因此，为计算机设计统一管理和控制硬件资源和软件资源，提高设备工作效率，提高用户工作效率的系统程序的需求就自然而然地被提出来了。理想的系统程序能合理地组织工作流程，有效地利用系统资源，为用户提供功能强大且使用方便的工作环境，在用户和计算机系统之间起接口和桥梁的作用。这样的系统程序可称为操作系统，它是计算机系统中必不可少的重要组成部分。

没有任何软件支持的计算机称为裸机。裸机仅仅构成计算机系统的物理基础，而实际呈现在用户面前的计算机往往已经安装有若干不同层次的软件。操作系统是这些软件中最重要的一种。图 1-4 展示了操作系统在计算机系统中承上启下的地位。

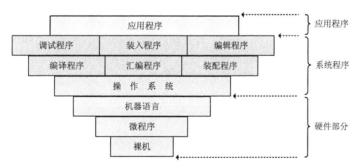

图 1-4　操作系统在计算机系统中的地位

由图 1-4 可见，操作系统覆盖在裸机之上，为用户屏蔽了包括 CPU、存储器、中断、时钟等在内的硬件工作细节。包括编译程序在内的各种必要的辅助工具或系统增强工具和应用程序都运行在操作系统之上，它们以操作系统为支持环境，同时又向用户提供完成其作业所需的各种服务。

可以从两个方面来认识操作系统：一是从用户的角度从外部认识操作系统；二是从管理员的角度从内部认识操作系统。

1. 站在用户的角度，从外部以自顶向下的思维方式认识操作系统

操作系统可以看作是一台虚拟计算机。安装操作系统之后，用户直接面对的和使用的不再是裸机，而是裸机上面的具体操作系统。因此，操作系统可以看作是虚拟计算机。操作系统为用户

提供操作界面、屏蔽硬件细节、扩展硬件功能，同时使得计算机系统更安全、更可靠、效率更高。

对多数计算机而言，在机器语言级别对计算机的硬件资源直接进行寄存器操作或内存读写操作是很困难的，尤其是进行外设的输入或输出操作（即 I/O 操作）。例如，进行软盘的 I/O 操作，最基本的命令是读数据和写数据，需要通过参数设置的信息至少包括：目的扇区地址、扇区的数量、驱动器标识、每条磁道的扇区数、目的内存地址等。显然，任何程序员都不想涉及硬件具体烦琐的细节。对于其他外设的操作也同样如此，只是参数的设定因外设不同而有差异。程序员希望采用一种高度统一，而且规范的方式读写外设。这种方式就是文件机制，文件是对设备的一种高度抽象形式。设备被抽象成具有确定名字的文件，且对应的文件具有一组名字和参数都确定且周知的接口。可以采用对文件的打开、读、写和关闭等标准的操作实现对设备的操作。设备被抽象为文件之后，设备的操作细节就对用户透明了。这种将硬件的细节与程序员隔离开来，同时为用户提供高度抽象和规范的接口为用户所用，就是操作系统所要完成的目标之一。

用户只关心操作系统提供什么方法与计算机打交道，例如操作方式是字符界面，还是窗口界面，还是菜单界面，还是兼而有之。不同的操作系统为用户提供了不同的操作方式。操作方式的差异也是不同操作系统留给用户的最直观的体验。

2. 站在设计人员的角度，从内部以自底向上的思维方式认识操作系统

从操作系统设计人员的角度从内部认识操作系统，是一种自底向上的思维方式，主要研究操作系统的实体结构，即研究操作系统如何组成、如何工作、如何对外提供服务。

计算机由 CPU、内存、硬盘、显示器、键盘、网卡等硬件资源组成。由于这些硬件资源的工作原理和共享方式各不相同，所以需要为不同的硬件设计不同的分配和使用机制，以便在多用户之间共享这些资源时，既减少资源的闲置时间，又能尽量满足各个用户的实时要求。

例如，当一个用户将文件从硬盘读到内存缓冲区时，另一个用户可以让自己的程序在 CPU 上运行。这样，CPU、内存、硬盘同时工作，也就提高了资源利用率。

对于 CPU 来说，它同时只能执行一个指令流。如果多个用户都要使用它，那么只能让多个用户的程序分时地在 CPU 上运行，也就是说让 CPU 交替地运行多个用户的程序。这意味着操作系统要合理调度多用户程序使用 CPU。

针对不同资源的特点，操作系统可能会使用"时分"或"空分"两种方法去实现资源共享使用。CPU 资源一般采用"时分"方式共享，而存储资源一般采用"空分"方式共享。通过共享，每个用户都感觉到独占了计算机或某个资源。

操作系统是计算机系统中最重要的系统软件，操作系统的定义是：操作系统是一个大型的系统程序，它管理和分配计算机系统软、硬件资源，控制和协调并发活动，为用户提供接口和良好的工作环境。

1.2 操作系统的发展历史

操作系统并不是与计算机硬件一起诞生的。在计算机诞生初期，计算机系统特别昂贵，提高计算机系统中各种资源的利用率，是操作系统最初发展的推动力。推动操作系统发展的因素很多，主要可归结为两大方面：硬件技术更新和应用需求的变化。

操作系统发展历史

随着硬件技术更新，一方面带来计算机的器件在不断更新，另一方面催动计算机的体系结构不断优化。因此，计算机的运算速度越来越高，数据传输效率越来越高，存储容量越来越大，应用场合也越来越广。这都要求操作系统能以更好的方式去管理和调度硬件设备，使得程序运行更快，数据吞吐量更大，更及时响应用户，设备利用率更高，同时适应从科学计算到商业，工业，管理，办公等不同的应用场合。

应用需求的变化也促进了操作系统的不断更新升级。应用需求从早期单纯的科学计算，推广到业务管理、事务处理等交互式应用，以及分布式数据采集、存储、分析和工业控制等实时应用。这些新的需求也不断推动操作系统的持续发展。

从第一台计算机诞生到现在，计算机无论是在硬件方面还是在软件方面都取得了很大发展，操作系统也经历了从无到有、由弱到强的过程。20 世纪 40 年代到 50 年代中期，是无操作系统的时代。在 20 世纪 50 年代中期出现了第一个简单的批处理操作系统。20 世纪 60 年代中期产生了多道程序批处理系统，不久之后又出现了以多道程序为基础的分时系统。20 世纪 70、80 年代，以分时系统为基础，开始出现多种适用于不同应用场景的或者在特定功能上加强了的操作系统。譬如，适合微型计算机的微机操作系统，适合工业控制的实时操作系统，具有网络通信功能的网络操作系统，支持分布式计算的分布式操作系统等。

1.2.1　手动操作阶段

第一代计算机运行速度较慢，外部设备较少，因此，编制和运行一个程序也比较简单。那时候，程序员往往直接使用机器语言来编制一个程序。这种"目标程序"通过"打孔"的方式被记录在卡片（或纸带）上。程序员将已穿孔的纸带（或卡片）装入输入设备，然后启动输入设备把程序和数据输入计算机内存，接着通过控制台开关启动程序开始处理数据。计算完毕后，打印机输出计算结果；用户取走结果并卸下纸带（或卡片）后，才让下一个用户上机。在整个期间，计算机都被一个程序员所占用。因而，不需要专门的操作员，程序员身兼两职，既是操作员，也是程序员。

手动操作方式有两个特点：（1）程序的启动与结束都是手动处理；（2）用户预约上机并独占整个计算机。

手动操作方式的缺点主要表现在三个方面：（1）CPU 运行效率低，在用户占用整个计算机的期间，CPU 实际运行时间极少；（2）用户独占整个计算机的全部资源，造成资源浪费；（3）程序的运行过程缺少交互性。

随着计算机速度的提升，手工操作的慢速度和计算机的高速度之间形成了尖锐的矛盾，手工操作方式已严重影响系统资源的利用率。唯一的解决办法就是摆脱人的手工操作，实现作业的自动装载和过渡。这正是作业自动加载和成批处理的思路。

1.2.2　单道批处理系统

单道批处理系统是能够控制计算机自动处理一批作业，逐个加载、运行、撤出其中的每个作业，直到全部作业处理完毕的系统监控程序。

单道批处理系统的目的是提高系统吞吐量和资源的利用率。批处理系统的特点体现在 3 个方面：成批、自动、单道。

成批：在磁盘中预先存放一批作业，构成作业队列，等待处理。

自动：自动识别新的作业，自动完成作业的装入、运行、撤出等一系列操作，不需要人工参与。

单道：作业是逐个被系统处理的，属于串行运行。一个作业没有被处理完之前，其他作业是不能被处理的。因此，批处理系统也称为单道批处理系统。

单道批处理系统的缺点：（1）平均周转时间长；（2）无交互能力。用户在批处理系统中把作业交给操作系统之后直到系统将作业完成，用户都不能与自己的作业进行交互，这对修改和调试程序是极为不利的。

单道批处理系统有两种实现形式：联机批处理系统、脱机批处理系统。

联机批处理系统的结构如图 1-5 所示，作业的输入输出过程都由主机来控制，主机与输入设备之间增加一个存储设备——磁带。在运行于主机上的监督程序（所谓的批处理程序）的自动控制下，成批地把输入机上的用户作业读入磁带并形成作业队列，然后依次把磁带上的用户作业逐个装入主机运行并把结果向输出机输出，直到该批作业完成。

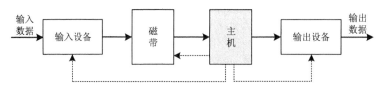

图 1-5　联机批处理系统的结构

监督程序不停地顺次处理各个作业，实现作业到作业的自动转接，减少作业建立时间和手动操作时间，有效解决人机矛盾，提高计算机的利用率。但是，在作业输入和结果输出时，主机的高速 CPU 仍长时间处于空闲状态，等待慢速的输入输出设备完成工作。

脱机批处理系统的结构如图 1-6 所示，增加了一台不与主机直接相连而专门用于与输入/输出设备打交道的卫星机。卫星机的作用是完成输入过程（控制读卡机读取用户作业并放到输入磁带）和输出过程（控制打印机从输出磁带上读取执行结果并打印出来）。主机的作用则是利用上述提到的批处理方式自动按批处理输入磁带上的作业，并将结果存放到输出磁带上。

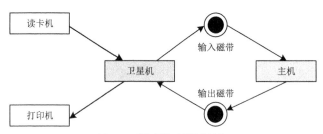

图 1-6　脱机批处理系统的结构

主机不直接与慢速的输入输出设备打交道，而与速度相对较快的磁带机发生联系，这样可有效缓解主机与设备的速度矛盾。主机与卫星机可并行工作，二者分工明确，可以充分发挥主机的高速计算能力。脱机批处理系统在 20 世纪 60 年代应用十分广泛，它能极大缓解人机矛盾及主机与外设的矛盾。IBM 7090/7094 计算机配备的监督程序就是脱机批处理系统。

单道批处理系统的不足在于，主机内存中仅存放一道作业，每当它在运行期间发出输入输出（I/O）请求后，高速的 CPU 便处于等待低速 I/O 完成的状态，致使 CPU 空闲。为提高 CPU 的利用率，又引入了后来的多道批处理系统。

随着计算机的发展，一种协助用户高效编写源程序的汇编系统产生了。在汇编系统中，难记的机器操作码被容易理解、容易记忆的指令所代替。源程序按固定的汇编语言格式书写，然后利用预先编制的汇编解释程序，将源程序解释成计算机能直接执行的机器语言格式的目标程序。因而，在这样的计算机系统中，一个程序的编写、解释和执行过程分为 2 个阶段、6 个计算步骤，如图 1-7 所示。每步的功能如下：

（1）通过引导程序把汇编解释程序装入到计算机中；

（2）通过汇编解释程序读入源程序，并执行汇编过程；

（3）产生一个目标程序，并输出到卡片或纸带上；

（4）通过引导程序把目标程序装入计算机；

（5）目标程序读入数据卡片上的数据；

（6）产生计算结果，并输出到卡片或打印纸上。

其中（1）～（3）属于程序编写和解释阶段，（4）～（6）属于执行阶段。

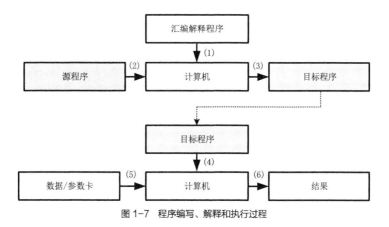

图1-7 程序编写、解释和执行过程

1.2.3 多道批处理系统

多道批处理系统是指利用多道程序设计技术，在内存中存放多道程序，当某道程序因为某种原因（例如执行 I/O 操作时）不能继续运行时，监控程序便调度另一程序投入运行，这样可以使 CPU 尽量处于忙碌状态，提高系统效率。多道批处理系统的设计目的是提高系统的资源利用率（或吞吐量），实现 CPU 与外设并行、外设之间并行，从而实现作业处理流程的自动化。

图1-8 展示了 A、B 两个程序在系统中运行的过程。将 A、B 两个程序同时存放在内存中，它们在系统的控制下，可相互穿插、交替地在 CPU 上运行：当 A 程序因请求 I/O 操作而放弃 CPU 时，B 程序就可以见缝插针地占用 CPU 运行，使 CPU 尽量不空闲，而正在为 A 程序执行 I/O 操作的 I/O 设备也同时在忙碌。显然，CPU 和 I/O 设备都处于"忙"状态，大大提高了资源的利用率，从而也提高了系统的效率。A、B 两个程序全部完成所需时间远比它们各自单独运行所花的时间之和要少。若不考虑系统调度的额外开销，理论上，在内存中存放的程序数量越多，越能充分利用 CPU 和外设。

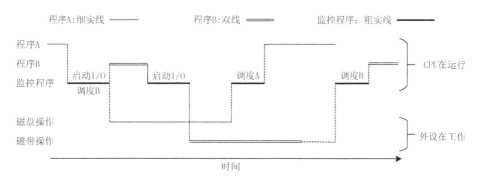

图1-8 A、B 两个程序在系统中运行的过程

多道程序设计技术不仅使 CPU 得到充分利用，而且提高了 I/O 设备和内存的利用率，从而提高了整个系统的资源利用率和系统吞吐量，提高了单位时间内处理作业的个数，最终提高了整个系统的效率。

多道批处理系统的缺点：（1）单个作业处理时间变长；（2）作业的交互能力差，用户一旦提交作业就失去了对其运行的控制能力；（3）作业的运行过程不确定。每个作业的实际运行过程受其他作业的运行过程影响。

多道批处理系统比单道批处理系统要完善得多，同时也为现代操作系统引入了一些新的重要概念。为了使多个程序能处于就绪状态，必须将它们放入内存中，因此需要设计一些用于存储器管理的数据结构，例如表或数组等。另外，如果有多道作业准备运行，则处理器必须决定先运行哪一个，这就要有调度算法，这些概念将在后面章节讨论。

1.2.4　分时操作系统

分时技术与分时
操作系统

随着事务性任务的涌现，用户要求计算机系统提供更好的交互性，以支持多用户或多任务的并发执行。此外，随着计算机硬件结构的发展，出现了多终端计算机。图 1-9 展示了多终端计算机的结构，一台计算机主机可同时连接多个用户终端。主机具有强大的 CPU 和存储系统，终端只具备显示设备和键盘。用户可在自己的终端上联机使用计算机，就好像自己独占计算机一样。

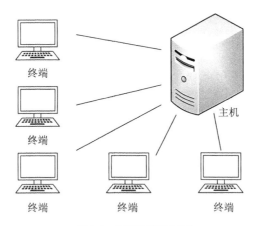

图 1-9　多终端计算机的结构

在多终端计算机系统中，采用了分时技术来实现"用户似乎独占了主机"的效果。分时技术的思想：把处理机的运行时间分成很短的时间片，以时间片为单位轮流把处理机分配给各联机终端使用。若某个作业在分配给它的时间片内不能完成其计算，也强行把该作业暂时中断，把处理机让给另一个作业使用，等待下一轮时间片时再继续其运行。由于处理机速度很快，在时间片不太大且终端数量不太多的情况下，作业运行轮转得很快，给每个用户的印象是，好像自己独占了一台计算机。每个用户可以通过自己的终端向系统发出各种操作控制命令，并在充分的人机交互情况下，完成其作业的运行。

利用分时技术设计的计算机系统称为分时系统，而对应的操作系统则称为分时操作系统（Time-sharing Operating System）。分时操作系统允许多个用户同时联机使用计算机。

时间片是程序一次运行的最小时间单元。在划分时间片的时候，要根据系统的总体设计框架来考虑。比如说，要考虑用户的响应时间、系统一次容纳的用户数目、CPU 的指令周期、中断处理时间、程序运行现场的保护和恢复时间等。通常来说，在一个时间片内，至少应该能够让程序完成一次完整的输入或输出过程，或者中断处理过程。如果时间片的时间比这还短就会失去实用意义，系统效率将会严重降低。

用户要求的响应时间越短，系统一次容纳的用户数目越多，时间片就必然要设置得更短。例如，用户要求的响应时间为$\triangle T$，系统可容纳的最大用户数目为M，则处理机时间片最大为$\triangle T/M$。

虽然分时系统是多用户系统，但对于每一个用户来说，并不会感觉到单用户机与多用户机的区别，而是各自都感觉在独立地使用着计算机。分时系统具备3个特点。

（1）多路性。系统同时支持多路终端的连接。支持多路性的内部机制是处理机分时共享和设备共享。从微观上看，不同用户分享着处理机时间的不同片段，而从宏观上看，所有用户在同时享用着计算机系统。在现代操作系统中，多路性本质上是多用户性，或多任务性。

（2）独立性。多用户各自独立地使用计算机，相互之间并无影响。独立性的实现主要依赖于存储器的安全保护，由于不同用户占用存储器上的不同区域，因此要求不同区域中的用户程序在执行时不可相互干扰或者破坏，这可以通过一定的存储器保护机制来实现。

（3）交互性。用户可以通过终端直接与计算机进行对话，用户通过键盘向主机输入指令或数据，控制计算机运行，而主机则通过终端给用户返回结果或提示信息、帮助信息等。设计交互性的时候，必须要考虑到交互的及时性。及时性是指用户可以忍受的最大用户响应时间，它与处理机的指令周期和时间片的划分有关。及时性太差可能会使交互失去实际的意义。

1.2.5 分时操作系统衍化

从20世纪70、80年代开始，以分时系统为基础，开始出现适用于不同应用场景的或者在特定功能上加强的操作系统实例。譬如，适合微型计算机的微机操作系统，适合工业控制的实时操作系统，具有网络通信功能的网络操作系统，支持分布式计算的分布式操作系统等。

典型操作系统类型

1. 微型计算机操作系统

20世纪70年代末期，随着超大规模集成电路（Very Large Scale Integration Circuit，VLSI）的发展，微型计算机开始出现。微型计算机的特点是通用性强、体积小、价格便宜，并从早期单纯的科学计算工具发展成为能够处理数字、符号、文字、语言、图形、图像、音频、视频等多种信息的综合计算工具。配置在微型计算机上的操作系统称为微型计算机操作系统，简称微机操作系统。微机操作系统按照处理机的字长可分为8位、16位、32位或64位操作系统。典型的微机操作系统有DOS、Windows系列以及近年来引起广泛关注的Linux系列操作系统。

2. 实时操作系统

实时操作系统主要应用于工业过程控制、军事实时控制、金融等领域。对实时操作系统的主要要求是响应时间短，系统可靠性高。

实时系统对外部信号必须能及时响应，响应的时间间隔要短至足以控制发出实时信号的环境。实时操作系统的实时性是以控制对象所要求的开始时间和完成时间来确定的，一般为秒级、毫秒级直至微秒级，并在此时间限制内完成特定功能。实时性必须满足从事件发生到系统响应之间的最长时间限制。

在实时操作系统中，软/硬件的任何故障都会给系统带来严重后果。因此，在实时操作系统中，必须采取相应的软/硬件措施，保证系统的绝对安全和高度可靠。

实时操作系统不仅仅是表现在"快"上，而更主要的是实时系统必须在限定时间内对外来事件做出响应。当然这个限定时间的范围是根据实际需要来定的，例如，在普通工业控制系统中反应时间可能较长，而在航空飞行控制系统中这个时间可能就会很短。总之，实时程序必须保证在严格的时间限制内完成响应。

实时操作系统有硬实时和软实时之分，硬实时要求在规定的时间内必须完成操作，任何时间延迟都会导致系统的错误，这是在操作系统设计时被保证的；软实时则只要按照任务的优先级，尽可能快地完成操作即可。

例如，可以为确保生产线上的机器人能实时拾取某个产品而设计一个操作系统。在硬实时操作系统中，如果不能在规定时间内成功拾取产品则视此次任务失败且结束工作。而在软实时操作系统中，生产线仍然能继续工作，但产品的最终输出速度会因产品不能在规定时间内到达而减慢，这使机器人在短时间内出现不生产的现象。

具有通用目的的多数操作系统（也可称为普通的分时操作系统）虽然也具有一定的实时性，也能解决一部分实时应用问题，但是不是严格意义上的实时操作系统。

3. 嵌入式操作系统

嵌入式操作系统（Embedded Operating System，EOS）是嵌入式系统中使用的操作系统。嵌入式系统是把具有计算能力的智能控制模块嵌入到目标系统中，满足目标系统的智能化控制要求的小型、廉价、可靠、专用的计算机系统类型。嵌入式系统有时也称为嵌入式计算机。嵌入式系统广泛使用于工业控制、武器系统、航空航天、机器人、智能仪器仪表、家用电子、消费电子、通信电子等领域。嵌入式系统通常需要借助电子技术、材料技术、人工智能等其他相关学科的支持才能实现。

嵌入式系统是以计算机技术为核心，面向用户、面向产品、面向应用，软硬件可裁减的，对功能、可靠性、成本、体积、功耗等有严格要求的专用计算机系统。嵌入式系统无论在硬件上，还是在软件上，通常都被设计得非常紧凑，抛弃了普通 PC 上那些冗余无用的功能，以节省空间和成本，提高效率和灵活性。嵌入式系统的典型特点是软硬件可以裁剪，是软硬件一体化的系统。

嵌入式操作系统是嵌入式系统中最底层的核心系统软件，具有通用操作系统的基本功能，譬如 CPU 管理、内存管理等核心功能，负责嵌入式系统的全部软、硬件资源的分配、调度和控制。典型的嵌入式操作系统有 Linux、μcOS-II、VxWorks、RT-Thread、RT-Linux、HarmonyOS 等。

嵌入式 Linux 与标准 Linux 略有不同。嵌入式 Linux 对标准 Linux 操作系统进行了裁剪修改，使之适合在嵌入式计算机系统上运行，具有嵌入式操作系统的特性。嵌入式 Linux 由于具有性能优异、移植性强、源代码开放、应用软件丰富、技术群体庞大、技术生态成熟等特点，使得其在嵌入式系统领域得到了极其广泛的应用。

μcOS-II 是用 C 语言编写的结构小巧、抢占式的多任务实时内核。μcOS-II 能管理 64 个任务，并提供任务调度与管理、内存管理、任务间同步与通信、时间管理和中断服务等功能，具有执行效率高、占用空间小、实时性能优良和扩展性强等特点。

VxWorks 是美国 Wind River Systems 公司于 1983 年设计开发的高性能、可扩展的实时操作系统。VxWorks 支持市场上大多数处理器，因其具有良好的可靠性和卓越的实时性，被广泛地应用在通信、军事、航空、航天等实时性要求极高的高精尖技术领域中。

RT-Thread 操作系统由我国开源社区主导开发。RT-Thread 不仅包含一个实时操作系统内核，也有完整的一整套应用组件，例如 TCP/IP 协议栈、文件系统、Libc 接口、图形用户界面等。RT-Thread 具有相当大的发展潜力，已经被广泛应用于能源、车载、医疗、消费电子等多个行业。

RT-Linux 是美国墨西哥理工学院基于标准 Linux 内核开发的嵌入式实时操作系统。RT-Linux 也是开源开放式自由软件。RT-Linux 使用精巧的内核，并把标准 Linux 核心作为实时核心的一个进程，同用户的实时进程一起调度。这样对 Linux 内核的改动非常小，并且可以充分利用 Linux 下现有的丰富软件资源。

有些嵌入式系统要求具有一定的实时处理能力，这就要求嵌入式操作系统同时具有相应的实时处理能力。前面提到的 VxWorks、RT-Thread、RT-Linux 同时也都是实时操作系统。

4. 网络操作系统

网络操作系统（Network OS）具备计算机网络核心支撑软件。网络操作系统除了具备通用操作系统的基本功能，还具有网络管理功能，即提供网络通信和网络资源共享功能。通过计算机网络，用户可以共享其他计算机上的数据文件、软件应用以及共享硬盘、打印机、扫描仪和传真机等。

在计算机网络中，每台计算机既可以独立工作，作为一个独立自治的计算机系统存在，也可以相互之间通过 IP 地址彼此区分和识别，实现共享资源。所以网络操作系统实质上等同于"普通操作系统+网络通信+网络服务"。

NetWare 操作系统是早期的网络操作系统。NetWare 曾经以对网络硬件的要求较低而十分受欢迎。它支持无盘工作站的组建和管理，兼容 DOS 命令，应用环境与 DOS 相似。一些设备比较老旧的中、小型企业网络，学校实验机房网络、网吧等大量采用 NetWare 操作系统。

目前常见的 UNIX、Linux、Windows 等主流操作系统都具有网络功能，都是网络操作系统。

5. 分布式操作系统

分布式操作系统是指运行在分布式系统中，能直接对系统中各类资源进行动态分配和管理，有效控制和协调任务的并行执行，向用户提供统一接口的操作系统。

在分布式系统中，计算和处理功能分散在构成分布式系统的各个处理单元上。相应地，分布式系统可把大任务划分成可以并行执行的多个子任务，并动态地把这些子任务分配到各处理单元上，使它们能够并行执行。可见分布式系统最基本的特征是处理上的分布，即功能和任务的分布。

分布式系统是由多个处理单元构成的系统。其中，每个处理单元都包含处理机和局部存储器，它们能独立承担系统分配给它们的任务。各个处理单元通过网络连接在一起，在统一的分布式操作系统的控制和管理下，实现各处理单元间的通信和资源共享，动态地分配任务和对任务进行并行处理。

分布式操作系统具有以下功能。

（1）资源管理功能：能对并行工作的大量处理单元、存储器和设备等资源进行有效的动态管理。由于分布式系统的构成具有模块性，不仅简化了操作系统对资源的管理，更提高了资源利用率。

（2）任务分配功能：在分布式系统中，任务的分配不是以一个任务为单位，而是以一组能并行执行的任务集为单位，同时将它们分配到多个处理单元上使之能并行执行。

（3）分布式进程同步和通信功能：系统采取分布式同步方式来保证不同处理机上的进程严格同步，实现它们之间的通信，以达到高度并行执行的目的。

（4）各处理单元无主、从之分，都具有执行管理程序的能力。

网络操作系统与分布式操作系统在概念上的主要区别：网络操作系统可以构架于不同的主机操作系统之上，通过网络协议实现网络资源的统一配置，可以在大范围内构成计算机网络。在计算机网络中并不要求对网络资源进行透明的访问，即需要显式地指明资源位置与类型，对本地资源和异地资源的访问区别对待。

分布式操作系统一般具有单点登录特性。在这种操作系统中，网络的概念在应用层被淡化了。所有资源，包括本地资源和网络资源，都用同一方式管理与访问，用户不必关心资源的位置或资源的存储方式。

1.2.6 经典操作系统实例

在办公、管理和各类数据服务应用中，涌现的经典操作系统有 DOS 系列、Windows 系列、UNIX 系列、Linux 系列和 macOS 系列等。

1. DOS 系列

DOS 是 Disk Operating System（磁盘操作系统）的缩写，是在从 1981 年到 1995 年的微型计算机上使用的一种主要操作系统。DOS 最初由微软公司为 IBM PC 开发，称为 MS-DOS。其他公司后来生产的与 MS-DOS 兼容的操作系统，也沿用了这个称呼，如 PC-DOS、DR-DOS 等。

1981 年，MS-DOS 1.0 发行，作为 IBM PC 的操作系统与之捆绑发售，支持 16KB 内存及 160KB 五寸软盘。

1984 年，MS-DOS 3.0 增加了对新的 IBM AT 的支持，并开始对部分局域网功能提供支持。

1989 年，MS-DOS 4.0 增加了 DOS Shell 操作环境，并且有一些其他增强功能及更新。

1993 年，MS-DOS 6.x 增加了 GUI 功能和磁盘压缩功能，增强了对 Windows 的支持。

1995 年，MS-DOS 7.0 增加了对长文件名的支持以及对 LBA 大硬盘的支持。这个版本的 DOS 并不独立发售，而是内嵌在 Windows 95 中。

2. Windows 系列

Windows 系列操作系统是由微软公司从 1985 年起开发的一系列窗口操作系统产品，主要包括个人（家用）、商用和嵌入式 3 条产品线。

Windows 1.0 在 1985 年问世，最初目标是在 MS-DOS 的基础上提供一个多任务的图形用户界面。Windows 1.0 是微软公司进入桌面系统视窗化的开端。

Windows 3.1 发布于 1990 年，在界面、交互性、内存管理等多方面有巨大改进。Windows 3.1 及之前的 Windows 版本均为 16 位系统，还不能充分利用硬件的强大功能。同时，由于它们只能运行在 DOS 之上，因而，它们还不能算真正的操作系统。

Windows 95 发布于 1998 年，是一个混合的 16 位/32 位 Windows 操作系统。它改良了硬件标准的支持，例如 MMX 和 AGP，支持 FAT32 文件系统、支持多显示器。Windows 95 重写了操作系统内核，不再基于 DOS；特别是增加了多任务，使得用户可以同时运行多个程序，并在提供强大功能（如网络和多媒体功能等）和简化用户操作（如桌面和资源管理等新特性）这两个方面都取得了突出的成绩。

Windows NT 是工作站和服务器上的 32 位操作系统，能充分利用 32 位微处理器等硬件的新特性和能力，并使其很容易适应硬件变化，而不影响已有应用程序的兼容性。Windows NT 较好地实现了充分利用硬件新特性、可扩充性、可移植性、兼容性等设计目标。Windows NT 支持对称多处理机结构、内核多线程、多个可装卸文件系统。

Windows XP 发布于 2001 年，字母 XP 表示体验（experience）之意。与历史版本相比，Windows XP 拥有更加华丽的界面、良好的交互性和系统安全性等特点。Windows XP 是微软历史上最受欢迎的操作系统之一，也是 Windows 系列操作系统中寿命最长的操作系统。

Windows 7 发布于 2009 年，内核版本号为 Windows NT 6.1。Windows 7 是第一个支持 64 位的操作系统。

Windows 10 发布于 2015 年，和之前版本相比，不仅人机交互界面变化很大，而且在易用性和安全性方面也有极大的提升。Windows 10 对云服务、智能移动设备、人机交互等新技术有较好的支持。Windows 10 对固态硬盘、生物识别、高分辨率屏幕等硬件也进行了优化支持。

3. UNIX 系列

UNIX 操作系统是一种由美国 Bell 实验室研制的多用户、多任务通用操作系统。它从一个实验室的产品发展成为当前使用普遍、影响深远的主流操作系统，经历了一个逐步成长、不断完善的发展过程。

UNIX 的体系结构和源代码是公开的，采用 C 语言编写。UNIX 有两个基本的版本，一个是由 AT&T 的 Bell 实验室研制开发的 System V；另一个是由美国加州大学伯克利分校发布的 BSD

UNIX。随着 UNIX 的发展，还产生了很多其他的商业版本，包括 IBM 公司的 AIX、HP 公司的 HP-UX 以及 Sun 公司的 Solaris 等。UNIX 操作系统同时实现了内核程序和核外程序的恰当分离和有机结合。内核程序包括进程管理、存储管理、设备管理及文件管理等四个部分。操作系统的其余功能则从内核中分离出来，以核外程序出现，并在用户环境下运行。UNIX 向用户提供两种界面：一种是用户使用命令，通过终端和系统进行交互；另一种是面向用户程序的界面，称为系统调用。

UNIX 具有树形结构的文件系统。它由基本文件系统和若干个子文件系统组成。UNIX 操作系统的文件系统是可动态装卸的，这样不但可以扩大文件的存储空间，而且有利于文件的安全和保密。在 UNIX 操作系统中，普通文件、文件目录和输入输出设备都是作为文件统一处理的。它们在用户面前具有相同的语法和语义。文件机制既简化了系统的设计，又便于用户使用。

4. Linux 系列

Linux 是一种类似 UNIX 风格的多用户、多任务操作系统。Linux 最早是由芬兰人托瓦兹（Linus Torvalds）设计的。Linux 的设计借鉴了很多 UNIX 的思想。目前，Linux 操作系统可以运行在 x86、Alpha、MIPS 等多种架构的计算机上。从功能来看，它既可以作为普通的桌面操作系统，也可以作为网络操作系统和服务器操作系统。此外，它还可以作为嵌入式操作系统。

Linux 是可以在 GNU 公共许可权限下免费获得的，是一个符合可移植操作系统接口（Portable Operating System Interface，POSIX）标准的操作系统。

Linux 向用户提供两种界面：操作界面和系统调用。Linux 的传统操作界面是基于文本的命令行界面，即 Shell。Shell 具有很强的程序设计能力，用户可以方便地用它编制脚本程序（Shell Script）。脚本程序为用户扩充系统功能和控制计算机提供了更高级的手段。系统调用给用户提供了编程时可使用的界面，用户可以在编程时直接使用系统调用，系统通过这种界面为用户程序提供基础、高效率的服务。

Linux 是具有设备独立性的操作系统，它的内核具有很强的适应能力。由于 Linux 属于开源内核，因此用户可以修改其内核源代码，以适应新增加的外部设备。Linux 是一种具有良好移植性的操作系统，能够适应从微型计算机到大型计算机，再到定制的嵌入式系统的绝大多数硬件环境。

Linux 主流的发行版本有数十种之多，其中包括 Ubuntu、Red Hat、Slackware、Gentoo、Fedora、Debian、CentOS、KylinOS 等。图 1-10 为 Ubuntu 的工作桌面，具有良好的人机交互方式。

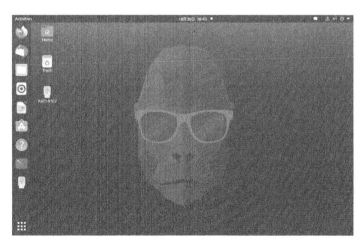

图 1-10　Ubuntu 的工作桌面

5. macOS 系列

macOS 是运行于苹果 Macintosh 系列计算机上的操作系统，是首个在商用领域采用图形用户界面的操作系统。

早期的 macOS 操作系统以 System x.xx 方式命名，是一个纯粹的图形操作系统，没有命令行模式。System x.xx 系列操作系统在内存管理、协同式多任务、功能扩展等方面具有一定的局限性。

后期的 macOS 以 macOS x 方式命名，并基于 BSD UNIX 的内核做了优化，实现了 UNIX 风格的内存管理和抢占式多任务处理技术。macOS x 系列操作系统允许同时运行更多程序，消除了因为一个程序的崩溃而导致其他程序崩溃的可能性。macOS x 系列操作系统同时支持命令行模式。

6. 国产操作系统

国产操作系统的研发和应用主要分为两个方向：一个是基于 Linux 内核的通用操作系统或服务器操作系统方向。这个方向典型的操作系统有麒麟系列操作系统 Kylin OS、深度 Linux 等。由于应用生态的原因，国产操作系统目前主要面向政府机关、事业单位、国防领域等对信息安全要求较高的领域。另一个是嵌入式操作系统方向。这个方向典型的操作系统有 HarmonyOS、RT-Thread 等。操作系统国产化不仅是国家战略，也是行业的重大需求，是对国家关于自主创新要求的落实。

1.3 操作系统的功能

操作系统是对计算机硬件系统的第一次扩充，用户通过操作系统来使用计算机系统。换句话说，操作系统直接覆盖在计算机硬件上，并在其基础上扩充或新提供许多新的功能，从而使得用户能够方便、可靠、安全、高效地操作计算机硬件和运行自己的程序。经过操作系统改造和扩充过的计算机不但功能更强，使用也更为方便。用户可以直接调用操作系统提供的各种功能，而无须了解许多软硬件本身的细节。对于用户来讲，操作系统便成为用户与计算机硬件之间的一个接口。

资源管理是操作系统的主要任务。控制程序执行、扩充系统功能、提供各种服务、方便用户使用、组织工作流程、改善人机界面等都可以从资源管理的角度去理解。资源管理的重要实现手段就是通过对资源进行抽象，找出各种资源的共性和个性，有序地管理计算机中的硬件、软件资源，跟踪资源使用情况，监视资源的状态，满足用户对资源的需求，解决各程序对资源的使用冲突。资源管理通过一种统一的方法，为用户提供简单、有效的资源使用手段，最大限度地实现各类资源的共享，提高资源利用率，从而使得计算机系统的效率有很大提高。

从资源管理的观点来分析操作系统，操作系统包括 4 个基本功能：处理机管理功能、存储管理功能、设备管理功能、文件管理功能。

1.3.1 处理机管理

处理机是计算机系统中的核心资源，处理机管理效率的高低直接关系到系统的整体性能。处理机管理完成对处理机的分配调度与运行管理等功能。在传统的操作系统中，处理机的分配调度以进程为单位，因此处理机管理最终归为对进程的管理。进程是程序在处理机上的运行过程，是程序的运行实例。多个进程会共享处理机完成各自的运行过程。因此，进程可以看作是处理机的高度抽象。多个进程通过前面提及的分时技术采用时分复用的方式共享处理机。在现代操作系统中，还引入了线程概念，处理机管理还需包括对线程的管理。处理机管理（或称为进程管理或 CPU 管理，全书同）主要包括以下功能。

1. 进程控制

在传统的多道程序环境下，要使作业运行，必须先为它创建一个或几个进程，并为之分配必要的资源。当进程运行结束时，立即撤销该进程，以便能及时回收该进程所占用的各类资源。进程控制的主要功能是为作业创建进程、撤销已结束的进程，以及控制进程在运行过程中的状态转换。在现代操作系统中，由于存在线程的概念，所以进程控制还应具有创建线程的功能和撤销已完成任务的线程的功能。

2．进程同步

合作进程在并发过程中存在两种典型的相互制约关系。一是互斥关系，譬如，多个进程由于共享具有独占性的资源，必须限制各个进程对资源的存取顺序，要确保没有任何两个或以上的进程同时进行资源的存取操作，否则资源的状态可能发生混乱，导致进程运行结果出错。二是同步关系，譬如，多个合作进程为了共同完成一个任务，需要相互协调运行步调。例如，进程 A 在开始某个操作之前必须要求另一个进程 B 已经完成了某个操作，否则进程 A 只能等待。同步关系是广义的，包含前述互斥关系。后文中提到"同步"一词，可能也包括狭义的互斥关系。

因此，为使多个进程能有条不紊地运行，系统中必须设置进程同步机制，协调多个进程的运行。同步机制实质是指当运行条件不满足时，能让进程即刻暂停，而当运行条件满足时，能让进程尽快恢复运行。线程也具有和进程类似的同步关系，也需要操作系统提供线程之间的同步机制。

3．进程通信

合作进程（或线程）之间，往往需要交换信息，操作系统必须提供合适的机制完成信息传输。譬如，进程 A 在运行过程需要进程 B 给它提供一些参数，在没有获得这些参数之前，进程 A 在逻辑上无法继续运行。这就要求进程 A 与进程 B 之间能够通信交换数据。进程 B 可以通过共享内存的方式把数据存入其中，然后进程 A 在恰当的时候去读取该共享内存获得所要的数据。又例如，有三个相互合作的进程，它们是输入进程、计算进程和打印进程。输入进程负责将所输入的数据传输给计算进程；计算进程利用输入数据进行计算，并把计算结果传送给打印进程；最后，由打印进程把计算结果打印出来。进程通信的任务就是实现相互合作的进程之间的信息交换。

4．进程调度

在分时系统中，在同一时刻可能有多个进程同时处于待运行状态，需要竞争使用处理器。这个时候操作系统就必须依据某种策略从中选择一个合适的进程让其获得处理机投入运行。完成这种选择工作的程序称为调度程序，该程序使用的选择算法称为调度算法。进程调度是分时操作系统重要的功能。线程调度与进程调度的原理类似，许多适用于进程调度的方法也同样适用于线程调度。

1.3.2 存储管理

在计算机系统中，除 CPU 外，另一个最重要的资源就是存储设备。存储设备主要包括主存（内存）和辅存（硬盘和软盘是主要的形式），尤其是内存对系统来说更为重要。本书主要介绍内存的管理。只有当程序在内存时，它才有可能被处理机访问和执行。在现代计算机系统中，通常采用多道程序设计技术，这一技术要求内存管理能支持多道程序并发。内存管理具备以下几个功能。

1．内存分配

程序运行的前提是程序已经存放在内存中。因此，程序运行前必须为其分配适当大小的内存。内存的可分配区域如何管理，如何寻找合适的可分配区域分配给程序，是分配内存过程中要考虑的问题。因此，为程序分配内存是存储管理的最基本功能。

2．内存共享

为支持多道程序设计技术，必须要允许多道程序可同时存放在内存中，实现内存的共享。内存采用空分复用的方式为多个进程共享。共享的另外一层含义是，多个进程可能会共享同一块物理内存。譬如 Windows 中的 Kernel32.dll 共享库，在内存中只存在一份物理备份，但是它同时被多个 Win32 进程所共享。操作系统应为同一块物理内存被多个进程共享提供支持，包括实现共享的数据存取安全。

3. 内存保护

在多道程序同时存放在内存的情况下，为保证进程能够在自己的内存空间运行而不互相干扰，要求进程在执行时能够随时检查对内存的所有访问是否越界，以及访问是否越权。必须防止因某个进程的错误而扰乱了其他进程的运行，尤其应防止用户进程侵犯操作系统的内存区。

4. 地址映射

在多个进程并发的系统中，操作系统必须提供地址映射机构，把进程地址空间中的逻辑地址转化为内存空间对应的物理地址。地址映射功能可以使用户不必关心物理存储空间的分配细节，从而为用户编程提供方便。另外，通过地址映射功能，也可以避免地址冲突问题，即避免不同进程因为使用了相同的逻辑地址而产生地址冲突的问题。

5. 虚拟存储

虚拟存储也可以叫内存扩充功能。为了避免因为物理内存太小导致大型程序无法运行或限制了多个进程的并发执行，必须改善内存机制，实现对物理内存在逻辑上进行扩充。在不增加物理内存空间的情况下，借助虚拟存储技术，便可获得内存扩充的效果，使得用户程序看起来是在"足够大的内存空间"中运行一样。该内存空间其实是虚拟空间，可以远大于物理内存空间。虚拟存储管理使得大型程序能在较小的内存中运行，使得多个程序能在较小的内存中运行，使得多个程序并发运行时地址不冲突，用户编程方便，内存利用效率高。

1.3.3 设备管理

在计算机系统中，除了处理器和内存之外，其他硬件设备都可称为外部设备，主要包括输入类型设备、输出类型设备、外部存储设备以及网络设备等。这些设备种类繁多，特性各异，操作方式差异很大。如果直接由用户程序来存取这些设备，对于用户来说将会变得异常困难，而且系统的安全性和可靠性也会变得很差。因此操作系统必须采用合适的方式为进程分配设备资源，提高 CPU 和设备的利用率。操作系统提供统一规范的设备接口给应用程序使用，完成进程对设备的输入和输出请求。此外，操作系统也要使用统一规范的接口方便用户在系统中增加新设备或删除旧设备。具体来说，设备管理主要包括以下功能。

1. 分配设备

设备分配程序按照一定的策略，为申请设备的进程分配设备，记录设备的使用情况。不同类型的设备具有不同的分配方式。对未分配到设备的进程进行排队（一般会阻塞该进程），并等设备再次可用时及时唤醒这些进程。

2. 设备控制

设备控制主要是通过合适的方式完成设备与 CPU 之间的数据传输。设备管理要把用户的输入/输出请求和参数转换为相应 IN 指令或 OUT 指令，实现对设备的输入和输出操作，以及设备的初始化和启动。有些复杂一些的设备可能还具有中断传输机制或 DMA 传输机制，操作系统也要提供合适的中断处理机制和 DMA 处理机制。设备控制的具体执行主要由设备驱动程序完成。

3. 设备映射

I/O 系统中实际安装的设备叫物理设备。从应用软件使用设备角度来看，直接使用物理设备是不合适的，不仅使用不方便，而且程序的可移植性差，灵活性差。因此，在应用程序中一般使用所谓的逻辑设备，这将会极大提高程序的灵活性、可移植性和可阅读性。每个物理设备可以创建多个逻辑设备，用户可以使用友好名（Friendly Name）和不同的配置选项来选择一个逻辑设备。从应用软件的角度来看，逻辑设备是一种物理设备的抽象。从设备管理程序的角度看，物理设备则是逻辑设备的实例。所以，设备管理必须要提供逻辑设备到物理设备的转换功能，即所谓的设备映射功能。

4. 缓冲区管理

CPU 运行的高速度和外部 I/O 设备运行的低速度之间的矛盾自计算机诞生时起便已存在。如果在 CPU 和 I/O 设备之间引入缓冲，则可有效地缓和二者速度不匹配的矛盾，提高 CPU 的利用率，进而提高系统吞吐量。现代计算机系统都毫无例外地在内存中设置了缓冲区，并对缓冲区的读、写和更新等操作实现了有效的管理以获得更好的系统性能。

1.3.4　文件管理

在计算机中，通常把程序和数据以文件形式存储在外存储器上，供用户使用。文件是用户存储数据最重要的形式之一，也是用户交换和传递数据的重要方式。

对用户来说，文件管理的主要任务是实现用户按名存取文件和目录，并向用户提供一套存取文件和目录的标准操作接口。对文件主要的操作包括读、写、复制、删除、重命名、移动、查找、属性设置等。此外，还要帮助用户实现文件的共享、保护和保密，保证文件的安全性，以防文件被非法访问或越权访问。譬如 Linux 操作系统，每个文件都保存了文件所有者和文件所有者所在用户组的信息。同时，将文件的访问权限分为读、写和执行，每组用户都分配这若干权限。通过用户和权限相结合的方式，实现对文件的保护。

针对管理员来说，文件管理的主要任务是实现文件存储空间的有效管理。具体包括实现存储空间的分配和回收，实现存储空间的高效利用，提高文件的存取速度。

通用操作系统的功能除上述的处理机管理、存储管理、设备管理、文件管理等核心功能之外，还常常具备网络管理功能以及良好的人机交互机制。不同应用场景下的操作系统可能会在某些特定功能上有所加强和突出，甚至会添加新的机制或功能，比如安全机制、可靠性机制。有时，也可能会删除一些不必要的功能，比如文件系统或设备管理功能等，以节省内存或增强适应硬件能力，这在嵌入式系统中是很常见的。但是任何操作系统都会具备处理机管理和内存管理两大核心功能，这也是操作系统与应用软件的本质区别。

1.4　操作系统的特征

操作系统是计算机系统的核心基础软件，种类众多，功能差别也很大，但是与应用软件相比，它们仍然具有一些共同的特征。

1. 并发性

并发性是指操作系统支持多个程序在计算机系统中并发运行，从宏观上看，这些程序是同时向前推进的。操作系统通过时分复用的方式让每个程序共享 CPU 来实现宏观上的并发性能。在单 CPU 环境下，这些并发执行的程序在微观上却是交替在 CPU 上运行的。

2. 共享性

操作系统支持系统资源（包括 CPU）在程序之间共享。不同的资源类型共享的方式不一样，有的采用时分复用的方式共享，有的采用空分复用的方式共享。资源的共享可提高资源的利用效率，但是资源共享需要制定相应的共享策略，即资源分配策略和访问方式。访问方式是指多个程序采用什么样的同步方式或互斥方式去访问共享资源。

"并发"和"共享"，是操作系统的两个最基本特征，它们互为存在条件。资源共享是以程序的并发执行作为存在条件的，没有并发执行，也就没有必要实现共享。反之，若不能很好地实现共享，则程序的并发执行必将受到影响。

3. 不确定性

在操作系统中，不确定性有两层含义。

第一层含义，操作系统具有处理外部随机事件的能力，即具有中断处理的能力。CPU 在执行主程序的过程中，具有对突发外部事件的及时反应机制。操作系统在软件上支持这样的处理机制，并在这种中断机制下完成进程的并发实现（例如通过最基础的时钟中断完成进程切换），外设与 CPU 的并行工作，系统异常的自动处理，以及其他特定的自动化工作。当然，外部事件什么时候发生是不确定的，CPU 是不可预料的。

第二层含义，在操作系统提供的并发环境下，程序的执行过程和结果可能具有不确定性。这句话里有两个修饰词，一是"并发"，二是"可能"。程序的执行过程如果不加控制，其执行结果可能会不确定，执行过程也不可再现，即程序在相同条件下多次运行可能获得不同结果。并发环境下的程序以异步方式执行，即每道程序何时被执行、何时被暂停、最终完成时间都是不确定的，也是不可预知的。

4. 虚拟性

操作系统覆盖在计算机裸机之上，屏蔽了硬件细节。所以，对用户来说，与其说是在使用计算机硬件，还不如说是在使用特定的操作系统。应用程序运行在操作系统上，通过调用操作系统提供的接口间接驱动裸机的设备工作，并将获得的运行结果展示出来或存储起来。所以，从用户的角度来看，操作系统软件是一台虚拟计算机。这个虚拟机为用户实现了多个虚拟的、使用方便的设备。

1.5 操作系统评价指标

操作系统种类众多，可能采用了不同的设计架构，不同的进程调度策略，不同的设备分配策略，以及其他各具特色的功能模块。用户如何评价或选择一款操作系统软件，就需要去了解操作系统的评价指标，对比不同的操作系统。这里仅仅列出部分宏观的评价指标。

1. 吞吐量

吞吐量是指系统在单位时间内处理信息的能力或可以处理任务的数量，是用于衡量系统性能的重要指标。在系统资源足够的情况下，当并发数逐渐增大时，系统吞吐量随之增大，但当系统资源使用率达到峰值时，若并发数继续增大，使得系统超负荷运行，则会因上下文切换、内存限制、内核调度机制等造成系统性能下降或系统吞吐量减小。操作系统合理地分配和调度资源可以提高系统的吞吐量。

2. 响应能力

响应能力往往表现为系统从接收数据到输出结果的时间间隔长短。这个时间间隔越长，说明响应能力越差；反之，响应能力越强。系统响应时间与用户的数目和时间片的大小都有关。用户数目越多，单个用户的响应时间会延长。另外，时间片越短，则响应时间越短。在实际的应用场景中必须保证每一个用户都有可以接受的响应时间。

3. 资源利用率

资源利用率是指设备在单位时间内被利用的时间百分比。显然设备越忙碌意味着设备利用率越高。合理的设备分配策略会让设备在单位时间内尽可能被更多的进程共享，提高设备利用率。

4. 可移植性

可移植性是指改变硬件环境,操作系统仍能正常工作的能力。操作系统,尤其是嵌入式操作系统,有时需要运行在不同体系结构的处理器和硬件环境上。在新的硬件环境中,硬件参数和工作方式不一定满足操作系统原有的底层接口要求,因此需要改写或增加一些代码,以便操作系统能在新的硬件环境下正常工作。这个修改工作就是移植。在嵌入式操作系统中,操作系统的开发人员通常无法一次性为未来各种可能用到的硬件环境编写好底层适配代码,而是为硬件设备设计抽象而通用的接口,以便让提供硬件的厂商或其他开发人员来完成具体的适配工作。这种方式可以保证整个操作系统具有更加良好的可移植性。

5. 可靠性

可靠性有时是指系统发生错误的概率大小和操作系统发现、诊断和恢复系统故障能力的大小。系统发生错误的概率越小,证明可靠性越高。可靠性高的操作系统对错误,甚至是硬件故障,都有较好的应对能力,能够在出现错误时大概率地继续正确运行应用程序或提供服务,而尽量少地发生错误。总之,一个可靠的操作系统应该很少失败,很少离线,宕机后也应该很容易重新启动。

1.6 操作系统虚拟机

为了方便用户使用计算机,通常要为计算机配置操作系统和应用软件去扩充裸机的功能。

对用户来说,应用软件可以较随意地、无限制地被安装、卸载、更新和替换,因为对用户来说,有意义的工作或操作都是直接来自各种应用程序。操作系统的安装和更新则较少进行,安装和更新的时候也会比较谨慎。不同系列的操作系统(例如 Windows 和 Linux),用户界面和操作方式都有很大的差异。因此,对用户来说,使用计算机其实是在使用特定的操作系统。因此,站在用户角度来说,在裸机上配置操作系统就相当于构建操作系统虚拟机。应用程序都是在这个操作系统虚拟机上安装和运行的。图 1-11 显示了操作系统虚拟机的概念。

图 1-11 操作系统虚拟机的概念

操作系统虚拟机不仅可以使用原来裸机提供的各种基本硬件功能,而且可以使用操作系统新增的许多其他功能。与裸机相比,操作系统虚拟机为用户屏蔽了硬件细节,扩展了硬件功能,为用户提供了交互良好的用户界面,且系统更安全、更可靠、更高效。

1.7 操作系统的逻辑结构

操作系统的逻辑结构

操作系统是一个大型的系统软件,功能繁多,逻辑复杂。操作系统需要有足够强的适应能力面对不同的硬件环境,有灵活的接口满足不同的用户要求。与常规应用软件相比,其设计难度之大可想而知。如何将操作系统的不同功能模块组织起来构成一个完整的系统,并且能为硬件环境的变化和用户需求的变化提供良好的适应机制,是操作系统设计之初需首先考虑的问题。不同的设计思路造就了操作系统不同的逻辑结构。操作系统的逻辑结构有 3 种典型的类型:整体式结构、层次式结构、微内核结构。

1.7.1 整体式结构

整体式结构也称为模块化结构或宏内核结构。这种结构不仅是操作系统常用的软件设计形式,也是应用软件最基本的设计方式。

整体式操作系统是大量过程的集合。系统中每一个过程都有明确的入口参数列表和返回值类型。大多数过程可以相互调用而不受约束。图 1-12 展示了整体式操作系统的通用结构，其内部由很多大大小小的模块组成，模块之间可以相互调用。

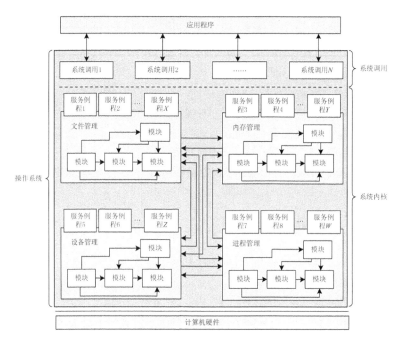

图 1-12　整体式操作系统的通用结构

整体式结构的操作系统主要有以下优点。

1. 模块设计、编码和调试独立

整个操作系统被划分为若干具有一定独立功能的模块，而模块又可细分为子模块。规定好各模块、子模块之间的接口关系后，就可以由不同的程序员并行开发各个模块，最后连接起来形成一个完整的系统，这就可缩短操作系统的开发周期。

2. 模块之间可以自由调用

各模块之间可以直接通过名字调用，能随意地调用其他模块所提供的功能，所以整个系统结构紧密、效率高。

由于整体式结构内部信息传递比较随意，模块之间关系紧密，因此整体式操作系统中某一处出现错误，错误就会被扩散到多个模块。错误在一个地方表现出来，但根源可能在别的模块。整体式结构的操作系统不仅开发和维护很困难，而且系统的可伸缩性差，无论是扩展新功能还是为特定应用场景做裁减都很困难。

虽然 UNIX 和 Linux 操作系统都是具有整体式结构的操作系统，但是经过不断优化之后，不仅内核精简高效，而且具有良好的硬件可移植性和功能可扩展性。这些优点与它们内部采用的系统调用机制、模块机制等有关。

1.7.2　层次式结构

层次式结构把操作系统所有的功能模块按照调用次序分别排成若干层，确保各层之间只能是单向依赖或单向调用。

层次式设计方法把整体问题局部化，使得系统的设计、调试及维护变得很容易，且有利于操作系统的维护、扩充、移植。层次式操作系统的底层仅依赖于硬件系统，仅需要对上层提供基本的硬件 I/O 操作，而无须对用户数据进行复杂的组合或解析。图 1-13 展示了层次式操作系统的通用结构。

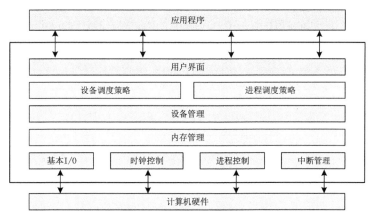

图 1-13　层次式操作系统的通用结构

使用层次式结构构造操作系统时，分层原则主要有以下 4 点。

1. 硬件相关的功能放在最底层

最底层的代码可以让更高层与硬件隔离，让更高层不受硬件的影响。在操作系统中，中断处理、设备启动、时钟等反映了计算机的特征，因此，相应的控制程序都应该放在离硬件尽可能近的最底层中，这样安排也有利于操作系统的移植。

2. 与用户策略或用户交互相关的功能放在最顶层

对于用户或不同类型的进程来讲，可能需要采用不同的资源调度策略或进程调度策略，不同的策略实现过程不一样，这就要求这类功能应该放在最外层实现。另外，用户的交互方式可以有图形界面，也可能有命令行方式，这就要求在分层时就应把反映系统外部特性的功能模块放在最外层，这样改变或扩充系统功能时，只涉及对外层的修改。

3. 中间层各层按调用次序或消息传递顺序安排

最上层接受来自用户的操作系统命令，命令和参数根据逻辑流程逐层往下被传递和处理（或传递消息）。譬如，管理文件时要调用设备管理，因此文件管理各个模块应该放在设备管理各个模块的上层；作业调度程序控制用户程序执行时，要调用文件管理中的功能，因此作业调度模块应该放在文件管理模块的上层。

4. 共性的和活跃的服务放在较低的层次

为多数进程的正常运行提供基本服务的内核功能，如 CPU 切换、进程控制、通信机制等，都是公共的，调用频繁的功能，应该尽可能放在底层，以保证它们运行时的高效率。

层次式结构的操作系统的系统性能相对较低。数据包或参数在每层传递过程当中都要被修改或添加或去除，这个过程往往会花费较多的时间。

1.7.3　微内核结构

微内核（Micro-Kernel）结构也称为客户-服务器结构，即 Client/Server 结构。微内核结构的操作系统分成两个部分：微内核和核外服务器。

微内核部分体积较小，提供操作系统基本的核心功能和服务，例如，进程调度、进程间通信、内存管理、基本 I/O 操作。

核外服务器部分，体积较大且可伸缩，主要实现操作系统的绝大部分功能，等待应用程序提出服务请求。核外服务器由若干服务器或进程共同构成，例如进程/线程服务器、虚存服务器、设备管理服务器、网络服务器、文件服务器、显示服务器等。每一种服务都对应一个服务器，服务器以进程形式存在，且运行在用户态。图 1-14 展示了微内核操作系统的通用架构。

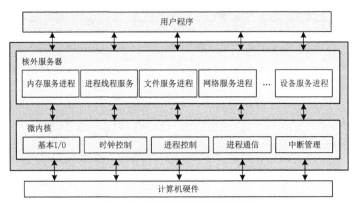

图 1-14　微内核操作系统的通用结构

服务器一直都处于循环执行状态，在循环过程中不断检查是否有客户请求某服务。客户可以是一个应用程序，也可以是其他服务器。客户与服务器通过消息机制进行通信。客户发送一条消息给特定的服务器请求某一项服务，运行在核心态下的微内核把该消息传给对应的服务器，由相应的服务器执行具体操作，执行的结果再经由微内核用另外一条消息返回给用户。

微内核是操作系统内核的一种精简实现形式。将通常与内核集成在一起的系统服务分离出来，系统服务变成可以根据用户需求加入或剔除的可选组件，这样就可提供更好的可扩展性和更加有效的应用环境。

典型的微内核操作系统有 Minix、HarmonyOS、RT-Thread、FreeRTOS、ARTs-OS 等。

与微内核对应的是宏内核（Macro-Kernel）。宏内核意味着所有系统服务都集成在一个内核中，运行在核态。Linux 是典型的宏内核结构。

1.8　本章习题

1. 站在普通用户的角度，总结操作系统有哪些基本功能。
2. 站在外部和内部的不同角度，如何理解操作系统的作用？
3. 操作系统的定义是什么？
4. 操作系统有哪四大功能？
5. 操作系统有哪四个典型的发展阶段？各有什么特点？
6. 多道批处理系统为什么工作效率比单道批处理系统高？
7. 解释分时技术的概念和意义。
8. 分时技术与多道批处理都能完成多个程序的切换，这两种切换情形有什么差别？
9. 何为操作系统的逻辑结构？有哪几种典型逻辑结构？
10. 分层结构的分层原则是什么？
11. 微内核结构的特点是什么？

12. 讨论在应用编程中如何使用分层的编程思想提升程序的可移植性和可维护性。

13. 讨论没有安装操作系统的计算机启动过程和结果会怎样。

14. 讨论在没有安装操作系统的计算机上用户使用或编程控制计算机的过程。

15. 讨论常见的虚拟机软件（如 VMware，Bochs 等）能不能理解为操作系统。

16. 讨论运行应用程序（如记事本程序）需要操作系统提供哪些支持。

17. 查阅资料了解多终端计算机的结构、工作过程。

18. 查阅资料了解 UNIX 的演化历史、各个主流版本的名字和特点。

19. 查阅资料了解以 Linux 为代表的宏内核和以 Minix 为代表的微内核之间的对比。

第 2 章
操作系统的硬件基础

2.1 计算机三总线硬件结构

计算机的硬件结构主要包括 CPU、内存和外设。三者通过地址总线，数据总线，控制总线 3 条总线相连接，如图 2-1 所示。需要注意的是外设需要通过一种称为 I/O 接口的模块才能连接到总线上。CPU 在执行程序（即指令的集合）的过程中，各条指令会被 CPU 执行部件解释执行。指令的执行过程实际表现为 3 条总线上的时序变换（包括电平高低的变化，变化的先后时间顺序，以及电平的持续时间长短），从而引起内存或相应外设与 CPU 之间的信息交互，进而实现程序的执行，执行的结果多数时候表现为用户可见且可理解的某种形式。

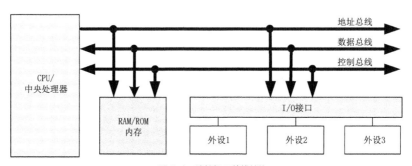

图 2-1 计算机三总线结构

2.2 CPU 结构

CPU 即中央处理器（Central Processing Unit），是一块超大规模的集成电路，是计算机的运算核心和控制核心。它的功能主要是按一定的逻辑流程分析和执行指令流。指令流是用户程序经编译和链接后得到的二进制代码，且该代码已经放入内存的特定地方。

图 2-2 显示了 CPU 的结构以及与内存的连接。CPU 在逻辑上可以划分成 3 个单元，分别是控制单元、运算单元和寄存器单元，这 3 部分由 CPU 内部总线连接起来。

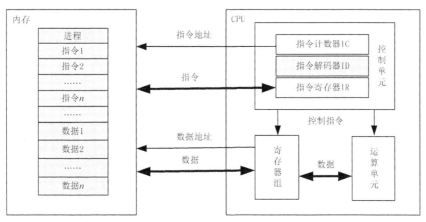

图 2-2 CPU 的结构与内存的连接

1. 控制单元

控制单元是整个 CPU 的指挥控制中心，由指令寄存器（Instruction Register，IR）、指令解码器（Instruction Decoder，ID）和指令计数器（Instruction Counter，IC）等构成。它根据用户预先编好的程序，依次从存储器中取出各条指令，放在指令寄存器中，通过指令解码器分析确定应该进行什么操作，然后按确定的时序，向相应的部件发出微操作控制信号，并更新指令计数器中的地址，指向下一条指令。

2. 运算单元

运算单元执行算术运算（例如加、减、乘、除等）和逻辑运算（包括移位、逻辑测试或值比较）。运算单元接受控制单元的命令而进行动作，即运算单元所进行的全部操作都是由控制单元发出的控制信号来指挥的，所以它是执行部件。

3. 寄存器单元

寄存器单元主要指寄存器组，是 CPU 中暂时存放数据的地方，保存那些等待处理的数据或已经处理过的数据。CPU 访问寄存器所用的时间要比访问内存的时间短。采用寄存器的目的之一是可以起到缓存的作用，可以有效减少 CPU 访问内存的次数，从而提高 CPU 的工作速度。寄存器组可分为专用寄存器和通用寄存器。专用寄存器的作用是固定的，分别寄存相应的数据。而通用寄存器用途广泛，其用途可由程序员规定。通用寄存器的数目因处理器而异。

总的来说，CPU 从内存中一条一条地取出指令和相应的数据，按指令操作码的要求，对数据进行运算处理，直到程序执行完毕。

为了方便操作系统理论研究和各种算法的讨论，经常会提及程序状态字（Program Status Word，PSW）。程序状态字可以记录指令执行时产生的特殊状态，如有无进位，有无溢出，结果的正负，结果是否为零，奇偶标志等；PSW 也记录用户对系统工作模式的特殊设置，如是否允许中断，是否进入跟踪状态等。有些指令的执行过程依赖于这些特殊状态或特殊设置。有些机器中也将 PSW 称为标志寄存器（Flag Register）。不同处理器中的 PSW 组织方式不同，有的 PSW 甚至是由多个寄存器构成的。

x86 系列处理器中 PSW 被称为状态标志寄存器（FLAGS）。FLAGS 寄存器中有些状态位是用户主动设置的，有些状态位则是指令执行后由系统自动设置的。状态位的结果影响后续指令的执行。

算术运算指令，如 ADD，SUB，MUL 以及 DIV 等指令，执行结果影响 OF（Overflow Flag，溢出标志）、SF（Sign Flag，符号标志）、ZF（Zero Flag，零标志）、AF（Adjust Flag，辅助进位标志）、CF（Carry Flag，进位标志）、PF（Parity Flag，奇偶校验标志）等状态标志。

控制标志主要有 DF（Direction Flag，方向标志）、TF（Trap Flag，单步调试模式）、IF（Interrupt enable Flag，中断/陷阱标志），VF（Virtual-8086 Mode Flag，虚拟 8086 模式）4 个。

系统标志主要有 IOPL（I/O Privilege Level Field，I/O 特权级标志）、NT（Nested Task Flag，嵌套任务标志）和 RF（Resume Flag，恢复标志）等 3 个，且专门用于保护模式。

2.3 CPU 的态

CPU 的态

CPU 是操作系统最核心、最基本的硬件资源。

操作系统根据程序运行时对资源和机器指令的使用权限，把处理器设置为不同的状态。不同的态支持程序使用不同的指令集和资源。基本的态有 3 种：核态、用户态、管态。

核态，即操作系统核心程序运行时所处的状态。核态具有最高的特权级别，也称为特权态、系统态、内核态或者核心态。当处理器处于核态时，它可以执行所有的指令，包括各种特权指令，也可以使用所有的资源，并且具有改变处理器状态的能力。

用户态，即用户程序运行时的状态，它具有较低的特权级别，又称为目态。在这种状态下不能使用特权指令，不能直接使用系统资源，也不能改变 CPU 的工作状态，并且只能访问用户程序自己的存储空间。用户态下不允许程序进行涉及特权态的操作，以避免操作系统崩溃或引发运行异常。

管态，是一个模棱两可的中间状态，其权限介于核态和用户态之间。在没有特别说明的情况下，管态也可以被理解为核态。访管指令即能进入管态或核态的指令。

Intel x86 架构的 CPU 支持 4 个特权级，分别称为 Ring 0，Ring 1，Ring 2，Ring 3，其中，Ring 0 级权限最高，Ring 3 级权限最低。硬件在执行每条指令时都会对指令所具有的特权级做相应的检查。对于 UNIX/Linux/Windows 来说，只使用了 Ring 0 级特权级和 Ring 3 级特权级，而中间的 Ring 1 和 Ring 2 两个特权级没有被使用。

为 CPU 设定态的根本目的在于为系统建立安全机制，禁止程序在非授权情况下非法访问或越权访问不属于自己的数据或资源。通过态来支持对可信程序和非可信程序的区分。可信程序能对系统的安全机制进行设置和修改，而不可信程序只能实现普通的功能或请求可信程序提供相关的服务。操作系统和相关的内核程序显然是可信程序，应用程序则是非可信程序。态也为计算机系统的资源访问设置了访问屏障。CPU 处于用户态时，程序只能执行非特权指令。用户程序只能在用户态下运行，如果用户程序执行特权指令，硬件将发生中断，由操作系统获得控制，特权指令执行被禁止，这样可以防止用户程序有意或无意地破坏系统。

特权指令包括：

（1）改变 CPU 状态的指令；

（2）修改特殊寄存器的指令；

（3）涉及外部设备的输入输出指令。

CPU 的态可以根据程序的执行流程和逻辑，在特定条件下发生转换。用户态切换到内核态主要有 3 种情形：系统调用、异常、外部设备的中断。

1. 系统调用

这是用户态进程主动要求切换到内核态的一种方式。用户态进程通过系统调用申请使用操作系统提供的服务完成工作。比如，利用 fork() 函数创建一个进程，fork() 函数实际上就是执行创建新进程的系统调用。系统调用在实现过程中调用了操作系统为用户特别开放的中断，例如 Linux 中的 0x80 中断，DOS 中的 0x21 中断。

2. 异常

当 CPU 运行用户态程序时，如果发生了某些不可预知的异常，这时会由当前进程切换到能处理此异常的内核相关程序中，也就是转到了内核态。例如，在内存管理章节将要介绍的缺页异常即是这类情形。

3. 外部设备的中断

当外部设备接收数据或发送数据就绪后，会向 CPU 发出相应的中断信号。这时 CPU 会暂停执行下一条即将执行的指令，转而去执行与中断信号对应的处理程序。如果先前执行的指令是用户态下的程序，那么自然会发生由用户态到内核态的切换。比如硬盘读写操作完成后引发中断，系统会切换到相应的中断处理程序中执行后续操作，这个操作一般以核态进行。

这 3 种方式是系统在运行时由用户态转到内核态的最主要方式。系统调用可以认为是用户进程主动发起的，而异常和外部设备中断则是被动的。不管哪种情形，本质来说，都是通过中断来完成从用户态到内核态的转变。所以，可以说用户态转换为内核态的唯一途径是通过中断。

2.4 内存

内存也叫主存储器（Main Memory），简称主存。内存是计算机系统存放运行时指令与数据的半导体存储器单元，通常分为只读存储器（Read Only Memory，ROM）、随机存储器（Random Access Memory，RAM）和高速缓存存储器（Cache）3 种类型。

ROM 主要用于存放 BIOS 之类的系统程序，是只读类型，不可修改。这类存储器在计算机出厂时就已经设定好，普通用户无法通过常规手段更新其内容或扩展容量。RAM 就是平常所指的内存条，其主要的作用是临时存放程序的代码、数据以及程序运行过程动态产生的各类数据。内存还可以充当 CPU 与外部存储器交换信息时的缓冲区。

Cache 是特殊的存储器，俗称缓存。Cache 位于 CPU 与内存之间，它的容量比内存小但存取速度快。Cache 中的数据是内存中一小部分数据的复制，但这一小部分数据很可能是短时间内 CPU 即将访问的。当 CPU 需要访问重复的数据或局部空间中的数据时，就很有可能避开内存，直接从 Cache 中访问，从而加快程序执行速度。

理想的存储系统应该满足存取速度快、存储容量大和成本低 3 个基本要求。实际上，任何一种存储设备都难以同时满足这几个要求。因此，计算机往往采用速度有快有慢、容量有大有小的多种存储设备构建一个多级的层次式存储器体系，以最优的调度算法和合理的成本，构成性能可接受的存储系统。x86 计算机的实际存储系统是由 Cache、主存、辅存构成的三级存储体系。

2.5 时钟

操作系统很多地方需要用到时间的概念，如绝对的时间、时刻、时间片段、周期等。涉及时间的典型场景有：操作系统在特定时间执行用户事先预定的各种任务、操作系统以固定的时间片或时间间隔去运行调度程序以完成进程切换、操作系统在特定时间实现对特定事件的处理等。注意，在一些应用程序中，有时会通过循环执行一段空指令或其他无实际意义的指令来产生一定时长的延时。这种延时方法的缺点很明显，一是增加了 CPU 的额外开销，二是延时依赖于 CPU 频率或指令执行速度，导致延时不精确。所以这种通过软件延时的方法仅适合短时且精度要求不高的情形。

计算机设置有一个硬件定时器，它能够定时向处理器发出时间信号。定时器的本质是计数器。

当定时器的计数对象是已知周期的脉冲信号时，则定时时长与计数之间存在确定的对应关系，从而可以通过计数来实现定时的目的。

计算机中最常用计数/定时模块是 Intel 8253A 系列芯片。图 2-3 是 Intel 8253A 芯片的结构。

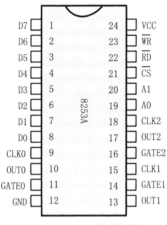

图 2-3 8253A 芯片的结构

Intel 8253A 芯片内部有 3 个计数器，分别为计数器 0、计数器 1 和计数器 2，它们的结构完全相同，互相之间工作完全独立。图 2-4 展示了内部的计数器的结构，每个计数器通过 3 个引脚和外部联系：时钟输入端 CLK，门控信号输入端 GATE，输出端 OUT。每个计数器支持多达 6 种工作方式，不同工作方式下 OUT 输出的波形、计数的启动方式、计数初值装入方式都有差异，以满足不同应用场合。在 IBM PC/XT 中，通常使用计数器 0 为系统提供时间基准，作为定时器使用，系统选用工作方式 3（即周期性方波输出模式）对输入的标准时钟（来源于主板上的晶振）计数。

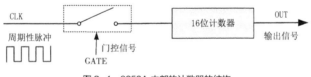

图 2-4 8253A 内部的计数器的结构

假如计数初值设置为 TimeConst，Clock 引脚接入的标准时钟频率是 Fin，则 OUT 引脚输出频率 Fout = Fin/TimeConst 的方波。计算机可以利用该方波作为基准信号产生秒、分、时、日、月等日期与时钟信号，也可将该信号连接到中断系统中以产生具有固定间隔的时钟中断。

2.6 中断系统

1. 中断的概念

中断是 CPU 对突发外部事件的一种反应机制，是指 CPU 收到外部信号（中断信号）后，停止当前工作，自动转去调用事先准备好的中断服务程序处理外部事件，待处理完毕后再回到原来工作的中断处（断点）继续工作的过程或机制。

图 2-5 展示了中断机制的基本原理，某个设备 A 在不可预料的时刻准备就绪，随后向 CPU 发出中断信号而使得 CPU 中断现行主程序的运行，转而去运行为设备 A 事先准备好的中断服务程序，以便完成数据传输。

中断机制

从处理过程来看，中断过程中的程序转移类似子程序的调用，但它们在实质上存在很大的区别。子程序调用是由主程序安排在特定位置上的，通常完成主程序要求的特定功能，与主程序存在必然的联系。中断是随机发生的，可以在程序的任意位置切入，而且中断服务程序的功能与被打断的主程序之间可以没有任何直接联系。当速度较慢的外部设备正在准备数据时，CPU 可以照常执行主程序。仅当设备数据准备就绪时，才会向 CPU 发出信号引起主程序中断以便立即进行数据交换。从这个意义上说，CPU 和外部设备的一些操作是并行的。因而，与程序查询方式相比，中断机制大大提高了计算机系统的工作效率。

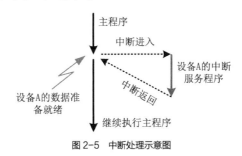

图 2-5　中断处理示意图

计算机引入中断机制的目的是实现并发处理、实时处理和故障自动处理。

并发处理可以是 CPU 与外设之间的并发处理，也可以是设备与设备之间的并发工作，也可以是进程与进程在宏观层面的并发工作。并发处理需要中断机制的支持。在 CPU 进行计算的过程中，外设可以独立工作直至其数据准备就绪时，才需要通过中断机制向 CPU 申请中断，请求提供相应的中断服务。事实上，分时系统中进程之间的切换主要是通过时钟中断驱动的。每当时间片到，计时设备就会发出时钟中断信号，时钟中断服务程序的工作之一就是根据调度策略把 CPU 从现有进程切换到选择的新进程。因此，时钟中断可以让多个任务或进程轮流地使用 CPU，实现多个进程的并发运行。因此，中断机制是实现多道程序设计的必要条件。

实时处理是工业控制系统、数据采集系统等一些应用领域的基本要求。在这些应用场合中，有些事件/数据需要实时处理。如果采用普通的轮询方式来处理系统中各个设备，一方面可能会失去实时性，另一方面还有可能错过（丢失）外设事件/数据。若采用中断机制则可以及时主动地为外设特定事件提供服务，从而实现对数据的实时处理。

故障是计算机系统产生的软件或硬件异常。譬如，程序中无意出现的除零错误、溢出错误、内存访问失败、复位等。系统可以事先为这些可能出现的错误准备好恢复方式，避免系统因此意外崩溃。中断机制特别适合实现系统故障的自动处理。

2. 中断源和分类

引起中断的原因，或者能够发出中断请求信号的来源统称为中断源。中断系统可以容纳最多 256 个中断源，每个中断源都有唯一编号 N，N 范围是 0～255。

根据中断信号的产生机制、原因、特性等，可以分成自愿中断和强迫中断两类，或分成内部中断和外部中断两类。

强迫中断是指主程序没有预期的意外中断，例如，外设产生的中断、程序运行的错误、硬件意外错误等。

自愿中断是指主程序事先安排的中断，例如程序员在程序中调用访管指令访问系统服务或资源引发的中断。

内部中断是由 CPU 内部事件或执行访管指令产生的。内部中断一般是在执行指令期间检测到不正常的或非法的条件所引起的。例如，除法运算中，除数为零的时候，就会产生一个异常。再如，执行指令时发现特权级不正确，指令就不能正常完成从而产生异常。已定义的内部中断有除法错中断、单步中断、断点中断、溢出中断、软件中断。软件中断是指程序员通过使用类似 INT n 之类的指令引发系统中断的情况。使用软件中断的目的主要是使用系统调用，方便应用程序使用内核提供的各种功能和服务。系统调用机制是操作系统内核留给应用程序进入内核的唯一通道，所以软件中断也称为系统调用中断或访管中断。

外部中断也简称中断。外部中断由 CPU 外部的设备产生对 CPU 的请求而引发。例如网卡检测到一个数据到来时就会产生一个中断。所以，外部中断又称为异步中断。外部中断根据引入方式又分为不可屏蔽中断和可屏蔽中断。不可屏蔽中断由 CPU 的 NMI（Non-Maskable Interrupt）引脚引入。不可屏蔽中断源一旦提出请求，CPU 必须无条件响应。典型的不可屏蔽中断的例子是电源掉电。电源掉电一旦出现，必须立即无条件地响应，否则进行其他任何工作都是没有意义的。可屏蔽中断由 CPU 的 INTR 引脚引入。可屏蔽中断基本上都是来自于外设，譬如，时钟中断、键盘中断、软盘中断等。可屏蔽中断是否能被 CPU 响应，取决于 EFLAGS 寄存器中的中断允许标志位 IF 是否已经置位。当 IF 位为 1，可以得到 CPU 的响应，否则，得不到响应。IF 位可以由用户控制，指令 STI 将 IF 位置位（开中断），指令 CLI 将 IF 位复位（关中断）。

普通外设产生的中断先通过中断控制芯片统一管理，然后才向 CPU 提出中断请求。典型的中断控制芯片是 Intel 8259A 芯片。每个 8259A 芯片可以支持 8 个外设的中断请求，多个 8259A 芯片可以级联，以支持更多的外设。有多个 8259A 芯片级联时，其中一个 8259A 芯片充当主片，其余芯片充当从片。当一个外设产生中断请求信号时，8259A 会自动识别该中断源的中断号 N，并将其送给 CPU。CPU 根据中断号 N 自动查找中断向量表以获得该中断源对应的中断向量。CPU 自动将所获得的中断向量装入 CS 和 IP 两个寄存器，以进入中断服务程序。8259A 支持中断嵌套，仅允许高优先级的中断请求能中断低优先级的中断服务。Intel 8259A 芯片是可编程中断控制器，不仅能够根据初始设置向 CPU 提供不同设备的中断号，还能自动处理多个中断请求的优先级。当多个外设同时发出中断请求时，8259A 芯片能自动判定其中优先级最高的外设。

3. 断点和现场

发生中断时程序被打断的暂停点称为断点。断点的本质就是中断发生时，主程序将要执行的下一条指令的地址，这个地址就是中断发生时 CS 和 IP 两个寄存器的值。将来中断服务完成之后，CPU 还要回到这个断点处继续执行原来的主程序。此外，由于中断发生时还可能会涉及 CPU 工作状态的变化和堆栈的变化，因此 FLAGS、SS 和 SP 等寄存器也是中断发生时需要保护的关键寄存器，以便将来中断服务完成之后，能够为原来的主程序还原这些寄存器。广义上的断点有时包含 CS、IP、FLAGS、SS 和 SP 5 个寄存器，有时仅包含 CS、IP 和 FLAGS 3 个寄存器，而狭义上的断点仅包括 CS 和 IP 2 个寄存器。

中断现场是指中断发生时 CPU 中相关寄存器值的集合。CPU 进入中断服务程序之前，对一个正在运行的主程序来说，现场的各个寄存器都具有确定的值。这些寄存器既影响程序的下一步运行，又暂存着当前的运算结果。随着程序的运行，这些寄存器的值也在不断变化。当中断发生的时候，CPU 将暂停现行程序的运行，而跳转到中断服务程序中去执行。这个跳转很可能会破坏现场一些寄存器的值。当现有程序在未来的某个时候准备继续运行之前，必须为这些寄存器完全恢复原来的值，否则现有程序就无法继续正常运行。因此在中断发生时，在进入中断服务程序之前，必须要将现场相关的寄存器都保护起来。广义上，中断现场数据可以包含断点信息和 SS、SP、FLAGS 等寄存器。但是，狭义上，中断现场数据不包含断点信息，而仅仅包含其余寄存器中那些可能受中断服务程序影响的寄存器，例如 AX、BX 等寄存器。现场信息到底包含哪些寄存器取决于用户的具体任务。

现场数据保存在栈这一特殊的内存区域中。栈采用先进后出的方式访问。当中断发生的时候，硬件自动把断点信息压栈备份，而现场数据则由用户在中断服务程序中压栈备份。在中断返回之前，现场数据由用户出栈还原，而断点信息由硬件自动出栈还原。

4. 中断服务程序

处理中断源中断事件的程序称为中断服务程序。中断服务程序是事先已准备好的一个特殊函数，该函数的调用由系统自动完成。当 CPU 检测到相应的中断请求发生时，CPU 的中断系统通过硬件机制自动引导 CPU 进入该函数执行相应的中断服务。中断服务程序的一般结构如下。

（1）保护现场。在中断服务程序的起始部分安排若干条入栈指令，将可能会遭到破坏的各个寄存器内容压入堆栈保存。

（2）开中断。如果在中断服务程序执行期间允许级别更高的中断请求中断现行的中断服务程序，则打开中断机制，以便实现中断嵌套。

（3）中断服务主体。完成中断源中断请求的具体任务，譬如完成数据的传输、处理。这部分是中断服务程序的重点，与用户的具体任务有关。

（4）恢复现场。中断服务程序结束前，必须恢复主程序的中断现场。通常是将保存在堆栈中的现场信息出栈，恢复相应寄存器原来的值。

（5）中断返回。调用 IRET 指令，返回到原来主程序的断点处，继续执行原程序。IRET 会自动执行出栈操作，将 IP、CS、FLAGS 等寄存器出栈。保护模式下，还可能增加 SS、SP 等寄存器的出栈。

5. 中断向量

中断服务程序的入口地址用段基址（Segment）和段偏移（Offset）两个参数记录，称之为中断向量。所有中断服务程序的入口地址，即中断向量，按中断源的中断号有序排列在内存中，形成一张表，称之为中断向量表。当中断发生时，硬件机制会自动引导 CPU 以中断号为索引查找这个中断向量表，以获得特定的中断向量，从而进入相应的中断服务程序。

在系统初始化的时候，用户应将中断服务程序存放到内存某个地方，且将其中断向量，即入口地址，存入中断向量表的合适位置。

6. 中断响应过程

中断响应过程是指从 CPU 的 INT 引脚收到外设中断请求（或内部中断产生）开始，到系统完成相应的中断服务并返回到原来主程序的全过程。中断响应过程由六步构成，如图 2-6 所示。

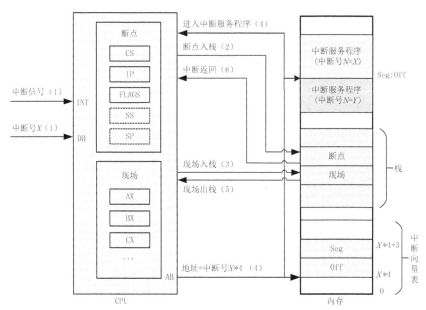

图 2-6　中断响应过程

（1）识别中断源

中断源产生中断信号，中断机制识别中断源并向 CPU 提供中断号 N（可能由 CPU 内部产生，也可能由 8259A 中断芯片提供），CPU 进入中断响应周期。

（2）保护断点

将发生中断时的断点信息压入堆栈，以使中断处理完后能正确地返回主程序继续执行。

（3）保护现场

将发生中断时的现场信息压入堆栈。现场信息涉及哪些具体寄存器与中断服务程序本身有关。一般，中断服务程序中要修改的寄存器都应该作为现场信息保存起来。

（4）进入中断服务程序

CPU 根据中断号自动查找中断向量表获得相应的中断服务程序的入口地址，并进入中断服务程序。中断服务程序的主体是为中断事件提供服务，例如，完成数据传输或处理。前面提到的保护现场的操作实际上是在中断服务程序中的前面部分完成的。

（5）恢复现场

在中断服务程序的主体工作做完之后，把先前已经入栈的现场信息出栈，弹回相应寄存器，以便恢复主程序的运行环境。

（6）中断返回

执行 IRET 中断返回指令，返回主程序继续运行。IRET 指令将会执行一系列 POP 指令，从栈顶弹出断点信息，分别送入 IP、CS、FLAGS 3 个寄存器（涉及特权级变化时还可能包括 SS 和 SP 寄存器），实现 CPU 执行流程的转变，回到主程序原来中断的地方继续执行。

需要注意的是，在保护模式下发生中断的时候可能涉及特权级的变化。中断发生时，如果代码在相同特权级间跳转，则堆栈不变；若在不同特权级间跳转，则会用到两个不同的堆栈。

图 2-7 显示了中断发生时，无特权级变化和有特权级变化两种情况下堆栈发生的变化。最左侧的堆栈显示了无特权级变化时堆栈的变化情况。例如，当进程处于内核态时发生了中断就是这种情况。右侧两个堆栈显示了有特权级变化时堆栈的变化情况。例如，当进程处于用户态时（即低特权级）发生了中断就是这种情况，此时特权级从低特权级切换到高特权级，并导致堆栈被切换到高特权级的另一个堆栈中。堆栈切换之前把先前堆栈的 SS、SP 压入新的堆栈，以便返回时可以直接找到以前的堆栈。

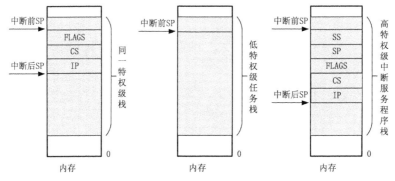

图 2-7　中断发生时堆栈的变化

7. 中断嵌套处理

图 2-8 描述了高优先级中断打断低优先级中断服务的嵌套处理过程。在响应和处理低优先级中断服务时，主程序的断点和现场被保留在栈的底部。当高优先级中断打断低优先级中断时，高优先级中断则将低优先级中断服务程序的断点和现场继续从栈顶压入。当高优先级中断服务程序

结束时，通过出栈操作先为低优先级中断服务程序恢复现场，以便让低优先级中断服务程序继续得到处理。当低优先级中断服务程序处理完成时，通过出栈操作为原来的主程序恢复现场。只要栈空间足够大，便能保证多级中断嵌套处理。

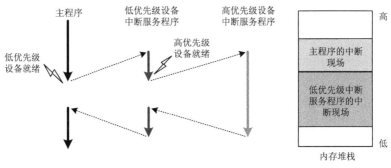

图 2-8　中断嵌套处理过程

2.7　基本输入输出系统

BIOS 和主引导记录 MBR

基本输入输出系统（Basic Input Output System，BIOS），是被固化到计算机中的一组程序，也是计算机加电启动后运行的第一个软件，为计算机提供最初级的、最直接的硬件操控。BIOS 本质是一组固化到计算机内主板 ROM 芯片上的程序。系统的硬件变化往往被 BIOS 隐藏了，操作系统可以通过 BIOS 来控制硬件。BIOS 主要功能有 4 个。

1. 加电自检及初始化

加电自检（Power On Self Test，POST）用于计算机刚接通电源时对硬件部分的检测。通常完整的 POST 包括对 CPU、640KB 基本内存、1MB 以上扩展内存、ROM、主板、CMOS 存储器、串并口、显卡、软硬盘及键盘等硬件进行测试。一旦在自检中发现问题，系统将给出提示信息或鸣笛警告。自检中如发现有错误，将按严重程度作两种情况处理：对于严重故障则停机，不给出任何提示或信号；对于非严重故障则给出提示或声音报警信号，并等待用户处理。

初始化工作包括创建中断向量、设置寄存器、对一些外部设备进行初始化。初始化时会根据用户预先设置或默认设置的一些参数初始化硬件或系统。如果用户自行设置的参数和实际硬件性能不符合，则可能会影响系统的启动。

2. 设置 CMOS 参数

CMOS 是 Complementary Metal-Oxide Semiconductor 的首写字母缩写，中文就是互补金属氧化物半导体。CMOS 是一种用于生产 RAM 芯片的半导体技术，用它生产出来的产品运行速度很快，功耗极低。计算机中常用这种技术生产的 RAM 芯片保存硬件配置参数和一些基本系统参数。因为 CMOS RAM 的功耗极低，所以当系统电源关闭后，CMOS RAM 仅靠主板后备电池供电也可以长时间工作，以确保其中保存的参数不会丢失。CMOS RAM 只是一块存储芯片，只有数据保存功能，因而需要使用专门的 CMOS 设置程序去设置其中的各项参数。

CMOS 设置程序主要用来帮助用户设置基本的系统参数，譬如系统日期、时间、启动设备的优先次序、系统口令等。这些系统参数在操作系统启动之后也可以通过其他方式修改。在计算机加电引导过程中，可以通过特殊热键启动 CMOS 设置程序，参考图 2-9 的 CMOS 设置界面，参数设置好后保存在 CMOS RAM 中。

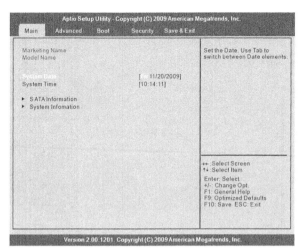

图 2-9　CMOS 设置界面

3. 系统启动

系统启动的功能是加载并引导某种操作系统启动。BIOS 从预先设定好的启动设备（例如软盘或硬盘）的开始扇区中读取引导记录，如果没有找到，则按设定的次序依次查找其他可用的启动设备，并尝试读取其中的引导记录。如果依然没有找到，则会在显示器上显示没有启动设备的提示信息。如果找到合适的引导记录，则会把计算机的控制权转交给引导记录，由引导记录把操作系统内核装入内存，然后跳转到操作系统内核。此后，BIOS 的任务就完成了，系统将由操作系统内核接管。

4. 基本输入输出处理程序

基本输入输出处理程序主要是为应用程序和操作系统提供硬件接口服务。这些服务主要与输入输出设备有关，例如显示字符串、读键盘、读磁盘、写磁盘、文件输出到打印机等。为了完成这些操作，BIOS 直接与计算机的 I/O 设备打交道，它通过端口发出 OUT 或 IN 等命令，向各种外部设备传送数据或从它们那里接收数据，使操作系统或应用程序能够脱离具体的硬件操作细节。

需要注意的是，基本输入输出处理程序是通过中断服务指令的形式来实现的。这些服务分为很多组，每组服务有一个专门的中断号。例如，显示器服务（Video Service）是 10H，软盘服务（Soft Disk Service）是 13H，串行口服务（Serial Port Service）是 14H，键盘服务（Keyboard Service）是 16H，并行口服务（Parallel Port Service）是 17H，时钟调用服务（Clock Service）是 1AH。表 2-1 列出了常见的 BIOS 中断服务。

表 2-1　常见的 BIOS 中断服务

中断类型号	功能	中断类型号	功能
10H	显示器 I/O 调用	18H	ROM BASIC 入口
11H	获取设备配置调用	19H	自举程序入口
12H	获取存储器大小调用	1AH	时间日期调用
13H	软盘 I/O 调用	1BH	Ctrl-Break 控制
14H	异步通信口调用	1CH	定时处理
15H	磁带 I/O 调用	1DH	显示器参数表
16H	键盘 I/O 调用	1EH	软盘参数表
17H	打印机 I/O 调用	1FH	字符点阵结构参数表

每一组服务又根据具体功能或使用方式细分为不同的子功能，并用子功能编号加以标识。应用程序需要使用哪些外设、进行什么操作，只需要在程序中用 INT 指令结合中断号和子功能编号加以说明即可。表 2-2 显示了中断号为 13H 的软盘服务中所包含的各个子功能的编号和具体功能。在汇编程序中，通过 AH 寄存器指定子功能编号以调用不同的子功能。

表 2-2　BIOS 13H 中断支持的主要服务

子功能编号	子功能	子功能编号	子功能
00H	磁盘系统复位	0AH	读长扇区
01H	读取磁盘系统状态	0BH	写长扇区
02H	读扇区	0CH	查寻
03H	写扇区	0DH	硬盘系统复位
04H	检验扇区	0EH	读扇区缓冲区
05H	格式化磁道	0FH	写扇区缓冲区
06H	格式化坏磁道	10H	读取驱动器状态
07H	格式化驱动器	11H	校准驱动器
08H	读取驱动器参数	12H	控制器 RAM 诊断
09H	初始化硬盘参数	13H	控制器驱动诊断

每个服务的调用方式在输入参数、输出参数的使用上存在差别，需要查阅 Intel 的技术手册。例如，使用 INT 13H 软盘 I/O 类服务中的 02H 子功能完成读取扇区的操作，其输入参数和输出参数设置如下。

输入参数：

AH=02H
AL=扇区数
CH=柱面（磁道，0 起）
CL=扇区（1 起）
DL=驱动器：软盘（00~7F），硬盘（80~FF）
DH=磁头（0 起）
ES:BX=缓冲区的地址

输出参数：

CF=0：成功：AH=00H，AL=传输的扇区数
CF=1：失败：AH=状态代码

例子：使用 INT 13H 软盘 I/O 类服务中的 02H 子功能读取软盘第 21 个扇区的内容到内存 1000h:0000h 处。参考源代码如代码 2-1 所示。

```
1  ;读21号扇区的数据到内存1000:0000H处
2  MOV  AX, 1000H
3  MOV  ES, AX  ;ES:BX 缓冲区地址
4  MOV  BX, 0   ;ES:BX 缓冲区地址
5  MOV  AL, 1   ;扇区数
6  MOV  CH, 0   ;磁道
7  MOV  CL, 3   ;扇区号
8  MOV  DL, 0   ;驱动器号
9  MOV  DH, 1   ;磁头
10 MOV  AH, 02H ;子功能号
11 INT  13H     ;中断号
```

代码 2-1　利用 BIOS 的 13H 中断 02H 子功能读取软盘扇区

2.8 操作系统启动过程

2.8.1 操作系统启动概述

操作系统的启动过程（有时也称为计算机的启动过程，但是两者有区别，也有联系）是指从加电开始到操作系统的控制台或桌面准备好的过程。整个启动过程分为 3 个阶段：初始引导、核心初始化和系统初始化。

操作系统启动过程

1. 初始引导

初始引导阶段由 BIOS 中的启动代码运行开始，直到把操作系统的内核加载到内存的适当位置，并将 CPU 控制权交给内核为止。

当按下电源开关时，电源就开始向主板和其他设备供电，此时电压还不太稳定，主板上的控制芯片组会向 CPU 发出并保持一个 RESET（重置）信号，让 CPU 自动恢复到初始状态，而不是马上执行指令。当芯片组检测到电源已经开始稳定供电时，便撤去 RESET 信号，CPU 开始执行地址 FFFF0H 处的指令。这个地址实际上位于 ROM-BIOS 中，放在这里的是一条 JMP 跳转指令，可以跳到 BIOS 中的 POST 加电自检代码。可见，系统完成加电自检过程后才开始运行启动代码。启动代码的主要任务就是寻找可用的启动设备，并将其中的引导程序读入内存。

BIOS 的启动代码根据可启动设备的启动顺序，首先读取第一个启动设备的第一个扇区的内容，即主引导记录（Master Boot Record，MBR）。主引导记录中包含有特定操作系统的引导代码。如果该扇区的最后两个字节是 0x55 和 0xAA，则表明这个设备可以用于启动，于是跳转执行该 MBR 程序中的引导程序。如果不是，则表明该设备不能用于启动，寻找下一个启动设备。引导程序的作用在于加载操作系统到内存的适当位置，并将 CPU 控制权交给内核。

2. 核心初始化

核心初始化主要由内核完成，目的是初始化系统的核心数据，并继续加载操作系统除内核之外的其余部分到内存。

核心初始化的主要工作包括从硬盘指定位置继续装载操作系统内核的其余部分、初始化各种寄存器、初始化存储系统和页表、构建核心进程、引导内核运行等。最终将控制权交给内核，进入系统初始化阶段。

3. 系统初始化

系统初始化阶段依然由操作系统内核完成，目的是继续初始化计算机系统，并最终把操作系统的桌面或控制台准备好。

系统初始化的主要工作包括初始化文件系统、初始化网络系统、初始化控制台、初始化图形界面，最终处于待命状态。

2.8.2 Linux 启动过程

Linux 的启动过程可分为前述的 3 个阶段：初始引导、核心初始化和系统初始化。其中，在初始引导阶段，计算机的行为已经由 BIOS 确定了，各种操作系统在这一阶段的启动工作并不存在太大的差异，都是执行加电自检、加载 MBR 引导程序等工作。

在 Linux 启动过程的核心初始化阶段中，初始化工作由 MBR 引导程序完成。显然，Linux 的引导过程会很复杂，所有的引导工作不可能全部放在 MBR 中完成。因此，仅初始化部分的一小部分代码会存放在 MBR 中，而其余大部分则存放在其他扇区中。其余扇区的内容也需要 MBR 中的代码对其进行加载和引导，以便完成后续更复杂的核心初始化工作。引导程序通常在源代码的

/boot 目录下。引导程序首先会将磁盘中的内核映像读入内存，然后完成数据初始化、开启保护模式、建立页表、设置页目录、开启分页机制等必要的初始化工作，最后将控制权交给内核程序，进入系统初始化阶段。

在 Linux 启动过程的系统初始化阶段中，内核主要创建 init 进程，利用它初始化系统环境。

init 进程是系统所有进程的起点，它的进程号为 1，Linux 中所有其他的进程都是由 init 进程创建的。init 进程有许多很重要的任务，包括启动用于用户登录的 getty 进程、实现运行级别管理以及处理孤儿进程等。它通过执行脚本文件/etc/inittab 完成系统启动工作。

对于不同发行版本或不同版本的内核，初始化脚本文件/etc/inittab 会有差异，用户也可以在该文件中添加自定义的初始化工作。另外，不同运行级别下的/etc/inittab 也会不同。初始化脚本文件/etc/inittab 通常包含以下工作。

（1）设置键盘

（2）设置字体

（3）装载模块

（4）设置网络

（5）配置用户环境

（6）启动登录用户 Shell 的 getty 进程

init 进程通过执行 getty 程序让用户登录。getty 程序会给出用户登录提示符（login）或者图形化登录界面，待用户输入正确的用户名和密码登录后，系统会为用户分配用户 ID（UID）和组 ID（GID）。这两个 ID 是用户的身份标识，后面用于检测用户运行程序时的身份验证。init 进程继续从文件 /etc/passwd 读取该用户指定的 Shell，并启动这个 Shell，创建供用户使用的控制台。用户登录的流程如图 2-10 所示。

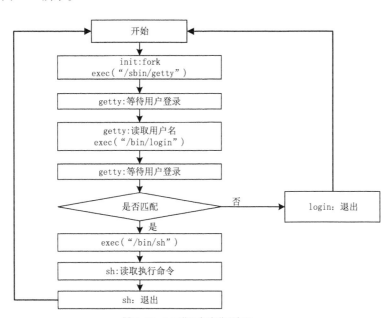

图 2-10 init 进程启动登录流程

一般来说，用户的登录方式有 3 种：命令行登录、ssh 登录、图形界面登录。每种方式都有不同的用户认证流程。

（1）命令行登录：init 进程调用 getty 程序（意为 get teletype），让用户输入用户名和密码。输入完成后，再调用 login 程序，核对密码（Debian 还会再多运行一个身份核对程序/etc/pam.d/login）。

如果密码正确，就从文件 /etc/passwd 读取该用户指定的 Shell，然后启动这个 Shell。

（2）ssh 登录：系统会调用 sshd 程序（Debian 还会再运行/etc/pam.d/ssh），取代 getty 和 login，然后启动 Shell。

（3）图形界面登录：init 进程调用显示管理器，例如，GNOME 图形界面对应的显示管理器为 GDM（GNOME Display Manager），然后等待用户输入用户名和密码。如果密码正确，就读取 /etc/gdm3/Xsession，启动用户的会话。

2.8.3　主引导记录

主引导记录（Master Boot Record，MBR），又叫作主启动扇区，是计算机开机后访问硬盘时必须要读取的首扇区，它在硬盘上的 CHS（柱面，磁头，扇区）地址为（0，0，1）。和操作系统启动相关的数据和代码存放在主启动扇区。主启动扇区的大小为 512 字节，这 512 字节的最后两个字节如果是 0x55 和 0xAA，则表明这个设备可以用于启动。

1. 主引导记录的结构

主引导记录只有 512 字节，实现不了过多的功能。它的主要内容包括磁盘分区信息、启动参数、操作系统内核位置信息、引导代码等。引导代码十分精简，能完成加载操作系统内核的工作。主引导记录由 3 个部分组成。

（1）第 1~446 字节：引导程序。

（2）第 447~510 字节：分区表（Partition Table）。

（3）第 511~512 字节：主引导记录签名（0x55 和 0xAA）。

其中分区表的作用是记录硬盘分区信息。每个分区的第一个扇区叫作分区引导记录（Partition Boot Record，PBR），也叫次引导记录，其结构与 MBR 类似。MBR 和 PBR 在硬盘中的位置如图 2-11 所示。

图 2-11　被分为多个分区的硬盘中 MBR 和 PBR 的例子

2. 主引导记录的作用

主引导记录中通常为硬盘引导程序 BootLoader 或更强功能的启动管理程序，它的作用如下。

（1）提供菜单：用户可选择不同的启动项目。

（2）加载核心文件：直接指向可启动的程序段加载操作系统内核。

（3）跳转到其他 Loader：跳转到其他 PBR 中的 Boot Loader 以加载特定的操作系统。

3. 安装操作系统对 MBR 的影响

安装操作系统时，除了要把操作系统映像复制到计算机外存储空间中，还要向 MBR 中写入启动相关的数据和代码。通常对 MBR 有重写和追加两种方式，这两种方式的区别会在安装多操作系统时体现出来。

假定计算机中已经安装了一个操作系统，当安装第二个操作系统时，若采用 MBR 重写的方式，那么安装完成后就会发现第一个操作系统的启动项消失了，原因是重写 MBR 时覆盖了之前的启动项；若采用 MBR 追加的方式，那么安装完成后两个操作系统的启动项可以并存，第一个操作系统的启动项不会被覆盖。

4. MBR 程序例子

代码 2-2 展示了一个简单的 MBR 程序例子,其功能是加电开机后在屏幕上显示"Hello MBR!"字符串然后停住不动。

```
1  ORG 07C00h              ;程序加载到 07C00h 处
2  MOV AX,CS
3  MOV DS,AX
4  MOV ES,AX
5  CALL DispString         ;调用显示字符串的例程
6  JMP $                   ;停在此处
7  DispString:
8  MOV AX,MessageMBR
9  MOV BP,AX               ;ES:BP:字符串的地址
10 MOV CX,10               ;CX:字符串的长度
11 MOV AX,01301h
12 MOV BX,000Ch
13 MOV DL,0
14 INT 10h                 ;BIOS 10h号中断,显示字符串
15 RET
16 MessageMBR DB "Hello MBR!"
17 TIMES 510-($-$$) DB 0   ;填充若干个0,使代码添够510个字节
18 DW 0AA55h               ;结束标志:最后两个字符必须为55 AA
```

代码 2-2 简单的 MBR 程序

BIOS 在完成加电自检并加载 MBR 后会跳转到绝对地址 0x7C00 处执行,所以在 MBR 程序的开头使用了 ORG 伪指令指定程序被载入内存时的起始地址。

接着,程序通过调用 0x10 号 BIOS 中断(已准备好字符串的相关参数)来完成显示字符串的功能。

为了让该扇区被识别为可以启动的主启动,在程序的末尾填充了若干个 0,并使 MBR 的最后两个字节为 0xAA55。这两个字节以及上述"ORG 07C00h"伪指令是 MBR 程序可以运行的关键。此段程序被装入内存之后,接下来应该是跳入该程序开始执行。

5. 稍微复杂的 MBR 程序

代码 2-3 展示了一个稍微复杂的 MBR 程序的例子,其功能是将 0 号驱动器、0 号柱面、0 号磁头、2 号扇区开始的连续 4 个扇区读入内存绝对地址 0x90200 处。

```
1  ORG 07C00h              ;程序加载到7C00处
2  CALL LoadBootSectors    ;调用加载启动扇区的例程
3  JMP $
4  LoadBootSectors:
5  XOR DX, DX              ;驱动器号 0,磁头号 0
6  MOV CX, 0x0002          ;起始扇区号 2,磁道号 0
7  MOV ES, 0x9000          ;ES:BX 指向数据缓冲区
8  MOV BX, 0x0200          ;ES:BX = 0x9000:0x0200
9  MOV AX, 0x0200 + 4      ;功能号AH=0x02 扇区数AL=4
10 INT 0x13                ;利用BIOS 13中断加载指定扇区的数据
11 TIMES 510-($-$$) DB 0   ;填充若干个0,使代码字节为510字节
12 DW 0AA55h               ;结束标志
```

代码 2-3 装载其他扇区的 MBR 程序

程序开头的"ORG 07C00h"伪指令及"0xAA55"两个字节的填充与上一例程同理,主要在 LoadBootSectors 例程中完成读取磁盘的操作。

程序先完成 BIOS 中断的参数设置,依次将磁头号 DH、驱动器号 DL、柱面号 CH 置为 0,将起始扇区号 CL 置为 2,并令 ES:BX 指向内存数据缓冲区起始地址 0x90200 处,将功能号 AH 置为 0x02,将读取扇区数 AL 置为 4,最后使用 0x13 号 BIOS 中断来将磁盘数据读到内存指定位置。同样地,此段程序被装入内存之后,接下来应该是跳入该程序开始执行,程序执行后将停在第 3 行。

2.8.4 GRUB 引导

GRUB(Grand Unified Boot Loader)是一款强大的多重开机引导器,不仅可以对各种发行版本的 Linux 进行引导,也可以用来加载 BSD、UNIX 与 Windows 等通用操作系统。

在 Linux 早期阶段 LILO（Linux Loader）是默认的启动引导程序，LILO 下的启动分区（/boot）不能超过 8.4GB，否则 LILO 不能被安装。GRUB 则不会出现这种情况，只要硬盘处于 LBA 模式下，就可以引导分区中的操作系统。

GRUB 是一个独立于操作系统之外的引导管理程序，并不需要像 LILO 依靠 Linux 才可以进行设定与维护。GRUB 同时提供命令行功能，使得功能大大超过了早期的引导程序 LILO，从而成为多数 Linux 发行版本的默认启动引导器。GRUB 可以改变开机画面，而 LILO 主要存在于文字界面下。此外，GRUB 可以通过配置文件进行引导，还可以通过命令行动态设置引导参数和加载各种设备。

下面给出使用 GRUB 引导 Red Hat Linux 的实例。

（1）运行 "root(hd0, 0)"。root 命令等同 Linux 的 mount 命令，用于挂载指定分区，如图 2-12 所示。

```
grub> root (hd0,0)
Filesystem type is ext2fs, partition type 0x83
```

图 2-12　root 命令

（2）执行 kernel 命令加载指定的 Linux 核心文件，其中 root 参数指明根目录位置，ro 参数限定加载内核时的权限为只读，如图 2-13 所示。

```
grub> kernel /boot/vmlinuz-2.6.32-431.el6.x86_64 ro root=/dev/sda1
     [Linux-bzImage, setup=0x3400, size=0x3ecab0]
```

图 2-13　kernel 命令

（3）执行 boot 命令来启动系统，如图 2-14 所示。

```
grub> boot_
```

图 2-14　boot 命令

2.8.5　Linux 0.11 启动过程

1. 引导启动阶段

当系统加电后，80x86 架构的 CPU 会自动进入实模式，并从 ROM-BIOS 中的地址 0xFFFF0 处开始执行 BIOS。BIOS 将执行自检，并在物理地址 0 处初始化中断向量。接着，BIOS 将启动设备的第一个扇区 MBR 加载到内存 0x7C00 处，并跳转到该地址处执行。后边的启动工作就交给引导启动程序来完成。从系统加电后，各个程序模块的执行顺序如图 2-15 所示。

图 2-15　从系统加电后主要程序模块的执行顺序

Linux 0.11 的引导程序包括/boot 目录下的三个程序：bootsect.s、setup.s 和 head.s。其中，bootsect.s 会被编译为 bootsect 模块并驻留在磁盘的第 1 个扇区中，即成为 MBR 程序；setup.s 会被编译为 setup 模块并被放置在磁盘第 2 个扇区开始的 4 个扇区中；head.s 在编译后会作为 system 模块的头部和其他系统模块一起链接为 system 模块，放置在磁盘随后的扇区中。Linux 0.11 内核在磁盘上的分布情况如图 2-16 所示。

Boot扇区/MBR	setup模块	system模块	···

图 2-16　Linux 0.11 内核在磁盘上的分布

bootsect.s 程序会被首先执行，它由 BIOS 读到内存绝对地址 0x7C00（31KB）处。bootsect.s 程序首先会将自己移动到内存绝对地址 0x90000（576KB）处，并从启动磁盘中将 setup 模块的 4 个扇区读入内存 0x90200 地址处，然后将 system 模块读入内存 0x10000（64KB）地址处，最后将控制权转交给 setup.s 程序。

在 setup 模块中，会使用 BIOS 中断来获取主机的一些参数，然后将 system 模块从地址 0x10000 移到 0x0000 处，进入保护模式并跳转到地址 0x0000 处执行 system 模块中的 head.s 程序。

head.s 程序会重新设置全局描述符表（GDT）和中断描述符表（IDT），并开启分页机制，最终调用初始化程序 init/main.c 中的 main()函数。

上述提及的相关地址定义在 bootsect.s 程序中，具体参数如下。

```
#define DEF_INITSEG  0x9000    ; bootsect 程序将被移动到的段位置
#define DEF_SYSSEG   0x1000    ; 系统模块被加载到内存的段位置
#define DEF_SETUPSEG 0x9020    ; setup 程序代码的段位置
#define DEF_SYSSIZE  0x3000    ; 默认系统模块长度，单位是字节(16Byte)
SYSSIZE = DEF_SYSSIZE          ; 系统模块大小为 0x3000 字节
SETUPLEN = 4                   ; setup 占用的磁盘扇区数
BOOTSEG  = 0x07c0              ; bootsect 代码所在的原地址
INITSEG  = DEF_INITSEG         ; bootsect 将要移动到的目的段位置
SETUPSEG = DEF_SETUPSEG        ; setup 程序代码的段位置
SYSSEG   = DEF_SYSSEG          ; system 模块将被加载到 0x10000
ENDSEG   = SYSSEG + SYSSIZE    ; 停止加载的段地址
```

启动时内核在内存中的位置如图 2-17 所示。bootsect.s 程序不直接把 system 模块读到内存 0x0000 处的原因是 setup.s 程序需要使用 BIOS 中断，而中断向量表在物理地址 0x0000 处，所以只能在 setup.s 程序使用完 BIOS 中断后再将 system 模块移动到内存开始处。

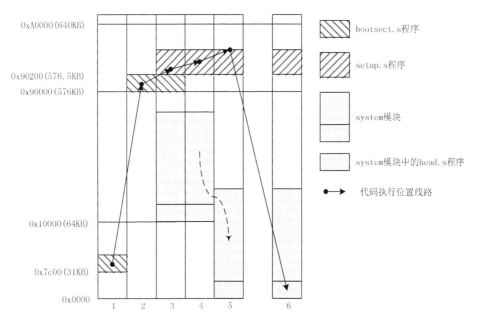

图 2-17　引导时内核模块在内存中的位置和执行流程

2. 初始化阶段

初始化阶段主要由函数 main()完成，其实现参见代码 2-4。函数 main()首先对物理内存各部分进行功能划分与分配，然后调用内核各模块的初始化函数，包括内存管理、中断处理、块设备与字符设备、进程管理、缓冲区管理以及硬盘和软盘等硬件的初始化处理函数。完成各模块的初始化操作后，系统已经处于可运行状态。第 31 行切换 CPU 到用户模式，因为所有的进程都是在用户态模式下运行的。此后初始化程序进入任务 0 中运行，在第 32 行使用 fork()函数首次创建进程 1，并在其中调用 init()函数。进程 1 因主体工作是执行 init()函数，故称为 init 进程。任务 0 会在系统空闲时被调度执行。任务 0 仅执行 pause()系统调用并重新调度，因此也被称为 idle 进程。

```
1  void main(void)
2  {
4      ROOT_DEV = ORIG_ROOT_DEV;
20     mem_init(main_memory_start,memory_end);
21     trap_init();
22     blk_dev_init();
23     chr_dev_init();
24     tty_init();
25     time_init();
26     sched_init();
27     buffer_init(buffer_memory_end);
28     hd_init();
29     floppy_init();
30     sti();
31     move_to_user_mode();
32     if (!fork()) {
33         init();
34     }
35     for(;;) pause();
36 }
```

代码 2-4 main()函数（部分）的实现

初始化阶段（函数 main()）的工作流程如图 2-18 所示。

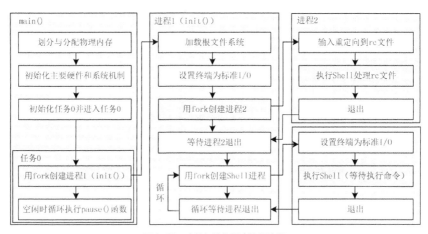

图 2-18 内核初始化程序执行流程

函数 init()参见代码 2-5，主要完成 4 个工作：安装根文件系统、设置终端为标准 I/O、运行系统初始资源配置文件 rc 中的命令、执行用户登录 Shell 程序。此后用户可通过 Shell 程序来正常使用 Linux 操作系统。

函数 init()在第 4 行安装根文件系统，在第 5～13 行根据资源配置文件 rc 完成初始化工作，在第 21～23 行打开/dev/tty0 终端并将其设置为标准 I/O 设备，在第 24 行启动 Shell 让系统进入待命状态。在第 16～30 行的循环中，init 进程会创建出一个新进程，在新进程中关闭文件句柄 0、1、2，新创建一个会话并设置进程组号，然后重新打开/dev/tty0 作为 stdin 标准输入，并复制成 stdout 和 stderr。以登录方式再次执行/bin/sh，此时操作系统的控制台就准备好了，用户可以正常使用 bash 程序，控制台在等待用户输入命令。

```
1  void init(void)
2  {
3      int pid,i;
4      setup((void *) &drive_info);
5      (void) open("/dev/tty0",O_RDWR,0);
6      (void) dup();
7      (void) dup();
8      if (!(pid=fork())) {
9          close();
10         open("/etc/rc",O_RDONLY,0);
11         execve("/bin/sh",argv_rc,envp_rc);
12         _exit();
13     }
14     if (pid> )
15         while (pid != wait(&i))
16     while ( ) {
17         pid=fork();
18         if (!pid) {
19             close();close();close();
20             setsid();
21             (void) open("/dev/tty0",O_RDWR,0);
22             (void) dup();
23             (void) dup();
24             _exit(execve("/bin/sh",argv,envp));
25         }
26         while ( )
27             if (pid == wait(&i))
28                 break;
29         sync();
30     }
31     _exit();
32 }
```

代码 2-5 init 进程初始化系统和启动 Shell 控制台

2.9 计算机虚拟化和虚拟机

2.9.1 计算机虚拟化

1. 虚拟化概念

关于虚拟化技术的最早论述来自 1959 年国际信息处理大会上的一篇学术报告《大型高速计算机中的时间共享》。经过几十年的发展，虚拟化技术早已发展得较成熟。为了满足不同的业务需求，出现了许多不同种类的虚拟化技术，如服务器虚拟化、网络虚拟化、微处理器虚拟化、文件虚拟化、存储虚拟化和桌面虚拟化等技术。普通用户接触较多的 VMware 虚拟机软件就是其中一种虚拟化产品。

虚拟化实质上是一种资源管理技术，它能将计算机的各种实体资源，如服务器、网络、处理器、内存、外储等，予以抽象和转换后重新呈现出来，以打破实体结构间不可切割的障碍，使用户能以比原本的组态更好的方式来使用和共享这些资源。虚拟出来的资源一般都具有不受资源的架设方式、地域或物理组态等限制的特性，这也是实现虚拟化的重要目的。

形式上，虚拟化是构建一个将虚拟的客户系统映射到真实的主机系统上的同态。如图 2-19 所示，同态函数 V 将客户机的状态映射到主机的状态，如 V(Si)= Si′，V(Sj)= Sj′。对于客户机上的一个操作序列 e，它能将客户机的状态 Si 修改成状态 Sj，那么在主机上也有对应的操作序列 e′，也能在主机上对主机的状态进行等价的修改，即将 Si′修改为 Sj′。

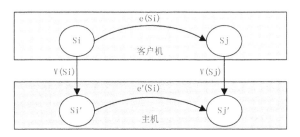

图 2-19　虚拟化形式上是一个同构

x86 架构作为当前主流的 CISC 架构，对系统虚拟化的支持可以通过软件方式，也可以通过硬件方式实现。软件虚拟化根据实现方式的差异以及是否需要修改客户机操作系统的内核，可分为全虚拟化和半虚拟化。硬件虚拟化则可以分为 VT（Virtualization Technology，虚拟技术）和 SVM（Secure Virtual Machine，安全虚拟机）技术。

在全虚拟化下，虚拟机监视器（Virtual Machine Monitor，VMM）可以为虚拟机虚拟出和真实硬件几乎相同的硬件环境，为其提供完整的硬件支持服务，而不需要修改操作系统内核来协助支持虚拟化。同时，也不需要硬件上的特别支持。VMware 就是全虚拟化的典型例子。

在半虚拟化下，通过客户机操作系统与 VMM 的协同设计来避免虚拟化漏洞和实现更高的虚拟化效率。避免虚拟化漏洞即要完成对 x86 非特权的敏感指令（即操作关键资源的指令）的虚拟化，让操作系统能够对有缺陷的指令进行替换，因此必须修改操作系统的内核。通过这种方法获得的虚拟性能可以非常接近物理机。Xen 就是半虚拟化的经典产品。

硬件虚拟化又称为硬件辅助虚拟化，其通过引入新的指令和处理器运行模式，使 VMM 和客户机操作系统运行在不同的模式下。Intel 的 VT-x 是硬件虚拟化的代表，它在处理器上引入了一个新的执行环境，用于运行虚拟机。

随着计算机应用持续发展，虚拟化技术呈现出嵌入化、云计算化、桌面化等多个趋势。嵌入化是指把基础的虚拟化模块嵌入硬件或者操作系统中去，使用户无须经过繁复的安装、配置、调优过程就能够直接应用虚拟化技术。云计算是虚拟化的网络版本或扩展。虚拟化技术为云计算的实现提供了技术保证。桌面虚拟化则可以帮助用户实现安全和封闭式的桌面。

2. 虚拟化技术分类

计算机系统的设计一般采用分层结构，如图 2-20 所示。计算机硬件作为最底层，为直接运行在其上的操作系统提供指令集合（Instruction Set Architecture，ISA）作为接口；而操作系统使用硬件提供的 ISA 接口，并向上提供系统调用，供上层软件调用；一般而言，运行在操作系统上的即应用程序，但是一个完善的操作系统往往会提供一组应用编程接口（API）以方便上层应用程序的开发。

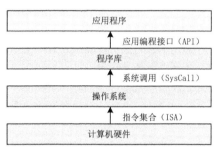

图 2-20　计算机系统的层次结构

理论上，可以在图 2-20 所示的任意两个层次之间或者任一层次中实现虚拟化。事实上，按照虚拟化技术的实现层次，可以将虚拟化技术分成以下五类：指令级虚拟化、硬件级虚拟化、操作系统级虚拟化、编程语言级虚拟化以及程序库级虚拟化。

指令级虚拟化，又称指令架构级虚拟化（ISA 虚拟化），它是通过纯软件的方法模拟出每一条指令的执行。采用这种方法构造的虚拟机一般称为模拟器，又称指令级虚拟机。它可以模拟与实际运行的应用程序（或操作系统）不同的 ISA，即在为某个指令集设计的硬件上仿真另一个指令集。因为 ISA 虚拟化处在软件的层次上，所以它可以帮助用户深入到虚拟 CPU 的内部，观察和控制每一条指令的执行。这意味着用户可以通过指令级虚拟机方便地调试操作系统的内核。指令级虚拟化系统的典型代表有 Bochs 和 QEMU，它们经常被用在操作系统内核的开发中。

硬件级虚拟化适用于客户机的执行环境和主机具有相同 ISA 的情况下。因为支持的指令集相同，所以可以直接让大多数客户指令在主机上执行，从而获得比指令级虚拟机更快的执行速度。硬件级虚拟化技术通常采用"特权解除"和"陷入-模拟"两种技术来实现 VMM 对虚拟机的控制。"特权解除"是通过降低客户机操作系统的特权级别，而让 VMM 运行在最高特权级上。操作系统对关键物理资源的访问通常需要通过特权指令来获得，有高特权级的 VMM 就是利用特权指令的"陷入"来接管客户机操作系统对关键物理资源的访问，从而实现对虚拟机的控制，此即"陷入-模拟"技术。主流的硬件级虚拟化产品有 VMware 和 Xen。

操作系统级虚拟化是指虚拟若干操作系统的副本，而非虚拟整个机器。其关键在于，在一个操作系统中插入一个虚拟层来划分机器的物理资源，使得在一个操作系统内核中可以同时运行多个隔离的虚拟机。

编程语言级虚拟化，可以解决应用程序跨平台的移植性问题。编程语言级虚拟化通过设计与开发应用程序所用的高级语言的特点相匹配的虚拟运行环境来实现可移植性。编程语言级虚拟化的典型系统有 JVM 和 Microsoft .NET CLI。

程序库级虚拟化主要是在应用程序和运行库函数之间引入中间层来虚拟库函数的 API 接口，给上层软件提供不同的 API，典型的例子有 Cygwin、Wine 等。其中，Wine 是在 UNIX 上层用来调用 Windows API/ABI 的一个虚拟层，它可以使 Windows 的二进制代码在 Wine 上运行。Cygwin

恰好相反，它提供了 Windows 操作系统下的 UNIX 模拟环境，可以实现应用程序从 UNIX/Linux 平台到 Windows 平台的移植。

2.9.2 虚拟机

虚拟机是虚拟系统中的重要组成部分，实现虚拟机是实现虚拟化的重要工作。虚拟机是指在一个硬件平台上模拟多个相互独立的、ISA 结构与实际硬件相同的虚拟硬件系统。虚拟机的实现通常要用到虚拟机监视器（VMM）。VMM 的主要功能是基于物理资源创建相应的虚拟资源，组成虚拟机，并为客户机操作系统提供虚拟的平台。VMM 的主要实现形式有 3 种：独立监控模式、宿主模式和混合模式。

1. 独立监控模式

VMM 直接运行在裸机上，可以管理和使用底层的硬件资源，具有最高的特权级。更重要的是，VMM 能向客户机操作系统提供抽象的底层硬件，并且所有客户机操作系统都运行在较低特权级上。事实上，可以将 VMM 看作具备虚拟化功能的完备的操作系统，如图 2-21 所示。

2. 宿主模式

VMM 作为一个应用程序运行在主机操作系统中，如图 2-22 所示。此时，VMM 可以充分利用宿主操作系统所提供的设备驱动和底层服务来进行内存管理、任务调度以及资源管理等工作。在这种模式中，物理资源由宿主操作系统管理，VMM 则负责提供传统操作系统所不具备的虚拟化功能。

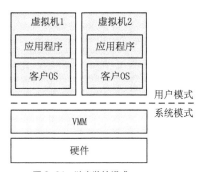

图 2-21　独立监控模式

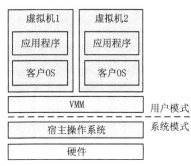

图 2-22　宿主模式

3. 混合模式

混合模式集成了前两种模式的优点。它在结构上与独立监控模式类似，直接运行在裸机上，具有最高特权级，在其上运行虚拟机。但它把大部分 I/O 设备的控制交由运行在特权虚拟机中的特权操作系统来控制，而且 VMM 的虚拟化职责也被特权操作系统所分担，只有处理器和内存的虚拟化由 VMM 完成，如图 2-23 所示。

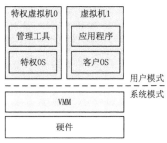

图 2-23　混合模式

2.10　操作系统的生成

为增加操作系统的适应性，操作系统在设计之初就可支持多种架构的CPU、多种硬件、多种硬件工作模式、多种软件工作机制和参数。但是在特定的应用场合或特定计算机上，尤其是在嵌入式计算机系统上，必须在这些可选项之中选择一个合适的选项或剔除一些软硬件支持包，甚至增加一些新的软硬件支持包。这个选择过程或增删过程实际上就是对操作系统进行个性化配置和裁剪，达到既添加了必要的功能又剔除了冗余功能的目的。

操作系统的生成

简而言之，操作系统生成是指根据硬件环境的配置和用户的需求，重新配置、裁剪和构建操作系统的过程。操作系统生成的前提有 3 个。

（1）操作系统具有良好的模块特性。现有的模块可以被替换或删除，也可以新增模块。

（2）有交互式的配置工具可供用户直观地选择和配置各个模块或某种机制。交互式配置工具可以保存用户的配置结果，并生成编译指导文件，用于指导后续的编译过程。

（3）有映像构建（build）工具，能生成新内核的二进制文件。映像构建过程需要参考前述编译指导文件。

2.11　本章习题

1. 简述计算机三总线结构。
2. 何为 CPU 的态？有哪些态？定义态的目的是什么？
3. 用户态切换到内核态的主要情形有哪些？
4. 中断的概念是什么？中断的响应过程是怎样的？
5. 计算机中引入中断机制的目的是什么？
6. 何为内部中断？内部中断主要有哪些类型？
7. 何为外部中断？外部中断主要有哪些类型？
8. 何为强迫性中断？强迫性中断主要有哪些类型？
9. 何为自愿性中断？自愿性中断主要有哪些类型？
10. 简述中断服务程序的一般结构。
11. 何为中断现场？
12. 基本输入输出系统（BIOS）的主要功能有哪些？
13. 简述操作系统启动过程的三个步骤。
14. 简述 MBR 程序的特点。
15. 什么是操作系统的生成？
16. 查阅资料了解 Intel CPU 的保护模式、特权级等概念。
17. 查阅资料了解计算机虚拟化的概念。
18. 查阅资料了解 VMware 与 Bochs 等虚拟机软件的工作原理和特点。

第 3 章
用户界面

3.1 用户环境

用户环境是指计算机用户工作的软件环境，包括命令行环境，桌面环境，以及相关的用户使用手册。操作系统除了要提供重要的内核功能，还需要为用户提供高效、友好的使用环境，提高用户的工作效率。系统应该提供一些辅助工具和文档，帮助用户配置个性化的用户环境。

操作系统用户界面

用户环境的构造是指按照用户的要求和硬件特性，安装和配置好操作系统，为用户提供必要的操作命令或图形界面，并使其工作方式和交互方式合理高效，方便用户使用计算机完成相应的工作。

3.2 用户界面概念

用户界面（User Interface，UI）是用户与操作系统内核进行交互和信息交换的媒介。图 3-1 展示了用户、用户界面、操作系统内核与计算机硬件四者的关系。用户界面可以完成信息的内部表达形式与用户可以接受的外部表达形式的转换。用户界面的目的是使用户能够更加方便、高效、安全、可靠地去操作计算机的软件和硬件，并完成所预期的工作。用户界面定义广泛，凡涉及人与设备信息交流的领域都存在着用户界面。用户界面通常可分为两大类：操作界面和系统调用。

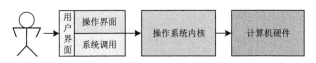

图 3-1 用户、用户界面、操作系统内核与计算机硬件的关系

1. 操作界面

用户通过操作界面可以直接或间接地控制自己的作业或获得操作系统提供的服务。操作界面包括操作命令、批处理命令和图形用户界面三种典型形式。

2. 系统调用

系统调用是提供给程序员在编程时使用的接口，是用户程序取得操作系统服务的唯一途径。每一个系统调用都是一个能完成特定功能的子程序。应用程序要求操作系统提供某种服务时便调用具有相应功能的系统调用。早期的系统调用都是用汇编语言提供的，只有在用汇编语言编写的程序中才能直接使用系统调用。但在类似 C 语言的高级语言中，往往提供了与各个系统调用一一对应的库函数，这样，应用程序便可调用对应的库函数来使用系统调用。

3.3　操作界面

操作界面可分为 3 类：操作命令、批处理命令、图形用户界面。

（1）操作命令。操作命令又称交互式命令，其中，操作命令除了可以直接在命令行上输入使用，还有管道和重定向这两种特殊执行方式。在 Linux、UNIX 系列操作系统中，操作命令在一个称为 Shell 的控制台环境下运行。

（2）批处理命令。批处理命令通过类似程序的方式执行具有一定逻辑顺序的命令序列。在 MS-DOS 和 Windows 操作系统下就是以 ".bat" 为扩展名的批处理程序文件；而在 Linux、UNIX 系列操作系统中，批处理又称为脚本（Script）。

（3）图形用户界面。图形用户界面（Graphical User Interface，GUI）是另一种形式的操作命令接口，采用了图形化的操作界面，用户已完全不必像使用命令接口那样去记住命令名及格式，从而把用户从烦琐且单调的操作中解脱出来。

3.3.1　操作命令

操作命令是操作系统提供的最传统、最原始、最基础的操作界面，是具有良好人机交互特点的分时操作系统中必备的操作界面。各个操作系统一般都有联机手册或联机帮助（Online Help）介绍操作命令的使用方法。几乎所有的计算机（从大、中型机到微型机）操作系统都会向用户提供了操作命令。

操作命令由用户通过键盘输入，并实时回显在终端屏幕上。命令输入以键盘的回车键（Enter 键）为结束标志。当一条命令和相应的命令参数输入完毕后，由操作系统内部的命令解释程序负责对接收的命令进行"词法"和"语法"的正确性分析。如果正确，则转去执行相应命令对应的处理程序；否则报出错信息。

用户输入的命令通常以命令名开始，是执行的操作内容标志。很多时候，命令还可能需要提供若干个参数，指明一些扩展的辅助操作。参数的具体组织格式一般由对应的应用程序规定。如果是操作系统自带的知名命令，可以使用特定的方式或命令显示该命令的帮助信息，如图 3-2 所示。

```
# man ls
# cd /?
```

图 3-2　用特定的方式或命令显示命令的帮助信息

一个规范的应用程序往往也应该提供自身命令的使用说明，以帮助用户快速掌握程序的使用方法。或者在用户输入错误参数的情况下，主动提示正确的参数输入方式，以便提供用户使用和理解。

通常，操作系统向用户提供了少则几十条，多则上百条的操作命令。这些命令按照功能的不同，可分为用户管理类、系统配置类、进程管理类、文件操作类、目录操作类、磁盘操作类和其他杂项命令等类别。

用户管理类命令主要用于设置和查询用户的用户名、密码、权限、分组等，确保每个用户对于系统的访问行为受到控制，保证系统的安全性。例如，Linux 下与用户相关的典型命令如下。

```
# w                        # 查看活动用户
# id <用户名>               # 查看指定用户信息
# last                     # 查看用户登录日志
# cut -d: -f1 /etc/passwd  # 查看系统所有用户
# cut -d: -f1 /etc/group   # 查看系统所有组
# crontab -l               # 查看当前用户的计划任务
```

系统配置类命令主要用于查看和配置服务配置、设备工作参数、网络参数、防火墙参数、网络接口属性、防火墙设置、路由表、监听端口、已经建立的连接、查看网络统计信息，以及停机或断电等命令。例如，Linux 下与系统配置类相关的典型命令如下。

```
# chkconfig -list          # 列出所有系统服务
# chkconfig --list | grep on  # 列出所有启动的系统服务
# rpm -qa                  # 查看所有安装的软件包
# uname -a                 # 查看内核/操作系统/CPU 信息
# head -n 1 /etc/issue     # 查看操作系统版本
# cat /proc/cpuinfo        # 查看 CPU 信息
# hostname                 # 查看计算机名
# lspci -tv                # 列出所有 PCI 设备
# lsusb -tv                # 列出所有 USB 设备
# lsmod                    # 列出加载的内核模块
# env                      # 查看环境变量
# ifconfig                 # 查看所有网络接口的属性
# iptables -L              # 查看防火墙设置
# route -n                 # 查看路由表
# netstat -lntp            # 查看所有监听端口
# netstat -antp            # 查看所有已经建立的连接
# netstat -s               # 查看网络统计信息
```

其中，netstat 命令的选项虽然很多，但是常用的不多，常用的有下面几个参数选项。

-a : all，表示列出所有的连接、服务监听、Socket 资料。

-t : tcp，列出 TCP 的服务。

-u : udp，列出 UDP 的服务。

-n : port number， 用端口号来显示。

-l : listening，列出当前监听服务。

-p : program，列出服务程序的 PID。

进程管理类命令主要用于查看进程列表和状态信息、终止进程、进程前后台移动、查看进程家族关系、设置进程属性等。例如，Linux 下与进程相关的典型命令如下。

```
# ps -ef                   # 查看所有进程
# top                      # 实时显示进程状态
```

```
# kill -9 6738          # 终止 6738 号进程
```

其中，ps 命令主要用于查看系统的进程，ps 命令的语法为：ps [选项]。

ps 命令的常用选项如下。

-a：显示当前控制终端的进程（包含其他用户的）。

-u：显示进程的用户名和启动时间等信息。

-w：宽行输出，不截取输出中的命令行。

-l：按长格式显示输出。

-x：显示没有控制终端的进程。

-e：显示所有的进程。

-t n：显示第 n 个终端的进程。

前台进程在运行时，可以按 Ctrl+C 组合键来终止它。后台进程可以使用 kill 命令向进程发送强制终止信号，以达到终止进程的目的。

典型的文件操作命令包括显示文本文件命令、复制文件命令、文件比较命令、重新命名命令、删除文件命令。例如，Linux 下与文件操作相关的典型命令如下。

```
# ls -la /                  #详细显示根目录下的所有文件
# ls -R /etc                #递归显示/etc 目录下的所有文件
# mkdir /data/test          #在/data 目录下创建/test 目录
# cp -if /data/[1-3].txt /test   #把 3 个文件复制到 test 目录中
# cp -r /data /practice      #把 data 目录复制到 practice 目录中
# cat -n /etc/fstab         #查看/etc/fstab 内容并显示行号
```

其中 ls 命令列出指定目录下的内容，主要的选项如下。

-a：显示所有文件包括隐藏文件。

-A：显示除.和..之外的所有文件。

-l：显示文件的详细属性信息，注意 l 是 L 的小写。

-h：对文件大小进行单位换算，可能影响精度。

-d：查看目录本身而非其内部的文件。

-r：逆序显示文件。

-R：递归显示文件。

cat 命令查看文本的内容，主要选项如下。

-n：给显示的文本行编号。

-E：显示行结束符号$。

示例：

```
# cat -n /etc/fstab         # 查看/etc/fstab 内容并显示行号
```

典型的硬盘和分区操作命令包括建立子目录命令、显示目录命令、删除子目录命令、显示目录结构命令、改变当前目录命令、磁盘格式化命令、复制整个软盘命令、备份命令、软盘比较命令、查看挂载的分区状态、查看所有分区、查看所有交换分区、查看磁盘参数等。例如，Linux 下与磁盘操作相关的典型命令如下。

```
# df -h                    # 查看各分区使用情况
# du -sh <目录名>           # 查看指定目录的大小
# mount | column -t        # 查看挂载的分区状态
# fdisk -l                 # 查看所有分区
# swapon -s                # 查看所有交换分区
# hdparm -i /dev/hda       # 查看磁盘参数（仅适用于 IDE 或 SCSI 设备）
# dmesg | grep IDE         # 查看启动时 IDE 设备检测状况
```

3.3.2 重定向和管道命令

重定向和管道命令都属于特殊的操作命令。在一些特定的应用场景中，可以利用重定向命令和管道命令结合常规的操作命令，来实现一些特殊的使用效果或功能。

1. 重定向

操作系统定义了两个标准输入和输出设备。各种程序以键盘作为标准输入设备，以显示器作为标准输出设备，即任何命令的输入默认来自"键盘"，任何命令的输出（含错误）默认送往"显示器"。表 3-1 定义了标准输入设备和输出设备的文件编号。

表 3-1 标准输入设备和输出设备的文件编号

输入输出文件	设备	文件编号
标准输入文件	键盘	0
标准输出文件	显示器	1
标准错误输出文件	显示器	2

重定向操作即把命令默认的输入来源或输出方向修改为其他设备（或其他文件，设备视同文件）。重定向分为输入重定向和输出重定向两种，分别用"<"及">"表示。

如果在命令中设置输出重定向符">"，其后接文件名或设备名，表示将命令的输出改向，送到指定文件或设备上。输出重定向的基本格式是：

```
Command-Line > file 或设备
```

上面命令 Command-Line 的执行结果（输出或者错误输出，本来都要打印到屏幕上面的）被重定向到指定的普通文件 file 或其他输出设备上（含打印机设备）。

例如，命令 ls 的功能是列出当前目录下的文件名，但是命令：

```
# ls > ls.out
```

则不把列出的文件名往屏幕上显示，而是存于文件 ls.out 中，可见">"把命令的输出方向改向了。

如果在命令中设置输入重定向符"<"，则命令的输入来源不再是键盘而是重定向符右边参数所指定的文件或设备。输入重定向的基本格式是：

```
Command-Line < file 或文件操作符或设备
```

上面命令 Command-Line 需要输入参数，其参数将从 file 或文件操作符或设备中获取，而不是从键盘获取。

例如，命令：

```
# /bin/bash < a.sh
```

将用 a.sh 作为输入参数执行/bin/bash 命令，实际是用 bash 来执行 a.sh 脚本程序。命令运行如图 3-3 所示。

图 3-3 输入重定向命令的运行结果

又如，命令：

```
# cat < a.sh
```

将把 a.sh 文件的内容输出。命令运行如图 3-3 所示。注意与命令 cat a.sh 区别。

除了使用 ">"或"<"符号做基本的重定向操作，还可以使用">>"、"2>"、"2>>"和"&>"等符号做更复杂的重定向操作。表 3-2 定义了所有的重定向操作符号及其含义。

表 3-2　重定向操作符号及其含义

类别	操作符	说明
输入重定向	<	将命令输入由默认的键盘更改或重定向为指定的文件
输出重定向	>	将命令输出由默认的显示器更改或重定向为指定的文件
	>>	将命令输出重定向并追加到指定文件的末尾
错误重定向	2>	将命令的错误输出重定向为指定文件（先清空）
	2>>	将命令的错误输出重定向为指定文件（追加到末尾）
输出与错误组合重定向	&>	将命令的正常输出和错误输出重定向为指定文件

下面是 Linux 中的重定向的几个例子。

```
# ls /etc/sysconfig/ >> etc.txt          # 将标准输出重定向追加到文件
# ErrCmd 2> err.log                       # 将错误输出重定向到文件
# AComand &> ErrFile                      # 将标准输出和错误输出重定向到文件
# AComand > AComand.out 2>&1              # 将标准输出和错误输出重定向到文件
```

执行输出重定向操作的时候，Shell 会做如下的操作。

（1）遇到 ">"操作符，会判断 ">"右边的输出文件是否存在。如果存在就先删除再创建新文件；若不存在则直接创建。而无论 ">"左边的命令执行是否成功，右边文件之前的内容都会被清空。

（2）遇到 ">>"操作符，先判断右边文件是否存在。如果不存在，先创建；若存在，则以添加方式打开文件。

（3）命令在执行之前，Shell 会先检查输出文件是否正确。如果输出文件或设备错误，将不会执行命令。

例 1：# echo abcd > a.txt。

将信息 abcd 输出到文件 a.txt 中。如果文件 a.txt 本来已经存在，那么该命令首先擦除 a.txt 中的所有信息，然后写入信息 abcd；若 a.txt 本来就不存在，该命令将新建一个 a.txt 文件，并写入信息 abcd。

例 2：# echo abcd >>a.txt。

类似 echo abcd > a.txt。区别在于：如果 a.txt 文件本来已经存在，>a.txt 会擦除 a.txt 中的原有内容，而>>a.txt 并不擦除原有内容，仅在 a.txt 文件的末尾添加信息 abcd。a.txt 不存在时，二者没有差别。

巧用输出重定向命令有时能实现一些特殊的功能。譬如，有时候命令执行后用户并不希望得到任何输出，而是想把这个输出丢弃，尤其是在输出错误信息的情况下，用户希望忽略它们，这时可以把输出重定向到一个称为/dev/null 的特殊文件中来实现。/dev/null 文件也被称为漏桶的设备，它接受输入但是不对输入进行任何处理。以下命令可以用来抑制（或隐藏）一个命令的错误信息：

```
# ls -l /bin/usr 2> /dev/null   # 把错误重定向到/dev/null，即不处理错误信息
```

重定向命令可简化应用程序的设计环境，所有程序都可以只考虑标准的输入输出，但当需要以其他设备或者文件作为输入输出形式时，借助系统现成的重定向机制就可以很容易地实现，极大地提高程序的通用性和可移植性。

2. 管道

管道命令本质上是两条或更多条输入输出重定向命令的综合应用。管道命令可以将多条相关命令有序连接起来，把第一条命令的输出信息作为第二条命令的输入信息，同时，又把第二条命令的输出信息作为第三条命令的输入信息。这样，相关的多条命令就在逻辑上形成一条信息传递和处理的管道，如图 3-4 所示。

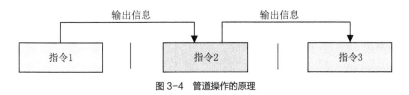

图 3-4　管道操作的原理

管道操作符是"|"，用于连接左右两个命令，将"|"左边命令的执行结果（输出）作为"|"右边命令的输入。管道操作的格式如下。

```
CMD1 | CMD2
```

在一个命令行中可以使用多个"|"符号连接多条命令，如下所示。

```
CMD1 | CMD2 | ... | CMDn
```

例如，cat file | wc，这条管道命令先用 cat 命令收集 file 中的数据（但数据不在终端显示），然后数据送给命令 wc 由其统计词数，作为 wc 命令的计数对象。因此 cat 命令的输出既不出现在终端上，也不存入某个文件中，而是作为第二条命令 wc 的输入。wc 命令用于计算字数。wc 命令可以计算文件的字节数、字数或列数，若不指定文件名称或所给予的文件名为"-"，则 wc 命令会从标准输入设备读取数据。

使用管道命令需要注意的地方有 3 点。

（1）管道只能处理由前面一条命令传出的正确输出信息，对错误信息是没有直接处理能力的。

（2）管道命令序列中的后一条命令，必须是能够接收标准输入流的命令。

（3）管道涉及多个命令，每个命令都必须有相应的执行权限才能保证管道执行成功。

3.3.3　批处理程序命令

有时用户为了完成一个复杂的日常例行任务，需要重复地使用多条键盘命令和复杂的参数。系统为免去用户每次重新输入这些命令和参数的麻烦，提供了一种特殊文件帮助用户简化这类操作。用户可以事先在这个特殊文件中记录这些命令和参数，并保存起来，以后当需要执行例行任务时就可以直接运行该特殊文件，系统会自动按序执行其中的命令。这个特殊文件可以被重复使用，所以能极大提高类似例行任务的执行效率。MS-DOS 和 Windows 都提供了这样的特殊文件，其扩展名为".bat"，称之为批处理程序。批处理是一种简化的脚本语言，经常应用于 DOS 和 Windows 操作系统中。

批处理就是按规定的逻辑顺序自动执行若干个指定的 DOS 命令或程序。批处理把原来在控制台上需要逐个输入和执行的命令汇总起来，按一定的逻辑顺序（可以是顺序或选择或跳转或循环）成批地执行，可以避免反复输入命令的麻烦。

批处理程序包含大量的基本命令（与具体的操作系统有关，例如 DOS 平台，则是 DOS 命令），是一种可执行文件。该文件运行时能按照其规则将其中的命令逐一执行。批处理程序命令由系统内嵌的命令解释器（例如 DOS 的 command.com 或者 cmd.exe）解释运行。更复杂的情况，需要使用 if、for、goto 等命令控制程序的运行过程，如同 C、Basic 等中高级语言一样。批处理程序命令具有可编程的特点，可以通过类似 C 语言等高级语言的程序编写方式，让用户灵活地把命令组织起来完成复杂、综合的功能。批处理程序支持变量替换、条件、转移、循环、注释等简单语法。

此外，批处理程序命令也像普通命令一样，支持在命令行上使用参数来扩展命令的使用方式。

批处理程序是文本文件，批处理文件的扩展名为.bat（Batch 的缩写），可以用记事本之类的不带格式控制的任何文本编辑器软件直接编辑。

在控制台下输入批处理文件的名称或者双击该批处理文件，系统就会自动调用相应的命令解释器（例如 DOS 中的 cmd.exe）运行该批处理程序。系统在解释运行批处理程序时，首先扫描整个批处理程序，然后从第一行代码开始向下逐句执行所有的命令，直至程序结尾或遇见 exit 命令或出错意外退出为止。

在 Windows 中，程序员采用命令行编译驱动程序时，需要先设置好编译环境，指定编译命令的安装目录、用户目录，以及一些其他编译参数。如果每次编译驱动程序的时候程序员都手动执行这些命令，显然十分烦琐，开发效率极低。代码 3-1 是一个可以帮助程序员编译驱动程序的批处理程序例子，方便程序员在命令行环境下快速编译驱动程序。

```
1   #编译DDK驱动程序的批处理程序命令: MakeDrvr.bat
2   @echo off                        #关闭回显
3   if "%1"=="" goto usage           #若缺第1个参数，则提示用法
4   if "%3"=="" goto usage           #若缺第3个参数，则提示用法
5   if not exist %1\bin\setenv.bat goto usage #参数1路径下相应文件不存在，则提示用法
6   call %1\bin\setenv %1 %4         #调用相应命令（和参数）执行，准备驱动程序编译环境
7   %2                               #参数2是驱动源代码所在盘符，例如 D:，切换盘符到D;
8   cd %3                            #参数3是驱动源代码所在路径，例如 D:\User，切换路径
9   build -b -w %% %% %% %% %%       #执行build命令，编译驱动程序
10  goto exit                        #编译完毕，退出批处理程序
11  :usage                           #提示批处理程序的正确用法
12  echo usage MakeDrvr DDK_dir Driver_Drive Driver_Dir free/checked
13  [build options]
14  echo eg MakeDrvr %%DDKROOT%% C: %%WIMHOOK%% free -cef
15  :exit
```

代码 3-1   使用批处理程序编译驱动程序

代码 3-1 的批处理程序命令的文件名是 MakeDrvr.bat，可以使用 4 个参数。一个可能的使用方法如下：MakeDrvr C:\WinDDK   D: D:\MyDriver free，其中：

参数 1：C:\WinDDK

参数 2：D:

参数 3：D:\MyDriver

参数 4：free

分别对应批处理程序中 %1，%2，%3，%4。

代码 3-2 的例子用于遍历一个特定文件夹中的子目录和文件。含参数/D 或/R 的 for 语句是与目录或文件有关的参数。参数/R 的命令常用于通过遍历文件夹来查找某一个文件或文件夹。这个例子展示了用该命令罗列出 D 盘下的所有文件夹和文件，虽然其速度要比命令"tree d:"慢多了，但是其返回结果的实用性远远超过了 tree 命令。

批处理程序还可以用来实现一些简单的数据处理。代码 3-3 是一个使用批处理程序命令的例子，功能是求 1~100 的整数和，并将其输出。

```
1  #遍历D盘目录和文件: TreeD.bat
2  @ECHO off
3  setlocal enabledelayedexpansion
4  for /R /d %%i IN (*) do (
5      SET dd=%%i
6      SET "dd=!dd:~0,-1!"
7      ECHO !dd!
8  )
9  PAUSE
10 EXIT
```

代码 3-2   使用批处理程序遍历文件夹

```
1  @echo off
2  for /l %%i in (1,1,100) do (
3      set /a sum+=%%i
4  )
5  echo %sum%
6  pause
```

代码 3-3   求 1~100 之间所有整数和的批处理程序命令

PowerShell 是微软公司为 Windows 设计的新的命令行程序，支持交互式提示和脚本环境，它们可以独立使用也可以交互使用。PowerShell 在工作原理、结构和方式上类似 UNIX、Linux 的 Shell。PowerShell 是面向对象的脚本语言。PowerShell 兼容 cmd，包含原先 cmd 的所有命令，原先命令

使用形式不变。系统所有的操作、配置，都可以在 PowerShell 中通过命令来实现。图 3-5 展示了通过 cmd 控制台启动 PowerShell 的方式。

图 3-5　通过 cmd 控制台启动 PowerShell

3.3.4　图形用户界面

随着计算机应用的普及，尤其是采用事件驱动的应用程序的普及，用户逐渐感到操作命令形式的交互方式不太方便。因为操作命令不直观，需要输入难记且难以理解的具有固定格式的一串字符。所以，操作命令不仅使用效率差，还对用户有相当高的要求。另外，不同的操作系统所提供的命令、语法、语义和表达风格也不一样，会极大地影响用户在不同操作系统之间的选择和迁移。当一个对 MS-DOS 的操作命令十分熟悉的程序员要改用 Linux 时，就需要重新熟悉新的命令形式，这对于计算机应用的推广会形成一种障碍。在计算机迅速地进入了各行各业和普通家庭的情况下，如何使人机交互的界面更为方便、友好、易学，是一个十分重要的问题。在这种需求的驱动下，开始出现了图形用户界面，图形用户界面实现了菜单驱动方式、图符驱动方式和窗口操作方式，支持用户使用键盘和鼠标，尤其是鼠标，可大大地提高计算机操作效率。图 3-6 是 Windows 中典型的图形用户界面的例子。

图 3-6　Windows 中典型的图形用户界面

微软公司的 Windows 95/98/2000/XP/7/10 等一系列 Windows 操作系统就是这种图形化用户界面的典型代表。Windows 操作系统为所有的用户和应用系统提供一种统一的图形界面。在系统中，所有程序都以统一的窗口形式出现，提供统一的菜单格式。Windows 系统管理的所有系统资源，例如，文件、目录、打印机、磁盘、网上邻居、进程、各种系统命令和操作功能都变成了生动的图形图像。窗口中使用的滚动条、按钮、文本框等各种操作对象也都采用统一的图形显示和统一的操作方法。在这种图形化用户界面的视窗环境中，用户面对的不再是使用单一的命令输入方式，而是用各种图形表示的一个个对象。用户可以通过鼠标（或键盘）选择需要的图形，采用单击的方式操作这些图形对象，达到控制系统、运行某一个程序、执行某一个操作的目的。

不同用途和类型的图形用户界面有不同的视觉表现风格。设计良好的图形用户界面并没有一个固定的公式可以套用，但好的设计也会遵循一定的准则。譬如，风格一致性设计原则、布局具有逻辑性原则、具有启示性设计原则、应遵循习惯性原则等。用户界面的一致性主要是指呈现给用户的通用操作序列、术语和信息的措辞，以及界面元素的布局、颜色搭配方案和排版样式等都要保持一致。图形界面的设计风格都应保持高度的一致性，包括所使用的图标、尺寸、字体等。界面布局应当体现用户操作时的一般顺序和被使用到的频繁程度，图形界面的布局应当符合人们通常阅读和填写纸质表单的顺序。界面启示性是指图形用户界面中的图形元素（如按钮、图标、滚动条、窗口和超链接等）可以暗示它们所代表的功能，或启发用户如何使用它们。

3.3.5 Shell

1. Shell 的概念

Shell，俗称壳（用来区别于内核），是操作系统与用户交互的重要操作界面之一。Shell 类似 DOS 下的 command.com，它负责接收用户的命令和参数，然后通过操作系统调用相应的应用程序完成命令所要求的功能，并把结果以合适的方式展示给用户。图 3-7 显示了 Shell 在计算机软件系统中的地位。

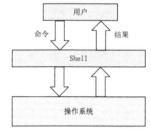

图 3-7　Shell 在计算机软件系统中的地位

Shell 本身不执行命令，仅仅具有管理命令和展示命令结果的功能。广义的 Shell 其实包括前述的图形用户界面方式（例如：Windows Explorer 就是一个典型的图形界面 Shell），即 GUI Shell。而狭义的上 Shell 是指命令行的 Shell，即 Command Line Interface Shell（CLI Shell）。本书所指 Shell 是指狭义的 Shell。

2. Shell 的类型

Shell 的主要类型有 UNIX 或 Linux 环境下的 bsh、csh、ksh 和 bash，以及 Windows 环境下的 PowerShell。PowerShell 在 3.2.3 节已经提及，不赘述。

bsh 即 Bourne Shell，它是一个交互式的命令解释器和命令编程语言。Bourne Shell 启动时先读取 /etc/profile 文件和 $HOME/.profile 文件。/etc/profile 文件为所有的用户定制环境，$HOME/.profile 文件为当前用户定制环境。最后，Shell 会等待读取用户的输入。

csh 即 C Shell，主要特点是增强让用户更容易使用的交互式功能，并把语法结构变成 C 语言风格。它新增了历史命令、命令别名、文件名替换、作业控制等功能。

ksh 即 Korn Shell，结合了 Bourne Shell 易于编程、C Shell 易于交互的特点。Korn Shell 是一个交互式的命令解释器和命令编程语言，它符合 POSIX 国际标准。因此，Korn Shell 广受用户的欢迎。它还新增了数学计算、进程协作（coprocess）、行内编辑（inline editing）等功能。

bash 即是 Bourne Again Shell，bash 是 GNU 计划的一部分，用来替代 Bourne Shell。它用于基于 GNU 的系统（如 Linux）。大多数的 Linux 都以 bash 作为默认的 Shell。

3. Shell 工作原理

系统启动后，内核为每个终端用户建立一个 Shell 终端进程，执行 Shell 解释程序。Shell 的执行过程包括以下 6 步。

（1）读取用户由键盘输入的命令。

（2）判断命令是否正确，且将命令行的其他参数改造为系统调用 execve() 内部处理所要求的形式。

（3）终端进程调用 fork() 建立一个子进程。

（4）终端进程用系统调用 wait4() 来等待子进程完成（如果是后台命令则不等待）。

（5）当调度子进程运行时，以文件名（命令名）为参数，调用 execve() 到相关目录中查找可执行文件，调入内存，然后执行相应程序。

（6）如果命令行末尾有&（后台命令符号），则终端进程不执行系统调用 wait4()，而是立即显示提示符，让用户输入下一个命令，转到第 1 步。如果命令末尾没有&，则终端进程会一直等待子进程（执行该命令程序的进程）完成，待子进程终止后，向父进程（即终端进程）报告。此时，终端进程被唤醒，完成必要的判断等工作后，显示提示符$，等待用户输入新的命令，重复上述处理过程。

不过需要注意的是，Shell 也有一些内置命令，例如 cd、echo、exit、pwd、kill 等命令。这些内置命令执行时不需要创建新的进程。

4．Shell 的主要功能

Shell 的主要功能有命令行编辑功能、历史命令功能、命令别名功能、命令和文件名补全功能、重定向和管道操作功能、脚本程序命令功能等。

（1）命令行编辑功能

如果在输入命令时出现拼写错误，只需在运行所输入的命令之前，使用编辑命令来纠正编辑错误，而不用重新输入整行命令。这个功能对命令中包含长路径文件名或复杂冗长的参数时特别有用。用户可以在输入命令时使用方向键前后移动光标，随意执行编辑操作。

（2）历史命令功能

用户可以查看和管理之前输入的命令。历史命令功能便于用户查找导致系统出现问题的命令，也方便用户重复输入同一条命令。命令的历史记录号从 1 开始，只有有限个（例如 bash 最大 500个）命令可以被保存起来。要查看最近执行的命令，只要输入 history 命令，最近执行过的命令即按先后顺序被显示出来，各条命令前的数字为历史记录号。

```
# history
1 cp mydata today
2 vi mydata
3 mv mydata reports
4 cd reports
5 ls
```

这些命令都被称为事件（Event），一个事件表示一个操作已经发生，即一个命令已被执行。这些事件根据它们被执行的先后顺序用数字标识，这一标识称为历史事件号。最后执行的历史事件的事件号最大。

（3）命令别名功能

有些用户（例如 Linux 的运维人员），会经常输入一大堆命令。有些命令很长或有些选项经常被用到，重复输入很长的命令或选项会使效率变得十分低下。这时候使用命令别名来代替复杂的命令或选项就非常有用。使用命令别名功能不仅可以简化复杂的命令，还可以按照用户的个人喜好定制属于用户自己的"命令"。

在命令行中使用如下格式的 alias 命令来为一个命令定义别名:alias CMDALIAS='COMMAND [options] [arguments]'

CMDALIAS 是用户为命令设置的自定义别名，未来可以当作命令来执行。

COMMAND [options] [arguments] 被别名的命令，即实际要执行的命令及其要用到的选项。

每当输入别名 CMDALIAS 时，Shell 将会把这个别名替换成实际的命令和相应的选项。

在命令行中定义的别名仅在当前 Shell 生命周期中有效，作用域仅为当前 Shell 进程。也就是说，在退出当前 Shell 之前别名都是有效的，一旦退出就不会再有效了。因此用户可以在系统配置文件（例如~/.bash_profile、~/.bashrc）中使用同样的格式来定义命令别名，一旦定义之后，在下次登录以及以后登录都会永久有效。由于别名的存在，别名可能和系统已有的其他命令同名，因此，系统规定了 Shell 执行一个命令时的搜索命令对应程序的优先顺序，优先级从高到低依次是：

① 绝对路径或相对路径执行的命令；

② 别名；

③ bash 的内部命令（Shell 的内置命令）；

④ 按照$PATH 环境变量定义的目录查找顺序找到的第一个命令。

（4）命令和文件名补全功能

命令和文件名补全功能不仅能方便用户输入命令和文件名，还能大大降低记忆命令的难度。使用该功能时，在命令提示符下输入文件名或命令的前几个字符，然后按 Tab 键，Shell 将扫描当前的目录以及搜索路径中的所有其他目录以匹配该文件名或命令。如果只找到一个匹配，bash 将为用户自动补全该文件名或程序名。如果找到多个匹配，将提示用户进行选择。

Shell 也具有命令行展开功能，即可以使用{}来对其中的内容展开后分别进行操作。例如：/tmp/{x，y} 相当于/tmp/x 和/tmp/y。

（5）重定向和管道命令功能

重定向和管道命令是 Shell 支持的特殊操作命令，已在 3.2.2 节中介绍，此处不赘述。

（6）脚本程序命令功能。

Shell 也支持与前述批处理程序命令类似的脚本（Script）程序命令的功能。允许用户通过编写脚本程序，内嵌一系列命令，让它们按规定的逻辑顺序（可以是顺序、选择、跳转、循环）成批地执行。脚本程序是一种轻量级的程序设计语言，它会交互式地解释和执行用户输入的命令，或者自动地解释和执行预先设定好的一连串命令。作为程序设计语言，它可以定义各种变量和参数，并提供许多在高级语言中才具有的控制结构，包括循环和分支等。

3.3.6　Shell 脚本程序

脚本程序通过类似程序的方式执行具有一定逻辑顺序的命令序列来完成较复杂的功能和人机交互。脚本程序保存在文本文件中，是一系列 Shell 命令语句的集合。脚本程序有变量、关键字，有各种控制语句，如 if、case、while、for 等语句，支持函数，有特定的语法结构。利用 Shell 程序设计语言可以编写出功能很强、代码简单的程序。特别是它可把现有的多条 Linux 命令有机地组合在一起，可大大提高编程的效率。代码 3-4 是一个脚本程序的例子，用于向系统安装一个软件包，安装过程主要包括解压、配置、删除临时文件等工作。

```bash
#!/bin/bash
#创建临时文件
sudo mkdir /usr/temp
#解压安装包到临时文件
sudo echo "正在解压文件"
sudo unzip -qd /usr/temp /HUSTLibV30.zip
sudo echo "解压完成"
#拷贝安装文件
sudo cp -rf /usr/temp/HUSTLibV30/HUSTLib /usr/lib
#使配置文件生效
sudo ldconfig
#删除临时文件
sudo echo "正在删除临时文件"
sudo rm -rf /usr/temp
sudo echo "删除临时文件成功"
sudo echo "安装完成请重启"
```

代码 3-4　用于安装软件包的脚本程序的例子

代码 3-5 是一个名为 ChkVersion.sh 的脚本，用来判断当前系统内核的主次版本。若版本号大于 2.4，则输出相应的版本信息；否则提示"版本太低，无法安装"。

```
1  #!/bin/bash
2  Major=$(/usr/bin/uname -r | awk -F. '{ print $1 }')
3  echo "内核主版本：$Major"
4  Minor=$(/usr/bin/uname -r | awk -F. '{ print $2 }')
5  echo "内核次版本：$Minor"
6  if [ $Major -gt 2 ]
7  then
8      echo "主版本满足条件，可以安装"
9  elif [ $Major -eq 2 -a $Minor -ge 4 ]
10 then
11     echo "可以安装"
12 else
13     echo "版本太低，无法安装"
14 fi
```

代码 3-5　判断内核主次版本的脚本程序

1. 脚本程序的基本格式

脚本程序保存在文本文件中，扩展名可取为.sh（sh 代表 Shell），不过扩展名并不影响脚本执行，但有助于让用户知道文件的类型。很多脚本程序的首行是类似#!/bin/bash 开头的语句。#!是一个约定的标记，它告诉系统这个脚本程序需要什么类型的 Shell 解释器来执行。

脚本程序执行时，从第一行开始，按逻辑逐行分析和执行命令。凡是能够在 Shell 下直接执行的命令，都可以在脚本中使用。脚本中还可以使用一些不能在 Shell 下直接执行的语句。

2. 脚本程序的运行方式

（1）将脚本程序作为程序运行，在命令行直接输入脚本文件名字。

Shell 脚本也是一种解释执行的程序，可以在终端直接调用。脚本文件需要具有可执行权限，可以使用 chmod 命令给 Shell 脚本加上执行权限：

```
# chmod +x test.sh
```

需要注意，在这种运行方式下，如果没有在脚本程序文件的首行指定用特定的 Shell 解释器来执行当前脚本，那么系统将启动当前用户对应的默认 Shell 来解释执行该脚本。在脚本中为当前脚本指定特定的 Shell，需要在脚本文件的开头增加如下一行代码：

```
#!/bin/bash
```

此行必须顶格，后接指定 Shell 解释器的全路径。可从/etc/shell 获知所有可用的 Shell 及其绝对路径。

（2）将脚本文件名作为参数传递给特定的 Shell 解释器，用特定 Shell 解释执行。

例如，用户可以在命令行中直接运行 bash 解释器，并将脚本程序的名字作为参数传递给 bash，命令参考如下：

```
# /bin/bash test.sh
```

用这种方式运行的脚本，不需要在脚本的第一行指定解释器的信息，如果写了也不起作用。

不过很多时候脚本程序可以在多种 Shell 中正确运行，因此程序员或用户可能不会在脚本程序的首行指定特定的 Shell 解释器，也不会在命令行上指定特定的 Shell 解释器，而是让系统自动选择当前用户对应的 Shell 来解释运行这个脚本程序。

3. 脚本程序的主要语法

代码 3-6 是一个脚本程序示例。

```
1  #!/bin/bash
2  cd ~
3  mkdir shell_test
4  cd shell_test
5  for ((i=0; i<10; i++)); do
6      touch test_$i.txt
7  done
```

代码 3-6　脚本程序示例

示例解释如下。

第 1 行：指定脚本解释器，这里是用/bin/bash 作解释器的。

第 2 行：返回当前用户的 home 目录。

第 3 行：创建一个目录 shell_test。

第 4 行：进入 shell_test 目录。

第 5 行：循环条件，一共循环 10 次。

第 6 行：（每次循环）创建 test_1…10.txt 文件。

第 7 行：循环体结束。

（1）变量和引用

运行 Shell 时，会同时存在 3 种变量：局部变量、环境变量、Shell 变量。

局部变量：局部变量在脚本或命令中定义，仅在当前 Shell 实例中有效，其他 Shell 启动的程序不能访问局部变量。

环境变量：所有的程序，包括 Shell 启动的程序，都能访问环境变量，有些程序需要环境变量来保证其正常运行。必要的时候 Shell 脚本也可以定义环境变量。

Shell 变量：Shell 变量是由 Shell 程序设置的特殊变量。Shell 变量中有一部分是环境变量，有一部分是局部变量，这些变量保证了 Shell 的正常运行。

定义变量主要有两种方式：一是，通过显式的直接赋值语句来定义变量，变量名和等号之间不能有空格。二是，通过语句给变量间接赋值来声明变量。

引用变量的时候，在变量名前面使用美元符号$作为前缀。另外，变量可以用花括号括起来，但这不是必需的。代码 3-7 中的第 1、3、5 行分别演示了两种变量定义的方式。第 2、4、6 行演示了变量的引用。

```
1  UserName="SuShuguang"
2  echo ${UserName}
3  for file in 'ls /etc'
4  echo $file
5  read -p "Please Input Your Name" YourName
6  echo $YourName
```

代码 3-7　变量定义和引用的方式

（2）键盘输入和屏幕输出

要与操作系统交互，脚本获取键盘输入和向屏幕输出两个基本操作是必不可少的。键盘输入可以使用 read 命令，向屏幕输出则可使用 echo 命令。

read 可以按行从文件（或标准输入设备或给定文件描述符）中读取数据，命令的格式：

```
read [-rs] [-a ARRAY] [-d delim] [-n nchars] [-N nchars] [-p prompt] [-t timeout]
[-u fd] [var_name1 var_name2 ...]
```

read 命令从标准输入或文件中每次读取一行，将读取的行分割成多个字段，并将分割后的字段分别赋值给指定的变量列表 var_name。第一个字段分配给第一个变量 var_name1，第二个字段分配给第二个变量 var_name2，依次分配直到结束。如果指定的变量名少于字段数量，则多出的字段也同样分配给最后一个 var_name。如果指定的变量命令多于字段数量，则多出的变量赋值为空。如果没有指定任何 var_name，则分割后的所有字段都存储在特定变量 REPLY 中。

read 命令的主要选项说明。

-n：限制读取 n 个字符就自动结束读取，如果没有读满 n 个字符就按 Enter 键或遇到换行符，则也会结束读取。

-p：给出提示符。默认不支持"\n"换行，要换行需要特殊处理，见下文示例。例如，"-p 请输入密码："。

-s：静默模式。输入的内容不会回显在屏幕上。

echo 命令是 Shell 内部指令，用于在屏幕上打印出指定的字符串，一般起到一个提示的作用。

echo 要输出的字符串可以加引号，也可以不加引号。对加引号的字符串，字符串将原样输出；对不加引号的字符串，将字符串中的各个单词作为字符串输出，各字符串之间用一个空格分隔。

echo 命令的基本格式：

```
echo [-ne][字符串]
```

echo 命令的主要选项说明：

-n：不要在最后自动换行

-e：转义符，紧跟在转义符后面字符不会被当成一般字符输出，而是加以特别处理。典型的用到转义符的操作有：

\b 删除前一个字符；

\n 换行且光标移至行首；

\t 插入 tab；

代码 3-8 的脚本例子 ChkInstall.sh 可以查询任意软件包是否安装，若未安装，则询问用户是否安装；若已安装，则显示软件包版本。

```
1  #!/bin/bash
2  read -p "请输入软件名称： " SoftwareName
3  Version="$(rpm -qa $SoftwareName)"
4  if [ $? -eq 0 ]
5  then
6    echo "软件已安装"
7    echo "版本: $Version"
8  else
9    echo "软件$SoftwareName未安装"
10   read -p "是否安装(y/n): " Select
11       if [ $Select = "y" ]
12       then
13           yum install $Version
14       else
15           "您选择不安装"
16       fi
17 fi
```

代码 3-8　查询任意软件包是否安装的脚本例子

（3）条件判断和分支语句

典型的条件判断和分支语句有 if…else…语句块。if…else…语句块的基本格式如下：

```
if condition
then
    statement(s)
fi
```

condition 是判断条件，如果 condition 成立（返回"真"），那么 then 后边的语句将会被执行；如果 condition 不成立（返回"假"），那么不会执行任何语句。注意，最后必须以 fi 来闭合，fi 就是 if 倒过来的拼写。也正是有了 fi 来结尾，所以即使有多条语句也不需要用{}括注。

如代码 3-9 所示，从键盘输入两个整数 a、b，比较它们的大小，输出相应的提示信息。

```
1  #!/bin/bash
2  echo "Please Enter Two Number"
3  read a
4  read b
5  if test $a -eq $b
6  then
7    echo "NO.1 = NO.2"
8  elif test $a -gt $b
9  then
10   echo "NO.1 > NO.2"
11 else
12   echo "NO.1 < NO.2"
13 fi
```

代码 3-9　比较两个数大小的例子

（4）for 循环

for 循环是固定循环，也就是在循环时已经知道需要进行几次循环。有时也把 for 循环称为计数循环。for 循环语句块的基本格式如下：

```
for var in item1 item2 ... itemN
do
    command1
    command2
    ...
    commandN
done
```

当变量 var 的值在列表里，for 循环即执行列表里所有命令一次，使用变量名获取列表中的当前取值。命令可为任何有效的 Shell 命令和语句。in 列表是可选的，如果不用它，for 循环使用命令行的位置参数。

for 循环的次数取决于 in 后面值的个数（以空格分隔），有多少个值就循环多少次，并且每次循环都把值赋予变量。

代码 3-10 所示编写一个脚本 AddUser.sh，批量添加若干测试用户 Test1,Test2,…。

```
2 for USER in Test{1..10}
3 do
4     useradd $USER
5     echo "${USER}abc" | passwd --stdin $USER &> /dev/null
6 done
7 cat /etc/passwd | grep Test
```

代码 3-10　批量添加测试用户的例子

（5）while 循环

while 循环用于不断执行一系列命令，其格式为：

```
while condition
do
    command
done
```

while 循环的执行流程如下。

对 condition 进行判断，如果该条件成立，则进入循环，执行 while 循环体中的语句，也就是 do 和 done 之间的语句。这样就完成了一次循环。

每一次执行到 done 的时候都会重新判断 condition 是否成立，如果成立，则进入下一次循环，继续执行 do 和 done 之间的语句；如果不成立，则结束整个 while 循环，执行 done 后面的其他 Shell 代码。

如果一开始 condition 就不成立，那么程序就不会进入循环体，do 和 done 之间的语句就没有被执行的机会。代码 3-11 展示了一个 while 循环的例子，批量增加 5 个新用户。

```
1 #!/bin/bash
2 No=1
3 PRE=Test
4 while [ $No -le 5 ]
5 do
6     useradd $PRE$No
7     echo "123" | passwd --stdin $PRE$No &> /dev/null
8     let No++
9 done
10 cat /etc/passwd | grep $PRE
```

代码 3-11　while 循环的例子

3.4　系统调用

系统调用

在计算机系统中运行着两类程序：操作系统和应用程序。为了保证操作系统不被应用程序有意或无意地破坏，CPU 设置了两种状态：核态和用户态。核态也称为系统态、核心态、管态，操作系统在核态运行。

用户态也称为目态，应用程序只能在用户态运行。

在实际运行过程中，CPU 会在系统态和用户态间切换。一方面，系统提供了保护机制，防止应用程序直接调用操作系统的服务，提高了系统的安全性。另一方面，应用程序又必须取得操作系统所提供的服务，否则，应用程序就几乎无法做任何有价值的事情，甚至无法运行。为此，操作系统提供了系统调用，使应用程序可以通过系统调用的方法，间接调用操作系统的相关函数，取得相应的服务。

3.4.1　系统调用概念

系统调用（System Service Call，System Call)是操作系统内核为应用程序提供的服务，是应用程序与操作系统之间的接口。

系统调用一般涉及核心资源或硬件的操作，运行于核态。每个系统调用具有唯一的编号。调用系统调用的过程会产生中断，这种中断是自愿中断，既是软件中断，也是内部中断。图 3-8 展示了系统调用的基本概念。用户程序调用 sys_foo()函数，但是该函数却是在内核中真正实现的。当然，sys_foo()函数能从用户空间穿越到内核空间，显然该过程利用了中断机制，产生了中断。

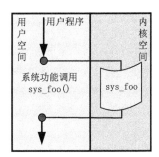

图 3-8　系统调用的基本概念

3.4.2　系统调用工作原理

在内核中预先设计了一系列系统调用，每个系统调用都有唯一的编号，以区别彼此。应用程序通过形如 SVC N 的访管指令调用第 N 号调用，调用过程中发生了中断。图 3-9 展示了调用第 X 号系统调用产生中断的过程。

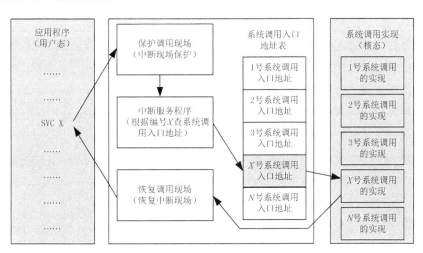

图 3-9　第 X 号系统调用的调用和工作过程

（1）应用程序使用 SVC X 指令准备调用第 X 号系统调用。

（2）内核识别并响应 SVC X 指令引起的中断。

（3）系统执行保护现场。

（4）根据系统调用编号 X 在系统调用入口地址表中查找相应的入口地址。

（5）转入相应的系统调用函数。

（6）恢复现场数据。

（7）返回应用程序。

操作系统维护系统调用的入口地址表，并维护系统调用的编号与入口地址之间的对应关系。

不同类型、不同版本的操作系统，系统调用的命令格式、数目和所完成的功能，以及每条系统调用的编号等都不尽相同。但是系统调用的步骤和基本工作原理是相同的。

在使用系统调用的时候，除了提供系统调用的编号之外，很多时候还需要更多的参数才能实现。比如要在屏幕上显示字符串，至少需要提供以下参数：

（1）系统调用的编号

（2）待显示字符串的地址

（3）字符串的长度

（4）屏幕设备对应的文件句柄

在使用系统调用之前，这些参数应当存放在特定的位置，以便进入中断服务程序之后，中断服务程序能够获取它们。系统调用属于软件中断，在多数操作系统中都会使用 INT 指令触发软件中断。譬如，在 DOS 操作系统中，使用 INT 21H 触发软件中断，使用相应的系统调用；在 Linux 操作系统中，使用 INT 80H 触发软件中断，使用相应的系统调用。

DOS 系统调用（INT 21H）为用户提供了 80 多个系统调用的服务程序，可在汇编语言程序中直接调用。这些子程序的主要功能包括：

（1）设备管理（如键盘、显示器、打印机、磁盘等的管理）

（2）文件管理和目录操作

（3）内存管理

（4）时间和日期管理

表 3-3 展示了常用 DOS 系统调用的编号，参数和基本功能。一般在 AH 寄存器中提供系统调用的编号，其余的参数在 AL、BX、CX、DX 等寄存器中存放，具体参数和放置方式与系统调用本身有关，可以参照技术手册。

表 3-3　常用 DOS 系统调用（INT 21H）一览表

AH	功能	调用参数	返回参数
01	键盘输入且回显		AL=输入字符
02	显示输出	DL-输出字符	
03	异步通信输入		AL=输入数据
04	异步通信输出	DL=输出数据	
05	打印机输出	DL-输出字符	
07	键盘输入无回显		AL=输入字符
09	显示字符串	DS:DX=串地址 '$'结束字符串	
0F	打开文件	DS:DX=FCB 首地址	AL=00 文件找到 AL=FF 文件未找到

AH	功能	调用参数	返回参数
10	关闭文件	DS:DX=FCB 首地址	AL=00 目录修改成功 AL=FF 目录中未找到文件
13	删除文件	DS:DX=FCB 首地址	AL=00 删除成功 AL=FF 未找到
3D	打开文件	DS:DX=ASCII 串地址 AL=0 读 AL=1 写 AL=3 读/写	成功:AX=文件代号 错误:AX=错误码
3E	关闭文件	BX=文件号	失败:AX=错误码
3F	读文件或设备	DS:DX=数据缓冲区地址 BX=文件号 CX=读取的字节数	读成功: AX=实际读入的字节数 AX=0 已到文件尾 读出错:AX=错误码
40	写文件或设备	DS:DX=数据缓冲区地址 BX=文件号 CX=写入的字节数	写成功: AX=实际写入的字节数 写出错:AX=错误码

DOS 操作系统下调用系统调用的过程如下。

（1）给出系统调用的编号。系统调用编号写入 AH 寄存器中。

（2）给出相关的入口参数。参数写入相关的寄存器中。

（3）INT 21H。

程序员给出以上三方面信息，DOS 就可根据所给信息自动转入相关系统调用执行。

例1：如代码 3-12 所示利用 DOS 的 INT 21H 系统调用向屏幕输出一个字符串。

```
1 DATA SEGMENT
2    STR1 DB 'HOW DO YOU DO?','$',0AH,'$'
3 DATA ENDS
4
5 CODE SEGMENT
6    ASSUME CS:CODE,DS:DATA
7 START:
8        MOV AX,DATA
9        MOV DS,AX
10       MOV DX,OFFSET STR1 ;字符串首偏移地址放到DX中
11       MOV AH,
12       INT 21H ;输出字符串
13
14       MOV AH,
15       INT 21H
16 CODE ENDS
17    END START
```

代码 3-12　DOS 中断输出字符串的例子

例2：在代码 3-13 的键盘交互式程序中，等待用户按下数字键 1,2,3，程序转入相应的服务子程序，若按其他键则会继续等待。当 AH = 1 时，执行 INT 21H 系统调用后，出现提示输入的光标，等待用户从键盘输入一个字符并保存其 ASIIC 码到 AL 寄存器中。

```
1 InputKey:
2        MOV AH, 1
3        INT 21H   ;等待输入一个字符
4        CMP AL, '1'
5        JE  ONE   ;如果输入'1'则跳到ONE处执行
6        CMP AL, '2'
7        JE  TWO   ;如果输入'2'则跳到TWO处执行
8        CMP AL, '3'
9        JE  THREE ;如果输入'3'则跳到THREE处执行
10       JMP InputKey ;如果不是1,2,3，则继续要求输入
11 ONE:  ......
12 TWO:  ......
13 THREE: ......
```

代码 3-13　DOS 中断键盘交互式程序例子

表 3-4 显示了 Linux 中支持的系统调用（INT 80H），在 EAX 寄存器中提供系统调用的编号，其余的参数在 BX、CX、DX 等寄存器中存放，具体的使用方式参照技术手册。

表 3-4　Linux 部分系统调用

编号	名称	功能	调用参数
00	setup	安装根文件系统	EBX=硬盘参数表地址
01	exit	退出进程	EBX=退出码
02	fork	创建进程	
03	read	读文件	EBX=文件描述符，ECX=缓冲区首址，EDX=字节数
04	write	写文件	EBX=文件描述符，ECX=缓冲区首址，EDX=字节数
05	open	打开文件	EBX=文件名，ECX=打开标志，EDX=属性
06	close	关闭文件	EBX=文件描述符
07	waitpid	等待进程终止	EBX=进程 ID，ECX=返回状态地址，EDX=选项
0b	execve	执行程序	EBX=文件名，ECX=argv 指针，EDX=envp 指针
0c	chdir	更改当前目录	EBX=目录名
0d	time	获取当前时间	EBX=时区
0f	chmod	修改文件属性	EBX=文件名，ECX=文件属性
14	getpid	取进程 ID	
17	setuid	设置进程用户 ID	EBX=用户 ID
18	getuid	获取进程用户 ID	

例 3：代码 3-14 直接使用 Linux 的 write 系统调用。write 系统调用（内部的名称是 sys_write）的编号是 4，编号被存在 EAX 寄存器中，其余的各个参数也被存放到相应的寄存器中：

EBX：文件描述符

ECX：指向要写入的字符串的指针

EDX：要写入的字符串长度

需要说明的是，Linux 中 0 表示标准输入，一般是键盘。1 表示标准输出，一般是终端屏幕。

```
1 ;源文件名: hello.asm
2 [section .data]
3 strHello  DB   "Hello World!"
4 strLen    EQU $ - strHello
5
6 [section .text]
7 global _start
8
9 _start:
10     MOV EDX, strLen
11     MOV ECX, strHello
12     MOV EBX, 1
13     MOV EAX, 4  ;sys_write
14     INT 0x80
15     MOV EAX, 1  ;sys_ext
16     INT 0x80
17
18 ;makefile
19 ;All:
20 ;   NASM -f elf -o hello.o hello.asm
21 ;   ld -o hello.out hello.o
```

代码 3-14　使用 write 系统调用显示 Hello World!

有的系统允许系统调用直接为高级语言程序所用，这时系统调用通常被封装为库函数。高级语言程序在调用库函数时会通过库函数间接地使用汇编指令来请求系统调用，这就是系统调用的隐式调用方式，或者称为间接使用方式。与之对应的，直接使用汇编指令请求系统调用的方式称为显式调用。汇编指令形式的系统调用常常会列在汇编语言的开发手册中。

3.4.3 Linux 系统调用机制

在 Linux 操作系统下，系统调用（通常称为 syscalls）接口是内核与上层应用程序进行交互通信的唯一接口。用户程序通过直接或间接（通过库函数）调用中断 INT 0x80，并在 EAX 寄存器中指定系统调用功能号，即可使用内核资源。不过通常应用程序都是使用具有标准接口定义的 C 函数库中的函数间接地使用内核的系统调用。处理系统调用 INT 0x80 中断的是文件 kernel/system_call.s 中的 system_call 函数。

在 Linux 内核中，每个系统调用都具有唯一的功能号。这些功能号被定义在文件 include/unistd.h 中。例如，read 系统调用的功能号是 3，定义为符号__NR_read。这些系统调用功能号实际上对应 include/linux/sys.h 中定义的系统调用处理函数指针数组表 sys_call_table[]中各项的索引值。因此，read 系统调用的处理函数指针就位于该数组的第 3 项处。

为了方便使用系统调用，系统开发人员通常会将系统调用封装在标准库中。内核源代码在 include/unistd.h 文件中定义了宏函数_syscalln()，其中 n 代表携带的参数个数，可以是 0～3。封装系统调用的库函数通常使用_syscalln()宏展开进行定义。例如对于 read 系统调用，带 3 个参数，其定义是：

```
#define __LIBRARY__
#include <unistd.h>
_syscall3(int, read, int, fd, char *, buf, int, n)
```

其中，第 1 个参数对应系统调用返回值的类型，第 2 个参数是系统调用的名称，随后是系统调用参数的类型和名称。这个宏会被扩展成包含内嵌汇编语句的 C 函数，如代码 3-15 所示。

```
 1  int read(int fd, char *buf, int n)
 2  {
 3      long __res;
 4      __asm__ volatile (
 5          "int $0x80"
 6          :"=a" (__res)
 7          :"0" (__NR_read), "b" ((long)(fd)), "c" ((long)(buf)),
 8          "d" ((long)(n)));
 9      if (__res>=0)
10          return int __res;
11      errno=-__res;
12      return -1;
13  }
```

代码 3-15　read 函数的展开

可以看出，这个宏经过展开就是一个封装 read 系统调用的库函数的实现。宏中使用了嵌入汇编语句，以功能号__NR_read3 作为参数执行系统调用对应的 int 0x80 指令。

当进入内核中 0x80 的号中断处理程序 kernel/system_call.s 后，system_call 的代码会首先检查 EAX 中的系统调用功能号是否在有效系统调用号范围内，然后根据 sys_call_table()函数指针表调用相应的系统调用处理函数。

```
call sys_call_table (, %eax, 4)
```

read 系统调用的功能号是 3，即 read 的系统调用处理函数指针在 sys_call_table()中的索引为 3，保存在 EAX 寄存器中。通过执行上面的汇编语句后，内核会跳转执行 read 系统调用的处理程序。

根据以上分析，Linux 系统调用的工作机制可以概括为图 3-10 所示的流程，具体包括 5 步：

（1）应用程序调用封装系统调用的库函数；

（2）库函数展开为内含 INT 0x80 指令和系统调用编号的汇编指令，调用相应的系统调用；

（3）进入 INT 0x80 的中断处理函数，并调用相应的系统调用函数；

（4）系统调用函数完成用户请求的服务；

（5）返回应用程序。

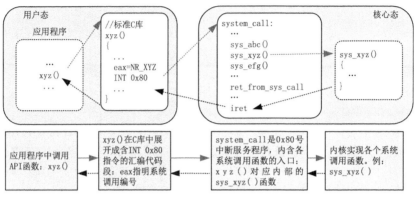

图 3-10　Linux 系统调用的工作机制

3.4.4　Linux 系统调用实现

本节以 Linux 0.11 内核为例，分析 Linux 系统调用的代码实现，包括 0x80 中断初始化、系统调用的公共入口、系统调用处理函数指针表和典型的系统调用处理函数。

1. 0x80 中断初始化

应用程序使用系统调用会触发 0x80 中断，0x80 中断对应的中断服务程序 system_call() 的入口地址放在系统的中断描述符表（Interrupt Descriptor Table，IDT）中。IDT 是 CPU 保护模式中的重要概念，关于保护模式请参考第 8 章的相关内容。Linux 系统初始化时，IDT 由/kernel/sched.c 中的 sched_init 函数完成初始化。在初始化函数中，将 system_call() 设置为 0x80 号中断的处理程序，如代码 3-16 所示。

```
1  void sched_init(void)
2  {
3      ......
4      set_intr_gate(0x20,&timer_interrupt);
5      ......
6      set_system_gate(0x80,&system_call);
7  }
```

代码 3-16　初始化 sched_init 函数

经过初始化以后，每当执行 INT 0X80 指令时，产生一个中断使系统陷入内核空间并执行 0x80 号中断处理函数，即系统调用处理函数 system_call()。可见，应用程序通过使用 INT 0x80，就可以间接使用内核资源。

2. 系统调用公共入口

system_call() 是中断服务程序，也是所有系统调用的公共入口。system_call() 函数的主要功能包括保护系统调用的中断现场、进行参数正确性检查、根据系统调用功能号确定正确的系统调用处理函数、执行系统调用处理函数、执行 ret_from_sys_call() 函数完成返回用户空间前的最后检查、从堆栈中恢复现场并执行 iret 指令返回系统调用的断点。代码 3-17 展示了 system_call() 的关键代码。

第 11 行的语句使用 call 指令，调用指定的系统调用，其中 eax 就是系统调用的编号。call 指令将调用的目标函数地址是：

目标调用地址 = sys_call_table + %eax * 4

```
 1 system call:
 2     cmpl $nr system calls- ,%eax # 系统调用编号若超范围则出错
 3     ja bad sys call
 4     push %ds       # 保存原段寄存器值。
 5     push %es
 6     push %fs
 7     pushl %edx     # ebx,ecx,edx 中存放有C函数的调用参数。
 8     pushl %ecx     # push %ebx,%ecx,%edx as parameters
 9     pushl %ebx     #       to the system call
10     ......
11     call sys_call_table(,%eax, )
12     ......
13     # 从系统调用的C函数返回
14 ret from sys call:
15     ......
16     popl %eax
17     popl %ebx
18     popl %ecx
19     popl %edx
20     pop %fs
21     pop %es
22     pop %ds
23     iret
```

代码 3-17　system_call()的关键代码

其中，sys_call_table[ ]是上一节中提及的系统调用处理函数指针表，里面按序包含有所有系统调用处理函数的指针，该表按 4 字节对齐。

3. 系统调用处理函数指针表

系统调用处理函数指针表 sys_call_table[ ]定义在/include/linux/sys.h 中。在该文件中，首先使用 extern 关键字声明所有系统调用处理函数在外部的定义，目的是在定义系统调用处理函数指针表时可以引用这些函数名。然后该文件定义了系统调用处理函数指针表 sys_call_table[ ]，数组元素即声明的函数名，并且数组元素是严格按照系统调用功能号排列的，目的是使其可以使用给定的系统调用功能号在 sys_call_table[ ]中找到对应的系统调用处理函数。代码 3-18 展示了 sys_call_table[ ]的部分代码。

```
 1 extern int sys setup();  // 系统启动初始化设置
 2 extern int sys_exit ();  // 程序退出
 3 extern int sys_fork ();  // 创建进程
 4 extern int sys_read ();  // 读文件
 5 extern int sys write();  // 写文件
 6 ......
 7 extern int sys chdir();  // 更改当前目录
 8 ......
 9 extern int sys getpid(); // 取进程ID
10 ......
11 extern int sys kill ();  // 终止一个进程
12 // 系统调用的入口地址表
13 fn_ptr sys_call_table[] =
14 {
15   sys_setup,
16   sys exit,
17   sys fork,
18   sys read,
19   sys_write,
20   ...
21   sys_chdir,
22   ...
23   sys getpid
24   ...
25 };
```

代码 3-18　系统调用处理函数指针表

4. 系统调用处理函数

系统调用入口函数会在系统调用处理函数指针表 sys_call_table[ ]中找到相应的处理程序，并跳转执行该程序以完成用户请求的服务。

以 write 系统调用为例，简单介绍该系统调用处理函数的工作内容，不同系统调用的处理函数各有不同。write 系统调用的功能号是 4，系统调用处理函数为 sys_write()，实现在 read_write.c 文件中，其关键代码如代码 3-19 所示。

write 系统调用的功能是把用户缓冲区的内容写入指定文件中，其对应的处理函数 sys_write() 仅仅区分写入的目标文件是什么类型：字符设备文件、块设备文件、常规文件还是管道文件。不同类型的文件操作将交由对应的设备驱动程序去实现，完成用户请求的服务后，将执行结果返回给调用程序。

```
 1  int sys_write(unsigned int fd,char * buf,int count)
 2  {
 3      struct file * file;
 4      struct m_inode * inode;
 5
 6      //异常错误处理
 7      if (fd>=NR_OPEN || count < 0 || !(file=current->filp[fd]))
 8          return -EINVAL;
 9      if (!count)
10          return 0;
11
12      inode=file->f_inode;
13      if (inode->i_pipe)
14          return (file->f_mode& )?
15      write_pipe(inode,buf,count):-EIO;
16
17      if (S_ISCHR(inode->i_mode))
18          return rw_char(WRITE,inode->i_zone[ ],buf,count,&file->f_pos);
19
20      if (S_ISBLK(inode->i_mode))
21          return block_write(inode->i_zone[ ],&file->f_pos,buf,count);
22
23      if (S_ISREG(inode->i_mode))
24          return file_write(inode,file,buf,count);
25      printk("(Write)inode->i_mode=%06o\t",inode->i_mode);
26      return -EINVAL;
27  }
```

代码 3-19　函数 sys_write 的关键代码

不同版本的 Linux 内核，其系统调用的具体实现细节和效率是不同的，但是基本流程大致相同。针对具体版本的 Linux，若要增加或修改其系统调用，需要了解这些差异。

3.5　本章习题

1. 何为用户界面？有哪两类用户界面？
2. 何为操作界面？有哪三类操作界面？
3. 何为重定向命令？以 Linux 和 Windows 为例，各举两个重定向的例子。
4. 何为管道操作？举例说明管道操作。
5. 重定向和管道操作有什么关联？
6. Linux 中标准输入设备和标准输出设备具体是指什么设备？
7. 使用管道操作时需要注意的地方有哪几点？
8. 何为批处理？批处理与普通命令有什么关系？
9. 在设计图形用户界面时一般会遵循哪些原则？
10. 查阅资料，列举 2～3 种主流的 Shell，并描述它们的主要特点和差异。
11. 简述 Shell 在计算机软件系统中的地位。
12. Shell 的功能有哪些？
13. 简述 Shell 脚本程序的两种运行方式。
14. 何为系统调用？
15. 系统调用与普通函数有何异同？
16. 简述系统调用的工作原理？
17. 列举两个 DOS 操作系统调用的例子，指出它们的编号、功能和主要参数。
18. 列举两个 Linux 操作系统调用的例子，指出它们的编号、功能和主要参数。
19. 何为系统调用的显式调用方式？何为隐式调用方式？
20. 以 read 函数为例简述 Linux 系统调用机制。
21. 查阅资料了解如何为 Linux 增加一个新的系统调用，描述其主要步骤。

第 4 章
进程管理

中央处理器，简称 CPU，是计算机系统中最重要的硬件资源。区分一台电子设备到底是不是计算机，最具有决定性的判断标准就是该电子设备是否有 CPU。CPU 的基本功能是分析和执行指令与程序。CPU 是决定计算机系统性能的重要部件。为了充分利用 CPU（当然这不是唯一的原因！），必须打破一个程序从始至终"霸占" CPU 的行为，操作系统必须能够采用合理的方式来管理软硬件资源，以便实现多道程序宏观上同时利用 CPU 运行的效果。

无论是前面所述的多道批处理系统，还是目前广泛流行的分时系统，这些操作系统的核心思想都是尽量让 CPU 保持忙碌的工作状态，让 CPU 见缝插针地运行多个用户程序。不同的操作系统实现这一目的的具体手段不一样，效果也不尽相同。但是它们都有一个共同点：宏观上每个应用程序或任务都在向前推进，都在或快或慢、时走时停地"运行"。每个程序的运行都不是一气呵成的，而是在运行过程中会被其他程序在中间频繁打断，与其他程序一起相互穿插执行。显然程序的某一次具体运行过程是一个动态的概念，与静态的程序完全不同，这个概念就是所谓的"进程"（Process）。在这个运行过程中，多个程序还可能存在着相互依赖和相互制约的关系，譬如它们可能需要共享某个资源，共享的过程必须是有序的、受控的，否则就有可能出错。此外，程序有时需要合作完成一个共同的任务，这个合作的过程要求它们在一些关键时间节点上相互等待或协调。这个等待或协调控制显然不全由程序本身决定，而应由操作系统提供相应的控制机制去实现。这样的控制机制正是操作系统的进程同步机制。

4.1 进程的概念

在早期未配置操作系统的系统和单道批处理系统中，程序的执行方式是顺序执行，即在内存中仅存在一个用户程序，由它独占系统中的所有资源。只有在一个用户程序执行完成后，才允许装入另一个程序并执行。可见，这种方式有浪费资源、系统运行效率低等缺点。而在多道程序系统以及现代操作系统中，内存中同时装入了多个程序，它们共享了系统资源且每个程序都在"同时"向前推进，这就是所谓的并发执行。显然并发执行使得资源利用率更高。这两种执行方式的核心区别在于顺序执行以程序为单位占用整个系统资源，而并发执行却是以程序片段（若干条指令的集合或模块）为单位来占用整个系统资源。进程的概念正是在研究程序并发执行方式的特点和缺点时逐步形成的。

4.1.1　程序的顺序执行

1．程序顺序执行概念

一个程序往往由若干个模块有机组成，这些模块必须按确定的时间顺序来依次运行才能得到最终的正确结果。程序的顺序执行有两层含义：一是程序的各个模块按逻辑顺序依次执行；二是内存中只有这唯一的一个程序在运行。这两层含义同时满足才称该程序是顺序执行的，称为顺序程序。可见，顺序程序的概念中包含了对它的执行方式的说明。一个普普通通的 C 程序，如代码 4-1 所示，尽管其每条语句和每个模块的运行都是有序的，但是并不能简单地说它就是顺序程序。只有确认系统中唯有这唯一的程序在运行，内存中没有其他程序同时在运行的情况下，才能称其为顺序程序。

```
1   #include "stdio.h"
2   void main( )
3   {
4       int a, b;
5       a = ;
6       printf("Guess what number I have? Please Enter your answer:\n");
7       scanf( &b);
8       if (b == a)
9           printf("You are right! \n");
10      else if ( b > a)
11          printf("You are bigger! Try Again !\n");
12      else
13          printf("You are smaller! Try Again !\n");
14      return;
15  }
```

代码 4-1　一个简单的 C 程序

顺序程序是"一个在时间上严格按次序执行的指令序列或逻辑模块序列"，而每个逻辑模块本身又是"一个在时间上严格按次序执行的指令序列"。很显然，顺序程序的运行思路既符合人类的思维习惯，又符合绝大多数事物的运行规律。

几乎所有的应用程序都会包括（或者能抽象为）3 个阶段：输入（Input）、计算（Calculate）、输出（Output）。这 3 个阶段必须按这样的顺序处理：输入-计算-输出。在进行计算时，应先运行输入程序，输入用户数据；然后再运行计算程序，对所输入的数据进行计算；最后运行输出程序，输出计算结果。对于两个这样的应用程序，其顺序运行过程如图 4-1 所示，其中 I_1，C_1，O_1 分别是程序 1 的输入、计算、输出阶段，I_2，C_2，O_2 分别是程序 2 的输入、计算、输出阶段。

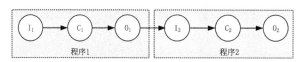

图 4-1　两个应用程序的顺序执行

一个典型的网络应用程序也能抽象为上面提到的三个阶段"输入-计算-输出"，具体对应着这样的 3 个阶段：接收数据包、处理数据包、发送数据包。这 3 个阶段必须按顺序处理。事实上，这样的网络应用程序在正常工作时，往往不止处理一个数据包，而是需要循环处理若干个（甚至是无数个）数据包。因此这 3 个阶段就需要循环顺序处理，如图 4-2 所示。

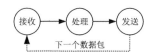

图 4-2　网络应用程序

2．程序顺序执行特点

程序顺序执行时不仅独占 CPU，而且独占整个计算机的软硬件资源，程序内部按预定顺序执行。很容易归纳程序顺序执行的特点。

（1）顺序性

当程序在 CPU 上执行时，CPU 的操作是严格按照程序所规定的顺序执行的。每条指令都是依次执行，上一条指令的执行结果是下一条指令的输入。即便是程序中有分支、跳转或循环等指令，它们也是具有确定执行顺序的。

（2）封闭性

程序一旦开始执行，其执行结果不受外界因素的影响。因为程序独占所有系统资源，所以初始条件给定后，其后的状态只能由程序本身和输入数据两者来确定。即便是交互式的程序，只要用户交互输入的数据是确定的，其结果和运行流程也是确定的。

（3）可再现性

只要程序执行时的初始条件相同，交互输入的数据相同，无论执行多少次，其执行结果都是相同的，与程序的执行速度无关。程序每个模块或指令相对启动时间发生变化并不会影响程序的最终结果。程序顺序执行的可再现性又称为时间无关性。

4.1.2 程序的并发执行

1. 程序并发执行的含义

很显然，程序采用顺序方式来执行十分浪费资源！如果在一台计算机上任何时刻都只运行一个程序，那么操作系统的设计和功能都将十分简单，既不存在资源共享，也没有多道程序同时执行时的资源竞争。为了增强计算机的处理能力并提高资源的利用率，在现代计算机中广泛采用并发技术，在许多情况下需要一个能同时处理多个任务并发的操作系统。在图 4-1 的例子中，当程序 1 执行到计算阶段 C_1 时，系统的输入设备是空闲未用的，这个时候从逻辑上来讲，完全可以让程序 2 的输入阶段 I_2 提前运行，即让它与 C_1 并发；当程序 1 执行到输出阶段 O_1 时，CPU 已经空闲下来了，逻辑上可以让程序 2 的计算阶段 C_2 运行，即让它与 O_1 并发。程序 1 和程序 2 的不同阶段实际上能否并发，关键是操作系统能否支持。事实上目前主流的操作系统，如 Windows、Linux 都可以支持这种并发，它们正是这样工作的。

并发执行的含义是把多个应用程序同时装入内存，使它们共享系统资源，让所有程序都在"同时"向前推进。这里的"同时"是指"同一个时间段内"多个程序都有向前推进的表现，而不是指"每个时刻"每个程序都在向前推进。计算机系统的 CPU 和其他大多数资源在任何时刻只能为一个程序服务，只能由一个程序完全彻底地占有它们，这是由硬件的固有属性或软件的逻辑属性所确定的。所以在"同一时刻"让每个程序都向前推进是不可能的。但是要做到"同一个时段内"让多个程序看起来都在向前推进是可行的。在多道批处理系统和分时系统中都实现了这种宏观上同时运行的效果，只是它们采用的方式和相应的运行效率不同而已。对于多道批处理系统而言，多个程序同时相互交叉，见缝插针地使用 CPU 和外设，使得多个程序同时向前推进。而分时系统却是把 CPU 时间分成小片，轮流地为各个应用程序服务，让每个程序都在向前推进。这两种同时运行都可称为"宏观上同时运行"。

假设，如图 4-3 所示，现在有若干个程序：程序 1、程序 2……程序 n 要求处理，每个程序的处理都有相应的 3 个阶段。

程序 1 的处理：I_1，C_1，O_1

程序 2 的处理：I_2，C_2，O_2

......

程序 n 的处理：I_n，C_n，O_n

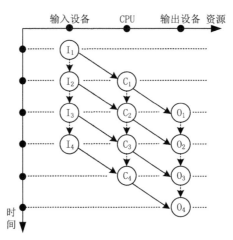

图4-3 程序并发执行方式

来看一下对这些操作的并发处理。在输入程序 1 的数据后，即可进行该程序的计算工作；与此同时，可以进行程序 2 的数据输入工作；这使得程序 1 和程序 2 的运行存在一定程度的同时进行。当程序 1 计算完毕，准备进行输出处理时，程序 2 可以同时进行计算处理，不仅如此，还可以同时进行程序 3 的数据输入工作。现在系统中有程序 3、程序 2 和程序 1 三个程序同时在进行。

所以程序的并发执行可以这样理解：多个程序宏观上都在运行，但是每个程序都没有运行完，而是各自处在不同的运行阶段。可以把图 4-1 中 2 个程序的顺序执行重新设计成多个程序的并发执行方式，如图 4-3 所示。从每个时刻观察系统，多数时刻都有多个程序在运行；但从每个硬件设备看，各个程序顺次使用这些设备。

从图 4-3 中可以看出，有些操作是有严格的先后次序的，如：I_1 必须在 C_1 和 I_2 前完成，C_1 也必须在 O_1 和 C_2 前完成；但有些操作却是可以同时执行的，如：I_2 和 C_1、I_3、C_2 和 O_1、I_4、C_3 和 O_2 等。之所以有些操作必须有先后次序，那是由程序的逻辑顺序决定的；而还有一部分操作可以同时进行是为了更好地实现资源的共享和提高执行效率。

2. 程序并发执行的伪代码描述

为了便于表述多个程序（或程序段）同时并发的关系，可以这样用伪代码来描述 n 个程序（段）：P1，P2，…，Pn 的并发执行。

```
COBEGIN
P1;    // 程序 P1
P2;    // 程序 P2
……
Pn;    // 程序 Pn
COEND
```

其中关键词 COBEGIN 和 COEND 成对出现，夹在两个关键词之间的所有程序（段）将会并发执行。这些程序（段）无论其排列次序如何，都不影响它们的并发执行效果。

3. 程序并发执行的特点

（1）程序与运行过程不再一一对应

在程序顺序执行时，一个程序总是对应一个具体的运行过程。但在程序的并发执行中，一个程序将会和其他程序一起并发，该程序的各个运行步骤之间都可能会被操作系统插入其他程序的一些步骤，从而使得该程序各个步骤之间的相对运行速度变得不确定，有快有慢。程序每次运行，这个过程都可能会不一样！因而并发执行时，程序和其运行过程失去了一一对应关系。

（2）失去封闭性

程序在并发执行时，多个程序共享系统中的各种资源，因而这些资源的状态将由多个程序来共同改变，致使每个程序的运行失去封闭性。这样，一个程序在执行时，必然会受到其他程序的影响。例如，程序 A 在某次访问资源 R 之后，程序 B 也来访问 R 并对其作了修改。显然程序 B 对资源 R 的访问已经影响到了程序 A 的运行。程序 A 此刻并不知道资源 R 已被程序 B 改变，而是继续基于其先前获取的资源 R 的值做运算，从而最终得到一个与资源 R 实际状态不符的错误值。在这个例子中，程序 A 的运行结果受到了程序 B 的影响，也就是说程序 A 在并发环境下失去了封闭性。

（3）不可再现性

程序在并发执行时，由于失去了封闭性，程序在运行过程中将会与其他程序共享软硬件资源，其最终的运行结果不仅与程序自身有关，还与并发程序的相对执行速度有关。而并发程序的相对执行速度是不受应用程序控制的，因此程序的每次运行过程都可能是一个“例外”，结果也是不确定的，即并发程序的结果失去了可再现性。

并发程序的不可再现性和失去封闭性实质是相同的。因为失去了封闭性，才导致运行过程和运行结果不可再现。来看两个并发执行的程序例子，理解不可再现性和失去封闭性。

代码 4-2 中，main 主程序定义了全局共享资源，这里有一个共享变量 SharedValue，初值为 0，且指定程序段 P1 和程序段 P2 并发执行。它们并发执行的结果多种多样，如图 4-4 所示。

```
1   // 主程序
2   int SharedValue = 0 ; // 共享资源
3   main( )
4   {
5       COBEGIN
6
7       P1( );
8       P2( );
9
10      COEND
11  }
12  void P1 ( )
13  {
14      SharedValue = 100 ;
15      printf("SharedValue in P1 = %d", SharedValue);
16  }
17
18  void P2 ( )
19  {
20      SharedValue = 200 ;
21      printf("SharedValue in P2 = %d", SharedValue);
22  }
```

代码 4-2　程序并发执行

```
SharedValue in P1 = 100
SharedValue in P2 = 200

SharedValue in P2 = 200
SharedValue in P1 = 100

SharedValue in P1 = 100
SharedValue in P2 = 100

SharedValue in P2 = 200
SharedValue in P1 = 200
```

图 4-4　程序并发执行的结果

如果按行号 14，15，20，21 的顺序运行，则运行结果为图 4-4 中的第一组；

如果按行号 20，21，14，15 的顺序运行，则运行结果为图 4-4 中的第二组；

如果按行号 20，14，15，21 的顺序运行，则运行结果为图 4-4 中的第三组；

如果按行号 14，20，21，15 的顺序运行，则运行结果为图 4-4 中的第四组。

这些结果除了两个字符串的输出顺序有变化，甚至还有数据错误（第三和第四组）。显然进程 P1、P2 相对执行速度的不同，或者换句话说，两个程序相互之间以何种方式"打断"另一个程序的运行，都可能使程序的运行结果发生变化，而且这种变化具有不确定性。本例之所以出现这种问题，是因为 P1 和 P2 之间有共享资源（共享变量 SharedValue），程序不再具有封闭性了，两者都对其做了存取操作。因而若两者运行速度不同，则会使得另一方的结果发生改变。至于如何确保这类并发程序运行结果的确定性，正是本章稍后将要讨论的问题：进程的同步。

图 4-4 的例子说明，多个程序在并发执行时，即使给它们相同的初始条件，但由于它们相对执行速度的不同，每次执行结果也可能不同。由此可见，多道程序系统中，程序的执行不再具有可再现性，甚至会出现错误的结果。

4. 程序并发执行的条件

并发的特性使程序失去结果可再现性，为确保结果正确且具有可再现性，就需要考察程序并发执行的条件，即满足什么样的条件时，并发程序才能确保其结果的可再现性。

1966 年，学者伯恩斯坦（Bernstein）提出了著名的 Bernstein 条件，用于描述两条指令或程序段可以并发执行的充分条件。简而言之，Bernstein 条件是指两条指令或两个程序段如果没有数据冲突（Data Hazard），那么就能并发执行。

假如有两条相邻语句：S1 和 S2，它们各自生成两个集合：$R(S_i)$ 和 $W(S_i)$，分别称为读集合和写集合。

$R(S_i)=\{U_1, U_2, U_3, \cdots, U_m\}$，是指语句 S_i 在执行期间需要读的 m 个变量的集合。

$W(S_i)=\{V_1, V_2, V_3, \cdots, V_n\}$，是指语句 S_i 在执行期间需要写的 n 个变量的集合。

如果对于语句 S1 和 S2，下面三个条件同时成立，则 S1 和 S2 两个语句可以并发执行。

（1）$R(S1) \cap W(S2)=\varnothing$，即 S1 所读变量与 S2 所写变量没有相同的。

（2）$W(S1) \cap R(S2)=\varnothing$，即 S1 所写变量与 S2 所读变量没有相同的。

（3）$W(S1) \cap W(S2)=\varnothing$，即 S1 所写变量与 S2 所写变量没有相同的。

这里看一个例子。若有两条语句 c=a−b 和 w=c+1，它们的"读集"和"写集"分别如下。

$R(c=a−b) = \{a, b\}$

$W(c=a−b) = \{c\}$

$R(w=c+1) = \{c\}$

$W(w=c+1) = \{w\}$

接下来检验它们的交集是否满足 Bernstein 条件：

（1）$R(c=a−b) \cap W(w=c+1) = \varnothing$

（2）$W(c=a−b) \cap R(w=c+1) = \{c\}$

（3）$W(c=a−b) \cap W(w=c+1) = \varnothing$

显然，不满足 Bernstein 条件的第二个子条件，所以两条语句不能并发执行。

如果并发执行的各程序段中语句或指令能同时满足上述 Bernstein 3 个条件，则认为并发执行不会对执行过程的封闭性和执行结果的可再现性产生影响。但在一般情况下，这个条件对于软件设计人员来讲过于苛刻，系统要判定并发执行的各程序段是否满足 Bernstein 条件相当困难。

Bernstein 判定程序是否可以并发执行实质是在考虑程序之间（或程序段之间或指令之间）的共享变量的共享方式。Bernstein 条件不是完全排斥共享变量的存在，而且对共享变量存取方式有限制。当然如果没有共享变量的存在，则并发执行完全具有顺序执行时的可再现性。在图 4-4 所示的例子中，如果取消共享变量 SharedValue，在 P1、P2 程序内部分别定义相应的局部变量 SharedValue1、SharedValue2 来代替 SharedValue，则新的 P1 和 P2 两个程序就具有封闭性和可再现性了。只是这个时候的 P1 和 P2 已不再是之前的 P1 和 P2 了。

4.1.3 进程的定义和特点

1. 进程的定义

无论是多道批处理系统还是目前广泛流行的分时系统，其核心观念都是尽量让 CPU 保持忙碌的工作状态，让 CPU 见缝插针地同时运行多个用户程序。宏观上每个应用程序或任务都在向前推进，但是微观上每个程序都在或快或慢、时走时停地在"运行"。每个程序的运行都不是一气呵成的，而是在运行过程中，会穿插很多其他程序执行。这种执行方式就是程序的并发执行。图 4-5 展示了两个并发程序在 CPU 上的运行过程，两次运行，两个程序"走走停停"的情况是不一样的。

图 4-5　两个程序并发执行的例子

程序的具体运行过程是一个动态的概念，与静态的程序完全不同。这个动态的概念不仅包含静态的程序本身，还包含程序和其他并发运行程序交替"走走停停"的过程，包含程序对系统资源的存取过程。这些新情况均是程序在动态执行过程中产生的。由于程序这个静态的概念已经无法全面描述并发程序的执行过程，于是学者们引进了进程（Process）的概念来表述程序动态执行的过程以及一些特征。进程是操作系统中最重要的概念和抽象。进程最早在 20 世纪 60 年代的 Multics 系统和 IBM 公司 CTSS/360 系统中被应用。进程的定义很多，比较主流的定义是：进程是程序在并发环境下在一个数据集上的一次运行过程。

图 4-6 展示了 Windows 任务管理中显示的进程列表，这些进程都是相应的应用程序在当前时刻运行的实例。

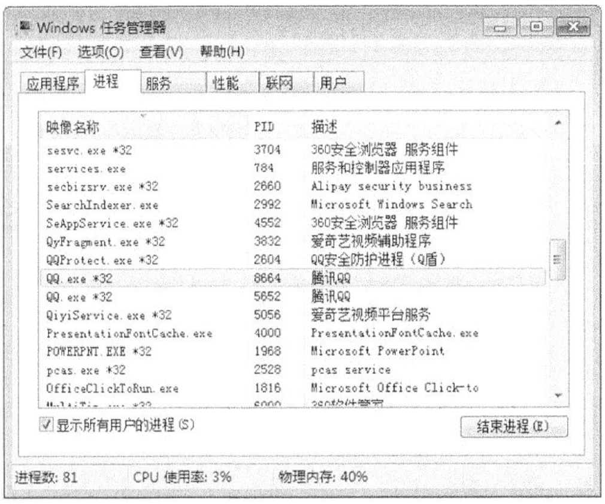

图 4-6　Windows 任务管理中显示的进程列表

在不同的场合，进程有时也被等同于任务（Task），站在用户和应用的角度，往往被更广泛地称为进程；若站在管理员或内核的角度，往往更多地被称为任务。但是这样的区分并非绝对，即便混淆它们也没有很大问题。

在图 4-5 中，两个并发程序 1 和程序 2 的每一次运行都是一个不同的进程。目前主流操作系统中，每当一个程序被运行，操作系统都会自动为这次运行过程生成一个进程，并持续地跟踪和控制这个进程。

从理论角度来看，进程是对当前运行程序的活动过程的抽象；从实践角度来看，进程是一个特殊的内存对象，并有特定的数据结构，这个数据结构可以方便操作系统管理和控制程序的活动。

进程的概念十分重要。进程控制、进程通信、进程同步、进程调度和死锁、线程等一系列重要的理论和实践问题都是基于进程的概念展开的。

2. 进程与程序的区别

从进程的定义中可以看出，进程与程序是完全不同的两个概念，它们之间既有联系，又有区别，主要体现在以下几个方面。

（1）进程是动态的，程序是静态的

进程是程序的一次执行过程，在执行过程中可以多次暂停。而程序是用来完成特定功能的一组指令和数据的有序集合，并以文件的形式存放在某种存储设备上。程序本身不具有动态的含义，是静止的实体。

（2）进程的存在是暂时的，程序的存在是长久的

进程有诞生，有消亡。当程序装入内存开始执行时，要创建一个相应的进程；当程序执行完毕时，该进程也随之消亡。进程有一定的生命周期，是暂时存在的；而程序只要用户不对它执行删除操作，它就永久存在于存储设备中。

（3）一个程序可以对应多个进程

同一个程序在不同的时段或在不同的数据集上运行都会生成不同的进程实例，每个进程具有不同的执行过程，具有不同的进程标识，产生一些特定的过程数据。甚至同一个程序可以被同时运行多个实例而生成多个不同的进程，并可对不同的数据进行加工。在图 4-6 中，可以观察到两个 QQ 进程，它们是同一个程序同时运行了两个实例所生成的两个不同进程，且这两个进程具有不同的进程标识 PID。所以，程序和进程并不是一一对应的。

3. 进程的特点

从进程的定义和进程与程序的比较，可以总结出进程具有以下 4 个特点。

（1）动态性

动态性是指进程是程序的一次执行过程，进程动态地产生，动态地消亡。另外，动态性也表现在进程在特定的并发环境下，因为各种原因断断续续地运行，这个过程具有动态性。可见，动态性是进程最基本的特性之一。

（2）并发性

并发性是指进程可以同其他进程一起向前推进。多个进程可以同时驻留在内存，这些进程在时间上可以有重叠，一个进程的执行尚未结束，另一个进程的执行已经开始，它们的运行过程可能是交叉执行的。在单处理器系统中，并发执行的进程从宏观上看是同时执行的，但微观上它们是交替执行的，任一时刻仅能执行一个进程。进程的并发性可提高系统的资源利用率和效率，因此，并发性是进程最重要的特性。

（3）独立性

独立性是指进程是系统分配资源和调度 CPU 的单位。注意，独立性是相对程序来说的。系统分配资源和 CPU 以进程为单位分配。进程是系统中独立存在的实体，是能独立运行、独立获取资源的基本单位，也是系统调度的基本单位。只有进程才能向系统申请资源，才能作为一个独立的单位参与运行。

（4）异步性

异步性是指进程按各自的逻辑向前推进。通常，每个并发执行的进程都按自己的逻辑以各

自独立的、不可预知的速度在 CPU 上推进。异步性可保证系统有良好的并发性，每个进程都在尽力向前运行。由于合作进程之间可能存在逻辑上的相互制约关系，异步性可能造成合作进程的结果具有不确定性。

4.2 进程的状态和转换

进程是一个动态的概念，在程序刚刚开始准备运行时操作系统就自动创建相应的进程。在进程运行结束之前，进程并非一直都在 CPU 上运行，而是要和其他并发进程一起共享 CPU。因此，操作系统会频繁地把 CPU 从正在运行的进程上切走让给其他进程，使得这个进程处于暂时的停顿状态。每个进程在整个生存期间，都是走走停停的状态，没有哪一个进程能长时间独占 CPU。此外，进程之间的相互制约以及进程和系统资源间的交互过程都会影响进程向前推进的速度，可能会使进程在某些时候（例如等待某个 I/O 操作完成）不得不暂停下来。这里暂停的原因与前面显然不同。可见，进程从产生到撤销并非一直处于执行状态，有时候它会因为特别的原因而暂停下来。进程在整个生存期间就是不断地在不同的状态之间变化。

1. 进程的 3 个基本状态

大多数操作系统都把进程状态分成 3 个基本状态：运行状态、就绪状态和阻塞状态。

（1）运行状态（Running State）

运行状态是指进程获得了 CPU，正在 CPU 上运行的状态。事实上，在单 CPU 系统中，每个瞬间最多只能有一个进程在运行。对于有 N（$N > 0$）个 CPU 的系统，每个瞬间运行在 CPU 上的进程可能会多达 N 个。

（2）就绪状态（Ready State）

就绪状态是指进程已经具备运行条件但由于无 CPU，故暂时还不能立即运行的状态。在这个状态下，进程已经拥有除 CPU 外的其他全部资源。由于系统中同时存放着多个进程，某一时刻同时处于就绪状态的进程可能不止一个，一旦让一个处于就绪状态的进程获得 CPU，它就可以立即投入运行。

（3）阻塞状态（Blocked State）

阻塞状态是指进程因缺少运行条件或等待某种事件发生而暂时不能运行的状态。在这一状态下，进程因某种运行条件得不到满足而不得不等待。这个时候即使给它 CPU 它也无法运行。类似地，系统中某时刻同时处于阻塞状态的进程可能不止一个，阻塞的原因也各不相同。一旦使进程陷入阻塞的原因消除，进程便结束阻塞状态。阻塞状态有时候也叫等待状态或睡眠状态，含义一样。

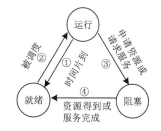

图 4-7 进程的 3 个基本状态和转换

进程在运行过程中由于自身运行逻辑和运行环境（包括与之并发的合作进程、操作系统、软硬件资源）的变换，会在运行、就绪、阻塞 3 个状态之间发生转换。图 4-7 显示了进程在 3 个基本状态之间的转换和原因。

（1）运行→就绪

在一个按时间片进行轮转调度的系统中，当正在运行的进程使用完自己的时间片时，系统将中断该进程的运行，使它由运行状态转为就绪状态。显然，该进程已充分用完自己的时间片，剩余的未完工作只好等自己的下一个时间片到来再继续。另外，在可抢占式调度系统中，如果有一个更高优先级的进程到来，系统将剥夺当前进程的 CPU，并将其交给更高优先级进程，当前进程也只好由运行状态转为就绪状态。

（2）就绪→运行

进程调度程序按照某种算法，选中一个处于就绪状态的进程时为其分配 CPU，该进程获得 CPU 使用权，进程状态就由就绪状态转为运行状态。

（3）运行→阻塞

一个正在运行的进程，可能会申请使用某种系统资源（软件或硬件资源），如果该资源正在被其他进程使用，则该进程必须等待，从而进入阻塞状态。进程也可能会向操作系统请求服务（譬如输入或输出服务），在操作系统完成相应服务之前，该程序也必须等待，从而进入阻塞状态。此外，进程也可能会在它的合作进程给它某个信号之前不会继续运行，因此在这个信号到来之前也会进入阻塞状态。

（4）阻塞→就绪

当一个阻塞的进程等到所申请的资源时，或申请的服务已被完成，或所需的合作进程的信号已获得，那么该进程便具有了运行的条件，进程控制模块便将它由阻塞状态转为就绪状态。

2. 5 个状态进程模型

有些操作系统为了对进程进行更加方便的控制，在运行状态、就绪状态和阻塞状态 3 个基本状态之外又引入 2 种状态：新建状态（new）和终止状态（exit）。这两个状态主要是方便系统对进程进行更精细的管理。

（1）新建状态（new）

进程由操作系统自动创建，创建的过程十分复杂，一般包括两个步骤才能完成：

首先，为进程分配所需的资源，并在系统中建立相应的进程管理信息；

其次，把该进程转入就绪状态并插入就绪队列之中。

在这一过程中，如果进程所需的资源尚不能得到满足，比如系统尚无足够的内存，使进程无法装入内存，此时创建工作尚未完成，进程便不能被调度运行，于是把进程此时所处的状态称为新建状态。引入新建状态，是为了保证进程的调度必须在创建工作完成后进行，以确保对进程控制的完整性。同时，新建状态的引入也增加了管理的灵活性，操作系统可以根据系统性能或主存容量的限制，推迟新进程的提交。对于处于新建状态的进程，当其获得所需的资源并完成管理信息的登记，便可由新建状态转入就绪状态。如果没有新建状态，当进程仅仅遇到内存不够等简单问题时就只能简单地结束创建过程了。

（2）终止状态（exit）

当一个进程已完成运行，或是出现了错误而无法继续运行，或是被操作系统或其他进程所终结，它将进入终止状态。进入终止状态的进程不能再执行，但在系统中依然保留了一个记录，该记录保存了该进程的状态码和一些计时统计数据，供内核或其他进程收集。一旦内核或其他进程完成了对处于终止状态的进程的信息提取，系统将彻底删除该进程。

图 4-8 展示了具有新建状态和终止状态的进程在 5 个状态之间的转换关系。进程被创建时处于新建状态，进程完成时处于终止状态。对于一个进程来说，只能有一次处于新建或终止状态的机会，新建状态是 5 个状态进程模型的入口，终止状态是该模型的出口。但一个进程可能会多次在就绪、执行和阻塞状态之间转换。

下面分析 5 个状态模型下进程状态的转换及其原因。

（1）空→新建状态：新创建的进程首先处于新建状态，整个创建过程都属于新建状态。

（2）新建状态→就绪状态：当系统允许增加就绪进程时，操作系统接纳新建状态进程，将其变为就绪状态，插入就绪队列中。

（3）运行状态→终止状态：运行状态的进程执行完毕，或出现诸如访问地址越界、非法指令等错误而被异常结束时，进程从运行状态转换为终止状态。

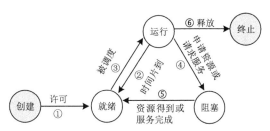

图 4-8　进程的 5 个状态及其转换关系

（4）运行→就绪、就绪→运行、运行→阻塞、阻塞→就绪这 4 种状态转移的原因和前面 3 个状态进程模型下相应状态转换的原因完全相同。

另外，某些系统允许父进程在任何情况下终止其子进程。如果一个父进程被终止，其子进程也必须终止。因此，不管其子进程处于新建状态、就绪状态或阻塞状态，都必须被终止。即新建状态可能转换为终止状态，就绪状态可能转换为终止状态，阻塞状态也可能转换为终止状态。

3. 具有挂起状态的进程模型

无论是具有 3 个基本状态的进程模型，还是增加了新建和终止状态的 5 个状态的进程模型，都是操作系统为管理进程提供的基本模型。但是，当系统负荷很高的时候，管理员有可能想将某些进程"挂起"，让该进程暂时不要运行，暂时不被系统调度；也有些时候，用户出于调试或排除系统故障的目的，可能会把某个进程"挂起"。与挂起操作对应的反向操作就是解挂操作。进程被挂起后所处的状态显然不同于之前所讲的那些状态。系统为了表示挂起和解挂两种操作对进程状态的影响，对进程状态的定义作了更多的细分。

有了挂起和解挂操作，原来定义的阻塞状态和就绪状态就各自分成了两种状态，以便区分。

阻塞状态分为：活动阻塞（正常阻塞）、静止阻塞（阻塞时挂起）。

就绪状态分为：活动就绪（正常就绪）、静止就绪（就绪时挂起）。

（1）静止阻塞（Suspend – Blocked）状态：进程处于阻塞状态，但是已经被挂起，并不能被调度。

（2）静止就绪（Suspend – Ready）状态：进程处于就绪状态，但是已经被挂起，并不能被调度。

一个进程被挂起后具有以下 4 个特征。

（1）不能立即执行，除非解挂它。

（2）处于阻塞状态被挂起的进程（静止阻塞）即使其阻塞事件结束了或请求的服务被完成了，该进程也不能执行。

（3）能实施挂起操作的进程包括进程自身、进程的父进程或操作系统。

（4）只有实施挂起操作的进程才能激活（解挂）被挂起的进程。

图 4-9 显示了增加挂起和解挂两个操作后的进程状态的定义和状态转换过程，其中与挂起操作有关的状态转换包括：

（1）创建状态→静止就绪状态；

（2）活动就绪状态→静止就绪状态；

（3）活动阻塞状态→静止阻塞状态；

（4）运行状态→静止就绪状态。

这些转换过程几乎都与减轻系统负担、腾空内存、调试程序、排除故障等目的有关系。

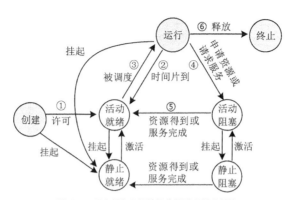

图 4-9 具有挂起和解挂操作的进程状态转换

与解挂操作有关的状态转换包括：

（1）静止就绪状态→活动就绪状态；

（2）静止阻塞状态→活动阻塞状态。

这些转换过程都是因为它们当初被挂起的原因已经消除了，自然而然地产生的。

4.3 进程控制块

进程控制块

进程是程序的一次具体活动过程，这个过程十分复杂，因此在实现进程的过程中，操作系统必须设计一个有效的数据结构来满足进程的管理和控制。这个数据结构就是进程控制块（Process Control Block，PCB）。进程控制块是内核描述进程自身属性、进程和其他并发进程之间的互动关系、进程和系统资源之间的关系、不同时刻所处状态等信息的一种数据结构。

系统创建进程的同时自动为进程创建 PCB，进程撤销后该 PCB 同时被撤销，因此进程在存在期间 PCB 都与之相随。每个进程都有唯一的 PCB 与之对应，系统根据 PCB 感知进程，PCB 是进程存在的标志。图 4-10 展示了进程、程序和 PCB 之间的这种关系：

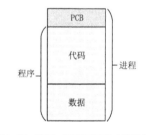

图 4-10 进程、程序和 PCB 之间的关系

进程 = PCB + 程序

PCB 作为控制进程的数据结构，其记录的信息必须要满足控制进程的需要。一般来说，PCB 至少需要包含下面 9 类信息。

（1）进程 ID

记录唯一区分系统中不同进程的标识，一般用一个整数表示。

（2）进程起始地址

记录进程对应的可执行映像在内存的入口地址。

（3）进程状态

记录进程当前所处的状态。

（4）优先级

记录进程的优先级别，用于进程调度。

（5）CPU 现场保护区

记录中断发生时或进程切换时 CPU 的现场数据。

（6）进程间通信区

记录进程间通信的控制信息、信号和信息缓冲区域。

（7）资源列表

记录进程拥有的资源清单，主要指外设资源的占用信息。

（8）文件列表

记录进程打开的文件列表。

（9）内存列表

记录进程占用的内存指针，包括虚拟内存和物理内存等。进程往往占用若干不连续的内存块，通过一个链表或其他数据结构来管理这些内存。

4.4 Linux 进程控制块和进程状态

4.4.1 Linux 进程控制块 task_struct

Linux 进程控制块被定义为 task_struct，是一个结构体，称为任务结构体。task_struct 结构体在不同版本的 Linux 中成员变量的数量有一些差异，但是基本都包括下面 9 类信息。

（1）进程状态信息

（2）进程调度相关信息

（3）进程标识相关信息

（4）进程间通信相关信息

（5）进程链接相关信息

（6）时间和计时器相关信息

（7）文件和文件系统相关信息

（8）虚拟内存相关信息

（9）处理器现场相关信息

代码 4-3 展示了 Linux 0.11 版本的 task_struct 结构体中前面一部分成员变量，下面分析其中主要的成员变量。

```
1  struct task_struct {
2  /* these are hardcoded - don't touch */
3      long state; /* -1 unrunnable, 0 runnable, >0 stopped */
4      long counter;
5      long priority;
6      long signal;
7      struct sigaction sigaction[32];
8      long blocked;   /* bitmap of masked signals */
9  /* various fields */
10     int exit_code;
11     unsigned long start_code,end_code,end_data,brk,start_stack;
12     long pid,father,pgrp,session,leader;
13     unsigned short uid,euid,suid;
14     unsigned short gid,egid,sgid;
15     long alarm;
16     ......
30 };
```

代码 4-3　Linux 0.11 版本的 task_struct 结构体前面部分

第 3 行的 state 表示进程的当前状态，可选 3 种。在较新版本的 Linux 中，state 可选的状态包括 5 种：TASK_RUNNING、TASK_INTERRUPTIBLE、TASK_UNINTERRUPTIBLE、TASK _ZOMBIE、TASK_STOPPED 等。

第 4、5 行的 counter 和 priority 与进程调度有关。counter 表示进程还可连续运行多少个时间片。priority 是进程的静态优先级，在进程被初始化时给定或者可通过系统调用 sys_setpriorty 改变。

第 6、7、8 行的 signal、sigaction、blocked 等成员变量与信号处理有关。signal 标识进程接收到的信号，每位代表一种信号，共 32 种，若某位被置位则表示已经收到相应的信号。sigaction 是结构体类型的变量。对每种信号，进程通过 sigaction 结构体设置不同信号的处理函数指针或指向系统默认处理函数。Blocked 是按位处理的掩码，用来标识进程不接收的信号和可接收的信号。置位表示屏蔽，即不接收相应的信号，而复位则表示可接收相应的信号。

第 11 行的 start_code、end_code、end_data、brk、start_stack 等变量记录了可执行程序的代码段和数据段等各种段在内存的布局。

第 12 行的 pid 记录进程的 ID，不同进程的 PID 是互不相同的。

第 12 行的 father、pgrp、session、leader 等变量记录进程的家族关系、层次关系等。

第 13、14 行的 uid、euid、suid、gid、egid、sgid 等变量记录进程的属主信息。

代码 4-4 展示了 Linux 0.11 版本的 task_struct 结构体中后面一部分成员变量，其中主要的成员变量有以下几个。

```
1  struct task_struct {
2      ......
16     long utime,stime,cutime,cstime,start_time;
17     unsigned short used_math;
18 /* file system info */
19     int tty;    /* -1 if no tty, so it must be signed */
20     unsigned short umask;
21     struct m_inode * pwd;
22     struct m_inode * root;
23     struct m_inode * executable;
24     unsigned long close_on_exec;
25     struct file * filp[NR_OPEN];
26 /* ldt for this task 0 - zero 1 - cs 2 - ds&ss */
27     struct desc_struct ldt[3];
28 /* tss for this task */
29     struct tss_struct tss;
30 };
```

代码 4-4　Linux 0.11 版本的 task_struct 结构体后面部分

第 16 行的 utime、stime、cutime、cstime、start_time 等成员变量与进程执行过程中的各种统计时间有关。

第 21、22 行的 pwd、root 等变量与进程使用的文件系统和路径有关。

第 23 行的 executable 成员变量记录进程对应的可执行文件。

第 25 行的 filp 成员变量是一个数组，记录进程打开的所有文件。

第 27、29 行的 ldt 和 tss 两个结构体类型成员变量分别记录进程的局部描述符表和任务状态堆栈，这两个概念在第 7 章有详细描述。其中 tss 的作用之一是用作进程的 CPU 上下文容器，用于进程切换时保护 CPU 的现场数据。

4.4.2　Linux 进程状态及转换

较新版本 Linux 的进程共有 5 种状态：可运行状态、可中断阻塞状态、不可中断阻塞状态、僵死状态、暂停状态。

（1）可运行状态（TASK_RUNNING）

只有在该状态的进程才可能在 CPU 上运行。而同一时刻可能有多个进程处于可运行状态，这些进程的 task_struct 结构体（进程控制块）被放入对应 CPU 的可执行队列中（一个进程只能出现在一个 CPU 的可执行队列中）。进程调度器的任务就是从各个 CPU 的可执行队列中分别选择一个进程在该 CPU 上运行。需要注意的是：在 Linux 中，已将进程的 3 种基本状态中的运行态和就绪态统一为 TASK_RUNNING。

（2）可中断阻塞状态（TASK_INTERRUPTIBLE）

处于这个状态的进程因为等待某事件的发生（比如等待 socket 连接、等待信号量）而被阻塞。处于这种状态的进程只要阻塞的原因解除就可以被唤醒到就绪状态，并插入就绪队列。被唤醒的原因可能是请求的资源已空闲，也可能是其他进程发送了合适的信号或定时器产生了定时信号。这些阻塞的进程的 task_struct 结构体被放在对应事件的等待队列中。当这些事件发生时，对应的等待队列中的一个或多个进程将被唤醒。处于此状态的进程可以被相关的异步信号提前唤醒，从而中断阻塞状态。

（3）不可中断阻塞状态（TASK_UNINTERRUPTIBLE）

处于这种状态的进程只有资源请求得到满足才能被唤醒到就绪状态，但不能由其他进程通过信号或定时中断来唤醒。与 TASK_INTERRUPTIBLE 状态类似，进程处于阻塞状态，但是此刻进程是不可中断的。不可中断并不是指 CPU 不响应中断，而是指进程不响应异步信号。TASK_UNINTERRUPTIBLE 状态存在的意义就在于确保内核的某些处理流程是不能被打断的。如果进程响应异步信号，程序的执行流程中就可能会被插入一段用于处理异步信号的流程，这个新插入的流程可能只存在于内核态，也可能延伸到用户态，于是程序原有的流程就被中断了。有些时候这个中断可能没有什么影响，但是有时候这个中断（尤其是发生在内核态时）可能会带来意想不到的破坏性后果。比如，read 系统调用最终执行对应设备驱动对物理设备进行读操作交互时就要避免被打断，以免造成存放文件的设备陷入不可控的状态。这时就需要使用 TASK_UNINTERRUPTIBLE 状态对进程进行保护，以避免进程与设备交互的过程被打断。不过这种情况下的 TASK_UNINTERRUPTIBLE 状态一般非常短暂，通过 ps 命令基本上不可能捕捉到。

（4）僵死状态（TASK_ZOMBIE）

处于这种状态的子进程已经结束运行，并已释放了除进程控制块（PCB）以外的大部分系统资源，但还要等其父进程调用 wait()函数读取该子进程的结束信息并释放其 PCB 后才算真正地结束和彻底地退出了系统。所以，当一个进程退出时，它并没有完全消失，而是只有等到它的父进程发出 wait 系统调用后才会完全消失，在这之前进程一直处于僵死状态，等待父进程彻底终止它。如果父进程一直不进行 wait 系统调用，要消灭僵死子进程，就必须先找到僵死进程的父进程，并终止父进程，然后由系统安排 init 进程（进程号为 1）消灭僵死子进程。

（5）暂停状态（TASK_STOPPED）

用户的挂起操作，譬如为跟踪调试程序挂起进程或暂停执行，可以造成进程进入暂停状态 TASK_STOPPED，也可以称之为挂起状态。处于这种状态的进程因被暂停执行而阻塞。从终端 Shell 命令行启动一个程序后，也可以通过按 Ctrl+Z 组合键暂停该程序，让进程处于暂停状态。

上述 5 种状态以及转换过程如图 4-11 所示。用户先调用 do_fork()创建新进程，操作系统将之插入可运行状态队列。在适当时候进程被调度程序 schedule()选中获得 CPU 开始运行。运行中的进程当需要申请资源或服务时调用 sleep_on()函数或 sleep_on_interruptible()函数释放 CPU，并转换到不可中断阻塞状态或可中断阻塞状态，并当相应的资源、服务、信号等条件满足后又回到可运行状态。wake_up()和 wake_up_interruptible()两个函数分别用于唤醒不可中断阻塞状态和可中断阻塞状态的进程。运行中的进程因为任务完成调用 do_exit()函数进入僵死状态，并等待父进程彻底销毁它。运行中的进程也可以因为用户的挂起操作或跟踪调试而进入暂停状态，并因为解挂操作而继续回到可运行状态。

在 Linux 中可以使用 ps 命令显示进程的状态，如图 4-12 所示，其中 STAT 一列即进程的状态。STAT 指示的各种状态可以用以下符号或它们的组合来表示。

R：TASK_RUNNING，运行或准备运行。

S：TASK_INTERRUPTIBLE，可中断阻塞状态。

I：空闲。

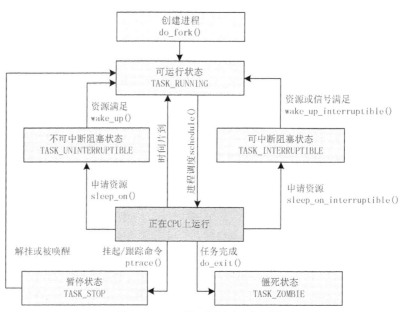

图 4-11　Linux 进程状态定义和状态转换

图 4-12　使用 ps 命令显示进程的状态

Z：TASK_DEAD 或 EXIT_ZOMBIE，僵尸状态。

D：TASK_UNINTERRUPTIBLE，不可中断阻塞状态。

W：进程没有驻留页（Linux 2.6 以后没有该参数）。

T：TASK_STOPPED or TASK_TRACED，停止或跟踪。

<：高优先级。

N：低优先级。

L：有些页被锁进内存。

s：包含子进程。

+：位于后台的进程组。

l：多线程，克隆线程。

4.5　进程基本控制

从程序被用户通过各种方式启动，开始运行那一刻起，操作系统就要为之执行"创建进程"这一操作。创建进程就是一个基本的进程控制行为。从进程开始运行到运行结束的全生命期间，进程都是在"运行—就绪—阻塞"3 个状态的循环中断断续续地前进。因此，操作系统需要提供各种控制手段，在必要时让进程暂停下来进入就绪态或阻塞态，或在必要时让进程继续运行或进入就绪状态，或在进程运行完毕时撤销该进程并收回它占用的资源。这些操作就是所谓的"进程控制"。进程控制不仅控制进程自身的行为，也包括对进程间活动的协调。进程的基本控制包括 4 种：进程创建、进程阻塞、进程唤醒，进程撤销。

4.5.1 进程创建

进程创建是指创建一个具有指定标识（进程 ID）的进程。在多道程序环境中（包括多道批处理系统和更典型的分时系统），每一个程序都是作为进程在系统中运行的。因此，为使一个程序能运行就必须为它创建进程。

1. 创建进程的时机

创建进程的典型事件有以下 4 种情形。

（1）用户登录。合法用户从终端登录时系统将为该终端建立一个终端进程。该终端进程的主要工作就是不断地接收用户输入的命令、执行、返回结果。

（2）作业被调度。当作业被调度时系统把该作业装入内存，为它分配必要的资源，并立即为它创建主进程。在早期的批处理系统中，作业是一个重要的概念，但是在分时系统中，作业的概念已经被弱化。

（3）用户请求操作系统提供服务。用户可能通过图形界面或操作命令请求操作系统提供服务或执行某个程序，操作系统则创建相应的服务进程或执行相应的应用程序。例如，用户程序要求进行文件打印，操作系统将为它创建一个打印进程。

（4）用户程序请求创建新进程。程序员在程序中请求创建指定的进程。这与前述 3 种情况都不相同。前述 3 种情况都是由系统自动来创建新进程，而这种情况是应用程序在内部创建新的进程，使新进程以并发运行方式完成特定任务。例如，用户在 Windows 应用程序中调用 CreateProcess() 或者 WinExec() 等函数创建新的进程。

2. 进程创建过程

内核根据一系列参数建立一个进程，典型的参数包括进程标识、优先级、CPU 初始状态、资源清单、进程起始地址、进程家族关系等。创建进程的工作流程如下：

（1）产生唯一的 PID；

（2）为新进程分配一个空白 PCB；

（3）为进程映像分配内存空间；

（4）为进程分配除内存之外的其他各种资源；

（5）初始化 PCB 各个成员变量，如 PID、CPU 初始状态、优先级、资源、家族关系等，新进程的初始状态一般为就绪状态；

（6）将进程插入就绪队列；

（7）等待调度。

4.5.2 进程阻塞

当进程在运行过程中需要等待操作系统完成服务、外部 I/O 操作完成或信号到来的时候，由于运行条件的缺乏使得其在逻辑上无法继续下去，因此进程需要被阻塞而暂停下来。进程阻塞的功能就是停止进程运行将其变成阻塞状态。

1. 进程阻塞的时机

引起进程阻塞（也就是运行受阻）的典型事件有以下 5 种情形。

（1）进程等待外设完成 I/O 操作。当一个正在运行的进程请求外设执行相应的输入/输出操作时，在与外设真正完成数据传输之前，进程需要被阻塞。

（2）进程等待系统服务完成。由于某种原因，操作系统不能立即完成进程的系统调用服务导致进程进入阻塞状态。有些时候，系统调用服务也可能涉及前述 I/O 操作。

（3）请求的资源得不到满足。当一个正在运行的进程需要申请共享资源时，若资源暂时无法满足，进程只能阻塞起来。比如在多个进程共享一个独占型资源时，若其他进程已占用该资源，则当前进程就必须等待。

（4）合作进程的同步约束。在多个合作进程并发运行的过程中，若因为部分进程推进速度过慢，致使推进速度快的进程所需的相关数据、状态或信号无法及时获得，从而导致后者无法继续运行，这时后者不得不被阻塞起来。

（5）服务进程无新工作可做。一些内核服务进程，比如 idle 进程、打印进程，如果当前无新的服务需求，则将自己阻塞起来。

2. 进程阻塞过程

一般依据进程不同的等待原因或等待资源分别构建阻塞队列，便于系统统一管理。因此，进程阻塞是根据阻塞原因将该进程加入到相应的阻塞队列中。阻塞进程的工作流程如下：

（1）停止进程运行，并把 CPU 现场保存到 PCB 中；

（2）将 PCB 的状态由运行状态改为阻塞状态；

（3）进程被插入对应的阻塞队列；

（4）转调度程序。

4.5.3 进程唤醒

进程唤醒是指唤醒处于阻塞状态中的某个进程，让其处于就绪状态以便被系统调度。进程被唤醒的时机或原因与其被阻塞的原因有关系。当系统发生某个事件时，正在等待该事件的进程将被立即唤醒，由阻塞状态转为就绪状态。

1. 进程唤醒的时机

引起进程唤醒的原因和进程阻塞的原因相对应，因此，进程被唤醒的时机有以下 5 种情形。

（1）系统服务由不满足变成满足。

（2）外设的 I/O 操作已经完成。

（3）请求的资源已经获得。

（4）服务进程收到新的工作请求。

（5）合作进程已经提供数据或信号。在多个进程的合作过程中，若推进速度较慢的进程已经达到某个预定的关键点，或提供了相关数据，或进入了合适的状态，或发送了特定信号，则唤醒另一个因这些相关因素缺乏而被阻塞的进程。

2. 进程唤醒过程

进程唤醒的过程是当进程等待的事件或信号发生时，将进程的状态置为"就绪"，然后等待被调度。进程唤醒的工作流程如下：

（1）将进程的状态修改为就绪；

（2）将进程插入就绪队列。

阻塞操作和唤醒操作是一对作用刚好相反的操作。因此，在一组合作进程中，如果某个进程调用了阻塞操作，则必须在与之合作的另一进程中安排唤醒操作，以能唤醒阻塞了的进程，否则被阻塞的进程将会因不能被唤醒而长久地处于阻塞状态，从而再无机会继续运行。

4.5.4　进程撤销

当进程完成任务之后必须终止并撤出系统，释放其资源。进程撤销的功能就是结束一个进程，并撤销其 PCB 和收回其占用的资源。进程撤销时需要知道进程的唯一标识。

1．进程撤销的时机

引起进程撤销的事件有以下 3 种情形。

（1）正常结束。进程完成用户任务之后自然终止，绝大多数进程都是这样结束的。对于图形界面程序，用户可能通过鼠标单击主窗口的关闭按钮来结束进程。

（2）异常结束。在进程运行期间，由于出现某些错误或故障而迫使进程终止。这类错误往往无法修复。这类错误事件常见的有越界错误、保护错误、非法指令、运行超时、算术运算错误、I/O 故障等。

（3）外界干预。进程应外界请求而终止运行，包括用户干预、父进程要求结束、父进程自身终止等。比如，用户通过任务管理器强制结束一个进程，或者通过按 Ctrl+C 组合键或使用 kill -9 等命令终止一个进程，都属于外界干预的情形。

2．进程撤销操作

撤销一个进程的时候要注意该进程是否存在子进程。若该进程有子进程，则可以采用递归方式撤销其子进程。如果不事先撤销其子进程，而直接撤销父进程，则会造成其子进程成为所谓的"孤儿进程"，孤儿进程将会游离于整个进程的家族树之外。当然，很多时候简单地撤销其子进程可能不妥当，需要系统采用变通的办法处理。例如，Linux 可以将子进程过继给 1 号进程 init 作为其子进程。进程撤销的工作流程如下：

（1）在 PCB 队列中检索出目标进程的 PCB；

（2）获取进程的状态，若进程处在运行状态，立即终止该进程；

（3）检查是否有子进程，若有则采用递归方式撤销子进程或者将子进程挂接到 init 进程下；

（4）释放进程占有的资源，包括内存、设备、文件、文件系统等；

（5）通知父进程结束信息，等待父进程将进程的 PCB 彻底移除。

4.5.5　原语

由于进程控制涉及系统核心底层的操作（例如中断处理、内存管理等），而且是使用频繁的操作，为了提高系统运行的稳定性和效率，进程控制由操作系统内核完成，并对它们加以特殊的保护。

进程控制本身是一组函数或命令，它们是若干条指令的有序集合。由于进程控制的重要性，这些操作要么完全成功，要么彻底失败，决不允许出现操作半途而废的情况发生，因此进程控制的函数或命令必须采用特殊的方式实现。这个实现方式就是采用"原语"。

原语（Primitive）是由若干条指令组成的一段小程序，用来实现某个特定的操作。原语具有不可分割性，要么全部运行成功，要么彻底失败，执行过程不可中断。正是由于原语的不可分割性，使得原语所实现的功能保持了绝对的完整性，且不会因外界因素的变化导致结果不确定。

一个操作如果是原语，就称该操作具有原子性，也称该操作是原子操作。

进程控制都采用原语实现，主要的控制原语除包括前述的创建原语、撤销原语、阻塞原语、唤醒原语外，还包括挂起原语、激活原语，以及后面章节要学习的同步控制原语、通信原语等。

4.6 Windows 进程控制

1. Windows 进程创建

在 Windows 操作系统中，应用程序都以进程的形式存在于内存中。当尝试运行一个程序的时候，操作系统就会创建进程将这个程序装入内存，并分配运行程序所需的资源，为进程创建主线程。

Windows 进程控制

在 Windows 中创建进程的方法，除了普通用户通过各种操作界面启动可执行程序创建相应的进程之外，还可以通过系统 API（Application Program Interface，应用编程接口）函数创建进程，例如下面的 3 个函数：

system();

WinExec();

ShellExecute();

这 3 个函数都会将参数中指明的应用程序运行起来，创建相应的进程。上述 3 个函数最终都会调用创建进程的最底层 API 函数 CreateProcess()。CreateProcess()函数原型和参数注释如下：

```
BOOL CreateProcess (
    LPCTSTR lpApplicationName,//指定可执行文件的文件名
    LPTSTR lpCommandLine,//指定欲传给新进程的命令行参数
    LPSECURITY_ATTRIBUTES lpProcessAttributes,//进程安全属性
    LPSECURITY_ATTRIBUTES lpThreadAttributes,//线程安全属性
    BOOL bInheritHandles,//指定当前进程中的可继承句柄是否被新进程继承
    DWORD dwCreationFlags,//指定新进程的优先级以及其他创建标志
    LPVOID lpEnvironment,//指定新进程环境变量，通常指定为 NULL 值
    LPCTSTR lpCurrentDirectory,//指定新进程使用的当前目录
    LPSTARTUPINFO lpStartupInfo,//指向指定新进程启动信息的结构体
    LPPROCESS_INFORMATION lpProcessInformation//指向新进程和主线程的结构体
);
```

CreateProcess()函数内部先后通过调用 NtCreateProcess()函数、NtCreateProcessEx()函数和 PspCreateProcess()函数创建进程。真正的创建工作由 PspCreateProcess()函数完成，其主要工作流程是：

（1）创建新进程；

（2）创建进程内核对象，创建虚拟地址空间；

（3）装载可执行程序的代码和数据到地址空间中；

（4）创建主线程和线程内核对象；

（5）启动主线程，进入用户程序中的主函数（一般是 main()函数）。

PspCreateProcess()函数会调用 ObCreateObject()函数创建进程的内核对象即创建 EPROCESS。接着调用 MmCreateProcessAddressSpace()函数创建进程的地址空间。进程创建之后只不过建立了一个空的容器，接下来会继续调用 NtCreateThread()函数创建主线程。主线程创建完毕后就会通知 Windows 子系统的 csrss.exe 进程有新进程创建。

CreateProcess()函数的调用者在进程创建或退出的时候都要向 csrss.exe 进程发出通知，因为 csrss.exe 进程担负着对 Windows 中所有进程的管理责任。CreateProcess()函数创建完进程后就启动其中的主线程，初始化用户空间并链接动态链接库（DLL）。

2. Windows 进程结束

Windows 进程为了结束自己，会在主函数的末尾调用 return、exit、ExitProcess、TerminateProcess

等宏或函数。这些宏或函数都可以结束当前进程，有的函数会收回进程所占用的全部资源，有的仅会收回大部分资源。TerminateProcess 函数还可以结束指定的进程。

4.7 Linux 进程控制

4.7.1 Linux 进程分类

当用户在 Linux 中执行一个命令时就创建了一个新的进程。比如运行命令：

```
# ls -l
```

Linux 进程控制

在列出当前目录内容时用户实际就已经创建了一个相应的进程。每个终端都会运行一个 Shell 进程。当用户在 Shell 终端中调用一个命令时，对应的程序就会在新建的进程中执行。当这个进程执行完成后，Shell 进程将恢复运行等待用户输入下一个命令。

在 Linux 中进程根据响应速度大致可以分成 3 类：交互式进程、批处理进程和实时进程。交互式进程一般是在 Shell 终端中启动的进程，这些进程经常和用户发生交互，所以进程必须有较快的响应速度。典型的交互式进程有交互命令、图形窗口程序等。批处理进程（Batch Process）是不需要与用户交互，且一般在后台运行的进程，它们不需要非常快的反应。典型的批处理进程有编译器、数据库搜索引擎和科学计算等。实时进程是指对响应时间有非常严格要求的进程，这类进程要求在很短的时间内做出反应。典型的实时进程有音视频应用程序、工业控制程序等。需要注意的是，交互式进程和批处理进程很难区别，也无本质区别，而实时进程则可以由 Linux 定义的调度策略来区别。

Linux 中还有一类进程称为守护进程，守护进程不依赖于控制终端，一般作为后台服务进程，有些守护进程还会随系统启动而启动。

4.7.2 Linux 进程创建

在 Linux 中创建进程使用 fork()函数，这是一个系统调用。fork()函数的原型如下：

```
pid_t fork(void);
```

其中，返回值类型 pid_t 实际是 int 类型整型变量，函数不带任何参数。

fork()函数通过复制现有进程来创建全新的进程。现有进程，即 fork()函数调用者进程，称为父进程。新建的进程称为子进程。子进程是父进程的复制，具有和父进程相同的代码、数据、堆栈和资源，因此父子进程具有相同的行为。子进程仅在进程 ID、与时间有关的变量、家族关系、部分信号量等方面与父进程有区别。子进程的 PCB 也存放在系统的 PCB 任务链表当中，链表中的每一项都是类型为 task_struct 的进程控制块，且子进程与父进程可以一起并发执行。

当 fork()函数调用成功时，它会返回两个值：一个是 0，另一个是创建的子进程的进程 ID（>0）。可以通过 fork()的返回值来判断当前进程是父进程还是子进程，从而做出不同的行为。代码 4-5 显示了 fork()函数的调用例子。

```
1  int main(void)
2  {
3      pid_t pid;
4      pid = fork(  );
5      if( pid == )
6          printf( "Hello World!\n" );
7      else if(pid > )
8          printf( "How are you!\n" );
9  }
```

代码 4-5　调用 fork()函数创建子进程例子

第 4 行，调用 fork()函数试图创建一个新的子进程，并获得返回值 pid。

第 5～8 行，通过检查 pid 的值区分父子进程以便执行 if…else if…语句块的不同分支。

程序的执行结果是在屏幕上先后输出两个字符串：

```
Hello World!
How are you!
```

前者是子进程输出的，后者是父进程输出的。当然，这两个字符串也有可能是如下反序输出的：

```
How are you!
Hello World!
```

因为用户无法控制并发的父子进程到底谁先执行各自的 printf 语句。

当检测到 fork()函数的返回值小于 0 时，表明 fork()函数调用失败。fork()函数调用失败的原因可能是当前的进程数已经达到了系统规定的上限，另外也可能是系统内存不足。

fork()函数采用写时复制（Copy On Write）机制创建新进程，其创建进程的基本流程如下。

（1）为新进程分配一个新的 task_struct 结构体。

（2）复制父进程 task_struct 结构体的内容。

（3）初始化子进程 task_struct 中有别于父进程的内容，譬如进程 ID 以及与时间有关的信息、家族关系等。

（4）分配和初始化子进程的页表和页目录，使子进程共享父进程的内存。

（5）把子进程的 task_struct 结构体地址挂接在系统 PCB 任务链表中。

（6）子进程被创建之后处于就绪状态，等待被调度。

在 Linux 中除了 1 号 init 进程是利用代码来创建的，其余进程都是用 fork()函数来创建的。init 进程是所有进程的祖先进程，其余进程都是 init 进程的子孙进程。

4.7.3 fork()函数实现过程

本小节以 Linux 0.11 版为例介绍 fork()函数的实现，其他版本的实现过程大致相同。当父进程调用 fork()函数后，控制最终会转移到内核中的 sys_fork()函数去真正实现进程创建工作。fork()函数是系统调用，不带参数，内部会展开成一段如代码 4-6 所示的宏，正如 3.4 节系统调用所述，里面包含 int $0x80 中断指令。

```
1  #define _syscall0(type,name) \
2  type name(void) \
3  { \
4  long __res; \
5  __asm__ volatile ("int $0x80" \
6      : "=a" (__res) \
7      : "0" (__NR_##name)); \
8  if (__res >= 0) \
9      return (type) __res; \
10 errno = -__res; \
11 return -1; \
12 }
```

代码 4-6　不带参数的系统调用 syscall0 宏

第 7 行，__NR_##name 宏会被 fork()函数对应的__NR_fork 宏代替。

第 5 行，int $0x80 指令触发 0x80 号中断时，CPU 会自动把当前父进程用户态的 SS、ESP、EFLAGS、CS、EIP 等断点信息先后压入图 4-13 所示内核堆栈中。其中，CS、EIP 指向的地址是第 8 行 if(__res>=0)语句。需要注意的是，fork()函数执行完后的返回地址，也就是中断服务程序执行完返回来的地址，正是堆栈中 EIP 指示的位置，也就是此处指向的第 8 行 if(__res>=0)语句的地址。

在 0x80 号中断的中断服务程序中，会依据 fork()函数对应的系统调用编号，查找到其内核对应的函数 sys_fork()，并通过 call 指令调用它来创建新的进程。sys_fork()函数的实现参考代码 4-7。

```
1    _sys_fork:
2        call _find_empty_process
3        testl %eax,%eax
4        js 1f
5        push %gs
6        pushl %esi
7        pushl %edi
8        pushl %ebp
9        pushl %eax
10       call _copy_process
11       addl $20,%esp
12   1:  ret
```

代码 4-7　sys_fork()函数的实现

第 2 行，执行 find_empty_process()函数。find_empty_process()函数的作用不仅是为新进程的 PCB 在任务数组 task[64]中查找可用的位置（返回相应元素下标，也即任务号，放在 EAX 寄存器中），也为新进程计算可用的进程 ID，并用该进程 ID 更新全局变量 last_pid。若没有找到可用的任务号，则直接跳到第 12 行返回。若找到可用的任务号，则跳到第 5 行，执行一系列的压栈操作。新进程可用的任务号和进程 ID 将在后面第 10 行调用的_copy_process()函数中被用到。

注意，此外汇编程序中调用的_copy_process()函数在 C 语言中的名称是 copy_process()，二者指的是同一函数，为避免混淆，后文统一用 copy_process()。其他函数也有类似情况，不再一一说明。

find_empty_process()函数的实现参考代码 4-8，该函数直接返回新进程的任务号，并获得新进程的进程 ID 为后面备用。

```
1    int find_empty_process(void)
2    {
3        int i;
4    repeat:
5        if ((++last_pid)<0) last_pid=1;
6        for(i=0 ; i<NR_TASKS ; i++)
7            if (task[i] && task[i]->pid == last_pid)
8                goto repeat;
9        for(i=1 ; i<NR_TASKS ; i++)
10           if (!task[i])
11               return i;
12       return -EAGAIN;
13   }
```

代码 4-8　find_empty_process()函数的实现

在内核中用全局变量 last_pid 存放系统下一个可用的进程号。默认情况下 last_pid 先自加 1，如果该号还没有被别的进程使用，该号就是可用的进程号。last_pid 达到整形数据的最大值后重新从 0 开始。在代码 4-8 中，第 4～8 行是内核第一次遍历 task[64]，如果&&条件成立说明 last_pid 已经被别的进程使用了，所以将 last_pid 自加 1 后再次遍历 task[64]数组，直到获取到新的进程号。第 9～11 行是第二次遍历 task[64]，以获得第一个空闲的任务号，即获取数组 task[64]中第一个可用的元素的索引。因为在 Linux 0.11 中，最多允许同时执行 64 个进程，所以如果当前现存的进程数量已满，就会返回-EAGAIN。

接下来仍然回到前一个代码 4-7 中，继续分析其中的第 5～10 行。

第 5～9 行，先执行一系列的参数压栈，第 9 行结束后内核堆栈如图 4-13 所示。

第 10 行，执行 copy_process()函数，进行进程复制操作，完成子进程的创建。copy_process()函数的工作流程如下。

（1）为子进程创建 task_struct，将父进程的 task_struct 复制给子进程；

（2）为子进程的 task_struct 和 TSS 结构体做个性化设置；

（3）为子进程创建第 1 个页表，同时将父进程页表内容赋给这个页表；

（4）设置子进程共享父进程的文件；

（5）设置子进程在 GDT 中的对应项；

（6）将子进程设置为就绪状态，使其可以参与进程间的轮转调度。

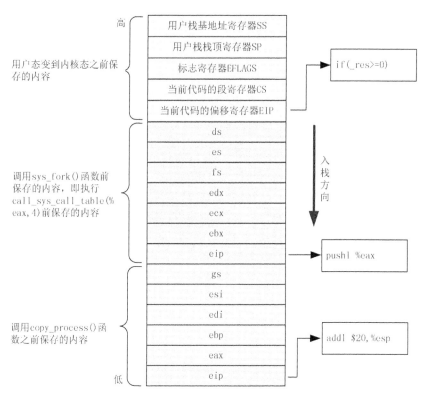

图 4-13　执行完第 9 行后 copy_process()函数调用前的内核堆栈

copy_process()函数实现的框架如代码 4-9 所示，中间部分代码已经省略，另外也省略了出错判断语句。可以看到，copy_process()函数有 17 个参数，这些参数正是由图 4-13 所示的内核堆栈提供的。图 4-13 展示的堆栈内容和顺序正好符合 copy_process()函数所需。从图 4-13 下部的 "eax" 开始，自下到上，直到图最上部的 "用户栈基地址寄存器 SS" 结束，刚好 17 个数据，依次送给 copy_process()函数的 17 个参数。其中，"eax" 是第 1 个参数，"用户栈基地址寄存器 SS" 是第 17 个参数。

```
1  int copy_process(int nr,long ebp,long edi,long esi,long gs,long none,
2      long ebx,long ecx,long edx,long fs,long es,long ds,
3      long eip,long cs,long eflags,long esp,long ss)
4  {
5      struct task_struct *p;
6      int i;
7      struct file *f;
8      p = (struct task_struct *) get_free_page();
9      task[nr] = p;
10     *p = *current;  /* NOTE! this doesn't copy the supervisor stack */
11     p->state = TASK_UNINTERRUPTIBLE;
12     p->pid = last_pid;
13     p->father = current->pid;
14     ......
54     set_tss_desc(gdt+(nr<<1)+FIRST_TSS_ENTRY,&(p->tss));
55     set_ldt_desc(gdt+(nr<<1)+FIRST_LDT_ENTRY,&(p->ldt));
56     p->state = TASK_RUNNING;  /* do this last, just in case */
57     return last_pid;
58  }
```

代码 4-9　copy_process()函数实现的框架

下面逐行分析代码 4-9 的 copy_process()函数的执行过程。

第 8 行，申请一页内存存放进程的进程控制块 PCB（即 task_struct 结构体，后同）。

第9行，将申请到的进程控制块 PCB（p 指针）链接到全局 PCB 数组（即 task[64]的数组）中，且位于索引为 nr 的位置上。此处的参数 nr 来源于 EAX 寄存器，也是前面讨论过的 find_empty_process() 函数的返回值。此后的代码会对该 PCB 的各个成员变量赋初值。

第10行，复制当前进程 current 的 PCB 的全部数据给新的子进程的 PCB。

第11~55行，为子进程的 PCB 和 TSS 做个性化设置，以区别于父进程的相关属性。其中，第12行设置进程的进程 ID，last_pid 是前面已讨论的 find_empty_process() 函数中更新过的全部变量，代表当前可用的进程 ID。第13行则将新建进程的父进程设置为当前进程。

第56行，将子进程设置为就绪状态，使其可以参与进程间的调度。

代码 4-9 copy_process()函数实现的框架中关于子进程的 task_struct 和 TSS 两个结构体更多的个性化设置参考代码 4-10 和代码 4-11。代码 4-10 展示了 copy_process()函数初始化子进程 PCB 结构体主要成员变量的实现细节。代码 4-11 则展示了 copy_process()函数初始化 TSS 结构体主要成员变量的实现细节。

```
1  int copy_process(int nr,long ebp,long edi,long esi,long gs,long none,
2      long ebx,long ecx,long edx, long fs,long es,long ds,
3      long eip,long cs,long eflags,long esp,long ss)
4  {
5      struct task_struct *p;
6      ......
11     p->state = TASK_UNINTERRUPTIBLE;
12     p->pid = last_pid;
13     p->father = current->pid;
14     p->counter = p->priority;
15     p->signal = 0;
16     p->alarm = 0;
17     p->leader = 0;        /* process leadership doesn't inherit */
18     p->utime = p->stime = 0;
19     p->cutime = p->cstime = 0;
20     p->start_time = jiffies;
       ......
57     return last_pid;
58  }
```

代码 4-10 copy_process()函数初始化子进程 PCB 部分成员变量

先分析代码 4-10 对子进程的 task_struct 结构体基本成员变量的个性化设置。

第11行，将新建子进程的状态置为不可中断阻塞状态。

第12行，设置新建子进程的进程 ID。last_pid 是前面已经讨论过的函数 find_empty_process() 中更新过的值。第13行则将新建进程的父进程设置为当前进程的 ID。

第14~16行，分别重置时间片 counter 初值、信号机制 signal 初值、定时器 alarm 初值（初值是取消定时器）。

第18~20行，设置新建子进程与时间有关的成员变量。

```
1  int copy_process(int nr,long ebp,long edi,long esi,long gs,long none,
2      long ebx,long ecx,long edx, long fs,long es,long ds,
3      long eip,long cs,long eflags,long esp,long ss)
4  {
5      struct task_struct *p;
6      ......
21     p->tss.back_link = 0;
22     p->tss.esp0 = PAGE_SIZE + (long) p;
23     p->tss.ss0 = 0x10;
24     p->tss.eip = eip;
25     p->tss.eflags = eflags;
26     p->tss.eax = 0;
27     p->tss.ecx = ecx;
28     p->tss.edx = edx;
29     p->tss.ebx = ebx;
30     p->tss.esp = esp;
31     p->tss.ebp = ebp;
32     p->tss.esi = esi;
33     p->tss.edi = edi;
34     p->tss.es = es & 0xffff;
35     p->tss.cs = cs & 0xffff;
36     p->tss.ss = ss & 0xffff;
37     p->tss.ds = ds & 0xffff;
38     p->tss.fs = fs & 0xffff;
39     p->tss.gs = gs & 0xffff;
40     p->tss.ldt = _LDT(nr);
41     p->tss.trace_bitmap = 0x80000000;
       ......
57     return last_pid;
58  }
```

代码 4-11 copy_process()函数初始化子进程 TSS 部分成员变量

代码 4-11 则展示了 copy_process()函数中对子进程 task_struct 的 TSS 结构体成员变量的初始化过程。

第 22 行设置新的子进程的内核态（ring 0 级）的堆栈指针，由于已经给新进程的 task_struct 结构体 p 分配了 1 页新内存，因此此时 esp0 正好指向该页的顶端。

从第 24 行开始到第 41 行结束，每行都在设置新进程的 TSS 结构体不同的寄存器域，相应的值都来自 copy_process()函数的参数，即来自图 4-13 所示的内核栈。

第 24 行设置子进程 TSS 结构体 EIP 域（指令代码指针），其值 eip 来自 copy_process()函数的同名参数 eip，正好指向 INT 0x80 指令的下一条指令，即代码 4-6 中所示的 syscall0 宏的第 8 行 if(__res>=0)语句。这个地址若从更宏观的层面来看，可以理解为 fork 系统调用的下一条指令。因此，可以认为将来子进程被第一次调度运行时，就将从 fork 系统调用的下一条指令处开始运行。

第 40 行，计算任务号为 nr 的新建子进程的局中描述符表 LDT（这是一个描述进程的数据段、代码段等各个段在内存布局情况的数据结构）在 GDT 中的索引。将来执行进程切换的时候，将会利用这个索引（作为现场数据之一会被加载到 LDTR 寄存器）找到子进程的代码段和数据段等，实现子进程的继续运行。

代码 4-12 继续展示 copy_process()函数对内存和文件等资源处理的细节。下面分析代码 4-12 的主要工作流程。

```
1  int copy_process(int nr,long ebp,long edi,long esi,long gs,long none,
2          long ebx,long ecx,long edx, long fs,long es,long ds,
3          long eip,long cs,long eflags,long esp,long ss)
4  {
5      struct task_struct *p;
6      ……
42     if (last_task_used_math == current)
43         __asm__("clts ; fnsave %0"::"m" (p->tss.i387));
44     copy_mem(nr,p);
45     for (i=0; i<NR_OPEN;i++)
46         if (f=p->filp[i])
47             f->f_count++;
48     if (current->pwd)
49         current->pwd->i_count++;
50     if (current->root)
51         current->root->i_count++;
52     if (current->executable)
53         current->executable->i_count++;
54     set_tss_desc(gdt+(nr<<1)+FIRST_TSS_ENTRY,&(p->tss));
55     set_ldt_desc(gdt+(nr<<1)+FIRST_LDT_ENTRY,&(p->ldt));
56     p->state = TASK_RUNNING;    /* do this last, just in case */
57     return last_pid;
58  }
```

代码 4-12 copy_process()函数对内存和文件等资源处理的细节

第 44 行，利用 copy_mem()函数设置新子进程的代码和数据段基址、段限长并复制页表。因为在切换到子进程之前，需要将父进程的虚拟页到物理页的映射关系都复制到子进程的页表中，并让页目录表项指向正确的页表。copy_mem()函数的具体实现如代码 4-13 所示。

第 45～53 行，把父子进程共享的相关文件引用数增 1。

第 54、55 行，把子进程的 TSS 描述符和 LDT 描述符分别填充到 GDT 中。

第 56 行，把子进程设定为可运行状态，等待系统的调度。

将来，当子进程获得运行权，被作为任务切入的时候，其相应的 TSS 和 LDT 将被加载，存储在 TSS 中的子进程的上下文将被装入 CPU。当然，子进程第一次被切入的时候，正如 copy_process()函数所示，其上下文几乎与父进程相同，且代码、数据、资源等也几乎相同。这正是"子进程是父进程的复制"的含义所在。子进程第一次被切入运行时，其运行起点由 p->tss.eip 决定。这一地点即代码 4-6 中所示的 syscall0 宏的第 8 行 if(__res>=0)语句，具体前面已经讨论，这个地点从更宏观的角度来看，可以理解为 fork 系统调用的下一条指令。

第 57 行，copy_process()函数返回，返回值是子进程的 ID。显然这个 ID 被压栈到 EAX 寄存器中了，父进程将来的返回值就是这个值，显然大于 0。

需要注意的是，子进程的返回值（同样是 EXA 寄存器接收返回值）在代码 4-11 copy_process()

函数初始化子进程 TSS 部分成员变量的实现细节中的第 26 行有设置：

```
p->tss.eax = 0;
```

所以，子进程第一次被切换到 CPU 上运行时，其返回值（由 EAX 接收）会连同其整个上下文一起被恢复，故其返回值为 0。

如前所述，在切换到子进程之前，需要将父进程的页表和页目录复制到子进程对应的页表和页目录中，代码 4-12 copy_process() 函数中的第 44 行调用 copy_mem() 函数正是用于这项工作的。copy_mem() 函数的实现详见代码 4-13。

```
1   int copy_mem(int nr,struct task_struct * p)
2   {
3       unsigned long old_data_base,new_data_base,data_limit;
4       unsigned long old_code_base,new_code_base,code_limit;
5
6       code_limit=get_limit(0x0f);
7       data_limit=get_limit(0x17);
8       old_code_base = get_base(current->ldt[1]);
9       old_data_base = get_base(current->ldt[2]);
10      if (old_data_base != old_code_base)
11          panic("We don't support separate I&D");
12      if (data_limit < code_limit)
13          panic("Bad data_limit");
14      new_data_base = new_code_base = nr * 0x4000000;
15      p->start_code = new_code_base;
16      set_base(p->ldt[1],new_code_base);
17      set_base(p->ldt[2],new_data_base);
18      copy_page_tables(old_data_base,new_data_base,data_limit);
19      return 0;
20  }
```

代码 4-13　copy_mem() 函数的实现

第 6、7 行，先后获取父进程 LDT 中代码段和数据段的描述符项中的段限长。

第 8、9 行，先后获取父进程 LDT 中代码段和数据段的描述符项中的段基址。

第 10～13 行，异常检查，Linux 0.11 版不支持代码段和数据段分离的情况。另外，如果数据段长度小于代码段的长度也属于异常。

第 14 行，设定新任务的代码段和数据段的基址为（任务号×64MB），其中 64MB 是系统定义的任务大小。

第 16、17 行，先后设置代码段描述符和数据段描述符中的基地址域。

第 18 行，利用函数 copy_page_tables() 把父进程的页表、页目录的数据项复制到子进程的页表和页目录中。copy_page_tables() 函数的具体实现参考代码 4-14，函数把 from 所标识的页目录项指向的页表里面的各个页表项复制到 to 标识的页目录项指向的页表里面去。

```
1   int copy_page_tables(unsigned long from,unsigned long to,long size)
2   {
3       unsigned long * from_page_table;
4       unsigned long * to_page_table;
5       unsigned long this_page;
6       unsigned long * from_dir, * to_dir;
7       unsigned long nr;
8
9       if ((from&0x3fffff) || (to&0x3fffff))
10          panic("copy_page_tables called with wrong alignment");
11      from_dir = (unsigned long *) ((from>>20) & 0xffc);/* _pg_dir = 0*/
12      to_dir = (unsigned long *) ((to>>20) & 0xffc);
13      size = ((unsigned) (size+0x3fffff)) >> 22;
14      for( ; size-->0 ; from_dir++,to_dir++) {
15          ......
37      }
38      invalidate();
39      return 0;
40  }
```

代码 4-14　copy_page_tables() 函数的实现

第 9 行，验证源页目录项指向的页表的基址 from 和目的页目录项指向的页表的基址 to 的低 22 位是 0，这样确保后面遍历页表内的表项时能从第 0 个表项开始。这里有个前提知识，就是定位页表的某个表项由地址的中间 10 位（位 12 到位 21）确定，而地址的低 12 位是页内偏移。假设中间 10 位不是全 0，而是某个非 0 数 x，则后面遍历页表并逐项复制其中的表项时，将会从第

操作系统原理（慕课版）

x 个表项开始，这将遗漏前 x 个表项，并造成将来的地址映射错误。

第 11、12 行，分别计算源页目录项和目的页目录项在各自页目录表中的偏移位置 from_dir 和 to_dir。

第 13 行，调整 size 的含义，由原来的内存限长（以字节为单位表示）改为对应的页表的个数，也就是后面要循环处理的页目录中的表项数。一个页表可以控制 4MB 内存。所以，size 更新方式为：

size = [size / 4MB]，[ ]表示向上取整。

第 14～37 行，在源页目录中和目的页目录中循环处理 size 个页目录项，具体处理过程参考代码 4-15。

代码 4-15　copy_page_tables()函数中循环处理页目录项的过程

第 15～18 行，先后检查 to_dir 和 from_dir 这两个地址上存放的页目录项（4Byte）所指示的页表是否已存在于内存。这个操作是通过检查页目录项的最低位 P 位是否为 1 来确认的。页目录项的高 20 位存放着页表的物理基址的高 20 位，低 12 位存放属性，其中，最后一个属性位是 P 位，即 Present 存在位。此处是检查它们的 P 位。显然，目的页目录的各个页目录项所指向的页表应该是不在内存中的，而源页目录的各个页目录项所指向的页表有的应该是在内存中的，还有的有可能是不在内存中的。

第 19 行，取出 from_dir 地址上的目录项里面的地址信息，即高 20 位，该地址指示对应的页表存放的物理地址的高 20 位。页表是 4KB 对齐的，所以用地址的高 20 位就可以确定其准确地址。

第 20～22 行，新申请一页内存作为页表并将该页表的相关信息（物理地址和属性）填充到页目录的页目录项中。首先，通过 get_free_page()函数为目的页目录项对应的页表新申请一页，并返回该页的基址，赋值给 to_page_table。这个地址虽然是线性地址，但是这个线性地址刚好也等于这个页的物理地址。第 22 行将线性地址（也是物理地址）to_page_table 和 7（即二进制 111）相或，即设置对应的页表为用户态且可读写且存在，分别对应 User、R/W、P 三个属性。

第 23 行，根据当前页表是在内核空间还是在用户空间，计算需要复制的页表项的数目。如果是在内核空间，则仅需复制前面 160 个页表项（代表 640KB 内核空间）；否则，需要复制页表中的全部 1024 个页表项。

第 24～29 行，for 循环的前半部分就是把源页目录项（即 from_page_table 指示的页目录项，指向的页表里面的各个页表项逐项提取出来，在修改其特权级后复制到目的页目录项，即 to_page_table 指示的页目录项）指向的页表中。for 循环控制变量 from_page_table 和 to_page_table 每次自增 1，移动 4Byte，指向页表中的下一个页表项。this_page 是 for 循环中当前正处理的源页表项,它的值其实就是页的物理地址的高 20 位+低 12 位的属性位。如果该页表项对应的页不存在,就不处理,直接进行下一次 for 循环。否则,修改该页表项的倒数第 2 位,即 R/W 读写位,将其置 0。第 29 行把这个页表项值赋给目的页表项,即 to_page_table 指向的页表项。这时目标页表项就跟源页表项指向同一个页了,但是在目标页表项里面把这个页的属性设置为不可写。

第 30～36 行,for 循环的后半部分,修改父进程的源页表项的读写属性,同样改为页面只读,不可写。结合第 24～29 行一起看,这个 for 循环实现了 Linux 的写时复制机制,也即 COW(Copy On Write)机制。父子进程通过共享同样的页面,节省了内存,页面默认设置为只读属性。但是,当父进程或子进程任一进程试图对页面进行写操作的话,都会引起页面保护错误,避免给另一个进程带来脏读的问题。当进程进行写操作的时候,让相应的进程单独额外申请一页内存实现写操作。所以,在 Linux 系统中除了进程 0 外,其他进程在创建子进程时都会把父子进程各个页表项设置为只读。第 32～34 行把该页内存在内存页面映射字节图 mem_map[ ]中的引用数增加 1,说明又有一个进程使用了该页。其中,第 32 行的作用是考虑到内存的低 1MB 空间(LOW_MEM 定义)已经分给内核使用,没有采用页式内存管理方式,没有被内存页面映射字节图 mem_map[ ]管理,故需要减去 LOW_MEM 这样一个基数。

第 38 行,调用 invalidate()函数重置 CR3 为 0,刷新页变换高速缓冲。

与 fork()函数相似的另一个函数是 vfork 系统调用。vfork 系统调用不同于 fork,用 vfork 创建的子进程共享父进程的地址空间,即子进程完全运行在父进程的地址空间上,子进程对虚拟地址空间任何数据的修改同样为父进程所见。但是用 vfork 系统调用创建子进程后,父进程会被阻塞直到子进程调用 exec()或 exit()为止。这样的好处是当创建子进程仅仅是为了调用 exec()执行另一个程序时(显然它不会引用父进程的地址空间),就没有必要对地址空间进行复制。通过 vfork 系统可以减少不必要的复制开销。

在 Linux 中 fork 和 vfork 都是调用同一个核心函数 do_fork(),函数原型如下:

```
do_fork(unsigned long clone_flag, unsigned long usp, structpt_regs)
```

其中 clone_flag 包括 CLONE_VM、CLONE_FS、CLONE_FILES、CLONE_SIGHAND、CLONE_PID、CLONE_VFORK 等标志位。这些标志位的任何一位被置 1 则表明创建的子进程共享父进程的该位描述的相应资源或某种并发机制。例如,vfork 系统调用的实现中,do_fork ()函数的 cloneflags 参数已经设置为:

```
cloneflags = CLONE_VFORK | CLONE_VM | SIGCHLD
```

其中,CLONE_VM 标志表示子进程和父进程共享地址空间,CLONE_VFORK 标志意味着子进程会把父进程的地址空间锁住,直到子进程退出或执行 exec()时才释放。

4.7.4　clone()函数创建进程

在 Linux 中也可以用 clone()创建进程。clone()函数带有更多的参数,可以说是 fork()的升级版本。clone()函数不仅可以创建进程或者线程,还可以指定创建新的命名空间(namespace),或有选择地继承父进程的内存,甚至可以将创建的进程变成父进程的兄弟进程等。

clone()函数带有众多参数,提供更灵活的创建进程的方法。clone()函数可以让用户有选择性地继承父进程的资源。例如,可以和父进程共享一个虚拟内存空间,从而创造出线程;也可以选择创建兄弟进程而不是父子进程。clone()函数的原型是:

```
int clone(int (*fn)(void *), void *child_stack, int flags, void *arg);
```

其中主要的参数如下。

fn:函数指针,指针指向一个函数体,即想要创建为进程(或线程)的函数。

child_stack:给子进程分配系统堆栈的指针。

arg:传给子进程的参数,一般为 0。

flags：复制资源的标志，描述用户需要从父进程继承哪些资源。另外，是资源复制还是共享，也在这里设置。flags 可以取的值如下。

CLONE_PARENT：创建的新进程将与调用者进程共享父进程，即新进程与创建它的进程成了"兄弟"关系，而不是"父子"关系。

CLONE_FS：子进程与父进程共享相同的文件系统。

CLONE_FILES：子进程与父进程共享相同的文件描述符表。

CLONE_SIGHAND：子进程与父进程共享相同的信号处理表。

CLONE_VFORK：父进程被挂起，直至子进程释放虚拟内存资源。

CLONE_VM：子进程与父进程运行于相同的内存空间。

CLONE_PID：子进程在创建时 PID 与父进程一致。

CLONE_THREAD：子进程与父进程共享相同的线程群。

clone()和 fork()的调用方式不相同。clone()函数的调用需要传入一个函数指针，对应的函数在子进程中执行。clone()和 fork()的差异还表现在 clone()函数不再复制父进程的栈空间，而是自己创建一个新的栈空间。void *child_stack 参数指明了需要分配栈指针的空间大小。代码 4-16 展示了利用 clone()函数创建子进程的实例。例子中，子进程共享父进程内存空间，没有自己独立的内存空间，因此严格来讲该子进程不能被称为进程，仅能称为线程。线程的概念在本章后续内容中介绍。

```
1   #define FIBER_STACK 8192
2   void * ChildStack;
3   int ChildWork()
4   {
5       printf("Child PID = %d\n", getpid());
6       free(ChildStack);
7       exit(1);
8   }
9
10  int main( )
11  {
12      void * ChildStack;
13      ChildStack = malloc(FIBER_STACK);//为子进程申请堆栈
14      clone(&ChildWork, (char *)ChildStack + FIBER_STACK,
15          CLONE_VM|CLONE_VFORK, 0);//创建子线程
16      printf("Father PID = %d\n", getpid());
17      exit(1);
18  }
```

代码 4-16　clone()函数创建子进程的实例

4.7.5　execve()函数创建进程

execve()函数与 fork()函数一样是系统调用。但是 execve()函数是用来创建一个与父进程完全不同的新进程空间，执行新的程序。execve()函数被执行之后，新进程就和原父进程完全不相干了，就连父进程原先为子进程安排在 execve()函数调用之后的那些代码也不会再被子进程执行。execve()函数的原型：

```
int execve(const char *filename, char *const argv[],char *const envp[])
```

其中，filename 是二进制的可执行文件或者是脚本。argv 是要调用的程序执行的参数序列，也就是用户要调用的程序需要传入的参数。envp 同样也是参数序列作为新程序的环境。

execve()函数建立的进程空间组成如图 4-14 所示，包括如下。

code：代码。

data：全局数据。

bss：未初始化的全局数据。

stack：堆栈供进程内函数调用参数、局部变量用。

参数：该进程运行所需的参数，包括程序名、附加参数 argv、参数个数 argc 等。

code	data	bss	stack	参数

图 4-14　execve()函数建立的进程空间

与 fork()函数一样，execve()函数同样会引发 INT 0x80 中断指令，通过相应的中断服务程序调用 sys_execve()函数创建新的子进程。sys_execve()函数实现如代码 4-17 所示，内部又继续调用 do_execve()函数。

```
1  _sys_execve:
2      lea EIP(%esp),%eax
3      pushl %eax
4      call _do_execve
5      addl $4,%esp
6      ret
```

代码 4-17　sys_execve()函数实现

第 3 行，在调用 do_execve()函数前执行 pushl %eax 语句。这条 push 语句其实是给 do_execve()函数压入参数。而 EAX 寄存器中存放的内容是子进程调用 execve()系统调用时压入子进程内核态堆栈的 eip 指针，即系统调用的返回地址。do_execve()函数会在后面对该 eip 指针进行修改。

在具体研究 do_execve()函数前，需要了解一下 GCC 1.3 版本编译出来的 a.out 格式的可执行文件结构。Linux 0.11 支持的可执行文件格式为 a.out（更高版本采用的是 ELF 文件格式），每个二进制执行文件的头部数据都从代码 4-18 所示的 exec 数据结构开始。

```
1  struct exec {
2      unsigned long a_magic;
3      unsigned a_text;
4      unsigned a_data;
5      unsigned a_bss;
6      unsigned a_syms;
7      unsigned a_entry;
8      unsigned a_trsize;
9      unsigned a_drsize;
10 };
```

代码 4-18　exec 数据结构

exec 数据结构基本描述了该可执行文件的必要信息，比如：代码段、数据段、bss 段的长度、应用程序的入口地址 a_entry 等。显然，如果将子进程的 eip 替换为 a_entry，就可以让子进程运行该可执行文件，当然还必须设置堆栈指针以及进程描述符。

do_execve()函数首先根据文件名，找到对应的可执行文件，并获得它的头部数据（记为 ex）。然后，释放该进程的原地址空间，包括先后使得相应的页目录项（PDE 项）清零，相应的页表释放。接着，获取 32 个物理内存页，把程序的运行参数复制到这些内存页中，然后重新填写相应的 PDE 项，并重新分配页表来指向这些物理内存页，结果使得这 32 个物理内存页被安排在进程空间的末尾。这末尾的 32 页，最末存放的是运行参数，128KB 足够放很多参数了，多余的部分作为堆栈，并且为了方便后续访问这些参数和环境变量还需要在堆栈中创建索引它们的指针表。最终，堆栈指针 sp 必须指向指针表的第一个元素，以便在进入 main()函数时刚好能从堆栈中弹出 3 个参数：1 个整型参数 argc，2 个字符串指针参数 argv 和 envp。最后把内核堆栈中 eip 的值改为 ex.entry 程序的入口，这样系统调用返回后，就转去执行新的程序。

do_execve()执行完之后，仅仅提供了用户程序的执行入口，该进程的 eip 指向该入口处开始执行，但实际的程序却并未加载到进程空间内。因此该程序开始执行时必然会发生缺页中断错误。这时系统会再到相应的磁盘文件中去加载所缺部分。缺页中断程序只要根据所缺页的偏移地址从文件中加载即可，对于有些没有执行的分支，就不会加载，这样也提高了效率。堆栈也一样，当末尾 128KB 用完后，会分配新的物理页作为堆栈。

最终进程的 64MB 线性空间的布局如图 4-15 所示。

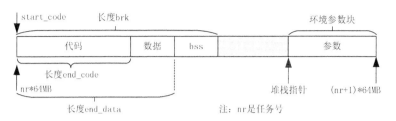

图 4-15　进程 64MB 线性空间布局

do_execve()函数加载一个 a.out 格式的可执行文件时过程如下。

（1）获取该文件的 inode 节点指针，并判断该文件的属性以及执行权限。

（2）获取文件的 a.out 的头部数据 ex，根据 ex 结构判断可执行文件是否符合标准。

（3）对子进程的进程描述符的相关字段进行赋值。

（4）修改子进程内核堆栈中 eip 和 esp 并返回。

（5）返回后，fork 出来的子进程将被可执行文件替代并运行。

do_execve()函数中除了支持二进制可执行文件的加载，还实现了对脚本文件的加载，原理类似，不再赘述。

4.7.6　Linux 进程撤销

1. 进程撤销过程

在 Linux 中撤销进程使用 exit()函数，这是一个系统调用。exit()函数的原型如下：

```
void exit(int status);
```

exit()函数会让调用者进程正常终止，然后将参数 status 的值返回给父进程，父进程可以通过 wait()函数来获取这个返回值。exit()函数主要工作包括：

（1）释放资源并报告给父进程；

（2）利用参数 status 向父进程报告结束时的退出码；

（3）进程状态改变为僵尸状态，并保留 PCB 信息供父进程调用 wait()函数来收集；

（4）调用 schedule()函数，选择新进程运行。

利用 exit()函数撤销一个进程时，内核为即将终止的进程保存了终止状态等信息，以便父进程通过调用 wait()等函数，获取该信息。

当父进程调用 wait()等函数检测到某子进程正在撤销时，内核将释放该子进程所使用的所有内存，关闭其打开的所有文件。

对于已经终止，但是其父进程尚未对其调用 wait()等函数的进程，被称为僵尸进程，即已经结束，但尚未释放全部资源的进程。

对于父进程先终止，而被 init 进程"领养"的进程，init 进程迟早都会对每个终止的子进程调用 wait()函数以获取其终止状态信息并彻底销毁该进程。

2. 进程撤销源代码分析

系统调用 exit()内部通过调用 do_exit()函数实现进程撤销。do_exit()函数会释放进程占用的绝大多数资源，包括占用的物理内存和页表，以及文件和文件系统。do_exit()函数的实现详见代码 4-19。

第 5、6 行，调用 free_page_tables()函数释放代码段和数据段所占据的物理内存空间，同时也释放页表本身占据的内存空间。get_base 和 get_limit 分别通过 ldt[1]和 ldt[2]这两个描述符来找到代码段和数据段的起始位和段界限。

第 7~13 行，进入 for 循环，将可能有的子进程"过继"到 init 进程。循环中先检查当前进程是否是某个进程的父进程。如果是，则先将相应的子进程的父进程改为 init 进程，然后，进一步地查看相应子进程的状态是否是僵尸状态。如果是，则向该子进程的父进程（必定已经是 init 进程）发送 SIGCHLD 信号，这样就可以通过 init 进程去回收该僵尸进程。

第 14~16 行，进入 for 循环，关闭该进程打开的所有文件。

```
1   int do_exit(long code)
2   {
3       int i;
4
5       free_page_tables(get_base(current->ldt[ ]),get_limit(       ));
6       free_page_tables(get_base(current->ldt[ ]),get_limit(       ));
7       for (i=  ; i<NR_TASKS ; i++)
8           if (task[i] && task[i]->father == current->pid) {
9               task[i]->father = ;
10              if (task[i]->state == TASK_ZOMBIE)
11                  /* assumption task[1] is always init */
12                  (void) send_sig(SIGCHLD, task[ ], );
13          }
14      for (i=  ; i<NR_OPEN ; i++)
15          if (current->filp[i])
16              sys_close(i);
17      ......
29      current->state = TASK_ZOMBIE;
30      current->exit_code = code;
31      tell_father(current->father);
32      schedule();
33      return (- );
34  }
```

代码 4-19　do_exit()函数的实现

第 17 行，省略处的多行继续释放进程占用的其他资源，包括终端 tty 等系统资源。

第 29 行，将进程状态设置为僵死状态 TASK_ZOMBIE。

第 30 行，设置进程的退出码 exit_code，这个代码是用户设置的。

第 31 行，将进程的结束信息通知父进程。等待父进程做进一步的进程结束善后处理。系统调用 do_exit()中已经释放了绝大多数占用的资源，但是进程描述符表和内核堆栈共用的那块地址空间还没有释放。这些资源将由父进程来释放，这与父进程调用的系统调用 waitpid()或 wait()函数有关。wait()函数是 waitpid()的特例，在 4.7.7 小节介绍。waitpid()的核心代码如代码 4-20 所示。

```
1   int sys_waitpid(pid_t pid,unsigned long * stat_addr, int options)
2   {
3       int flag, code;
4       struct task_struct ** p;
5       ......
6       for(p = &LAST_TASK ; p > &FIRST_TASK ; --p) {
7           ......
8           switch ((*p)->state) {
9               ......
10              case TASK_ZOMBIE:
11                  current->cutime += (*p)->utime;
12                  current->cstime += (*p)->stime;
13                  flag = (*p)->pid;
14                  code = (*p)->exit_code;
15                  release(*p);
16                  put_fs_long(code,stat_addr);
17                  return flag;
18          }
19      }
20      return -ECHILD;
21  }
```

代码 4-20　waitpid()系统调用的核心代码

第 6、7 行，进入 for 循环遍历所有进程。在省略的第 7 行以及后面若干行主要是排除不符合条件的进程，包括空的、进程号等于自己的、不是当前进程子进程的进程，剩下来待处理的进程就都是当前进程的子进程。

第 8~18 行，通过 switch 语句检查当前正被处理的子进程的状态 state 是否处于僵死状态 TASK_ZOMBIE。此段代码把子进程在用户态和内核态运行的时间累加到当前进程中，并取得子进程的 PID 和退出码。第 15 行调用 release()去释放描述符，并调用 put_fs_long()函数将状态信息也就是退出码 code 写到用户态 stat_addr 地址上面。最后在第 17 行返回 flag 值，即子进程的 PID。

4.7.7 Linux 的 wait()函数

在 Linux 中有时需要让一个进程等待另一个进程结束，最常见的是父进程等待自己的子进程结束。wait()函数和 waitpid()函数就是这样的函数。wait()函数的原型是：

```
int wait(int *status);
```

父进程一旦调用了 wait()函数就立即阻塞自己，由 wait()函数自动分析当前进程的某个子进程是否已经退出。如果找到了这样一个已经变成僵尸的子进程，wait()函数就会收集这个子进程的信息，并把它彻底销毁后返回。如果没有找到这样一个子进程，wait()函数就会一直阻塞在这里，直到有一个出现为止。

当父进程忘记使用 wait()函数等待已终止的子进程时，子进程就会一直处于僵尸状态。正常情况下 wait()函数的返回值为子进程的 PID。

参数 status 用来保存子进程退出时的一些状态，它是一个指向 int 类型的指针。如果用户对子进程被撤销毫不在意，只想把这个僵尸进程消灭掉（绝大多数情况下，用户都会这样想），就可以设定这个参数为 NULL：

```
pid = wait (NULL);
```

如果参数 status 的值不是 NULL，wait()函数就会把子进程退出时的状态取出并存入其中。这是一个整型值（int），这个整型值包含以下信息：子进程是正常结束或是被非正常结束，正常结束时的返回值，被哪一个信号结束的等。这些信息都存放在这个整型值的不同二进制位中，并能被专门设计的一套宏读出来。其中最常用的两个宏如下。

WIFEXITED(status)：检查子进程是否为正常退出的。如果是，则返回非零值。

WEXITSTATUS(status)：当 WIFEXITED 返回非零值时，用这个宏来提取子进程的返回值。

例如：子进程曾经用 exit(5)退出，则 WEXITSTATUS(status) 就会返回 5。注意，如果进程不是正常退出的，也就是说，WIFEXITED 宏返回的是 0，则 WEXITSTATUS(status)的值就毫无意义。

4.7.8 Linux 进程间的层次关系

1. 父子关系和家族关系

大多数的操作系统常常采用倒树形结构来管理进程。一个进程能够借助创建原语创建另一个新进程，前者称为父进程，后者称为子进程。子进程又可以根据需要再创建子进程。如此递推，所有的进程就形成了进程的家族体系，类似一棵倒置的树。例如图 4-16 就是一个倒置的进程家庭树。在该家族树中，进程 A 是祖先进程，其他所有进程都是 A 的子进程、孙进程……。又如 E 进程是 C 进程的子进程，C 进程是 E 进程的父进程。系统中所有进程都是并发执行的，除了有额外定义的进程优先级的区别之外，父子进程之间并不存在谁先运行谁后运行的约束。

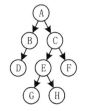

图 4-16　倒置的进程家族树

2. 进程组

进程组是一组相关进程的集合。每个进程都属于某个进程组，进程组具有唯一的 ID，简称 PGID，以区别于其他的进程组。默认情况下，新创建的子进程会继承父进程的进程组 ID。进程组有时也称为作业，但是略有区别，后面单独讨论作业。

最常见的创建进程组的场景就是在 Shell 中执行类似下面的管道命令时创建新的进程组：

```
cmd1 | cmd2 | cmd3
```

例如执行：

```
ps ax|grep nfsd
```

ps 进程和 grep 进程都是 Bash 创建的子进程，两者通过管道协同完成一项工作，它们隶属于同一个进程组，其中 ps 进程是进程组的组长。图 4-17 展示了这个例子中涉及的 3 个进程之间的关系。Bash 自身具有一个进程组，而创建的两个子进程 ps 和 grep 自成为一个新的进程组，新的进程组组号与组内的首个进程（ps 进程）的进程 ID 相同。

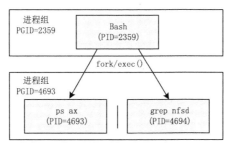

图 4-17　多个进程构成进程组的例子

一般父进程在调用 fork() 函数创建子进程后，会调用 setpgid() 函数设置子进程的进程组 ID，同时子进程也会调用 setpgid() 函数来设置自身的进程组 ID。之所以通过两次看似重复的调用，目的是确保无论是父进程先执行，还是子进程先执行，子进程都能尽快地进入指定的进程组中。

组长进程可以创建一个进程组，创建该组中的进程，然后自己终止。只要该进程组中的任意一个进程存在，则该进程组就存在，与其组长进程是否存在无关。

用户在 Shell 中可以同时执行多个命令。对于耗时很久的命令，用户可以在命令的结尾添加"&"符号，表示将命令放入后台执行。这样该命令对应的进程组即为后台进程组。在任意时刻，可能同时存在多个后台进程组，但是不管什么时候都只能有一个前台进程组。只有在前台进程组中进程才能在控制终端读取输入。当用户在终端按如 Ctrl+C、Ctrl+Z、Ctrl+\等组合键发送相应信号时，对应的信号只会发送给前台进程组。

可以调用下面的函数获取某个进程的进程组 ID：

```
pid_t getpgrp(void);
```

3．作业

作业与进程有区别，也与进程组有区别。

进程是程序在一个数据集上的一次执行过程，而作业（Job）是用户提交给系统的一个任务，这个任务可以是一个进程，也可以包括几个进程，共同完成一个任务。用户提交作业以后，当作业被调度，系统会为作业创建进程，一个进程无法完成时，系统会为这个进程创建子进程。

Shell 是以作业或者进程组为单位分前后台控制，而不是以进程为单位。一个前台作业可以由多个进程组成，一个后台作业也可以由多个进程组成。一个 Shell 可以同时运行一个前台作业和多个后台作业，这称为作业控制。

要把一个作业放到后台运行，可以在指令后面加上"&"，并且系统会返回当前作业的作业号，以及进程的进程 ID。例：只包括一个进程 sleep 的作业，放入后台执行，如图 4-18 所示，作业号和进程 ID 分别显示为 1 和 2849。

图 4-18　放在后台运行的作业

又如图 4-19 则展示了一个包括有 2 个进程的作业正在后台运行。通常会利用管道 "|" 将多个进程集合在一起以生成一个新的作业。

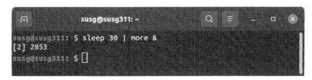

图 4-19　利用管道创建包含多个进程的作业

可以通过 jobs 命令查看当前运行的作业列表。如图 4-20 所示，jobs 命令的结果显示用户运行了 2 个作业。jobs 命令输出时可以看到任务号后面有加号+和减号-。带加号的作业会被当作默认作业。当用户不指定作业号时，该作业将被当作作业命令（例如 fg、bg）的操作对象，而带减号的作业将作为下一个默认作业。jobs 命令的输出信息中，中间一列是作业的状态，最后一列则是作业的名称。

图 4-20　通过 jobs 命令查看作业

关于作业的基本控制，用户可以通过发信号与前台作业进程交互。当然这些信号只能通过键盘输入特殊组合键发起，例如 Ctrl+C、Ctrl+Z、Ctrl+\等组合键。

作业与进程组区别在于，子进程不属于父进程作业。如果当前作业中的父进程又创建了子进程，父进程与子进程整体属于这个作业，但是子进程单独不属于作业，不过父子进程属于同一个进程组。一旦作业运行结束，Shell 就会把自己提到前台。若原来父进程创建的子进程还没有结束，将自动变为后台执行。

4. 会话

会话（Session）是一组相关进程组的集合。每个进程都属于某个会话，会话具有唯一的 ID，简称 SID，以区别于其他的会话。默认情况下，新创建的进程会继承父进程的会话 ID。

Shell 中可以存在多个进程组，无论是前台进程组还是后台进程组，它们或多或少存在一定的联系，为了更好地控制这些进程组（或作业），系统引入了会话的概念。会话的意义在于将很多的工作囊括在一个终端，选取其中一个作为前台来直接接收终端的输入及信号，其他的工作则放在后台执行。

当有新的用户登录 Linux 时，登录进程会为这个用户创建一个会话。会话的首进程 ID 会作为整个会话的 ID。通常，用户的登录 Shell 就是会话的首进程。当用户通过 SSH 客户端工具（putty、xshell 等）连入 Linux 时，与上述登录的情景是类似的。会话是一个或多个进程组的集合，囊括登录用户的所有活动。一个会话的几个相关进程组可被分为：一个前台进程组以及一个或多个后台进程组。图 4-21 显示了会话的概念和组成，会话包括 3 个部分：控制进程（会话首进程）、一个前台进程组、多个后台进程组。

系统提供 setsid 函数来创建会话，其函数原型如下：

```
pid_t setsid(void);
```

如果这个函数的调用进程不是进程组组长，那么调用该函数会发生以下事情。

（1）创建一个新会话，会话 ID 等于进程 ID，调用进程成为会话的首进程。

（2）创建一个进程组，进程组 ID 等于进程 ID，调用进程成为进程组的组长。

（3）该进程将没有控制终端。如果调用 setsid 前，该进程有控制终端，这种联系就会断掉。

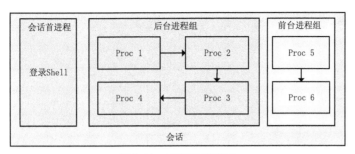

图 4-21　会话的概念和组成

调用 setsid 函数的进程不能是进程组的组长，否则调用会失败。这个限制是比较合理的。如果允许进程组组长迁移到新的会话，而进程组的其他成员仍然在老的会话中，那么，就会出现同一个进程组的进程分属不同的会话之中的情况，这就破坏了进程组和会话的严格的层次关系了。可以调用下面的函数获取某个进程的会话 ID：

```
pid_t getsid(pid_t pid);
```

4.7.9　Linux 0.11 任务 0 与进程树建立

在 Linux 操作系统中第一个进程是任务 0。当设备初始化完毕后，程序将从内核态切换到用户态，开始执行第一个任务，也就是任务 0。任务 0 需要通过手动设置其任务结构 INIT_TASK，并手动填充其在 GDT 中的表项。

创建任务 0 时，需要填充 task_struct 结构体的大部分数据。这些数据并不是在进程创建之初就能全部确定，大部分只是暂时赋一个初值，在运行的时候会动态更改，但是也有一些是要在进程运行前设置好的，才能保证进程被正确地执行。最需要填充的信息是那些使得操作系统可以顺利切换到任务 0 的信息，这包括 LDT 和 TSS 信息。任务 0 是第一个运行在用户态的进程，需要使用私有的 LDT 来存放段描述符，而不是放在 GDT 中。LDT 和 TSS 是保证不同进程之间相互隔离的重要机制。另外，LDT 和 TSS 对应的段描述符还要存放到 GDT 中，由系统统一管理，便于系统查找该进程。在 GDT 中填充任务 0 两个段描述符的工作在 sched_init() 函数中完成，具体参考代码 4-21，其中，第 8、9 两行即在 GDT 的第 4、5 项的位置填充两个描述符，第 11、12 两行则是加载这两个描述符到 TR 寄存器和 LDTR 寄存器中。

```
1   void sched_init(void)
2   {
3       int i;
4       struct desc_struct * p;
5
6       if (sizeof(struct sigaction) != 16)
7           panic("Struct sigaction MUST be 16 bytes");
8       set_tss_desc(gdt+FIRST_TSS_ENTRY,&(init_task.task.tss));
9       set_ldt_desc(gdt+FIRST_LDT_ENTRY,&(init_task.task.ldt));
10      ......
11      ltr(0);
12      lldt(0);
13      ......
14  }
```

代码 4-21　在 GDT 中设置任务 0 的段描述符

对于 Linux 0.11 来说，每个进程都有一个 LDT 描述符和一个 TSS 描述符。值得注意的是：在 Linux 2.4 之后每个 CPU 才具有一个 TSS 描述符并存储在 GDT 中，而不是每个进程都有一个 TSS

描述符。当然这种区别会造成进程创建和切换过程中一些细节上的差异，但是保持进程之间相互隔离的思路并没有任何不同。进程 0 是运行在用户态下的进程，因此就意味着进程 0 的初始启动一定是从 0 级特权级到 3 级特权级的切换过程。这个特权级跃迁的过程通过使用 iret 指令模拟一个中断返回来实现。具体执行过程由 move_to_user_mode 宏来完成。move_to_user_mode 宏参考代码 4-22。

```
1   #define move_to_user_mode() \
2   __asm__ ("movl %%esp,%%eax\n\t" \
3       "pushl $0x17\n\t" \
4       "pushl %%eax\n\t" \
5       "pushfl\n\t" \
6       "pushl $0x0f\n\t" \
7       "pushl $1f\n\t" \
8       "iret\n" \
9       "1:\tmovl $0x17,%%eax\n\t" \
10      "movw %%ax,%%ds\n\t" \
11      "movw %%ax,%%es\n\t" \
12      "movw %%ax,%%fs\n\t" \
13      "movw %%ax,%%gs" \
14      :::"ax")
```

代码 4-22　move_to_user_mode 宏

move_to_user_mode 宏将进程 0 执行时需要的 SS、ESP、EFLAGS、CS、EIP 等信息先全部压栈，待到执行 IRET 指令时，CPU 自动将这些信息从栈中弹出，加载到相应的寄存器中，从而实现进程 0 的启动执行。注意，在 x86 保护模式机制中，并不允许直接从特权级 0 跳转到特权级 3 运行，因此这里是通过模拟中断返回的过程来实现的。

第 3 行，将 0x17 入栈，出栈时作为 SS 使用。0x17=0b00010111，意味着特权级 RPL=3，段选择子 Index=2，并且 TI 域为 1，因此将从 LDT 中取得第 2 项描述符（描述符序号从 0 计起），这是一个用户数据段，SS 将指向这个段。

第 4 行，将当前 EAX 入栈，由于第 2 行已经将当前的 ESP 值复制到 EAX 里面，因此实际是将当前 ESP 入栈，将来出栈时继续作为 ESP 使用。

第 5 行，将当前 EFLAGS 入栈，出栈时继续作为 EFLAGS 使用。

第 6 行，将 0x0f 入栈，将来出栈时作为 CS 使用。由 0x0f=0b00001111 可知，请求特权级 RPL=3，段选择子 Index=1，并且 TI 为 1，因此将从 LDT 中取得第 1 项描述符（描述符序号从 0 计起），这是一个用户代码段，CS 指向这个段。

第 7 行，将标号 1 位置（第 9 行）的代码的地址压栈，将来出栈时作为 EIP 使用。自此，在执行 IRET 之后，就会返回到 CS 和 EIP 指定地址的代码处运行，其堆栈段 SS 和栈指针 ESP 是上面手动构造的值。

代码 4-22 中执行完第 3～7 行后，在执行 IRET 之前的堆栈的变化如图 4-22 所示。

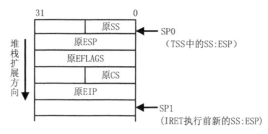

图 4-22　通过 IRET 指令进入任务 0 前堆栈的变化

由于在之前调用的 sched_init() 函数中已经把 EFLAGS 标志寄存器中的 NT 标志设置为 0，因此 IRET 调用后不会发生任务切换，而是继续执行 EIP 指向的指令，即继续执行 1 标号的代码，开始执行任务 0。任务 0 的堆栈段选择符为 0x17，在 sched_init()函数中已设置了任务 0 的任务状态段描述符和局部描述段描述符，分别为 init_task.task.tss 和 init_task.task.ldt。

有了 0 号进程这个原始的进程，其余进程的创建就比较容易了。从任务 1 开始以及后面的用户任务都是通过系统调用_sys_fork()产生的。新进程会复制父进程的任务数据结构（即 PCB）。任务 1 会加载执行 Shell 程序。之后的所有进程都是通过 fork()系统调用或 exec()系统调用创建的。如果通过 Shell 命令行创建进程，其本质还是通过 fork()系统调用和 exec()系统调用实现的。所有的进程构成一棵倒置的进程家族树。

4.8 线程

4.8.1 线程概念

在早期的操作系统中并没有线程的概念，进程是拥有资源的最小单位，也是 CPU 调度的最小单位。进程与进程之间是并发运行的，但是进程内部是串行运行的。随着计算机应用范围的拓展和用户需求的发展，以进程作为并发单位和调度单位有着较大的局限性。

譬如，如图 4-23 所示，用户打算在程序的同一个窗口中同时展示画圆和画正方形的动态过程，即沿着虚线的圆和正方形的边缘逐点绘制出实线的圆和正方形。要求它们的绘制过程尽量一起开始，一起结束，即实现并发绘制。左图显示的是准备绘制的圆和正方形，右图显示的是绘制进度大约过半时的状态。

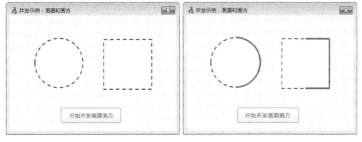

图 4-23　在同一窗口中同时展示画圆和画正方形的动态过程

显然，对于图 4-23 所示的用户要求，现有的进程并发技术无法完美解决，因为用户的并发需求被限定在一个进程之内。因此，该类需求促使软件并发技术向比进程粒度更细的方向发展，这就是线程技术。

线程（Thread）是进程内部的一个相对独立的执行路径，进程内可以有多个线程。进程的多个线程可以并发，每条线程并行执行不同的任务。各个线程之间共享所属进程的资源和内存空间。

当操作系统的并发行为发生在进程之间时，每一次进程切换都将导致系统调度算法的运行，以及 CPU 上下文的信息保存，非常耗时。线程基本上不单独拥有系统资源，只是拥有一些必不可少的、能保证独立运行的资源。线程使用的资源主要共享自所属进程的资源。因此，线程的管理和切换开销都比进程要小。此外，线程之间的通信也更容易，最简单的通信方式，莫过于使用进程内的全局变量进行通信。

在具有线程概念的操作系统中，线程是操作系统进行调度的最小单位。线程属于进程，被包含在进程之中，是进程中的实际运行单位。线程的实体包括程序、数据和线程控制块（Thread

Control Block，TCB）。线程控制块与进程控制块类似，包括以下信息：

（1）线程状态；

（2）现场信息/上下文；

（3）堆栈；

（4）存放每个线程的局部变量主存区；

（5）所属进程中的主存和其他资源。

在实际编程中，线程技术主要应用在下面三个场合。

（1）进程中有多个功能需要并发的地方，每个功能需要单独设计为一个线程。

（2）需要增强窗口人机交互性的地方，尤其是窗口中包含有耗时的后台服务时。在这种情形下，后台服务需要创建为单独的线程。

（3）程序在多核 CPU 上运行时，可以考虑用线程组织程序，提高程序并发性能。

4.8.2　Windows 线程

在 Windows 中线程是 CPU 的独立调度和分派的基本单位。同一进程中的多个线程共享该进程中的全部系统资源，如虚拟地址空间、文件描述符和信号处理等。但同一进程中的多个线程有各自的调用栈（Call Stack）和运行环境（寄存器上下文，Register Context）。一个进程可以有很多线程，每个线程并行执行不同的任务。

使用多线程程序设计的好处是可提高系统的并发效率，降低并发粒度。即便是在单核 CPU 的计算机上，使用多线程技术，也可以通过把进程中 I/O 处理模块与密集计算模块分开为两个线程来执行，以提升程序的执行效率和获得良好的交互性能。

在 Windows 中进程只是线程的容器，进程并不执行任何实际操作。线程总是在某个特定进程中被创建，而线程在进程的地址空间中执行代码，并与其他线程共享进程中的所有内核对象。Windows 线程主要包括：

（1）一组 CPU 寄存器；

（2）两个堆栈（系统态和用户态）；

（3）线程局部存储区域 TLS；

（4）线程 ID；

（5）安全特性。

在 Windows 中创建线程的函数是 CreateThread。函数原型是：

```
HANDLE CreateThread (
        PSECURITY_ATTRIBUTES psa,
        DWORD cbStack,
        PTHREAD_START_ROUTINE pfnStartAddr,
        PVOID pvParam,
        DWORD fdwCreate,
        PDWORD pdwThreadID);
```

CreateThread 函数在内核执行的主要操作是生成一个线程内核对象，并在进程空间内为线程分配堆栈空间。创建的线程可以访问所属进程中的所有资源，包括进程中所有的内核对象。CreateThread 函数在其调用进程的进程空间里创建一个新的线程，并返回已建线程的句柄（若失败则返回 NULL），其中主要的参数说明如下。

dwStackSize：指定了线程的堆栈深度，一般都设置为 0。

lpStartAddress：表示新线程开始执行时代码所在函数的地址，即线程的起始地址。

lpParameter：指定了线程执行前传送给线程的 32 位参数，即线程函数的参数。

dwCreationFlags：线程创建的附加标志，可以取两种值。如果该参数为 0，线程在被创建后就会立即开始执行；如果该参数为 CREATE_SUSPENDED，则系统创建线程后，该线程处于挂起状态，并不马上执行。

lpThreadId：返回所创建线程的 ID。

4.8.3　Linux 线程概念

在 Linux 和类 UNIX 操作系统中，并没有真正意义上的线程，因为 Linux 并没有给线程设计专有的任务结构体。但是进程内同样有多任务并发的需求，因此 Linux 通过改造进程的一些特性来模拟实现线程，让多个"进程"共享同一进程的地址空间模拟得到多个线程。进程由一个指令执行流和相应执行环境构成，但是有了线程的概念后，进程可以进一步被抽象为：

进程=资源集合+线程集合

资源集合意味着进程拥有一套完整的资源，可供线程有选择性地共享。这些资源包括进程控制块、虚存空间、文件系统、文件 I/O、信号处理函数，甚至是进程 ID 等。这些资源被抽象成各种数据对象，创建进程的过程中就会同步地创建这些数据对象。

线程集合意味着进程内包含一组线程，每个线程就是一个独立的指令流，进程中的所有线程将共享进程里的资源。但是线程应该有自己的私有对象：程序计数器、堆栈和寄存器上下文。

在 Linux 中可以查看 proc 目录下的 status 文件，查看进程开启的线程数量等相关信息，使用如下命令完成：

```
# cat /proc/进程 PID/status
```

ps 命令甚至可以查看某个线程具体运行在哪个 CPU 核上，如图 4-24 所示。

```
# ps -eo ruser,pid,ppid,lwp,psr,args -L | grep mysql
mysql     5877     1  5877   0 /usr/sbin/mysqld
mysql     5877     1  5889   1 /usr/sbin/mysqld
mysql     5877     1  5890   1 /usr/sbin/mysqld
mysql     5877     1  5891   0 /usr/sbin/mysqld
mysql     5877     1  5892   0 /usr/sbin/mysqld
mysql     5877     1  5893   0 /usr/sbin/mysqld
mysql     5877     1  5894   0 /usr/sbin/mysqld
mysql     5877     1  5895   2 /usr/sbin/mysqld
mysql     5877     1  5896   3 /usr/sbin/mysqld
mysql     5877     1  5897   0 /usr/sbin/mysqld
mysql     5877     1  5898   3 /usr/sbin/mysqld
```

图 4-24　ps 命令查看线程信息

其中，每一列依次为：用户名、进程 ID、父进程 ID、线程 ID、运行该线程的 CPU 的序号、命令行参数（包括命令本身）。

在 Linux 中线程根据创建方式和运行特点分成 3 类：内核线程、轻量级进程和用户线程。

（1）内核线程

内核线程（Kernel Thread）的创建、运行和撤销都在内核完成，由内核驱动。内核线程往往与一个指定函数相关，且内核线程不需要和用户进程联系，它共享内核的正文段和全局数据，但是具有自己的内核堆栈。内核线程只能由其他内核线程创建。在 Linux 驱动模块中可以用 kernel_thread()、kthread_create()、kthread_run()等方式创建内核线程。代码 4-23 展示了 Linux 中利用 kthread_create()函数创建内核线程的例子。

kernel_thread()函数的原型如下：

```
pid_t kernel_thread(int ( *fn ) ( void * ), void *arg, unsigned long flags );
```

其中，参数和返回值含义如下。

fn：线程函数的入口地址。

arg：线程函数的形参，若没有，可以是 NULL。

flags：标志，此处一般用 CLONE_KERNEL 表示内核线程。注意，有的 Linux 版本没定义此标志。

返回值：返回线程 ID。

```
1   static struct task_struct *TestTask;
2   int ThreadFunc(void *data)
3   {
4       while( )
5       {
6           //进行业务处理
7           DoSomeThing( );
8       }
9       return ;
10  }
11
12  static TestTask_Init_module(void)      //驱动加载函数
13  {
14      TestTask = kthread_create(ThreadFunc, NULL, "TestTask");
15      wake_up_process(TestTask);
16      return ;
17  }
18
19  static void TestTask_Exit_module(void)
20  {
21      kthread_stop(TestTask);
22      TestTask = NULL;
23  }
24
25  module_exit(TestTask_Init_module);
26  module_init(TestTask_Exit_module);
```

代码 4-23　Linux 中创建内核线程的例子

（2）轻量级进程

进程可以看成是由程序、资源及执行三部分构成的。程序通常指代码，资源指内存、I/O、信号处理等部分，执行通常指上下文。在线程概念出现以前，为了减小进程切换的开销，系统开始改变策略，允许进程占有的一部分资源（如文件、信号、数据、代码）被共享给其他进程，这就发展出了轻量级进程（Light Weight Process，LWP）的概念。轻量级进程也是一种实现多任务的方法，它在一个单独的进程中提供多线程控制。轻量级进程与特定的用户进程相关，是由核心支持的用户线程。轻量级进程可以被独立调度，且可以在多个处理器上运行。轻量级进程共享进程中的地址空间和其他资源，但是与线程相比，轻量级进程有它自己的程序计数器、进程标识符、优先级、状态以及栈和局部存储区，并和其他进程有着父子关系。轻量级进程与普通进程的区别也在于它只有一个最小的执行上下文和调度程序所需的统计信息，而这也是它被称为轻量级的原因。

（3）用户线程

用户线程（User Thread）是通过 pthread 线程库实现的，它可以在没有内核参与的情况下被创建、释放和管理。线程库提供同步和调度的方法。每个用户线程都可以有自己的用户堆栈，用来保存用户级寄存器上下文以及如信号屏蔽等状态信息。线程库通过先保存当前线程的堆栈和寄存器内容，然后载入新调度线程同样的内容，来实现用户线程之间的调度和上下文切换。用户线程不是真正的调度实体，内核对它们一无所知。内核只是调度用户线程所属的进程或者轻量级进程，而这些进程再通过线程库函数来调度它们内部的各个线程。当一个进程被抢占时，它的所有用户线程都被抢占；当一个用户线程被阻塞时，它会阻塞其所属的进程。

4.8.4　Linux 线程实现

前面已经提及，创建进程使用 fork()、vfork()或 clone()等系统调用。它们最终都用不同的参数调用内核的 do_fork()函数。do_fork() 函数的原型如下：

```
int do_fork( unsigned long  clone_flags,
unsigned long  stack_start,
struct pt_regs  * regs,
unsigned long  stack_size );
```

do_fork()函数根据其参数不同，对父进程的复制过程也不同，主要区别是子进程与父进程是否共享内存空间、文件系统、文件、信号等。其中第一个参数 clone_flags 指明共享资源的方式，其取值和相应的含义如下。

CLONE_PARENT：创建的子进程的父进程是调用者的父进程，即新进程与创建它的进程成了"兄弟"关系，而不是"父子"关系。

CLONE_FS：子进程与父进程共享相同的文件系统。

CLONE_FILES：子进程与父进程共享相同的文件描述符表。

CLONE_SIGHAND：子进程与父进程共享相同的信号处理表。

CLONE_VFORK：父进程被挂起，直至子进程释放虚拟内存资源。

CLONE_VM：子进程与父进程运行于相同的内存空间。

CLONE_PID：子进程在创建时 PID 与父进程 PID 一致。

CLONE_THREAD：子进程与父进程共享相同的线程群。

fork()创建一般意义上的标准进程时，其内部调用的 do_fork()函数不使用 CLONE_VM 属性，创建的进程将拥有独立的运行环境。而创建与线程有关的对象时都会采用包括 CLONE_VM 属性等在内的参数来调用 do_fork()函数，不同的参数就意味着不同的资源共享方式。

当用户使用 pthread 线程库中的 pthread_create()函数来创建线程时，则自动设置好包括 CLONE_VM 属性在内的相关的资源共享属性来调用 clone()函数，而这些参数又被继续传给核内的 do_fork()函数，从而使得创建的"新进程或子进程"拥有共享的运行环境，只不过它们的堆栈是独立的，堆栈由 clone()函数中的参数指定。这些新进程或子进程即成为一般意义上的线程。

4.9　进程相互制约关系

在前面讨论程序并发执行的特点时已经提及，并发环境下程序失去了封闭性。这也就意味着如果对进程的活动不加约束，就会使系统出现混乱，程序运行的结果就会不确定，甚至出现错误。为了保证系统中所有进程都能正常活动，使程序的执行结果具有可再现性，内核必须提供进程的同步机制来约束各个进程的运行过程，不能让其"胡乱地"以互不相关的进度运行。有一些进程为了完成共同的任务需要相互合作，对这些合作进程来说，它们在运行过程中不能相互隔绝：一方面它们需要相互协作，以合适的顺序完成某些操作，以达到用户的预期目的；另一方面它们又需要以合适的方法竞争使用系统中的资源，以避免资源状态出现错乱。所以，它们之间总是存在着某种间接或直接的相互制约关系。当忽视这些制约关系时，合作并发程序的运行结果有可能出错，且结果不可再现。进程间的制约关系可以归纳为两种：互斥关系和同步关系。

4.9.1　互斥关系

在日常生活中，人与人之间也可能竞争一个可以公用但是又具有排他性的事物。例如，公共交通系统中汽车在十字路口通过，这里的十字路口就是公用资源，每次只允许一个方向的车流通过，即一个方向的车流通过时，另外一个方向的车流必须等待。再如，公共卫生间的隔间也是公用资源，具有独占性。不同的人可能彼此并不认识，但因共用一个事物产生了竞争关系。操作系统中的互斥关系就是这样的一种竞争关系。

互斥关系是指多个合作进程之间存在的这样一种相互制约关系：在运行过程中，它们相互排斥地访问同一个具有独占性的公用资源，即必须协调各进程对资源的存取顺序，确保没有任何两个或两个以上的进程同时进行资源存取，否则，该资源的状态或进程的执行结果可能会出错。各个合作进程彼此不一定知道对方的存在，但可以通过对某些对象（如变量、内存区域、I/O 缓冲区）

的共同存取来完成某一项任务或达成某一目的。

代码 4-24 的程序展示了 10 个进程之间具有互斥关系的例子。这个例子是售票系统的模拟系统。在这个模拟系统中，用 SEAT_NO 变量表示目前可以出售的下一个座位的编号，座位编号从100 到 1。有 10 个分布式的售票点同时售票，用 10 个进程（P1、P2⋯P10）分别表示它们的售票活动。限定每个售票点每次只能申请 1 个座位并把该票（含有座位号）立即输出。前面章节已经讨论过并发程序的特点，由于多个进程之间有 SEAT_NO 这一共享变量，因此这些程序在并发环境下已经失去了封闭性。

```
1    void P1 ( )
2    {//SEAT_NO是全局变量，表示下一个可售座位编号：100到1
3        if (SEAT_NO > 0 )
4        {
5            // 售出当前编号SEAT_NO的座位
6            PRINT( " YOUR SEAT IS %d", &SEAT_NO);
7            // 座位编号SEAT_NO减1
8            SEAT_NO = SEAT_NO - 1 ;
9        }
10   }
11   void P2 ( )
12   {//SEAT_NO是全局变量，表示下一个可售座位编号：100到1
13       if (SEAT_NO > 0 )
14       {
15           // 售出当前编号SEAT_NO的座位
16           PRINT( " YOUR SEAT IS %d", &SEAT_NO);
17           // 座位编号SEAT_NO减1
18           SEAT_NO = SEAT_NO - 1 ;
19       }
20   }
21   ......
22   void P10 ( )    {    ......    }
```

代码 4-24   程序间具有共享变量导致具有互斥关系

假设某个时候 SEAT_NO= 60，各个进程已经准备好，准备开始从头运行了。它们有这样的一种并发可能：当 P1 进程先执行到第 3 行时，因为 SEAT_NO 为 60，继续执行到第 6 行，输出（售出）编号为 60 的座位，然后继续执行直到第 8 行。由于是并发环境，操作系统决定让 P1 暂停在第 8 行（但还未执行）。接下来操作系统让 P2 进程开始执行。当 P2 执行到第 13 行时，SEAT_NO的值还是 60（实际上应该是 59！），因此 P2 继续执行到第 16 行，输出（售出）编号为 60 的座位。这意味着 60 号座位已被重复售出。P2 继续执行直到第 18 行，而且操作系统决定让 P2 也暂停在第 18 行（但还未执行）。接下来，操作系统让 P3 到 P10 进程先后重复上述操作，即每次执行到每个进程的"SEAT_NO = SEAT_NO − 1"一行时都暂停下来。结果就是 60 号座位被卖出了 10 次！事实上，随着这个售票系统规模的增大，一个座位被多次售出的概率也相应增大！出现问题的原因在于 SEAT_NO 作为一个共享变量，应该被每个进程互斥地访问，即在一个进程访问 SEAT_NO期间，其他进程应该避免对 SEAT_NO 的任何访问。特别需要说明的是，"访问 SEAT_NO 期间"指包括对 SEAT_NO 的读过程和写过程在内的整个访问过程。

很多具有独占性的硬件资源和前述 SEAT_NO 变量一样，也不允许被多个进程同时访问，否则就可能会出现错误！

互斥实质上是由公共资源的不可共享性引起的。导致资源不可共享的原因有两点：一是资源的物理性质所致（如打印机资源就是排他性的资源，每个时刻只能给一个进程提供打印服务）；二是进程的设计逻辑所致（例如全局变量如果同时被几个进程存取，则每个进程的运行结果都可能发生错误）。

4.9.2　同步关系

同步关系是指合作进程之间这样的一种相互制约关系：若干合作进程为了共同完成一个任务，在一些关键操作上需要相互协调执行顺序，确保一个进程的某个操作在另一个进程的某个操作之前进行，或者一个进程的某个操作是否能够进行取决于另外一个进程的相关操作是否已经完成。如果有些操作的执行先后顺序没有满足预定的要求，就会引起合作任务失败。也就是说，合作进程之间的相对运行速度需要进行协调，以满足相关的关键操作之间的逻辑顺序要求。

下面以生活中公交车运行的例子说明进程同步的概念。假定公共汽车上有一个司机和一个售票员。

司机的工作：启动车辆，正常驾驶，到站停稳车，且在起点站到终点站之间循环地执行这样三个操作。

售票员的工作：关好车门，售票，开车门，且在起点站到终点站之间循环地执行这样三个操作。

司机和售票员各自的三个操作都是在起点站到终点站之间逐站循环。为方便描述可以把两个人的工作抽象成进程，一个是司机进程，一个是售票员进程。现在来考察这两个进程之间的相互制约关系。为了交通安全起见，对这两个进程的运行显然有下面两个要求：

（1）售票员关好车门后司机才能启动车辆；

（2）司机到站停稳车后售票员才能开车门。

也就是说，司机的"启动车辆"这一操作应当在售票员的"关好车门"操作之后，否则就可能会出现交通事故；售票员的"开车门"操作应当在司机的"停稳车"这一操作之后，否则也可能会出现交通事故。这就表明，这两个进程的推进速度在一些关键点上必须受到约束，这种约束确保两个进程能正确（即确保交通安全）完成合作的任务。司机和售票员之间的这种约束关系就是所谓的同步关系。如果这两个进程不遵守这种同步关系，而是按照各自的操作速度任意向前推进，那么司机可能会在没有关门的情况下启动车辆，而售票员也可能会在没有停稳车的情况下打开车门，这都可能导致交通事故。

在计算机系统中，具有同步关系的进程有很多。例如图 4-25 中有两个进程：一个是输入进程 INPUT，另一个是输出进程 OUTPUT。两个进程共享一个 BUFFER（缓冲区）。假定缓冲区只能存放 1 个数据。INPUT 进程负责不断向 BUFFER 循

图 4-25　共享缓冲区的同步

环输入新的数据，而 OUTPUT 进程负责从 BUFFER 中不断循环取出数据输出。

这两个进程的工作不能按各自的任意速度进行，而是必须满足下面的要求才行。

（1）仅当 BUFFER 中有新数据时 OUTPUT 才能进行输出工作，否则 OUTPUT 必须等待。换句话说只有当 INPUT 把新数据放入 BUFFER 后，OUTPUT 才能进行输出。这样做的目的是防止在没有新数据到来的情况下，OUTPUT 会重复输出上次的旧数据。

（2）仅当 BUFFER 为空时，INPUT 才能输入新数据，否则 INPUT 必须等待。换句话说只有OUTPUT 把数据取走后，INPUT 才能输入新数据，这样做的目的是防止新来的数据把未及时输出的旧数据覆盖而造成数据丢失。

显然，INPUT 进程和 OUTPUT 进程之间存在同步约束关系，它们中的任何一个都不能运行太快，也不能运行太慢，只有速度相互匹配才能正确工作。这个例子很典型，在计算机系统中很多数据处理过程都可以抽象为这样的同步模型。进程同步的实质是合作进程之间在某些关键点上要求互通信息，一方要等待另一方，对相互的执行速度有约束，只有相互协调才能正确地完成共同的任务。

4.9.3　同步机制

进程之间的互斥关系很多时候也被认为是一种特殊的同步关系，所以后文有时会笼统地将进程之间的相互约束关系称为同步关系，这是广义上的同步关系，其中包含互斥关系。

同步关系是合作进程之间逻辑上存在的一种相互约束，程序员在编写并发程序的时候就必须去实现这种约束，否则合作进程就无法正常完成合作任务。要实现这种约束就要求操作系统能提供一种有效的同步机制。

有效的同步机制在功能上需要满足两个基本要求：

（1）当进程即将要执行的某个操作的运行条件不满足时（例如，请求的服务没有完成时或没有收到相应的信号时），能让该进程立即暂停执行该操作；

（2）当被暂停的操作的运行条件满足时，相应进程能被尽快唤醒以便继续运行。

另外，同步机制在实现上也需要满足原子性，否则这个同步机制也会退化为普通的函数，达不到实施同步的目的。操作系统中典型的同步机制有锁机制、信号量机制等，本章后续将逐一详述。

4.10 锁

4.10.1 临界资源和临界区

1. 临界资源与临界区的概念

前面已经提及，具有互斥关系的多个进程竞争同一个具有独占性的资源时，必须实施排他性的访问才能避免合作任务出错。这种被多个进程竞争访问且具有逻辑排他性的资源称为临界资源（Critical Resource）。

临界资源和临界区

前述代码 4-24 中 SEAT_NO 变量就是一个临界资源。SEAT_NO 是一个共享的软件资源，每次只允许一个进程访问。如果两个或以上的进程同时访问该资源就会出现错误，出现一个座位被多次出售的情况。

几个进程共享同一临界资源，它们必须以互相排斥的方式使用临界资源，即当一个进程正在使用临界资源且尚未使用完毕时，其他进程必须延迟对该资源的操作。临界资源的类型通常包括共享的数据、共享内存、外部设备等。

访问临界资源的代码片段就是临界区（Critical Section）。临界区是进程中读和写临界资源的代码片段。图 4-26 展示了临界资源和临界区的概念。3 个并发进程共享了一个具有排他性的软件资源 X，显然 X 是临界资源，而每个进程中分别访问 X 的程序段 A、B、C 就是临界区。这 3 个进程分别在相应的临界区中存取临界资源 X，访问包括对 X 的读操作、写操作和两种操作的混合。

代码 4-25 是一个实际的临界资源和临界区的例子。P1、P2 是并发进程，SharedValue 是共享变量，是临界资源，逻辑上应该由这两个进程互斥地访问。P1 进程对 SharedValue 的访问集中在第 4~6 行，所以这 3 行构成的程序段是 SharedValue 在 P1 进程中的临界区；同理，P2 进程对 SharedValue 的访问集中在程序第 13~17 行，这 5 行构成的程序段是 SharedValue 在 P2 进程中的临界区。两个进程中 x1 变量和 x2 变量属于局部变量，并没有被共享，所以它们不是临界资源，也不存在相应的临界区。

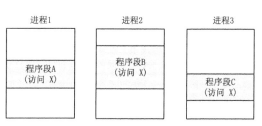

图 4-26　临界资源和临界区的概念

2. 访问临界区的方法

对于临界资源和临界区的访问，应当实现互斥的、排他性的访问，即要确保没有任何两个或以上的进程同时处在临界区中进行资源的存取操作。当有一个进程已经在临界区中的时候，其他进程如果尝试进入临界区，则应当被阻塞，除非前一个进程已经退出了临界区。

117

第4章 进程管理

```
1   void P1 ( )
2   {//SharedValue是共享变量，临界资源，初值0
3       int x1 = 0 ;
4       x1 = SharedValue;
5       x1 = x1 + 1 ;
6       SharedValue = x1;
7       x1 = 0 ;
8   }
9
10  void P2 ( )
11  {//ShareValue是共享变量，临界资源，初值0
12      int x2 = 0 ;
13      x2 = SharedValue;
14      x2 = x2 - 1 ;
15      if (x2 < 0)
16          x2 = 0 ;
17      SharedValue = x2;
18      x2 = 0 ;
19  }
```

代码 4-25 临界资源和临界区的例子

要实现多个进程互斥地进入临界区，可以按如下方法操作。首先设置一个全局的标识，该标识与临界资源对应，记录临界资源是否可用。标识可取的值就是"可用"和"不可用"两个状态，系统初始时是"可用"状态。当进程访问临界资源时，就将该标识置为"不可用"状态，当进程访问完临界资源时将该标识重新置为"可用"状态。每个进程进入临界区之前首先对要访问的临界资源进行检查，看它的标识是否正处于"可用"状态。如果是"可用"状态，意味着此刻临界资源尚未被访问，进程便可以进入临界区开始访问临界资源，进入临界区的同时立即将标识设置为"不可用"表示临界资源正在被访问。此时其他进程如果试图进入临界区，同样会先检查该标识，并发现该标识为"不可用"，于是知道目前临界资源正被其他进程访问，从而不会继续进入临界区，而是在临界区之外等待。前面的进程访问完临界资源准备离开临界区的时候，应当将临界资源的标识设置为"可用"，以便让其他进程能获得访问临界资源的机会。每个进程离开临界区的时候都应当将该标识恢复为"可用"状态。

按照上面的思路，在临界区前必须增加一段进行临界资源标识检查的代码，这段代码称为进入区（Enter Section）。相应地，在临界区的后面也要加上一段称为退出区（Exit Section）的代码，用于将临界资源的标识恢复为"可用"状态，以便其他进程能有机会进入临界区。

代码 4-26 是进入区和退出区两段代码的伪代码，左边是临界资源的标识的定义，是全局变量；中间是进入区代码，稍微长些；右边是退出区代码，仅一行。其中，Flag 变量是内核定义的全局变量，是临界资源的标识，代表临界资源是否可用，即标识临界区是否可以进入。Flag 变量的初值是 TRUE，意味着在系统的初始时刻临界资源是没有被任何进程占用的，因此，每个进程都可以率先进入临界区。

```
1  //临界资源标识，全局变量    1  //进入区                1  //退出区
2  BOOL Flag = TRUE          2  while(Flag)             2  Flag = TRUE;
3                            3  {                       3
4                            4      Flag = FALSE;       4
5                            5  }                       5
6                            6                          6
```

代码 4-26 进入区（中）和退出区（右）伪代码

图 4-27 是应用代码 4-26 中的进入区和退出区实现三个进程对临界区互斥访问的示意，每个进程进入临界区之前都会先执行进入区的代码，离开临界区的时候，都会执行退出区的代码。代码 4-26 的代码虽然逻辑上很简单，但要实现它预想的功能却不容易。因为简单地把这两段代码不加改造地加在临界区的前后，同样会引发新的临界资源互斥访问的问题，原因是其中 Flag 标识变量也是共享变量，也将成为新的临界资源。此外，代码 4-26 还会引入 CPU 工作效率降低的问题。因此代码 4-26 必须优化，必须由操作系统内核去实现，通过提供更加安全和高效的调用方式给应用程序使用。

操作系统原理（慕课版）

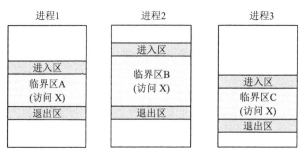

图 4-27　具有进入区和退出区的临界区访问方法

3. 访问临界区的原则

在设计临界区访问机制的时候，最基本的要求是确保进程以互斥方式访问临界资源，还要注意尽量不影响系统的整体并发效率。在资源共享中，也要避免因竞争不合理导致某个进程长期得不到所要的资源而无法运行。比如 3 个合作进程共享某个临界资源，在某种访问机制控制下，其中前两个进程总能够及时得到资源，轮番访问。而后一个进程则因长期得不到资源而不得不被无限期延迟，这就是不好的临界区访问机制。

一般来说，设计合作进程访问临界区的机制时要遵循下面 4 个准则。

（1）忙则等待。当一个进程进入临界区后，其他欲进入临界区的进程必须等待，以保证任何时刻最多只有唯一一个进程能访问临界资源。

（2）空闲让进。没有任何并发进程在临界区时，即没有任何进程在访问临界资源时，访问机制不应该阻止任何一个进程首先进入临界区。

（3）有限等待。从进程申请进入临界区开始，该进程应在有限时间内得到进入临界区的机会，以免陷入长时间的等待，从而降低用户体验或导致有时间限制要求的实时任务失败。

（4）让权等待。进程在申请进入临界区的过程中，如果临界区不空，则该进程应该主动放弃 CPU，进入阻塞状态，以免该进程无谓地占用 CPU，降低系统效率。

4. 访问临界区的方法

根据实现细节的不同，主要有两类访问临界区的方法，如图 4-28 所示，两类方法又包括屏蔽中断法、测试与设置指令、交换指令、锁、信号灯和管程等。

屏蔽中断法属于硬件方法，该方法的思想是：在某个进程访问临界区的整个过程中，如果让合作进程得不到运行机会，则可以确保只有当前唯一的进程处于临界区中运行，让其他合作进程得不到运行机会可以通过系统内核禁用中断的方法来实现。具体实现方法是进程进入临界区时关闭中断，仅在退出临界区时才重新启动中断。方法如图 4-29 所示。屏蔽中断法的代价非常高，降低了系统的实时性。

图 4-28　临界区访问方法分类

测试与设置指令（Test and Set，简称为 TS 指令）属于硬件方法，这是专用机器指令。该方法的主要思路是用一条指令完成读和写两个操作，从而保证读操作与写操作不被打断，确保目标数据（即资源）的一致性。

交换指令（SWAP）也属于硬件方法，是专用机器指令。它的功能是交换两个字的内容，基本思路和测试与设置指令类似，也是确保两个字交换的过程不被打断，保证数据的一致性。

上面讨论的 3 种访问临界区的方法属于硬件方法，本章后续内容将继续讨论软件方法。软件方法更加灵活，而且有些方法也不局限于解决临界区的访问问题，甚至还可以解决同步问题。

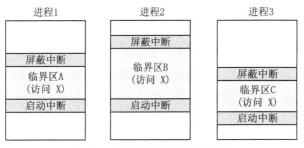

图 4-29 屏蔽中断法实现临界区互斥访问

4.10.2 锁的概念

锁是解决临界区互斥访问的软件方法之一。锁机制通过设置标志来标识临界区是否可进入或临界资源是否可用。锁机制用一个标志 S 来代表临界资源的状态：

S=1，表示该资源可用，进程可以进入临界区；

S=0，表示该资源不可用，进程不可以进入临界区。

这个标志 S 通常称为"锁"。锁的状态（也称锁的值）通过所谓的上锁和开锁两个操作来改变。这两个操作分别用上锁原语和开锁原语来实现。

（1）上锁操作和上锁原语

进入临界区的时候执行上锁操作，上锁操作过程如下。

① 先测试锁的状态（是 0 还是 1）。

② 如果锁的状态为 0（表示资源已被其他进程占用），则返回第 1 步继续测试。

③ 如果锁的状态为 1，则将锁的状态设置为 0（表示占用资源）。

为了保证上锁操作的正确性，测试锁的状态与设置锁的状态两个语句之间，锁不得被其他进程所改变，这就需要对上锁操作采用原语来实现。

上锁操作的原语 LOCK(S)描述如代码 4-27 所示。

```
1   //上锁原语
2   //S 锁的状态
3   LOCK(S)
4   {
5       test:
6           if (S == 0 )
7               goto test ;  // 测试锁的状态
8           else
9               S = 0 ;      // 上锁
10  }
```

代码 4-27 上锁原语

（2）开锁操作和开锁原语

当一个进程在退出某一临界区之后，必须执行开锁操作。开锁操作只需将锁的状态置为 1 即可，即置为可用的状态。同样地，为了保证开锁操作的正确性，该操作也不能被其他进程中断，必须采用原语实现。开锁原语 UNLOCK(S)描述如代码 4-28 所示。

```
1   //开锁原语
2   //S 锁的状态
3   UNLOCK(S)
4   {
5       S = 1 ;    // 开锁
6   }
```

代码 4-28 开锁原语

（3）锁的使用方式

使用上锁原语和开锁原语可以解决并发进程互斥问题，通过上锁和开锁两个操作来检查和改变资源状态。锁机制用于控制临界区访问时，可以用图 4-30 所示的方式使用上锁和开锁原语。

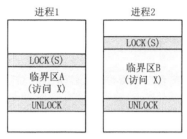

图 4-30　锁的基本使用方式

进入临界区之前执行上锁原语；离开临界区之后执行开锁原语。在实际应用时，只需要将临界区置于上锁操作与开锁操作之间就可以了。锁机制确保多个并发进程互斥使用临界区。

利用锁机制实现代码 4-25 中的两个进程对临界资源 SharedValue 的互斥访问，结果如代码 4-29 所示，注意其中锁 S 的定义，初值为 1，表示可用。

```
1    int S = 1;//锁变量, 初值1, 可用
2    void P1 ( )
3    {//ShareValue是临界资源,初值0
4        int x1 = 0 ;
5        LOCK(S);
6        x1 = SharedValue;
7        x1 = x1 + 1 ;
8        SharedValue = x1;
9        UNLOCK(S);
10       x1 = 0 ;
11   }
12
13   void P2 ( )
14   {//ShareValue是临界资源,初值0
15       int x2 = 0 ;
16       LOCK(S);
17       x2 = SharedValue;
18       x2 = x2 - 1 ;
19       if (x2 < 0)
20           x2 = 0;
21       SharedValue = x2;
22       UNLOCK(S);
23       x2 = 0 ;
24   }
```

代码 4-29　锁机制解决互斥访问临界区

（4）锁机制的缺陷

采用代码 4-27 和代码 4-28 所示的上锁原语和开锁原语有很大的局限性。例如，当有一个进程执行 LOCK(S)时，如果临界资源恰好不空闲，则意味着进程需要不断地循环测试锁 S 的值，直到其为 1 为止。显然这个等待进入临界区的过程极大地浪费了处理器的时间，这种等待方式也称为忙等待方式。忙等待违反了设计临界区访问机制时要遵守的让权等待原则。改进的方法是：当临界资源不能访问时，应该使该进程进入阻塞状态，把它插入等待队列中，以便系统把 CPU 分配给其他的进程。这种新的等待方式叫忙挂起方式。同时，对于开锁操作而言，当相应的临界资源被释放后应立即唤醒阻塞的相关进程（如果有的话）进入就绪状态，以便缩短合作进程进入临界区的等待时间，提高系统并发效率。

消除了忙等待的上锁原语和增加了唤醒功能的开锁原语如代码 4-30 所示。

```
1   //上锁原语                          1   //开锁原语
2   //S:锁标志                          2   //S:锁标志
3   LOCK(S)                          3   UNLOCK(S)
4   {                                4   {
5       while (S == 0)               5       if (S等待队列不为空)
6       {                            6       {
7           保护现进程的CPU现场;        7           移出等待队列首元素;
8           进入S的等待队列;            8           将该进程入就绪队列;
9           置现进程到等待队列;         9           置为"就绪"态;
10          转调度程序;               10       }
11      }                           11'      S = 1 ;  /* 开锁 */
12      S = 0 ;  /* 上锁 */          12'  }
13  }
```

代码 4-30   消除忙等待的上锁原语和具有唤醒功能的开锁原语

4.11   信号量与 P–V 操作

信号量（Semaphore）机制，也称为信号灯机制，是一种功能更强大的同步机制，既可以用来实现进程之间的互斥，又可以用来实现进程之间的同步。

4.11.1   信号量概念

同步和互斥的概念

信号量最初借鉴了公共交通管理体系中的信号灯概念。交通管理人员利用信号灯的颜色变化来实现路口不同方向的车流通行管理。荷兰学者 E.W.Dijkstra（迪杰斯特拉）早在 1965 年的一篇论文中就提出了信号量的概念。

信号量机制的核心数据结构是一个二元组(S，Q)，其中 S 是一个初值非负的整型变量，Q 是初始为空的队列。S 在不同场合具有不同的含义，既可以表示某类资源的可用数量，也可以表示某种状态或某种条件。用 C 语言结构体类型的数据结构可以定义为

```
struct SEMAPHORE
{
    int S;        //整数，初值非负
    PCB * q;      //队列：进程集合，初值为空集
}
```

合作进程的运行过程既受信号量的状态（或值）控制，也能改变信号量的状态，也即进程可能会因信号量的状态而被阻塞或被唤醒，进程的某些操作也会改变信号量的状态。

如果因为信号量的状态变化导致某个合作进程被阻塞的话，它将被挂接在队列 Q 中；而当信号量的状态发生变化以致满足了进程的运行条件时该进程将被唤醒，并离开队列 Q。因此，合作进程并发过程中队列 Q 也会发生变化。

4.11.2   P–V 操作的定义

P-V 操作概念

信号量机制对其核心数据结构(S，Q)定义了两种操作：P 操作和 V 操作，分别记为 P(S,Q)和 V(S,Q)，有时也简记为 P(S)和 V(S)。其中，P、V 分别是荷兰语通过（Proberen）和释放（Verhogen）的首字母。

P 操作的流程和伪代码如图 4-31 所示，描述如下：

（1）S 自减 1；

（2）若 S 大于或等于 0，则函数返回，且调用者进程继续执行；

（3）若 S 小于 0，则函数返回，且调用者进程阻塞并插入等待队列 Q 中，并由调度程序去调度其他进程执行。

在内核实现时，P 操作作为原语来实现。

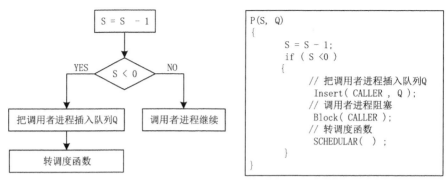

图 4-31 P 操作的流程和伪代码

V 操作的流程和伪代码如图 4-32 所示，描述如下：

（1）S 自加 1；

（2）若 S 大于 0，则函数返回，且调用者进程继续执行；

（3）若 S 小于或等于 0，则函数返回，且调用者进程继续执行，并同时从等待队列 Q 中唤醒某一个等待进程。

同样，内核实现时 V 操作也作为原语来实现。

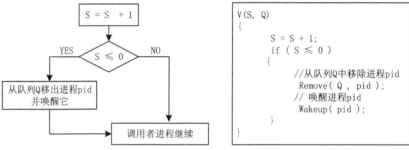

图 4-32 V 操作的流程和伪代码

从信号量和 P、V 操作的定义可以初步建立如下概念。

（1）一个进程如果执行 P 操作可能会使自己被阻塞。因此在多个进程合作并发的环境中，可以在某进程进入临界区之前或执行某个特定操作之前使用 P 操作，以便让该进程停下来。

（2）一个进程如果执行 V 操作可能会唤醒其他进程。因此在多个进程合作并发的环境中，可以在某进程退出临界区之后或执行某个特定操作之后使用 V 操作，以便唤醒其他合作进程。

（3）每执行一次 P 操作，其内部就执行了一次 S 减 1 操作，因此可以将 S 理解为临界资源的数量，每执行一次 P 操作，就意味着资源少了 1 个。

（4）每执行一次 V 操作，其内部就执行了一次 S 加 1 操作，因此，也同样可以理解为有 1 个临界资源被进程释放了。如果此时有其他进程正阻塞于 Q 队列中，正在等待使用该资源，则立刻唤醒它，这也是理所当然的做法，因为现在正好有一个资源空闲可用了。

4.11.3 利用 P-V 操作实现进程互斥

利用信号量和相应的 P-V 操作可以方便地解决多个并发进程访问临界区的互斥问题，而且比加锁的方法效率更高。基本解决思路就是设置一个互斥信号量，并把每个进程的临界区都置于相应的 P 操作和 V 操作的保护之间。具体应用过程如图 4-33 所示，描述如下：

P-V 操作解决互斥问题

（1）定义合适的信号量 S，并设置合理的初值；
（2）进入临界区之前先执行 P 操作；
（3）离开临界区之后再执行 V 操作。

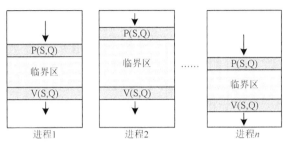

图 4-33　使用 P-V 操作实现进程互斥

在上述方法中，信号量 S 是对临界资源的抽象，其初始值一般与临界资源的数量相同。这里的"数量"一词要这样理解：该资源允许同时访问它的进程的数量上限。因此，如果临界资源仅允许最多 1 个进程处于临界区访问它，则可以认为该临界资源的数量是 1；如果该临界资源允许最多 N 个进程同时处于临界区访问它，则称临界资源的数量是 N。

现在用 P-V 操作重新解决前面代码 4-25 的互斥例子，如代码 4-31 所示。首先定义一个信号量 MUTEX，表示该资源的数量。由于该例只允许最多 1 个进程能同时进入临界区，故信号量 MUTEX 初值为 1，即意味着资源数量为 1。在进入临界区之前，使用 P(MUTEX)操作，在退出临界区之后，使用 V(MUTEX)操作。

```
1    int mutex = 1;//互斥信号量, 初值1, 可用
2    void P1 ( )
3    {//ShareValue是临界资源,初值0
4        int x1 = 0 ;
5        P(mutex);
6        x1 = SharedValue;
7        x1 = x1 + 1 ;
8        SharedValue = x1;
9        V(mutex);
10       x1 = 0 ;
11   }
12
13   void P2 ( )
14   {//ShareValue是临界资源,初值0
15       int x2 = 0 ;
16       P(mutex);
17       x2 = SharedValue;
18       x2 = x2 - 1 ;
19       if (x2 < 0)
20           x2 = 0 ;
21       SharedValue = x2;
22       V(mutex);
23       x2 = 0 ;
24   }
```

代码 4-31　P-V 操作实现互斥的例子

当 P1 或 P2 任一个进程先尝试进入临界区，都会在其 P 操作中使 MUTEX 从 1 减为 0，并顺利进入临界区访问。此后，如果另一个进程也试图进入临界区，则其 P 操作必然会使 MUTEX 继续从 0 减为-1。这时，根据 P 操作的定义，P 操作将会阻塞后一个进程。这个阻塞是合理的，而且是必需的，因为前面一个进程正在临界区中访问！仅当前面一个进程退出临界区并执行 V 操作时，该 V 操作会将 S 从-1 增加到 0，而根据 V 操作的定义，这个结果将会额外去执行一个唤醒操作，即唤醒刚刚被阻塞的后一个进程。这个唤醒操作也是合理的，而且是必需的，因为此时前一进程已经离开了临界区，当然有必要唤醒后一进程尽快进入临界区。在分时系统中，两个进程的

实际并发过程有很多种，不一定遵循刚才所述的并发过程，但是无论如何并发，P-V 操作都能控制它们对临界区的正确互斥访问，该顺利进入临界区访问的时候就顺利进入临界区，该阻塞的时候就阻塞，该唤醒的时候就尽快唤醒。

　　再来看一个临界资源的数量超过 1 的例子。假设有一个应用系统有 400 个并发用户，应用系统订购了一项网络服务，但是该网络服务最多能支持 100 个并发用户同时访问。显然该网络服务是一个临界资源，但是逻辑上其数量多达 100 个，能同时被最多 100 个用户并发访问。可以利用代码 4-32 所示的 P-V 操作来实现多个用户对该网络服务的互斥访问。不超过 100 个并发用户同时访问该临界资源时没有任何问题，每个进程都能顺利进入临界区访问网络服务。但是当已有 100 个用户正在访问时，这时若第 101 个用户也尝试去访问该网络服务，他就会被阻塞，除非前面 100 个用户中有用户退出网络服务。

```
1    //主程序
2    int MUTEX = 100 ; // 信号量
3    main(  )
4    {
5        COBEGIN
6            P001( );
7            P002( ) ;
8            ……
9            P400(  );
10       COEND
11   }
12   //第i个访问网络服务的进程
13   //i = 1, 2, 3,..., 400
14   void Pi ( )
15   {
16       P( MUTEX ) ;
17       访问网络服务 …… ;
18       V( MUTEX ) ;
19   }
```

代码 4-32　多个并发用户互斥访问网络服务的例子

4.11.4　利用 P-V 操作实现进程同步

　　进程间的同步关系要求当运行条件不满足时，能让进程暂停；而一旦运行条件满足时，又能让进程立即继续执行。利用 P-V 操作实现进程同步的基本思路如下。

P-V 操作解决
同步问题

　　（1）定义有意义的信号量 S，并设置合适的初值。

　　（2）在关键操作之前执行 P 操作，以便必要时可以暂停当前进程。也就是说，如果一个进程执行某个操作之前需要其他进程为其提供条件或信息，则可以在该操作之前加上 P 操作。

　　（3）在关键操作之后执行 V 操作，以便必要时可以唤醒其他进程。也就是说，如果一个进程执行某个操作之后需要同时发送一个类似"操作已完成"的消息给其他进程，则可以在该操作之后加上 V 操作。

　　需要注意，（1）中定义的信号量 S 要根据具体的应用场景，明确地表示"运行条件"，且要设置合理的初值。不合理的初值不仅达不到同步的目的，还会发生死锁。

　　这里以前面 4.9.2 节提到的司机与售票员的同步问题为例，演示 P-V 操作解决同步的过程。如代码 4-33 所示，用两个进程来模拟司机和售票员的工作，采用 P-V 操作实现它们的同步。司机 Driver 进程的工作是循环地执行"启动车辆，正常驾驶，到站停稳车"等操作；售票员 Checker 进程的工作就是循环地执行"关好车门，售票，开车门"等操作。

显然，Driver 进程和 Checker 进程应该满足同步要求："启动车辆"应当在"关好车门"的操作之后开始，也就是说，"启动车辆"这一操作需要前提条件或需要获得售票员"关好车门"的信息后才能进行。据此分析，可以在"启动车辆"操作之前加 P 操作，而在"关好车门"操作之后加 V 操作。根据另一同步要求，"开车门"的操作应当在"到站停稳车"的操作之后才能进行，因此基于同样道理，在"开车门"操作之前加 P 操作，而在"到站停稳车"操作之后加 V 操作。

```
1   int S1 = 0 ; //门是否已经关好: 1已关, 0未关
2   int S2 = 0 ; //车是否已经停稳: 1已停, 0未停
3   void Driver ( )
4   {// 司机进程
5       while( TRUE )
6       {
7           P( S1 ) ;
8           启动车辆 …… ;
9           正常驾驶 …… ;
10          停稳车 …… ;
11          V( S2 ) ;
12      }
13  }
14  void Checker ( )
15  {// 售票员进程
16      while( TRUE )
17      {
18          关好车门…… ;
19          V( S1 ) ;
20          售票 …… ;
21          P( S2 );
22          开车门 …… ;
23      }
24  }
```

代码 4-33　P-V 操作解决司机–售票员同步

稍微细致地分析代码 4-33 的 P-V 操作的实现过程。信号量 S1、S2 分别定义为"车门是否已经关好"和"车是否已经停稳"。这是两个有实际含义且能表明运行条件的信号量。它们的初值均设为 0。假定 Driver 进程首先运行，当其执行到 P(S1) 语句时，S1 将从 0 减到-1，从而被阻塞，不允许执行下一步的"启动车辆"的操作。这是符合同步要求的，因为开始时车门没有关好，这时确实不应让车辆启动，因此这个 P(S1) 正好起到了阻塞司机进程的作用。

Driver 进程被阻塞后，操作系统必然会去调度 Checker 进程运行。当 Checker 进程执行"关好车门"操作之后，接下来执行 V(S1) 操作。在 V(S1) 操作中，S1 将被从-1 加到 0。根据 V 操作的定义，这时 Checker 进程要唤醒另一个等待 S1 信号的阻塞进程，此处即唤醒 Driver 进程。Driver 进程被唤醒后，可以继续执行"启动车辆"的操作。这也是符合同步要求的，因为当车门关好后，司机确实可以启动车辆。因此，这个 V(S1) 操作此刻正好起到唤醒的作用。此后一段时间内，司机在"正常驾驶"，同时售票员在"售票"，两个进程处于并发中。

但是，当售票员在某个时候试图先去执行"开车门"操作时，其前面的 P(S2) 操作会将 S2 从 0 减到-1，从而使得进程阻塞。这也符合同步要求，因为车未停稳之前是不允许开门的。此后，操作系统去调度 Driver 进程。

Driver 进程执行完"到站停车"后执行 V(S2) 操作。在 V(S2) 操作中，S2 被从-1 加到 0，根据 V 操作的定义，S 的值为 0 时将唤醒一个阻塞的进程，此处即唤醒 Checker 进程。Checker 进程被唤醒后将执行"开车门"的操作，这时确实是可以开车门的。

上述过程会循环执行，在 P-V 控制下能确保"关门再开车，停稳再开门"的同步要求，实现安全行驶。

当然，依然要强调：在分时系统中，两个进程的实际并发过程有许多种，刚才所述的并发过程是司机与售票员无数种可能的并发过程中的一种。但是无论如何并发，上述 P-V 操作都能实现对它们的正确同步。

前面 4.9.2 节的图 4-25 中提到的共享缓冲区同步问题，同样可以使用 P-V 操作来解决。问题中的同步要求简单归纳为两点：

（1）只有 INPUT 把数据放入 BUFFER 后，OUTPUT 才能进行输出；

（2）只有 OUTPUT 把数据取走后，INPUT 才能输入新数据。

代码 4-34 是利用 P-V 操作实现共享缓冲区同步的过程，其中定义了两个信号量 S1、S2，并被合理初始化了，让它们能表示相应的运行条件并有合理的初始状态。

```
1   int S1 = 1 ; // 上一数据已输出：1是，0否
2   int S2 = 0 ; // 新的数据已输入：1是，0否
3   void INPUT ( )
4   {// 输入进程
5       while( TRUE )
6       {
7           P( S1 ) ;
8           输入数据 …… ;
9           V( S2 ) ;
10      }
11  }
12  void OUTPUT ( )
13  {// 输出进程
14      while( TRUE )
15      {
16          P( S2 ) ;
17          输出数据 …… ;
18          V( S1 );
19      }
20  }
```

代码 4-34　P-V 解决共享缓冲区的同步问题

4.11.5　利用 P-V 操作解决前趋图描述的进程同步

前趋图是一个有向无循环的流程图，用于描述并发进程之间或多个语句之间执行的前后关系。

图 4-34 描述了两个前趋图。其中，图 4-34（a）描述了 3 个进程 P1、P2 和 P3 之间的执行时间关系，那就是 P1、P2 都执行完成之后才能执行 P3，且 P1 和 P2 可以并发执行；图 4-34（b）描述了 3 个进程 P4、P5 和 P6 的执行时间关系，那就是 P4 执行完成之后才能执行 P5 和 P6，且 P5 和 P6 可以并发执行。

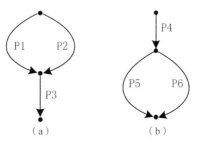

图 4-34　并发进程前趋图的例子

在实际应用中，P1、P2…P6 不一定是指进程，也可以是线程。

信号量和 P-V 操作也可以用来实现前趋图描述的进程之间的同步关系。根据前趋图，对每一对有先后关系的进程 P_i 和 P_j 设置一个信号量 S_{ij}，表示 P_i 进程是否已经运行完（或 P_j 进程是否能够开始运行，需据实设置），并给其赋初值 0。在程序适当的地方通过对信号量 S_{ij} 施加 P 操作或 V 操作，就可以方便地实施同步控制。代码 4-35 显示了用 P-V 操作解决图 4-34（a）所描述的进程同步关系的结果。

```
1    int S13=0 ; // P1是否执行完毕: 1完毕, 0未完
2    int S23=0 ; // P2是否执行完毕: 1完毕, 0未完
3    // P1进程
4    void P1 ( )
5    {
6        DoP1Work( );    // P1具体工作
7        V( S13 ) ;
8    }
9    // P2进程
10   void P2 ( )
11   {
12       DoP2Work( );    // P2具体工作
13       V( S23 ) ;
14   }
15   // P3进程
16   void P3 ( )
17   {
18       P( S23 ) ;
19       P( S13 ) ;
20       DoP3Work( );    // P3具体工作
21   }
```

代码 4-35　P-V 操作解决前趋图同步

4.11.6　利用 P-V 操作解决同步互斥混合问题

前面 4.9.2 节的图 4-24 中提到的共享缓冲区只能容纳一个数据,这样的缓冲区称之为单数据缓冲区。单数据缓冲区的输入进程和输出进程之间的同步在前面 4.11.4 节已经解决,参考代码 4-34。单数据缓冲区的使用有一定的局限性,在实际编程应用中,还经常需要缓冲区可以容纳多个数据或记录。比如在网络程序中开辟的缓冲区,需要容纳大量的数据才能提高程序接收和处理数据的效率。可以容纳多个数据的缓冲区称之为多数据缓冲区。

图 4-35 展示了多数据缓冲区的应用例子,其中缓冲区的容量假定是 5,可以存入 5 个数据。由一组输入进程 INPUT 向缓冲区中写数据;由另一组输出进程 OUTPUT 从缓冲区中读取数据并处理。两组进程的同步要求包括:

(1)缓冲区中有新数据时才可以进行输出;

(2)缓冲区中有空位置时才可输入新的数据;

(3)任何时候只允许最多一个进程存取缓冲区,即缓冲区是临界资源。

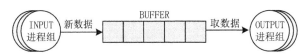

图 4-35　多数据缓冲区的输入和输出同步问题

当单缓冲区变为多缓冲区后,就有可能出现缓冲区中既有空位置可写,又有新数据可读的情况,这使得输出进程和输入进程可以并发进入缓冲区进行读写操作。多缓冲本身是多个并发进程共享的一个数据结构,属于临界资源,因此,该问题中除了存在同步关系,还存在互斥关系,属于同步与互斥的混合问题。代码 4-36 显示了用 P-V 操作解决图 4-35 中描述的多数据缓冲区进程同步问题的过程。

对于互斥关系,设置一个信号量 MUTEX,每次允许最多一个进程存取缓冲区,故初值设置为 1。

对于同步关系,设置两个信号量:SPACE 和 DATA,分别表示缓冲区中空位置的个数和新数据的个数。显然它们初值应当是 SPACE=5,DATA=0。

这个例子需要注意的问题有两点。

(1)输入进程有多个,输出进程也有多个。因此,同步过程中,既要考虑输入进程和输出进程之间的互斥问题,也要考虑多个输入进程同时尝试输入引起的互斥问题,还要考虑多个输出进程同时尝试输出引起的互斥问题。

```
1    int MUTEX =1;    //缓冲区互斥
2    int SPACE =5 ;   //缓冲区中空位置的个数
3    int DATA  =0 ;   //缓冲区中新数据的个数
4
5    void INPUT ( i )
6    {//第i个INPUT进程
7        while( TRUE )
8        {
9            P( SPACE ) ;
10           P( MUTEX ) ;
11           输入新数据 ;
12           V(MUTEX) ;
13           V( DATA ) ;
14       }
15   }
16   void OUTPUT ( j )
17   {//第j个OUTPUT进程
18       while( TRUE )
19       {
20           P( DATA ) ;
21           P( MUTEX ) ;
22           输出和处理数据 ;
23           V( MUTEX );
24           V( SPACE )
25       }
26   }
```

代码 4-36　利用 P-V 操作实现多数据缓冲区的输入和输出同步

（2）用于同步的 P 操作与用于互斥的 P 操作的先后顺序。在同步与互斥混合的问题中，要特别注意多个 P 操作的顺序，一般用于同步的 P 操作放在前面。多个 P 操作的顺序如果放置不当，可能会带来死锁风险。

4.11.7　经典同步问题

经典同步问题

在操作系统同步机制研究历史中，有几个经典的同步问题代表了若干种典型的同步计算模型，其中包括生产者和消费者问题、读者和编者问题、哲学家就餐问题等。

1. 生产者和消费者问题

生产者和消费者问题描述的是：有 m 个生产者和 k 个消费者，共享一个多数据缓冲区。生产者 P_1、P_2、…、P_m 向缓冲区中输入产品（数据）；消费者 C_1、C_2、…、C_k 从缓冲区中取出产品（数据）进行处理，如图 4-36 所示。

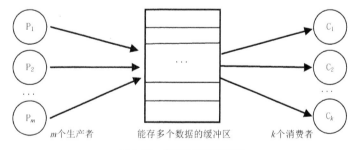

图 4-36　生产者和消费者问题

生产者与消费者的同步规则是：

（1）缓冲区满时不能向其中存产品数据；

（2）缓冲区空时不能从中取产品数据；

（3）每个时刻只能允许一个生产者或消费者存或取缓冲区；

（4）生产者或消费者每次只能存或取 1 个产品数据。

显然，这个同步问题与前面图 4-35 和代码 4-36 描述的多数据缓冲区输入和输出问题完全相同，同步规则也相同。这里不赘述该问题的 P-V 解法过程，直接给出结果，如代码 4-37 所示。在计算机系统中，很多问题都可以归结为生产者和消费者问题。一般而言，把提供（输入）数据的进程或线程称为生产者，而把消耗（处理）数据的进程或线程称为消费者。在大多数情况下，生产者和消费者的数目都可能多于一个。

```
1   int DATA = 0;  //信号量：缓冲区中新数据的个数，初值0
2   int SPACE = 5;  //信号量：缓冲区中空位置的个数，初值5
3   int MUTEX = 1;  //信号量：缓冲区互斥使用，初值1
4   //生产者进程 i = 1 .. m
5   producer_i ( )
6   {
7       while( TRUE )
8       {
9           生产1个产品/数据;
10          P(SPACE);
11          P(MUTEX);
12          存1个产品/数据到缓冲区;
13          V(MUTEX);
14          V(DATA) ;
15      }
16  }
17  //消费者进程 j = 1 .. k
18  consumer_j ( )
19  {
20      while( TRUE )
21      {
22          P(DATA);
23          P(MUTEX);
24          从缓冲区取1个产品/数据;
25          V(MUTEX);
26          V(SPACE);
27          消费一个产品/数据;
28      }
29  }
```

代码 4-37　利用 P-V 操作实现生产者与消费者同步

2．读者和编者问题

读者和编者问题描述的是一群读者和一群编者共同读写同一本书的问题。读者读书，有多个读者；编者编书，有多个编者。读者和编者之间的同步要求是：

（1）允许多个读者同时来读；

（2）不允许读者、编者同时读和编；

（3）不允许多个编者同时编。

代码 4-38 和代码 4-39 展示了读者和编者问题的一种 P-V 解决方案。书作为临界资源，在所有的编者进程之间要被互斥访问，在编者和读者进程之间也要被互斥访问，因此定义 BOOK 作为相应的互斥信号量。两对 P(BOOK)与 V(BOOK)就是用来实现编者进程之间互斥编书，编者和读者之间互斥编书和读书。

但是代码 4-39 中的那一对 P(BOOK)与 V(BOOK)如果直接加在"读书"操作的前后，将会引起读者之间的互斥，即多个读者不能同时来读书，这与读者-编者问题的同步要求不符。因此，代码 4-39 中的 P(BOOK)与 V(BOOK)两条语句应该有条件执行，那就是：当已有读者在读书的时候，也应该允许其他读者来读书。换句话说，只要有一个读者正在读书，则此后的读者都可以畅通无阻地来读书，但是只要最后一个读者离开了，就可以允许编者进来编书。鉴于此，定义 ReadCount 整形变量记录读者个数。每来一个读者读书，ReadCount 就加一，每离开一个读者，ReadCount 就减一。当 ReadCount 等于 1 时，才执行 P(BOOK)操作，此后若再来第二个读者，第三个读者……就不再执行 P(BOOK)操作了，即允许他们来读书。当读者全部都离开了的时候，ReadCount 已被减少到 0 时才执行 V(BOOK)操作，以便允许编者来编书，并在必要时唤醒可能正被阻塞的编者进程。

```
1   int BOOK = 1;       // 互斥信号量:书是临界资源:编者间,编者读者间
2   int ReadCount = 0; // 统计读者的数量
3   int MUTEX = 1;      // 互斥信号量:ReadCount是临界资源,读者间
4
5   Editor( int EditorNo)
6   {
7       while (true)
8       {
9           P(BOOK );       //保护临界资源
10          编书 ;           //书是临界资源
11          V(BOOK );       //保护临界资源
12      };
13  }
```

代码 4-38   读者和编者问题的 P-V 解决方案（信号量定义和编者进程部分）

```
1   Reader( int ReadNo)
2   {
3       while (true)
4       {
5           P(MUTEX );
6           ReadCount ++;
7           if (ReadCount ==1)
8               P(BOOK ); //保护临界资源
9           V(MUTEX );
10          读书;               // 书是临界资源
11          P(MUTEX );
12          ReadCount --;
13          if (ReadCount ==0)
14              V(BOOK ); //保护临界资源
15          V(MUTEX );
16      };
17  }
```

代码 4-39   读者和编者问题的 P-V 解决方案（读者进程部分）

　　另外，需要注意的是，由于记录读者个数的 ReadCount 变量在多个读者进程之间共享，是个典型的临界资源，因此也需要被互斥地访问。因此定义 MUTEX 信号量和两对 P(MUTEX)与 V(MUTEX)操作保护它。

　　代码 4-38 和代码 4-39 展示的读者和编者同步问题的解决方案存在一个缺陷。假如，当有一个读者正在读书时，如果有一个编者和一大批读者先后来尝试编书和读书，结果会怎样呢？当然是这个编者在等待那一大批读者都读完书后才能进行编书操作，尽管这一大批读者都比编者晚来。因为在当前 P-V 解决方案中，只要有读者正在读，读者进程就会阻塞先来的编者进程，但不会阻塞后来的读者进程，结果就导致先来的编者长期等待，导致所谓的"进程饥饿"情况出现。因此，代码 4-38 和代码 4-39 的解决方案体现了读者优先的思想。

　　如果想让编者优先，即有编者在等待编书的情况下，应当让编者优先进入编书操作的话，同步规则应修改为：仅当无编者请求编书时才允许后续新来的读者去读书，只要有编者在请求编书，就应当阻止后续新来的读者读书。新的同步规则需要在代码 4-38 和代码 4-39 的基础上修改程序，增加新的信号量，并增加相应的 P-V 操作。

　　实际上在多进程的编程应用中，很多问题可以抽象为读者和编者问题。譬如，多个进程对同一个共享资源（例如共享内存）进行读和写的问题，其中，一些进程对该共享资源进行读操作，可以称之为读者；而其余进程对共享资源仅进行写操作，可以称之为编者。显然，这些进程之间也有读者和编者问题要满足类似的同步要求。

3. 哲学家就餐问题

　　五个哲学家围坐圆桌旁边，桌子中央有一盘面和五根筷子。五根筷子间隔均匀地摆放在相邻哲学家的中间，如图 4-37 所示。

　　哲学家们每天的生活就是"思考-休息-吃饭"不断地循环。他们的思考和休息相互之间没有干扰。但是，当哲学家感到饥饿时便试图拿起与自己相邻的两根筷子来吃面。吃面要求取得两根筷子后方可进行。如果筷子已被邻座拿走，则必须等邻座吃完后放下筷子才能拿到。任意一个哲

学家在没有吃完之前不会放下手中已拿到的一根或两根筷子。需要注意拿筷子的过程：只能按先左后右的顺序逐根拿筷子，而不能同时伸出左右手拿两根，且只能拿与自己相邻的筷子。

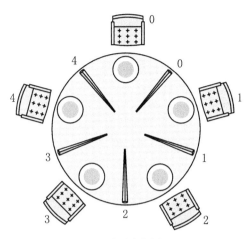

图 4-37　哲学家就餐问题

在哲学家就餐问题中，任意一个哲学家取筷子的行为都会影响邻座哲学家取筷子的行为，因为一只筷子不能同时被两个哲学家拿到。因此本例中筷子是临界资源，必须互斥地对其进行取拿。为方便描述，把哲学家和筷子都编号，从 0 号到 4 号，如图 4-37 所示，每个哲学家左手边的筷子与哲学家同编号。为 5 根筷子定义 5 个互斥信号量，用数组 Chopstick[5]表示，分别表示相应编号的筷子是否可取。把 5 个哲学家的行为用线程（与进程类似）来模拟，可以用代码 4-40 来实现。每个哲学家在拿筷子时，在第 9 行和第 10 行用两次 P 操作：P(Chopstick[No])和P(Chopstick[(No+4) % 5])，先后去测试左边的和右边的筷子是否可用，若某一根不可用就阻塞在相应的 P 操作处。仅当两根筷子都可用的情况下才能进入第 11 行进行吃饭的操作吃完饭以后，在第 12 行第 13 行先后释放掉两根筷子，以便邻座可用。

```
1      //互斥信号量数组：第i号筷子是否可取：0不可取，1可取
2      int Chopstick[5] = { 1, 1, 1, 1, 1 };
3      Philosopher(int No ) // 线程函数，No是哲学家的编号
4    {
5        while (TRUE)
6        {
7            思考；
8            休息；
9            P(Chopstick[No]);            //取左手边的筷子
10           P(Chopstick[(No+4) % 5]);    //取右手边的筷子
11           吃饭；                        //正用2支筷子
12           V(Chopstick[(No+4) % 5]);    //放下右手的筷子
13           V(Chopstick[No]);            //放下左手的筷子
14       }
15   }
```

代码 4-40　哲学家就餐问题的 P-V 解决方案

4.12　Windows 同步机制

现代操作系统广泛采用前述的锁机制和信号量的基本原理实现各种不同的同步控制。Windows 操作系统为进程和线程提供了临界区对象、互斥量对象、信号量、等待函数、事件等同步机制。

Windows 同步机制

1. 临界区对象

临界区对象实现了一个以 CRITICAL_SECTION 数据结构为核心的锁机制。临界区对象限定在进程内使用，保证进程内仅一个线程可以申请到该锁。临界

区对象主要的操作有：初始化临界区对象、进入临界区、离开临界区、删除临界区对象等。相关的API函数如下。

（1）InitializeCriticalSection()

对临界区对象进行初始化，主要参数是临界区对象。

（2）EnterCriticalSection()

执行上锁操作，尝试进入临界区，主要参数是临界区对象。该函数是一个阻塞函数。

（3）LeaveCriticalSection()

执行开锁操作，离开临界区，主要参数是临界区对象。

（4）DeleteCriticalSection()

删除已有临界区对象，主要参数是临界区对象。

2. 互斥量对象

互斥量对象是一种跨进程的互斥机制，可以跨进程使用，保证只有一个进程或线程可以申请到该对象。互斥量对象可以有名称，也可以匿名。跨进程实现同步的时候需要名称，但在进程内实现线程同步的时候可以匿名。互斥量对象比临界区对象要耗费更多资源，效率相对低一些。

互斥量对象主要的操作有创建互斥量对象、打开互斥量对象、释放互斥量对象等。相关的API函数如下。

（1）CreateMutex()

创建一个互斥量对象，返回互斥量对象句柄，全局使用一次，主要参数是互斥量对象的名字。该名字在系统内应是唯一的，具有全局可见的属性。

（2）OpenMutex()

打开一个互斥量对象，每个进程用一次，返回互斥量对象的句柄，主要参数是互斥量对象的名字。

（3）ReleaseMutex()

释放互斥量对象，相当于开锁操作或V操作，使其能被其他线程或进程使用，主要参数是互斥量对象的句柄。

（4）CloseHandle()

关闭互斥量对象，释放其占用的资源，每个进程用一次，主要参数是互斥量对象的句柄。

3. 信号量（Semaphore）

信号量对象是一个比较灵活的同步机制，允许指定数目的多个线程或进程同时访问临界区。信号量对象内部维护一个资源使用计数器，用于限制并发线程或进程的数量。在初始化信号量对象的时候，可以指定计数器的初值为 N，表示最多允许 N 个线程或进程同时并发访问资源。信号量对象主要的操作有创建信号量对象、打开信号量对象、释放信号量对象等。相关的API函数如下。

（1）CreateSemaphore ()

创建一个信号量对象，返回信号量对象句柄，全局使用一次。主要参数包括信号量对象的名称、资源使用计数器的最大值和初值。信号量对象的名称在系统内应是唯一的，具有全局可见的属性。资源使用计数器的最大值是指允许同时并发访问资源的进程或线程最大数量，而初值是指当前可供访问的空闲资源的数目。一般情况下，初始化时候的初值与最大值相等。

（2）OpenSemaphore ()

打开一个信号量，每个进程用一次，返回信号量对象的句柄，主要参数是信号量对象的名称。

（3）ReleaseSemaphore ()

释放信号量对象，相当于开锁操作，使其能被其他线程或进程使用，主要参数是信号量对象的句柄。

（4）CloseHandle ()

关闭信号量对象，释放其占用的资源，每个进程用一次，主要参数是信号量对象的句柄。

4. 等待函数

等待函数有 WaitForSingleObject()和 WaitForMultipleObjects()两个，用于等待特定的对象变为有信号状态。当函数等到了特定对象变为有信号状态时就返回；若没有等到，则一直等待直到超时为止。

可以被等待的对象包括进程、线程、互斥量对象、事件、信号量对象等。

对象的状态有两种：有信号状态（Signaled State）、无信号的状态（Nonsignaled State）。不同的对象其状态的区分略有差异。

对进程和线程来说，当进程和线程还没结束时都处于无信号状态，即便是它们被挂起或阻塞，但是当它们结束时就处于有信号状态。

对互斥量对象来说，未被使用时为有信号状态，正被使用时为无信号状态。

对事件对象（后文有描述）来说，当事件被激活时处于有信号状态，而事件被复位后处于无信号状态。例如,通过 SetEvent()函数可以将一个事件对象激活而变成有信号状态,通过 ResetEvent()函数则可以将其复位，变为无信号状态。

对信号量对象来说，当其资源使用计数器的值大于 0 时为有信号状态，其值小于等于 0 时为无信号状态。

根据等待函数的工作特点可以看出，等待函数相当于 P-V 操作中的 P 操作。一个函数调用等待函数可能会阻塞自身。

5. 事件

事件（Event）机制相当于触发器，可用于通知一个或多个线程某事件的出现。事件包括两类。一是自动重置的事件：当使用等待函数等到事件对象变为有信号状态后，该事件对象自动变为无信号状态。二是人工重置的事件：使用等函数等待到事件对象变为有信号状态后，该事件对象的状态不变，除非人工重置事件。事件对象主要的操作有创建事件对象、打开事件对象、设置事件对象为有信号状态、设置事件对象为无信号状态等。相关的 API 函数如下。

（1）CreateEvent ()

创建事件对象，返回事件的句柄，主要参数有三个：一是指定是否需要人工重置事件为无信号状态（参数为 TRUE 表示需要人工重置无信号状态，参数为 FALSE 表示自动重置）；二是指定初始状态是否为有信号状态（参数为 TRUE 表示初始状态为有信号状态，参数为 FALSE 表示初始状态为无信号状态）；三是指定事件的名称，该名称在系统内应是唯一的，具有全局可见的属性。

（2）OpenEvent()

打开一个先前已经创建好的事件，只要名字正确就可以打开该事件并返回事件的句柄，主要参数是事件的名字。

（3）SetEvent ()

把事件设置为有信号状态，一般用于释放临界区或信号量对象等，主要参数是事件句柄。

（4）ResetEvent ()

把事件对象变为无信号状态。这是人工重置一个事件为无信号状态，仅当 CreateEvent()创建的事件是需要人工重置的事件时才可能用到这个函数，主要参数是事件句柄。

4.13 Linux 同步机制

4.13.1 Linux 内核同步机制

在 Linux 内核中存在多个任务（不一定是进程）并发的情形，这会导致

Linux 父子进程同步

出现竞争使用某个资源的情况，如果不加同步控制，可能会出现资源状态错乱。内核中多个任务并发的原因包括以下一些情形。

（1）中断发生。中断发生是异步的，当中断发生时，中断服务程序与被中断的内核代码是并发执行的。如果这两段代码都对同一资源进行访问，若不加同步控制则有可能出错。

（2）阻塞和再调度。当一个内核任务因为某种原因进入阻塞状态，这时调度程序会调度其他程序去执行，如果任务队列的队首刚好也是一个内核任务，显然也会造成内核并发访问。阻塞的内核任务和新投入运行的内核任务在访问同一共享数据时，若不加同步控制则有可能出错。

（3）抢占。对于抢占式内核，内核的一段代码可能在任何时刻抢占正在其他地方运行的内核代码，所以内核中发生并发执行的情况大大增加。

在内核中主要的同步机制包括互斥锁、自旋锁、读写锁等。

1. 互斥锁

互斥锁（Mutex）主要用于实现互斥访问功能，以确保没有任何两个或两个以上任务同时进行资源的存取操作。互斥锁在同一时刻只允许一个任务执行临界区部分的代码。在访问临界资源时，如果资源已经被占用，资源申请者只能进入等待状态。

互斥锁的典型使用步骤如下。

（1）定义一个互斥锁变量 mutex，例如：struct_mutex mutex。

（2）初始化互斥锁变量，例如：mutex_init(&mutex)。

（3）进入临界区之前试图获取互斥锁，例如：mutex_lock(&mutex)。

（4）离开临界区释放互斥锁，例如：mutex_unlock(&mutex)。

2. 自旋锁

自旋锁（SpinLock）与互斥锁的基本功能类似，都是为了解决对临界资源的互斥访问问题。无论是互斥锁，还是自旋锁，在任何时刻最多只能让一个任务获得锁。但是两者在调度机制上略有不同。自旋锁不会引起调用者阻塞。如果自旋锁已经被别的任务持有，调用者就一直在原地循环检测该锁的持有者是否已经释放了锁，"自旋"一词就是因此而得名。自旋锁实际上就是"忙等待"的锁。和互斥锁相比较，自旋锁是一种比较低级的保护临界资源的方式。自旋锁可能存在两个问题：一是如果在递归程序中试图递归地获得同一自旋锁必然会引起死锁；二是过多占用 CPU资源。因此在单 CPU 的系统中，自旋锁可能会让其他进程无法运行。

在可抢占的内核中，为避免出现高优先级的进程因为申请锁而处于长时间自旋等待而导致两个任务死锁，会在一个进程获得自旋锁之后，禁止同一 CPU 上的高优先级抢占的功能。考虑一个自旋锁的应用例子，在可抢占的内核中，有两个进程 A 和 B。进程 A 在某个系统调用过程中访问了共享资源 R，具有更高优先级的进程 B 在某个系统调用过程中也访问了共享资源 R。假设在进程 A 访问共享资源 R 的过程中发生了中断，中断唤醒了"沉睡"中的但是优先级更高的进程 B，在中断返回现场的时候，会发生进程切换，进程 B 被启动执行，并且通过系统调用访问了共享资源 R。如果此时没有锁保护，则会出现两个进程同时进入临界区访问共享资源 R，导致程序执行不正确。所以，可以在进程 A 和进程 B 进入临界区访问资源 R 之前加上自旋锁。施加自旋锁之后，进程 A 在进入临界区之前获得了自旋锁，现在优先级更高的进程 B 在访问临界区之前仍然会试图获得自旋锁，显然进程 B 会进入长时间的自旋等待而无法退出，导致两个进程死锁。因此，为了避免类似的情况出现，Linux 内核会在一个进程获得自旋锁之后，禁止同一 CPU 上的高优先级抢占的功能。

自旋锁比较适用于锁使用者持有锁的时间比较短的情况。正是由于自旋锁使用者一般持有锁的时间非常短，因此选择自旋而不是阻塞是非常必要的，此时自旋锁的效率远高于互斥锁。

自旋锁的典型使用步骤如下。

（1）定义自旋锁变量：spinlock_t testlock。

（2）初始化锁：spin_lock_init(&testlock)。

以上两步也可以通过 DEFINE_SPINLOCK(testlock)来实现。

（3）获取锁：spin_lock()。

（4）释放锁：spin_unlock(testlock)。

3. 读写锁

读写锁（RWLock）是自旋锁的一种衍生锁。自旋锁最多只允许一个任务持有锁进而对临界资源进行操作。然而，在很多时候并不需要如此苛求仅让一个任务在临界区操作临界资源。例如，多个任务仅仅试图同时去读某个共享变量，在这种情形下同时进入临界区去读取临界资源是没有问题的，即在这种情形下应当允许多个任务同时进入临界区。当然，同时尝试去写是不允许的。读写锁可以有效解决混合有多个只读任务的多个合作进程并发访问临界区的低效问题，即允许读并发，但对写操作依然限制最多允许一个进程访问临界资源。

当一个任务试图进入临界区加读写锁时，要同时指明所申请锁的属性是"读类型"还是"写类型"。显然，"读类型"的锁可以同时被多个任务申请到，而"写类型"的锁仅可被最多一个任务申请到。

4.13.2 进程间同步机制

进程之间典型的同步机制是信号量机制。信号量可以是二值信号量，也可以是计数信号量，即多值信号量。二值信号量的值为 0 或 1，这与互斥锁类似，若资源被锁住（即不可用）则信号量的值为 0，若资源可用则信号量的值为 1。而计数信号量的值则在 0 和指定的上限值之间变化，信号量的值就是当前还可用的资源数，其上限值就是允许同时访问资源的进程的数量上限。信号量在创建时需要指定上限值，表示允许同时访问共享资源的进程的数量上限。

一个进程要想访问共享资源，首先必须得到信号量。获得信号量的操作若成功了，还会同时把信号量的值减 1。若当前信号量的值已经为 0 或负数，则获得信号量的操作将无法成功且会将该进程挂起。信号量对象主要的操作有：创建信号量、获得已存在的信号量、初始化信号量、操作信号量、删除信号量等。相关的 API 函数如下。

（1）int semget(key_t key, int nSems, int flag);

创建或获取一个信号量集，若成功返回信号量组的 ID，若失败返回-1，其中参数 nSems 指明要创建的信号量个数。

（2）int semop(int semID, struct sembuf *sOps, unsigned nsops);

对信号量集进行操作，改变信号量的值。其中参数 semID 指明信号量集的 ID，该 ID 由 semget 函数返回。参数 sOps 用于定义操作的具体方式，即指明是做 P 操作还是 V 操作，甚至还可以指明信号量的值是加 1 还是加其他数目，或信号量的值是减 1 还是减其他数目。参数 sOps 是 sembuf 结构体类型。sembuf 结构体的定义如代码 4-41 所示。

```
struct sembuf {
    short sem_num;  // 除非使用一组信号量，否则为0
    short sem_op;   // 信号量要改变的数据：一般是-1或+1
                    // P操作：-1（也可以是减去其他整数）
                    // V操作：+1（也可以是增加其他整数）
    short sem_flg;  // 通常为SEM_UNDO，操作系统跟踪信号
};
```

代码 4-41 sembuf 结构体的定义

（3）int semctl(int semID, int semNum, int cmd, union semun semValue);

控制信号量的相关信息，其中参数 semNum 指明要操作的信号在信号集中的编号，第一个信

号量的编号是 0；参数 cmd 指明要进行的操作，通常 cmd 取两个值 SETVAL 和 IPC_RMID。

若参数 cmd 取值 SETVAL，则意味着要以参数 semValue 为值去设置信号量。一般在使用 semget 函数创建信号量之后就会对其进行这样的设置操作，用于初始化信号量的初始值。参数 semValue 是 union semun 类型的变量，其定义如代码 4-42 所示，其中，val 成员变量用于存放信号量的当前值。

```
1  union semun
2  {
3      int val;
4      struct semid_ds *buf;
5      unsigned short *arry;
6  }
```

代码 4-42　semun 结构体的定义

若参数 cmd 取值 IPC_RMID，则意味着要删除一个已经无须继续使用的信号量标识符。

信号量机制仅仅用于进程间同步，若要在进程间传递数据一般都会通过共享内存的方式来进行。信号量基于 P-V 操作原理，程序对信号量的操作都是原子操作。每次对信号量的 P 操作或 V 操作不限于对信号量的值加 1 或减 1，而是可以加减任意正整数。信号量机制支持信号量集，也就是可以操作多个信号量。

4.13.3　线程间同步机制

进程是资源分配的单位，因而进程内部的多个线程可以共享进程所拥有的资源。当线程之间存在资源共享和任务合作的时候就需要对线程进行同步控制。线程之间的同步机制主要有互斥锁、条件变量、读写锁、轻量级信号量等几种机制。

1. 互斥锁

互斥锁同步机制规定在访问共享资源前对其加互斥锁，在访问完成后解除互斥锁。对共享资源加互斥锁以后，其他试图对同一资源加锁的线程都会被阻塞，直到当前线程解除该互斥锁。如果解除互斥锁时有一个以上的线程阻塞，那么该锁上所有的阻塞线程都会变成就绪状态。事实上，仅有第一个变成运行状态的线程可以成功对互斥量加锁。因为其他线程待得到运行机会后就会看到互斥锁依然没有被解除，因而它们只能再次被阻塞，继续等待互斥锁重新变成可用。这样，每次只有一个线程可以在临界区中向前执行。

互斥锁的操作主要有：初始化锁、加锁、解锁和销毁锁等。

（1）int pthread_mutex_init(pthread_mutex_t *mutex, const pthread_mutex_attr_t * attr);

该函数用于初始化线程互斥锁。在 Linux 下，线程的互斥锁数据类型是 pthread_mutex_t。在使用前，要对它进行初始化。

函数是以动态方式创建互斥锁的，参数 mutexattr 指定了新建互斥锁的属性。如果参数 mutexattr 为 NULL，则使用默认的互斥锁属性，默认属性为快速互斥锁。互斥锁的属性在创建锁的时候指定，不同的锁类型在试图对一个已经被锁定的互斥锁加锁时表现不同。

函数 pthread_mutexattr_init() 成功完成之后会返回 0，其他任何返回值都表示出现了错误。函数执行成功后，互斥锁被初始化为锁定状态。

（2）int pthread_mutex_lock(pthread_mutex_t *mutex);

该函数用于对参数指定的互斥锁上锁。这个函数是阻塞式函数，也就是说，如果这个锁此时正在被其他线程占用，那么函数 pthread_mutex_lock() 调用会进入这个锁的排队队列中，并进入阻塞状态，直到该锁被解除之后才能继续执行。

上锁成功后返回 0，否则返回一个错误的提示码。函数返回时参数 mutex 指定的 mutex 对象变成锁定状态，同时该函数的调用线程成为该 mutex 对象的拥有者。

（3）int pthread_mutex_unlock(&mtx);

该函数用于对参数指定的互斥锁解锁。在完成了对共享资源的访问后，要对互斥锁进行解锁，否则下一个想要获得这个锁的线程将会无休止地等待。

解锁成功后返回 0，否则返回一个错误的提示码。

（4）int pthread_mutex_destroy(&mtx);

该函数用于销毁参数指定的互斥锁。在使用此函数销毁一个线程锁后，线程锁的状态变为"未定义"。被销毁的线程锁可以被 pthread_mutex_init()再次初始化。对被销毁的线程锁进行其他操作，其结果未定义。

对处于已初始化但未锁定状态的线程锁进行销毁是安全的，但是应尽量避免对处于锁定状态的线程锁进行销毁操作。

2. 条件变量

条件变量是对线程间共享的全局变量进行同步的一种机制。与互斥锁不同，条件变量是用来等待的而不是用来上锁的。条件变量用来自动阻塞线程，直到某特殊情况发生为止。通常会把条件变量和互斥锁结合起来使用。

条件变量分为两部分：条件和互斥锁。条件本身是由互斥锁保护的。线程在改变条件状态前要先将其上锁。条件变量使线程陷入阻塞等待某种条件出现。

条件变量具有两个操作：一个线程因为等待条件变量的条件成立而挂起；另一个线程使条件成立，给出条件成立的信号。条件的检测是在互斥锁的保护下进行的。如果一个线程等待的条件为假，线程将自动阻塞，并释放等待状态改变的互斥锁。如果另一个线程改变了条件，它将发信号给关联的条件变量，唤醒一个或多个等待它的线程，使它们重新获得互斥锁，重新测试条件。如果两线程共享可读写的内存，条件变量可以被用来实现这两线程间的线程同步。

条件变量的操作主要有初始化条件变量、等待条件变量成立、激活条件变量和销毁条件变量等。

（1）int pthread_cond_init(pthread_cond_t *cond, pthread_condattr_t *cond_attr);

该函数用于初始化线程条件变量。线程的条件变量数据类型是 pthread_cond_t，在使用前，要对它进行初始化。

其中 cond 是指向结构体 pthread_cond_t 的指针，cond_attr 是指向结构体 pthread_condattr_t 的指针。结构体 pthread_condattr_t 是条件变量的属性结构，可以用它来设置条件变量是进程内可用还是进程间可用，默认值是 PTHREAD_PROCESS_PRIVATE，即此条件变量可被同一进程内的各个线程使用。注意：条件变量只有未被使用时才能重新初始化或被释放。

（2）int pthread_cond_wait(pthread_cond_t *cond, pthread_mutex_t *mutex);

函数 pthread_cond_wait()使线程阻塞在一个条件变量上。线程解除 mutex 指向的锁并被条件变量 cond 阻塞。线程可以被函数 pthread_cond_signal()和函数 pthread_cond_broadcast()唤醒，但要注意的是，条件变量只是起阻塞和唤醒线程的作用，具体的判断条件还需用户给出，例如一个变量是否为 0 等，这一点从后面的例子中可以看到。线程被唤醒后，它将重新测试判断条件是否满足，如果还不满足，线程应该仍阻塞在这里，等待被下一次唤醒。这个过程一般用 while 语句实现。

（3）int pthread_cond_timedwait(pthread_cond_t *cond, pthread_mutex *mutex, const timespec *abstime);

函数 pthread_cond_timedwait()是另一个用来阻塞线程的函数。它比函数 pthread_cond_wait()多一个时间参数，经历 abstime 长的时间后，即使条件变量不满足，阻塞也被解除，此时的返回值是 ETIMEDOUT。

（4）int pthread_cond_signal(pthread_cond_t *cond);

该函数用来唤醒被阻塞在条件变量 cond 上的一个线程。多个线程阻塞在此条件变量上时，哪一个线程被唤醒是由线程的调度策略所决定的。要注意的是，必须用保护条件变量的互斥锁来保护这个函数，否则条件满足信号又可能在测试条件和调用 pthread_cond_wait()函数之间被发出，从而造成无限制的等待。

（5）int pthread_cond_broadcast(pthread_cond_t *cond);

函数 pthread_cond_broadcast()是另一个用来激活条件变量的函数。与函数 pthread_cond_signal()不同，它将解除所有等待线程的阻塞。

（6）int pthread_cond_destroy(pthread_cond_t *cond);

该函数用于销毁参数指定的条件变量，要求拟销毁的条件变量上无任何线程在等待，否则返回 EBUSY。

使用函数 pthread_cond_wait()和函数 pthread_cond_signal()的示例参考代码 4-43，这是伪代码，注意其中条件变量与互斥锁的结合使用。

```
1   pthread_mutex_t CountLock;
2   pthread_cond_t CondLock;
3   int nCount = ;
4   pthread_mutex_init(&CountLock,NULL);
5   pthread_cond_init(&CondLock,NULL);
6
7   void * decrement_count( )
8   {
9       pthread_mutex_lock(&CountLock);
10      printf("decrement count got CountLock\n");
11      while (nCount == )
12      {
13          pthread_cond_wait( &CondLock, &CountLock);
14      }
15      nCount = nCount - ;
16      pthread_mutex_unlock(&CountLock);
17  }
18  void * increment_count( )
19  {
20      pthread_mutex_lock(&CountLock);
21      if (nCount== )
22      {
23          pthread_cond_signal(&CondLock);
24      }
25      nCount=nCount+ ;
26      pthread_mutex_unlock(&CountLock);
27  }
```

代码 4-43　函数 pthread_cond_wait()和函数 pthread_cond_signal()使用示例

3. 读写锁

读写锁与互斥锁类似，不过读写锁拥有更高的并发性。互斥锁只有 2 种状态：要么是锁住状态，要么是未加锁状态，而且一次只有一个线程可以对其加锁。而读写锁则有 3 种状态：读模式下加锁状态、写模式下加锁状态、未加锁状态。一次只有一个线程可以占有写模式的读写锁，但是多个线程可以同时占有读模式的读写锁。

当读写锁是写加锁状态时，在这个锁被解锁之前，所有试图对这个锁进行加锁的线程都会被阻塞；当读写锁在读加锁状态时，所有试图以读模式对它进行加锁的线程都可以得到访问权，但是任何希望以写模式对此锁进行加锁的线程都会阻塞，直到所有的线程释放它们的读锁或写锁为止。当读写锁处于读模式锁住的状态时，如果这时有一个线程试图以写模式获取锁时，读写锁通常会阻塞随后的读模式锁请求，这样可以避免读线程长期占用读写锁而导致等待的写模式锁请求一直得不到满足。读写锁非常适合对数据读的频率远大于写的情况。

读写锁的操作主要有初始化读写锁、读模式下加锁、写模式下加锁、解锁和销毁读写锁等。

（1）int pthread_rwlock_init (pthread_rwlock_t *rwlock, pthread_rwlockattr_t * cond_attr);

该函数用于初始化线程读写锁。线程的读写锁数据类型是 pthread_rwlock_t。在使用前，要对它进行初始化。

其中 rwlock 是指向结构体 pthread_rwlock_t 的指针，cond_attr 是指向结构体 pthread_ rwlockattr_t 的指针。cond_attr 是读写锁的属性，如果采用默认属性，可以传入空指针 NULL。读写锁属性设置和互斥锁的基本一样。

（2）int pthread_rwlock_rdlock (pthread_rwlock_t *rwlock);

函数 pthread_rwlock_rdlock()用于读模式即共享模式获取读写锁，如果读写锁已经被某个线程以写模式占用，那么调用线程就被阻塞。

一个线程可能对一个读写锁进行多次读锁定。如果是这样，线程必须调用 pthread_rwlock_unlock()函数对读写锁进行同样次数的解锁。

（3）int pthread_rwlock_wrlock (pthread_rwlock_t *rwlock);

函数 pthread_rwlock_wrlock()用于写模式即独占模式获取读写锁，如果读写锁已经被其他线程占用，不论是以读模式还是以写模式占用，调用线程都会进入阻塞状态。

（4）int pthread_rwlock_trywrlock (pthread_rwlock_t *rwlock);

函数 pthread_rwlock_trywrlock()是用于写模式加锁的另一个函数。在无法获取读写锁的时候，调用线程不会进入阻塞，会立即返回，并返回错误代码 EBUSY。

（5）int pthread_rwlock_unlock (pthread_rwlock_t *rwlock);

无论以读模式还是以写模式获得的读写锁，都可以通过调用 pthread_rwlock_unlock()函数来解锁该读写锁。在函数被用来解锁对读写锁的读锁定后，如果本线程对这个读写锁还有其他读锁定，那么这个读写锁对本线程将继续保持读锁定状态。如果函数解开了当前线程在这个读写锁上的最后一个读锁定，那么当前线程将不再拥有对这个读写锁的读锁定；如果函数被用来解锁对读写锁的写锁定，那么函数返回后，这个读写锁将处在非锁定状态。

（6）int pthread_rwlockattr_destroy (pthread_rwlockattr_t * cond_attr);

释放读写锁，并释放这个读写锁占用的资源。一般情况下，pthread_rwlock_destroy()函数将rwlock 指向的读写锁对象设置为非法值。

如果在任意线程持有读写锁时调用 pthread_rwlock_destroy()，则会返回 EBUSY。已销毁的读写锁对象可以使用 pthread_rwlock_init()来重新初始化。

4．轻量级信号量

如同进程一样，线程也可以通过信号量来实现同步，只不过是轻量级的信号量。线程的轻量级信号量的函数名字都以"sem_"开头。

线程的信号量和进程的信号量类似，使用线程的信号量可以高效地完成基于线程的资源计数和存取控制。信号量实际上是一个非负的整数计数器，用来实现对共享资源的控制。只有当信号量的值大于 0 的时候，才能访问信号量所代表的共享资源。

线程使用的信号量基本函数有 4 个：初始化信号量、等待信号量、释放信号量和销毁信号量。

（1）int sem_init (sem_t *sem , int pshared, unsigned int value);

该函数初始化由参数 sem 指定的信号量对象设置它的共享选项，并给它一个初始的整数值。pshared 控制信号量的类型，如果其值为 0，就表示这个信号量是当前线程的局部信号量，否则信号量就可以在多个线程之间共享。value 为信号量 sem 的初始值。调用成功返回 0，失败返回-1。

（2）int sem_wait(sem_t *sem);

该函数用于等待信号量，同时以原子操作的方式将信号量的值减 1。

如果信号量的值大于 0，将信号量的值减 1，立即返回。sem 指向的对象是由 sem_init()函数初始化的信号量。函数执行成功返回 0，失败返回-1。

（3）int sem_post(sem_t *sem);

该函数用于释放信号量，同时以原子操作的方式将信号量的值加 1，相当于 V 操作。与 sem_wait一样，sem 指向的对象是由 sem_init()函数初始化的信号量。

当有线程阻塞在这个信号量上时，调用这个函数会使其中的一个线程被唤醒，选择唤醒哪个线程由线程的调度策略决定。调用成功返回 0，失败返回-1。

（4）int sem_destroy(sem_t *sem);

该函数用于对用完的信号量进行销毁。其中，sem 是要销毁的信号量。只有用 sem_init()初始化的信号量才能用 sem_destroy()销毁。对信号量执行销毁操作后，再对信号量进行等待或释放都是非法操作，相当于等待或释放一个未初始化的信号量。

4.14　进程间通信

4.14.1　通信的概念

为了提高资源的利用率和充分发挥并发性能，常常把一个作业分成若干个可并发执行的合作进程，而合作进程之间通常需要进行数据交换，以便顺利完成整个作业。进程通信是指合作进程之间交换信息的过程。

前面提到的信号量与 P-V 操作等同步机制也能在合作进程之间交换信息，但是这种方式交换的信息往往只是信号（譬如某种状态发生了变化，某个事件发生了），数据量特别少。有时用户还需要在进程之间传递普通的数据，甚至是大批量的数据，这就需要引入更复杂的通信机制。操作系统在实现进程通信过程中，往往也会对相关的进程实施合理的阻塞和唤醒操作，以确保数据的准确性和一致性。

通常根据交换信息量的性质和多少，可将进程通信分为低级通信和高级通信。

（1）低级通信

进程之间以交换少量的状态信息或控制信息为主的通信方式称为低级通信。譬如前面章节提及的各种进程同步机制本质上都属于低级通信方式。低级通信的缺点是传送的信息量小，表达的内容极其有限，传输数据的效率低。所以低级通信方式仅适合用于同步控制，而不适合用于一般意义上的数据通信。

（2）高级通信

进程之间以交换普通的数据（可能是大量的数据）为目的的通信称为高级通信。例如，合作进程中的某一个进程把一个字符作为参数传给另外一个进程，这就是高级通信方式，这里传输的是一个普通的数据，而不是传输代表特定状态的数据或控制信息。又例如，合作进程中的某一个进程传输 64Byte 信息给另外一个进程，这也是高级通信方式，传输了大量的普通数据。

高级通信方式与低级通信方式的本质区别是前者传输的是一般意义上的普通数据，而后者传输的主要是同步控制信息。

实现通信的方法有直接通信和间接通信两种。

（1）直接通信

直接通信是指发送进程利用发送命令直接把消息发送给接收进程。发送进程和接收进程都以显式的方式提供对方进程的标识符。通常，系统提供下述两条通信原语：

```
Send (Receiver, message);
Receive (Sender, message);
```

例如，原语 Send(P2，"hello"）表示将消息 "hello" 发送给接收进程 P2；而原语 Receive(P1，message)则表示接收由进程 P1 发来的消息，存入 message 变量中。

信号机制、消息缓冲通信方式等都是典型的直接通信方式。

（2）间接通信

间接通信是指合作进程之间通过某种中间实体作为媒介来传递数据。该中间实体用来暂存发送进程发送给接收进程的消息；接收进程则从该中间实体中取出对方发来的消息。一般在间接通信过程中，操作系统可能会对通信的双方施加阻塞和唤醒的操作，以确保发送的数据和接收到的数据的一致性。共享内存通信、管道通信等都是典型的间接通信方式。

4.14.2 Windows 进程通信

多进程是 Windows 操作系统的一个基本特征。Microsoft Win32 应用编程接口（Application Programming Interface，API）提供了大量支持进程通信也就是数据共享和数据交换的机制，其中比较典型有共享内存、管道通信等方法。

1. 共享内存

共享内存（shared memory）定义为对一个以上的进程都可见的内存或存在于多个进程之间的虚拟内存。共享内存是一种高效的进程间通信方式，进程可以直接读写内存，而不需要任何数据的复制操作。为了在多个进程间交换信息，内核专门留出了一块内存区，可以由需要访问的进程将其映射到自己的私有地址空间。进程就可以直接读写这一块内存而不需要进行数据的复制，从而大大提高了传输效率。由于多个进程共享一段内存，因此也需要进行同步控制。

在 Win32 API 中共享内存实际是文件映射的一种特殊情况。由于共享内存是用文件映射实现的，所以它有较好的安全性。创建与使用共享内存常用的 Win32 API 函数如下。

（1）CreateFileMapping()

函数 CreateFileMapping()用于创建一个文件映射对象，即开辟一块共享内存区域。函数原型如代码 4-44 所示。

```
1  HANDLE CreateFileMapping(
2      HANDLE hFile,           //文件句柄
3      LPSECURITY_ATTRIBUTES lpAttributes, //安全设置
4      DWORD flProtect,        //保护设置
5      DWORD dwMaximumSizeHigh, // 文件大小高位
6      DWORD dwMaximumSizeLow,  // 文件大小低位
7      LPCTSTR lpName           //共享内存名称
8  );
```

代码 4-44　CreateFileMapping()函数原型

其中，将第一个参数 hFile 指定为 0xFFFFFFFF，表示在页面文件中创建一个可共享的文件映射。保护设置参数 flProtect 可以是 PAGE_READONLY 或 PAGE_READWRITE，与虚拟内存类似。如果多个进程都对同一共享内存进行写访问，则必须保持相互间同步。映射文件还可以指定 PAGE_WRITECOPY 标志，保证其原始数据不会遭到破坏，同时允许其他进程在必要时自由地操作数据的副本。创建成功后，将返回文件映射对象句柄。

例如，如下创建一个名为 sharedMem 的长度为 4096Byte 的有名映射文件：

```
HANDLE mapFile = CreateFileMapping((HANDLE)0xFFFFFFFF,NULL,
                    PAGE_READWRITE,0,0x1000,"sharedMem");
```

（2）MapViewOfFile()

函数 MapViewOfFile()将内存映射文件映射到进程的虚拟地址中。函数原型如代码 4-45 所示。

```
1  LPVOID MapViewOfFile(
2      HANDLE hFileMappingObject, // CreateFileMapping返回句柄
3      DWORD dwDesiredAccess,     // 数据的访问方式
4      DWORD dwFileOffsetHigh,    // 文件映射偏移的高32位
5      DWORD dwFileOffsetLow,     // 文件映射偏移的低32位
6      DWORD dwNumberOfBytesToMap // 映射字节数,0表示整个文件
7  );
```

代码 4-45　MapViewOfFile()函数原型

其中，第一个参数 hFileMappingObject 为 CreateFileMapping()返回的文件映射对象句柄，第二

个参数 dwDesiredAccess 为数据的访问方式，可选的值有 FILE_MAP_READ、FILE_MAP_WRITE 或 FILE_MAP_READ | FILE_MAP_WRITE。

如果映射成功，返回值是映射视图的起始地址，失败则返回 NULL。使用返回的映射视图的起始地址即可对共享内存区域进行读写操作。

例如，将上面创建的文件映射对象映射到本进程的地址空间内：

```
void* mapFileBase = MapViewOfFile(mapFile,
                        FILE_MAP_READ|FILE_MAP_WRITE,0,0,0);
```

（3）OpenFileMapping()

函数 OpenFileMapping() 将在进程中打开对应的内存映射对象，即找到一块开辟过的共享内存区域。函数原型如代码 4-46 所示。

```
1  HANDLE OpenFileMapping(
2      DWORD dwDesiredAccess,    // 数据的访问方式
3      BOOL bInheritHandle,      // 是否继承句柄
4      LPCTSTR lpName            // 要打开的文件映射对象名称
5  );
```

代码 4-46　OpenFileMapping()函数原型

其中，参数 dwDesiredAccess 与 MapViewOfFile()的含义相同，参数 bInheritHandle 指定子进程能否继承该句柄。参数 lpName 为使用函数 CreateFileMapping()创建内存映射对象时指定的文件名。

如果打开成功，返回指定文件映射对象的句柄，失败返回 NULL。

OpenFileMapping()与 CreateFileMapping()相对应，通常在第一个进程使用 CreateFileMapping()来创建共享内存映射文件后，其他使用共享内存的进程使用 OpenFileMapping()来打开所创建的文件并获得句柄。紧接着，使用 MapViewOfFile()函数将文件映射对象映射到当前进程地址空间中。

例如，另一个参与共享的进程打开先前创建的名为"sharedMem"的映射文件，并将其映射到当前进程地址空间中，参考代码 4-47 所示。

```
1  HANDLE mapFile = OpenFileMapping(FILE_MAP_WRITE,FALSE,"sharedMem");
2  void* mapFileBase = MapViewOfFile(mapFile,
3                          FILE_MAP_READ|FILE_MAP_WRITE,0,0,0);
```

代码 4-47　进程打开并映射已有映射文件

2. 管道通信

管道是一条在进程之间建立的以字节流的方式传送信息的通信通道。它是利用操作系统核心的缓冲区实现的一种单向通信方式。有两种用于单向通信的管道：匿名管道和有名管道。

匿名管道通信

匿名管道：一种特殊的临时文件。匿名管道使得有亲属关系的进程之间能传递信息，一般用来重定向子进程的标准输入或输出，这样子进程就可以与其父进程交换数据。为了能双向通信，必须创建两个匿名管道。父进程使用管道的写句柄写入数据到第一个管道，而子进程使用管道的读句柄从第一个管道中读取数据。类似地，子进程写入数据到第二个管道，而父进程从第二个管道读取数据。匿名管道不能在网络中使用，也不能在彼此无关的进程间使用。

有名管道：一个可以在文件系统中长期存在的、具有路径名的文件。有名管道用来在彼此间无关的进程间和不同计算机上的进程之间传输数据。通常，有名管道服务器进程使用一个众所周知的名称或能通知给各个客户端的名称来创建一个有名管道。有名管道客户进程只要知道服务器创建的管道的名称就可以打开这个管道的另一端。当服务器和客户端都连接到管道上后，它们就

可以通过对管道的读写来交换数据。它克服匿名管道使用上的局限性，可让无亲属关系的进程也能利用管道进行通信。

下面重点介绍 Windows 中的匿名管道机制的使用方式和典型 API 函数。匿名管道只能连接具有亲缘关系的两个进程，一个进程向管道中写数据，另一个进程从管道读数据，完成单向数据通信。相关 API 函数如下。

（1）CreatePipe()

CreatePipe()函数用于创建匿名管道，并得到读句柄和写句柄。它的函数原型如代码 4-48 所示。

```
BOOL WINAPI CreatePipe(
    PHANDLE hReadPipe,                    // 输出参数，读取句柄
    PHANDLE hWritePipe,                   // 输出参数，写入句柄
    LPSECURITY_ATTRIBUTES lpPipeAttributes, // 管道属性
    DWORD nSize                           // 管道的缓冲区字节数
);
```

代码 4-48　CreatePipe()函数原型

其中，hReadPipe 和 hWritePipe 为输出参数，分别为管道文件的读句柄和写句柄。lpPipeAttributes 参数指定子进程继承管道句柄的方式，如果该参数为空，那么句柄无法被继承。

如果函数创建成功，则返回一个非 0 值，并且设定参数中的读句柄和写句柄，否则函数的返回值为 0。

（2）ReadFile()

ReadFile()函数是通用的文件读取函数，用于从文件指针指向的位置将数据读取到缓冲区中。通过在文件句柄参数中指定管道的读句柄，就可以从匿名管道中读取数据。该函数还能够从通信设备、管道、套接字以及邮槽（Windows 系统提供的一种单向进程间通信机制）等对象中读数据，它的函数原型如代码 4-49 所示。

```
BOOL ReadFile(
    HANDLE hFile,              // 文件的句柄
    LPVOID lpBuffer,           // 用于保存读入数据的一个缓冲区
    DWORD nNumberOfBytesToRead, // 要读入的字符数
    LPDWORD lpNumberOfBytesRead,// 指向实际读取字节数的指针
    LPOVERLAPPED lpOverlapped  // 异步读取操作,同步时设为NULL
);
```

代码 4-49　ReadFile()函数原型

其中，参数 hFile 为需要读取数据的文件指针，当读取管道时，需要指定为 CreatePipe()函数所创建的管道读句柄。参数 lpOverlapped 定义一次异步读取操作，如果文件打开时指定了 FILE_FLAG_OVERLAPPED，那么必须传递该参数，否则，应将这个参数设为 NULL。

如果函数读取成功，则会返回一个非 0 值，否则函数的返回值为 0。

（3）WriteFile()

WriteFile()函数是通用的文件写入函数，用于将缓冲区中指定长度的数据写入文件指针指向的位置。通过在文件句柄参数中指定管道的写句柄，可以向匿名管道写入数据。它的函数原型如代码 4-50 所示。

```
BOOL WriteFile(
    HANDLE hFile,               // 文件的句柄
    LPVOID lpBuffer,            // 用于保存写入数据的一个缓冲区
    DWORD nNumberOfBytesToWrite, // 要写入的字节数
    LPDWORD lpNumberOfBytesWrite,// 指向实际写入字节数的指针
    LPOVERLAPPED lpOverlapped   // 异步写入操作,同步时设为NULL
);
```

代码 4-50　WriteFile()函数原型

WriteFile()函数的各参数与 ReadFile()完全相同，向管道写入时，同样需要在 hFile 参数中指定

CreatePipe()函数所创建的管道写句柄。

4.14.3 Linux 进程通信

1. 匿名管道

Linux 系统中也存在匿名管道通信方式，基本原理与 Windows 类似。管道（Pipe）是连接读/写进程的一个共享文件，专用于实现进程之间的通信。因此，管道通信机制也称为共享文件通信机制，是发送进程（写进程）和接收进程（读进程）利用共享文件实现进程通信的一种方式，如图 4-38 所示。写进程以字符流的方式将大量数据送入管道，并以先进先出的顺序单向传输数据；而读进程则从管道中接收数据。

图 4-38　匿名管道通信原理

与匿名管道相对应的是有名管道。匿名管道仅可用于具有亲缘关系的进程间的通信，而有名管道除具有匿名管道的功能外，它还允许无亲缘关系的进程之间进行通信。

管道通信是在文件系统的基础上，引入通信协调机制来实现的。管道文件的创建、打开、读写和关闭等操作可借助文件系统原有的机制来实现；而读写进程之间的协调关系则通过通信协调机制来实现。

对于管道两端的进程而言，管道就是一个文件，但它不是普通的文件，而是仅临时存在于内存中的文件。所以，对管道的读写可以通过文件的相应接口来完成。对管道数据的读取和写入都在管道的两端，一端称为写端，有对应的写句柄；另一端称为读端，有对应的读句柄。

匿名管道包含以下操作。

（1）int pipe(int fd[2])

pipe()函数用于创建匿名管道。函数的参数为一个长度为 2 的文件描述符数组。成功时返回 0，否则返回-1。

pipe()函数执行后，将管道两端的文件描述符分别存入参数数组的两项，其中，fd[0]为管道读端的描述符，fd[1]为管道写端的描述符。如果试图从管道写端读取数据，或者向管道读端写入数据都将导致错误发生。一般文件的 I/O 函数，如 close、read、write 等都可以用于管道操作。

进程在用函数 pipe()创建管道后，一般再创建一个子进程，然后通过管道实现父子进程间的通信。

（2）ssize_t read(int fd, void *buf, size_t nbytes);

read()函数是 Linux 中通用的文件读取函数。参数 fd 为欲读取文件的描述符，当指定为管道读端的描述符时，将从管道中读取数据。参数 buf 为读取数据缓冲区，nbytes 为要读取的字节数。

若成功则返回读到的字节数，若已到文件末尾则返回 0，若出错则返回-1。

如果管道的写端不存在，则认为已经读到了数据的末尾，读函数返回的读出字节数为 0；当管道的写端存在时，如果请求写入的字节数目大于管道缓冲区大小，则返回管道中现有的数据字节数；如果请求的字节数目不大于管道缓冲区大小，则返回管道中现有数据字节数或返回请求的字节数。

（3）ssize_t write(int fd, void *buf, size_t nbytes);

write()函数是通用的文件写入函数。参数 fd 为欲写入文件的描述符，当指定为管道写端的描述符时，将向管道中写入数据。参数 buf 为写入数据缓冲区，nbytes 为要写入的字节数。

若成功则返回写入的字节数，若出错则返回-1。

向管道中写入数据时，只要管道缓冲区有空闲区域，写进程就可向管道写入数据。如果读进程不读取管道缓冲区中的数据，那么缓冲区被写满之后，写操作将被阻塞。

2. 消息队列

在消息缓冲通信中，进程间的数据交换以消息为单位，用户利用操作系统提供的发送消息原语 send 和接收消息原语 receive 来实现进程间的通信。

消息缓冲通信的基本思想是：在操作系统的内存空间设置一组缓冲区，用来存放消息，称为消息缓冲。当一个进程（发送进程）需要向另一个进程（接收进程）发送消息时，首先在自己的内存空间中设置一个发送区，把要发送消息的长度、正文和接收消息的进程标识符填入其中；然后用 send 发送原语，申请一个空消息缓冲区，把要发送的消息从发送进程的发送区复制到消息缓冲区，并将该消息缓冲区插入到接收进程的消息队列中；最后通知接收进程，这样就完成了消息发送过程。在之后某个时刻，当接收进程执行到 receive 接收原语时，首先在本进程的内存空间中设置一个接收区，然后从本进程的消息队列中取出第一个消息缓冲区，把消息内容复制到接收进程的接收区后，释放消息缓冲区，这样就完成了消息的接收。

消息队列与消息缓冲通信类似，进程间的通信通过消息队列进行。消息队列是存放在系统空间中的链表，它的节点是消息，每个消息队列都由一个消息队列标识符来确定。与消息队列有关的函数如下。

（1）msgget()

该函数用于创建或打开一个消息队列。原型为：

```
int msgget(key_t, key, int msgflg);
```

与其他的进程间通信机制一样，程序必须提供一个参数 key 来命名某个特定的消息队列。msgflg 是一个权限标志，表示消息队列的访问权限，它与文件的访问权限一样。msgflg 可以和 IPC_CREAT 做或操作，表示当 key 所命名的消息队列不存在时创建一个消息队列。如果 key 所命名的消息队列存在，IPC_CREAT 标志会被忽略，而只返回一个标识符。

函数返回一个以 key 命名的消息队列标识符（非零整数），失败时返回-1。

（2）msgsnd()

该函数用于向某个消息队列中发送一条消息。原型为：

```
int msgsnd(int msgid, const void *msg_ptr, size_t msg_sz, int msgflg);
```

参数 msgid 是由 msgget 函数返回的消息队列标识符。

参数 msg_ptr 是一个指向准备发送消息的指针，不过消息的数据结构一定要是以一个长整型成员变量开始的结构体，接收函数将用这个成员变量来确定消息的类型。合法的消息结构要定义成下面的形式：

```
struct my_message{
    long int message_type;
    /* The data you wish to transfer*/
};
```

参数 msg_sz 是 msg_ptr 指向的消息的长度，注意是消息的长度，而不是整个结构体的长度，也就是说 msg_sz 是不包括消息类型中的长整型成员变量的长度。

参数 msgflg 用于控制当前消息队列满或队列消息到达系统范围的限制时将要发生的事情。

如果调用成功，消息数据的一份副本将被放到消息队列中并返回 0，失败时则返回-1。

（3）msgrcv()

该函数用于从某个消息队列中接收一条消息。函数原型为：

```
int msgrcv(int msgid, void *msg_ptr, size_t msg_st, long int msgtype, int msgflg);
```

参数 msgid、msg_ptr、msg_st 的作用与函数 msgsnd()一样。

参数 msgtype 可以实现一种简单的优先级管理。如果 msgtype 为 0，就获取队列中的第一个消息。如果它的值大于 0，将获取具有相同消息类型的第一个信息。如果它小于 0，就获取类型等于或小于 msgtype 的绝对值的第一个消息。

参数 msgflg 用于控制当队列中没有相应类型的消息可以接收时将发生的事情。

调用成功时，该函数返回成功放到接收缓存区中的字节数，消息被复制到由 msg_ptr 指向的用户分配的缓存区中，然后删除消息队列中的对应消息。失败时返回-1。

（4）msgctl()

该函数用于读取状态信息并进行修改，如查询消息队列所允许的最大消息个数、修改消息队列的许可权等。原型为：

```
int msgctl(int msgid, int command, struct msgid_ds *buf);
```

参数 command 是指将要采取的动作，它可以取 3 个值：IPC_STAT、IPC_SET、IPC_RMID：

IPC_STAT：把 msgid_ds 结构体中的数据设置为消息队列的当前关联值，即用消息队列的当前关联值覆盖 msgid_ds 的值。

IPC_SET：如果进程有足够的权限，就把消息列队的当前关联值设置为 msgid_ds 结构体中给出的值。

IPC_RMID：删除消息队列。

参数 buf 是指向 msgid_ds 结构的指针，它指向消息队列模式和访问权限的结构。msgid_ds 结构如下所示：

```
struct msgid_ds
{
    uid_t shm_perm.uid;
    uid_t shm_perm.gid;
    mode_t shm_perm.mode;
};
```

3. 共享内存

共享内存是指若干个进程通过一块共享内存区域来交换数据，从而达到相互通信的目的。共享内存可能是所有现代操作系统都具备的最高效的进程通信方式之一。它的实现思想是把共享内存同时映射到多个进程的虚拟地址空间中，使其成为各个进程虚拟地址空间的一部分。一个进程只要依附到共享内存就可以像使用普通内存一样来使用它，就可以实现与其他进程的通信。当然，共享内存所对应的虚页面会出现在各个共享进程的页表中，而且其对应的虚页面在各个进程空间中的位置也不尽相同。

需要注意的是，共享内存并未提供同步机制，也就是说，在第一个进程结束对共享内存的写操作之前，并无同步机制可以阻止第二个进程开始对它进行读取。所以通常需要程序员用前述同步机制来同步对共享内存的访问，例如前面说到的信号量。

与共享内存有关的系统调用有 4 个。

（1）int shmget(key_t key, size_t size, int shmflg);

该函数用于创建共享内存，或获取一个已存在的共享内存。其中，size 给出共享内存的大小，key 是标识这个共享内存的描述符，shmflg 给出访问该共享内存的权限，一般用 0 表示。

当执行 shmget() 时，内核查找共享内存中具有给定 key 的共享内存，若发现这样的共享内存区且许可权可接受，便返回共享内存的描述符 key；否则，在合法性检查后，分配一个共享内存，在共享内存表中填入各项参数，并设标志指示尚无进程虚拟地址空间与该共享内存相连。

不相关的进程可以通过该函数的返回值访问同一共享内存。程序对所有共享内存的访问都是间接的，程序先利用参数 key 调用 shmget() 函数申请一个相应的共享内存描述符（shmget() 函数的返回值）。

（2）void *shmat(int shm_id, const void *shm_addr, int shmflg);

该函数用于把创建的共享内存映射到进程的虚拟地址空间。其中，shm_id 是从 shmget() 调用中得到的用于标识该内存的描述符，shm_addr 是用户的虚拟地址，通常为空，表示让系统来选择共享内存的地址。shmflg 表示共享内存的访问权限。

第一次创建完共享内存时，它还不能被任何进程访问，shmat()函数的作用就是用来启动对该共享内存的访问，并把共享内存映射到当前进程的虚拟地址空间。

执行 shmat()时，首先查证进程对该共享内存的存取权，然后把进程合适的虚拟地址空间与共享内存区相联。

调用成功时返回一个指向共享内存第一个字节的指针，如果调用失败返回-1。

（3）int shmdt(const void *shmaddr);

该函数用于把创建的共享内存从进程的虚拟地址空间中分离出来，shmaddr 为 shmat()函数返回的内存区指针。

注意，将共享内存分离并不是删除它，只是使该共享内存对当前进程不再可用。调用成功时返回 0，失败时返回-1。

（4）int shmctl(int shm_id, int command, struct shmid_ds *buf);

该函数用于实现对共享内存的控制。其中，shmid 为共享内存描述符，command 为执行的操作，buf 为用户数据结构的地址。

共享内存效率通常比消息队列、管道等方法要高。

4. 信号机制

信号（signal）机制，是进程之间进行通信的一种简单机制，通过发送指定信号来通知进程某个异常事件发生，并自动进行适当处理。每个信号都对应一个正整数常量，代表事先约定的信息类型或指代某个异常事件。每个进程在运行时，都要通过信号机制来检查是否有信号到达。若有，便中断正在执行的程序，转向与该信号相对应的处理程序，以完成对该事件的处理；处理结束后再返回到原来断点继续执行原来的程序。

实质上，信号机制是对中断机制的一种模拟，故在早期又把它称为软中断。进程运行时不时地检查有无软中断信号到达，如果有，则中断原来正在执行的程序，转向该信号预定的处理程序对该事件进行处理，处理结束后便可返回原程序的断点执行。

信号机制是 Linux 最基本的通信机制。它可用来向一个或多个进程发送异步事件信号，传送少量信息。当信号到达时，进程可以通过以下 4 种方式来响应该信号。

① 忽略信号。进程对信号不做处理，但 SIGKILL 和 SIGSTOP 信号不能忽略。

② 阻塞信号。进程暂时不对该信号进行处理，将其挂起。

③ 执行自定义处理。进程自动调用已注册的信号处理程序处理该信号。

④ 内核执行默认处理。由内核的默认处理程序处理该信号。

具体应用中究竟采用哪一种方式，取决于传递给相应 API 函数的参数。在 Linux 操作系统中，定义了 32 种信号，每种信号定义为一个正整数，所有信号的定义都包含在/include/asm/signal.h 头文件中。

从信号发送到信号处理函数的执行完毕，完整的信号生命周期包括以下 4 个重要事件。

① 信号的诞生，指的是触发信号的事件发生，如检测到硬件异常、定时器超时及调用信号发送函数 kill()等。

② 信号在目标进程中注册，指的是将信号加入进程的等待处理信号集中。只要信号在进程的等待处理信号集中，就表明进程已经知道这些信号的存在，但还没来得及处理，或者该信号被进程阻塞。

③ 信号在进程中的注销。在目标进程执行过程中，会检测是否有信号等待处理。如果存在待处理信号且该信号没有被进程阻塞，则在运行相应的信号处理函数前，先把信号在进程中注销。

④ 信号生命终止。进程注销信号后，立即执行相应的信号处理函数，执行完毕后，产生本次

信号的事件对进程的影响彻底结束。

与信号有关的函数有信号注册函数 signal()，信号发送函数 kill()、raise()、alarm() 及 abort() 等。

（1）signal()

程序使用 signal() 函数为指定的信号指定相应的信号处理函数，当该信号发生时自动调用该信号处理函数来处理。signal() 函数的原型如下：

```
void signal(int sig, void (*func)(int));
```

signal() 带有 sig 和 func 两个参数，参数 func 是一个类型为 void (*) (int) 的函数指针，参数 sig 是准备捕获的信号，接收到指定信号 sig 后自动调用函数 func 处理。

注意：信号处理函数的原型必须为 void func（int），或者是下面的特殊值。

SIG_IGN：忽略信号

SIG_DFL：恢复信号的默认行为

（2）int kill(pid_t pid, int sig);

参数 pid（进程标识符）指定把信号发送到何处，pid 不同值的含义如下。

pid>0，表示把信号 sig 发送给进程标识符为 pid 的进程。

pid=0，表示把信号 sig 发送给同一个进程组的进程。

pid=-1，表示把信号 sig 发送给除调用者以外的所有进程标识符 pid 大于 1 的进程。

pid<-1，表示把信号 sig 发送给进程组（组号是-pid）中的所有进程。

参数 sig 指定发送哪个信号。sig 为 0 时，不发送任何信号（空信号），但照常进行错误检查。因此，kill() 可用于检查目标进程是否存在，以及当前进程是否具有向目标进程发送信号的权限。kill() 最常见的用法是：pid>0 时的信号发送，调用成功返回 0；否则返回-1。

（3）int raise(int sig);

该函数用于向进程本身发送信号，参数为即将发送的信号值。调用成功返回 0；否则返回-1。

（4）unsigned int alarm(unsigned int seconds);

该函数在指定的时间 seconds 秒到时，向当前进程发送 SIGALARM 信号，又称为定时器时间。进程调用 alarm() 后，以前任何的 alarm() 调用都将无效。如果参数 seconds 为 0，那么进程将不再包含任何定时器时间。如果调用 alarm() 前，进程中已经设置了定时器时间，则返回上一个定时器时间的剩余时间，否则返回 0。

（5）void abort(void);

该函数用于向进程发送 SIGABORT 信号，默认情况下进程会异常退出，当然也可定义自己的信号处理函数。即使 SIGABORT 被进程设置为阻塞信号，调用 abort() 后，SIGABORT 仍然能被进程接收。该函数无返回值。

4.15　Linux 信号机制实现

1. 信号机制概念

在 Linux 中当进程收到一个信号后，进程会根据相关设定调用信号处理函数。若不考虑信号阻塞的话，有 3 类信号处理方式。

（1）默认处理方式

进程接收到信号后执行默认的操作。

（2）忽略信号方式

当进程接收到一个它忽略的信号时，进程丢弃该信号，就像没有收到该信号一样继续运行。

Linux 信号通信

（3）执行用户设定的自定义处理函数

如果进程收到一个要捕捉的信号，那么进程从内核态返回用户态执行用户定义的函数。信号机制执行用户定义的信号处理函数的时间是当进程从内核态返回用户态的时候，且执行完信号处理函数后才继续执行用户态下原本该执行的内容。内核为实现这样的流程采用的方法很巧妙：内核在用户栈上创建了一个新的上下文层，在该层中将内核态返回用户态的地址值重新修改为用户定义的处理函数的地址。因此，当进程从内核返回时从栈顶弹出的数据就是用户定义函数的入口地址。当从用户定义的函数中再返回时，从栈顶弹出的数据才是原先进入内核的地方的下一条指令的地址，也是没有信号处理函数的情况下原本真正该返回的地址。这样做的原因是因为用户定义的处理函数不能且不允许在内核态下执行。该流程后文有详述。

在进程的进程控制块中有一个 signal 信号域，该域中每一位对应一个信号，当有信号发送给进程时，对应位置位。进程对不同的信号可以同时保留，不过对于同一个信号，进程并不知道在处理它之前来过多少个。

发出信号的原因很多，例如，按信号产生的原因分类，可以包括如下。

（1）与进程终止相关的信号。当进程退出或者子进程终止时，发出这类信号。

（2）与进程例外事件相关的信号。如进程越界，或企图写一个只读的内存区域（如程序正文区），或执行一个特权指令及其他各种硬件错误。

（3）在用户态下进程发出的信号。如进程调用系统调用 kill 等函数向其他进程发送信号。

（4）与终端交互相关的信号。如用户通过终端按相应的键，例如，按下 Break 键或 Ctrl+C，或用户关闭一个终端等情况。

（5）跟踪进程执行的信号。

2. 信号响应过程

当在进程中调用 signal(SigNO, Handler)函数之后，如果进程收到信号 SigNO，则进程会在合适的时机尽快开始执行 Handler 指向的函数。进程在收到信号后要开始执行事先设定好的信号处理函数，必须是处于运行状态。也就是说，只有当调度程序调度到了该进程时，才有可能执行相应的信号处理函数。因此，当进程处于不可执行状态，即便它收到了信号也不会立即被执行。

内核主要在系统调用和时钟中断两种情形中对当前进程的信号进行处理。先分析系统调用中对信号进行处理的过程，然后再分析时钟中断中对信号的处理过程。

当进程在用户态调用某个系统调用时，系统便会执行 int 0x80 中断指令，并进入如代码 4-51 展示的_system_call 开始处理相应的系统调用。此处重点分析_system_call 的后半部分，即涉及信号处理的部分。

```
1  _system_call:
2      cmpl $nr_system_calls-1,%eax
3      ......
15     call _sys_call_table(,%eax,4)
16     ......
21     je reschedule
22  ret_from_sys_call:
23     movl _current,%eax # task[0] have not signals
24     ......
30     movl signal(%eax),%ebx
31     movl blocked(%eax),%ecx
32     notl %ecx
33     andl %ebx,%ecx
34     bsfl %ecx,%ecx
35     je  f
36     btrl %ecx,%ebx
37     movl %ebx,signal(%eax)
38     incl %ecx
39     pushl %ecx
40     call  do_signal
41     ......
49     iret
```

代码 4-51　_system_call 函数对信号的处理流程

代码 4-50 的后半部分展示了_system_call 对信号的处理流程。第 15 行通过 call 指令执行相应的系统调用（系统调用号在 EAX 寄存器中），然后继续往下执行到第 22 行。第 22 行是例程

ret_from_sys_call 的入口，这是个很重要的例程，主要完成当前进程的信号处理工作和系统调用的中断返回工作。ret_from_sys_call 例程也会被内核其他多个函数调用，譬如后面即将要讨论的时钟中断服务程序在其后半段也会调用该例程。

第 30～35 行，检查进程的信号位图，是否有信号需要处理。若有，则进入第 36 行继续往下执行，准备执行 do_signal()函数（do_signal()函数和_do_signal()函数是同一函数在 C 语言和汇编语言中的不同名称，后面统一用 do_signal()）；若没有，则跳过 do_signal()函数准备完成系统调用的收尾工作。

第 40 行，调用 do_signal()函数处理，为调用进程的信号处理函数做准备。do_signal()函数并不直接运行信号处理函数，它会把信号处理函数插入用户程序堆栈中，然后修改 int 0x80 中断返回的环境，让中断服务程序完成后先直接返回到用户态的信号处理函数中，然后待信号处理函数完成后再从用户态中跳转到原先执行系统调用的下一条语句中（即没有信号的情况下，系统调用执行完后原本该返回的地方）。图 4-39 展示了 do_signal()函数修改系统调用返回路径的原理。do_signal()函数的主要功能是：设置好内核的堆栈和进程的用户堆栈，以确保堆栈设置好后，当执行完第 49 行的 iret 指令后，不是立即返回到系统调用的下一行语句处，而是先去执行进程的信号处理函数。只有当信号处理函数执行完成后，才会回到进程进行系统调用的下一行语句去执行。简单地说，do_signal()函数的作用就是将对信号处理函数的调用插在系统调用的 iret 指令和系统调用的下一条指令之间。

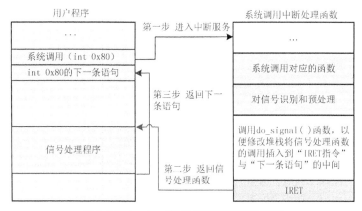

图 4-39 do_signal()函数修改系统调用返回路径

do_signal()函数的实现参考代码 4-52 和代码 4-53，分别展示了 do_signal()函数的前半部分和后半部分。

```
1   void do_signal(long signr,long eax, long ebx, long ecx, long edx,
2       long fs, long es, long ds,long eip, long cs, long eflags,
3       unsigned long * esp, long ss)
4   {
5       unsigned long sa_handler;
6       long old_eip=eip;
7       struct sigaction * sa = current->sigaction + signr - 1;
8       int longs;
9       unsigned long * tmp_esp;
10
11      sa_handler = (unsigned long) sa->sa_handler;
12      if (sa_handler==1)
13          return;
14      if (!sa_handler) {
15          if (signr==SIGCHLD)
16              return;
17          else
18              do_exit( 1<<(signr-1));
19      }
20      ......
37  }
```

代码 4-52 do_signal()函数的前半部分

do_signal()是内核系统调用(int 0x80)中断处理程序中对信号进行预处理的程序，工作原理如下。

（1）将堆栈中的 eip 值，保存到 old_eip 中，old_eip 就指向了用户程序中即将执行的代码。

（2）将 eip 指向信号处理函数。这样当执行 ret_from_sys_call 中的 iret 时，会执行 cs:eip 指向的代码，也就是信号处理函数。

（3）将用户态堆栈的 esp 的值，向下移 7 或 8 个 4 字节（32 位）。

（4）然后将 sa_resotrer、signr 等值放入堆栈，见图 4-38 右边的用户堆栈。

完成上述操作后，do_signal()执行完毕，返回到 ret_from_sys_call 中，ret_from_sys_call 执行一些 pop 操作后执行 iret 指令，这时会跳转到信号处理函数去执行。

```
1   void do_signal(long signr,long eax, long ebx, long ecx, long edx,
2       long fs, long es, long ds,long eip, long cs, long eflags,
3       unsigned long * esp, long ss)
4   {
5       unsigned long sa_handler;
6       long old_eip=eip;
7       ......
20      if (sa->sa_flags & SA_ONESHOT)
21          sa->sa_handler = NULL;
22      *(&eip) = sa_handler;
23      longs = (sa->sa_flags & SA_NOMASK)?7:8;
24      *(&esp) -= longs;
25      verify_area(esp,longs*4);
26      tmp_esp=esp;
27      put_fs_long((long) sa->sa_restorer,tmp_esp++);
28      put_fs_long(signr,tmp_esp++);
29      if (!(sa->sa_flags & SA_NOMASK))
30          put_fs_long(current->blocked,tmp_esp++);
31      put_fs_long(eax,tmp_esp++);
32      put_fs_long(ecx,tmp_esp++);
33      put_fs_long(edx,tmp_esp++);
34      put_fs_long(eflags,tmp_esp++);
35      put_fs_long(old_eip,tmp_esp++);
36      current->blocked |= sa->sa_mask;
37  }
```

代码 4-53 _do_signal()函数的后半部分

当信号处理函数执行完后，会执行 ret 操作（注意：函数的返回使用 ret，中断的返回使用 iret），这时会将 sa_restorer 存入 eip，因此接下来就会执行 sa_restorer。sa_restorer 会恢复用户堆栈。

代码 4-54 展示了_timer_interrupt 时钟中断函数中对信号的处理流程，第 20 行完成时钟服务后，立即在第 22 行处调用 ret_from_sys_call 函数处理信号，这与前面代码 4-51 中第 22 行调用 ret_from_sys_call 函数的过程完全类似，不再赘述。

```
1   _timer_interrupt:
2       push %ds
3       ......
20      call _do_timer
21      addl $4,%esp
22      jmp ret_from_sys_call
```

代码 4-54 _timer_interrupt 函数的部分

4.16 本章习题

1. 什么是程序的顺序执行？顺序执行的程序有何特点？
2. 什么是程序的并发执行？并发执行的程序有何特点？
3. 什么是程序并发执行的 Bernstein 条件？
4. 什么是进程？进程与程序的区别是什么？
5. 进程有哪 4 个特征？
6. 进程有哪 3 个基本状态？它们之间如何迁移？
7. 具有 5 个状态的进程模型中增加的创建状态和终止状态有何意义？
8. 什么是进程的挂起操作和解挂操作？

9. 什么是进程控制块？

10. 进程控制块主要包括哪些信息？

11. 什么是进程控制？有哪 4 个基本的进程控制行为？

12. 列举创建进程的 4 个典型事件。

13. 列举进程被阻塞的 5 种情形。

14. 什么是原语？有何特点？

15. 试述 fork()函数的作用和特点。

16. 什么是线程？线程与进程有何联系？

17. 试述线程有哪 3 个典型应用场合。

18. 什么是进程的互斥？举例说明。

19. 什么是进程的同步？举例说明。

20. 什么是同步机制？同步机制的两个基本功能要求是什么？

21. 什么是临界资源？什么是临界区？

22. 试述设计临界区访问机制的 4 个原则是什么。

23. 临界区设计太大或太小有何缺点？

24. 什么是临界区的进入区和退出区？

25. 分别叙述上锁操作和开锁操作的原理。

26. 试述使用上锁原语和开锁原语解决进程互斥的思路。

27. 试述 P 操作和 V 操作的原理。

28. 试述 P-V 操作解决互斥问题的思路。

29. 试述 P-V 操作解决同步问题的思路。

30. 试分析司机和售票员同步问题中，哪些操作是关键操作？为什么？

31. 试分析"生产者和消费者"问题中，P-V 操作是如何阻止生产者生产速度过快的？如何阻止消费者消费速度过快？如何及时唤醒生产者去尽快生产？如何及时唤醒消费者去尽快消费？

32. 在读者和编者问题中，如果想让编者优先，试用 P-V 操作实现它们的同步。

33. 试述 Windows 临界区对象机制的原理、主要函数和解决互斥问题的流程。

34. 试述 Windows 互斥量对象机制的原理、主要函数和解决互斥问题的流程。

35. 试述 Windows 信号量机制的原理、主要函数和解决互斥问题的流程。

36. 试述 Linux 中 wait 函数和 exit 函数的作用和它们之间的联系。

37. 试述 Linux 中信号机制的概念、主要函数和实现进程间通信的应用流程。

第 5 章

死锁

5

多个并发进程在运行过程中，因为涉及对一些共同资源的存取，可能存在资源无法获得而被阻塞的情况。当这种阻塞的时间变得很长，已经超过用户可以忍耐的上限时，可以认为已经造成进程运行失败。更加极端的情况可能是：造成一个进程被阻塞的资源已经被其他进程占用，而这个进程自身也因为处于阻塞状态而无法释放这个资源，从而造成前一个进程永久地被阻塞。这些进程长久的阻塞既会导致进程无法正常运行，也会造成系统效率下降和资源浪费。本章主要研究多个进程因为争用资源而导致长时间阻塞或永久阻塞的问题，即进程饥饿（Starvation）和死锁（Deadlock）的问题。

5.1　进程饥饿

进程饥饿是指系统不能保证进程的等待时间上限，从而使该进程长时间等待，当等待时间给进程推进和响应带来明显不利影响时，称发生了进程饥饿。当饥饿到一定的程度，可以认为该进程事实上已经运行失败了。

饥饿的产生主要是调度策略引起的，尤其是单纯以优先级高低作为选择依据的时候，容易发生进程饥饿。例如，有些进程在较低优先级的队列中等待，但是系统还在不停地往更高优先级的队列中添加进程，结果导致低优先级的进程较长时间处于饥饿状态。

因此，单纯以优先级高低作为调度策略在分配资源的时候可能会不公平，即不能保证低优先级进程的等待时间上限，导致这些进程长时间得不到资源。一种可行的优化策略是动态调整进程的优先级，即根据等待时间的长短把进程的优先级提高一些，结果就是随着时间的推移，阻塞较长时间的进程都能把优先级提高到一定程度而获得资源继续运行。

5.2　死锁的概念

死锁是指两个或多个进程已经陷入阻塞，都在无限期地等待永远不会发生的条件的一种系统状态。进程陷入死锁后，永远都被阻塞而无法运行。

在第 4 章介绍 5 个哲学家就餐的经典同步问题时，曾经提出了代码 5-1 所示的 P-V 解决方案，以实现 5 个哲学家互斥地正确拿筷子。现在考虑一个很特殊的并发情形：每个哲学家在执行完第

9行后，都在第10行处暂停下来，即处于就绪状态。这是一种完全有可能出现的行为。此时，每个哲学家都拿到了自己左手边的筷子，而下一步就是试图去取右手边的筷子。而事实上，每个哲学家右手边的筷子现在已经被他们的邻座哲学家取走了！显然，每个哲学家都会被阻塞起来以等待右手边的筷子。但是右手边的筷子是永远都无法获取的，因为他们的右邻不会释放这只筷子。他们的右邻目前也只有一根筷子，也无法吃完，当然也就不会释放手上已有的一根筷子。所以，5个哲学家都陷入了阻塞，都在等待右手边的筷子，而这只筷子是永远不可得到的。5个哲学家因为这种特殊的并发过程带来的永久性阻塞状态就是死锁。

```
1    //互斥信号量数组：第i号筷子是否可取：0不可取，1可取
2    int Chopstick[5] = { 1, 1, 1, 1, 1 };
3    Philosopher(int No ) // 线程函数，No是哲学家的编号
4    {
5        while (TRUE)
6        {
7            思考；
8            休息；
9            P(Chopstick[No]);           //取左手边的筷子
10           P(Chopstick[(No+4) % 5]);   //取右手边的筷子
11           吃饭；                        //吃饭：正用2根筷子
12           V(Chopstick[(No+4) % 5]);   //放下右手的筷子
13           V(Chopstick[No]);           //放下左手的筷子
14       }
15   }
```

代码 5-1　哲学家就餐问题的 P-V 解决方案

死锁的另外一个定义是指：两个或多个进程中，每个进程都已持有某种资源，但又继续申请其他进程已持有的某种资源。此时每个进程都拥有其运行所需的一部分资源，但是又都不够，从而每个进程都不能向前推进，陷于阻塞状态，这种系统状态称为死锁。在5个哲学家就餐问题中，每个哲学家都已经持有一根筷子，而又都不够，还要继续申请另外一根筷子。而所申请的另外一根筷子正被其他哲学家所占用，且这根筷子又无法被释放，结果就是每个进程都持有部分资源且陷入永久的阻塞。

死锁的上述两个定义在本质上是一样的。

5.3　死锁的起因

5.3.1　资源分类

在并发系统中所有的资源都是可以共享的，只不过共享的方式有差别。有些资源可以被多个进程同时访问，但是结果是正确的；而有些资源却只能被进程串行地、互斥地访问，否则结果就可能会出错。根据共享特性，可把系统中的资源分成两类：一类是可抢占资源，一类是不可抢占资源。

死锁的起因

可抢占资源是指这类资源可以被多个进程同时访问，即被一个进程占用后，在该进程使用完之前，可以被其他进程抢占，但是并不影响相关进程的运行结果。CPU和内存都是典型的可抢占资源。一个运行中的进程，当其CPU被另外一个进程抢走之时，操作系统能采用合适的方式管理好该资源的状态，并在将来合适的时候归还给原进程让其继续正确运行。CPU采用分时共享的方式让所有进程共享。一个暂停的进程，其占用的一块内存也可以被其他进程抢占，该块内存中的数据会被操作系统临时移到内存中的其他区域或磁盘交换区域，以把这块内存腾给其他进程使用。

不可抢占资源是指该资源被一个进程占用后，除非该进程已经使用完并释放了它，其他进程

不能强行抢占该资源，否则相关进程的结果可能会出错。例如，对一个打印机来说，如果一个进程正在使用该打印机，在该进程完全使用完打印机之前，其余进程只能等待，直到该进程用完打印机主动释放为止。几乎大多数硬件资源，因为自身的物理特性使然，都是不可抢占资源。另外，对于软件资源，比如共享变量、共享文件、队列、信号量等，都属于不可抢占的逻辑资源。

进程在使用不可抢占资源时，须按照请求、使用、释放的顺序进行。如果请求资源失败，则相应的进程将会被阻塞或循环等待。请求成功之后才能使用资源，对资源进行相应的操作。进程使用完后释放资源。第 4 章介绍 P-V 操作本质上是控制进程对资源的申请和释放，在请求资源和释放资源的时候，分别对进程施加 P 操作和 V 操作。

5.3.2 死锁的起因

引起进程死锁的原因有两种。一是，系统资源不足。系统资源不足是引起死锁的根本原因。如果每个进程所需要的资源在系统中都有足够多，则每个进程所申请的资源都会被满足，就不会被阻塞，因此就不会出现死锁的情况。系统资源不足是客观情况，任何一个系统都不可能预先为数量未知的进程准备好所需要的全部资源。二是，进程并发推进的顺序不当。即便系统资源数量有限，如果进程能在恰当的时间去申请和释放资源，也不会出现死锁。最理想的情况就是所有进程串行地运行，串行地访问共享资源，系统不会出现死锁。所以，合理的进程并发推进顺序是可以避免死锁的。代码 5-2 是两个进程 A 和 B 并发访问两个共享变量 i 和 j 的例子。这个例子中的 i 和 j 应当理解为两个进程都可见的某种资源，而不一定是两个普通的变量。

```
1    //进程A              1    //进程B
2    ......               2    ......
3    i = 100 ;            3    j = 200 ;
4    ......               4    ......
5    i = j + 800;         5    j = i + 600;
6    i = j * 2 ;          6    j = i * 2;
7    ...... ;             7    ......
8    j = 200              8    i = 100 ;
     ......               9    ......
```

代码 5-2　两个进程 A 和 B 并发访问两个共享变量 i 和 j

i 和 j 是两个不可以被抢占的共享变量（也可以抽象为键盘、打印机等硬件设备或信号量）。在 i 或 j 没有被一个进程释放之前，不能被另一进程申请到。先考虑一种不产生死锁的并发推进过程。假如进程 A 先运行，其运行到第 6 行时暂停，这时进程 A 已经占用了资源 i 和 j。接下来让进程 B 运行，显然进程 B 会因为申请不到资源 j 而被阻塞在第 3 行。此后，进程 A 继续运行，直到第 8 行使用完资源 j 并释放它。这时进程 B 才有机会得到资源 j 继续运行。从这个并发推进过程中可以看到，尽管资源数量有限，且发生过阻塞，但是进程 A 和 B 并没有死锁！

再考虑一个会产生死锁的并发推进过程，还是让进程 A 先运行。当进程 A 运行到第 5 行时让其暂停下来，注意，这时进程 A 已经占用了资源 i。接下来再让进程 B 运行。进程 B 在第 5 行申请了资源 i，因此进程 B 会被阻塞于此，因为进程 A 正占用着资源 i 还未释放。进程 B 会一直阻塞下去，直到进程 A 释放资源 i。同时要注意的是，进程 B 目前已经占用了另外一个资源 j。因此，进程 A 将因为无法获得资源 j 而无法从第 5 行继续运行下去，将会阻塞在第 5 行等待资源 j 可用。最终的结果就是：进程 A 阻塞在第 5 行等待进程 B 释放资源 j，而进程 B 也阻塞在第 5 行等待进程 A 释放资源 i，两个进程都进入永久的阻塞状态，都无法前进，陷入死锁。在这个并发推进过程中，如果进程 A 不在第 6 行执行完并释放资源 i 之前的地方暂停（即就绪），就不会死锁；或者进程 B 不在这之前进入第 3 行申请并使用资源 j 也不会死锁。可见，不合适的并发推进顺序带来了死锁。

此外，不合理的 P-V 操作也可能带来死锁，代码 5-3 演示了这样的一个例子，这种情形本质上还是属于并发进程推进顺序不当。

代码 5-3 展示了生产者与消费者同步问题的另一个版本的解法，这个解法与第 4 章的正确解法有差别。差别在于此处的生产者进程组的第 10 行和第 11 行两个 P 操作的顺序与第 4 章的相反。

```
1    int DATA = ; //信号量：缓冲区中新数据的个数，初值0
2    int SPACE = ; //信号量：缓冲区中空位置的个数，初值5
3    int MUTEX = ; //信号量：缓冲区互斥使用，初值1
4    //生产者进程 i = 1 .. m
5    producer_i ( )
6    {
7        while( TRUE )
8        {
9            生产1个产品/数据；
10           P(MUTEX);
11           P(SPACE);
12           存1个产品/数据到缓冲区；
13           V(MUTEX);
14           V(DATA) ;
15       }
16   }
17   //消费者进程 j = 1 .. k
18   consumer_j ( )
19   {
20       while( TRUE )
21       {
22           P(DATA);
23           P(MUTEX);
24           从缓冲区取1个产品/数据；
25           V(MUTEX);
26           V(SPACE);
27           消费一个产品/数据；
28       }
29   }
```

代码 5-3　可能带来死锁的生产者与消费者同步解法

分析生产者和消费者两组进程的并发过程，大多数情况下也能正确并发，缓冲区满时生产者不能向缓冲区存入产品数据，缓冲区空时消费者不能从中取产品数据，且每个时刻只能允许一个生产者或消费者存或取缓冲区。但是，当遇到下面描述的一种特殊并发过程时就会出现死锁。假定某个时刻：

```
DATA= 5
SPACE= 0
```

即缓冲区刚好有 5 个新数据，没有空位置。假如这时生产者还在继续运行，尝试继续向缓冲区放下一个新数据。结果就是被阻塞在第 11 行 P(SPACE)处。因为这时缓冲区已经被占满了，必然会被阻塞。

当操作系统去调度消费者进程来消费数据时，消费者进程又将会被阻塞在第 23 行 P(MUTEX)处，因为这时缓冲区正在被生产者进程占据，因此必然会被阻塞。

现在，生产者进程和消费者进程都处在阻塞中，分别在等待对方继续运行从而释放自己所要的 SPACE 信号和 MUTEX 信号。但是，因为两者都被阻塞了，所以都无法继续运行释放对方需要的信号，因此，两组进程陷入了永久的阻塞中，进入死锁状态。因此，对并发进程施加合理的 P-V 操作，不仅可以实现正确的同步，还可避免死锁的风险。

死锁是一种十分糟糕的情形，不仅用户任务无法完成，还会极大浪费资源，可能导致其他进程无法运行。关于死锁可以得出下面的一些结论。

（1）死锁是系统中的小概率事件。

（2）陷入死锁的进程至少是 2 个。

（3）2 个或以上进程才可能出现死锁。

（4）参与死锁的进程至少有 2 个已经占有资源。

（5）参与死锁的所有进程都在等待资源。

（6）参与死锁的进程是当前系统中所有进程的子集。

（7）死锁会浪费大量系统资源，甚至导致系统崩溃。

5.3.3 死锁的必要条件

系统提供的资源数量总是有限的，不可能需要多少就增加多少。另外，进程推进的速度总是不可预知的，不能保证它们的执行顺序一定合理。为了避免产生死锁，应先研究并发进程产生死锁的必要条件。Coffman（考夫曼）等人于 1971 年总结出了产生死锁的 4 个必要条件。

1. 互斥条件

进程竞争的资源是不可抢占资源，具有独占性，进程必须互斥地使用该资源。若资源已被一个进程占用，此时若其他进程请求该资源，则该请求进程只能等待，直到该资源被占用进程用完释放为止。

2. 不剥夺条件

进程在释放资源前（访问完）不能被其他进程剥夺。一方面，资源本身是不可抢占资源，不可剥夺由资源的物理特性决定了；另一方面，进程自身工作逻辑决定了自己的资源不能被剥夺，否则结果会出错。

3. 部分分配条件

进程运行全过程中所需的资源逐步分配，每个资源在访问之前临时申请。这种资源分配方式就意味着进程在运行过程中会按逻辑次序持续不断地申请和释放资源。当然也会出现在占用已有资源的同时（未使用完），还继续申请新资源的情况，且当新资源得不到而被阻塞的同时，还继续占用已有资源的情况。

4. 环路条件

多个进程因为资源的申请和占用的关系构成一个逻辑环路，如图 5-1 所示。每个进程已占用的资源正被环中后一进程申请，而自己所申请的资源又被环中前一进程正占用着。结果，环中所有的进程都因为无法向前推进而陷入死锁。

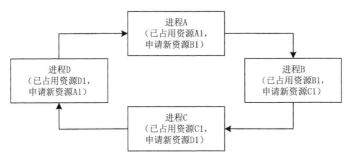

图 5-1　多个进程因为资源的申请和占用关系构成一个逻辑环路

以上 4 个条件是死锁产生的必要条件，但不是充分条件。系统产生死锁时，以上 4 个条件必定都同时成立，只要其中一个条件不成立，就不可能发生死锁。

5.4　死锁的解决

5.4.1　解决死锁的 4 类方法

死锁预防策略

理解了死锁发生的原因，尤其是产生死锁的 4 个必要条件，就可以最大可能地避免、预防和解除死锁。在设计资源分配策略、进程调度策略时就可以考虑如何不让这 4 个必要条件成立，避免进程永久占用系统资源，来防止系统发生死锁。可以从以下 4 方面来解决死锁。

1. 预防死锁

通过设置某些限制条件，破坏死锁 4 个必要条件中的一个或多个来防止死锁。死锁的产生需要一定的条件，因此，预防死锁就是采取一定的措施来确保死锁产生的必要条件中的一个或多个不成立。

对于互斥条件，要破坏它比较困难，因为资源的互斥性是资源本身的固有物理属性或进程自身的逻辑约束所决定的。

对于不剥夺条件，若要破坏它，代价会很大。一方面，因为资源自身具有不可抢占性（硬件资源更是如此），另一方面，因为合作进程的同步要求，进程不能剥夺其他进程正占用的资源。此外，不可剥夺性也保证了系统整体运行的稳定性和可靠性。

对于部分分配条件，在不考虑系统吞吐量和并发性下降的情况下，可以破坏这个条件，例如采用后面将讨论的"预先静态分配法"可以预防系统产生死锁。

对于环路条件，在不考虑系统吞吐量和并发性下降的情况下，也可以破坏这个条件，例如采用后面将讨论的"有序资源分配法"可以预防系统产生死锁。

2. 避免死锁

考虑到产生死锁的直接原因是进程要申请资源，因此，与预防死锁策略不相同，避免死锁策略不是花费代价去破坏 4 个必要条件的一个或多个，而是在遇到进程申请资源时，运用相应的算法去判断是同意分配资源，还是拒绝分配资源。这个判断的原则就是确保分配了相应资源，不会造成死锁。或者说，如果确信这次分配资源之后，进程可以在有限的时间内运行完并归还资源给系统，则同意分配，否则拒绝分配。典型的避免死锁的算法是银行家算法。银行家算法的具体原理本书不讨论，其基本思路是模仿银行家审核客户贷款申请的思路。当银行家审核一份贷款申请时，会考虑客户获得这笔贷款后能否在有限的时间内如数归还。如果银行家经过一定的评估算法评估后认为用户存在还款风险，则拒绝用户的贷款申请。操作系统在处理进程的资源申请时，会考虑进程获得这个资源后能否在有限的时间内归还。如果操作系统通过一定的评估算法评估后认为进程存在资源归还风险，则拒绝进程的资源申请。

3. 检测死锁

允许死锁发生，但可通过检测机制及时检测出死锁状态，并确定与死锁有关的进程和资源，然后采取适当的措施，将系统中已发生的死锁清除，使进程从死锁状态中解脱出来。这是一种非常宽松的策略，任何进程的资源请求都被允许。检测死锁必须保存和跟踪资源请求和分配信息，利用某种算法对这些信息加以检查，以判断系统是否出现了死锁。系统可以周期性地或在特定事件发生时执行检测算法以检测是否存在死锁。一旦检测到死锁，采取某种恢复机制解除死锁。

个别版本的 Linux 提供了死锁检测模块 Lockdep，用于协助用户发现死锁问题。Lockdep 模块能检测由于使用 spinlock、rwlock、mutex、rwsem 等锁机制而引起的死锁，以及原子操作中出现的阻塞等错误行为。在内核中配置路径为 Kernel Hacking 下面的 Lock Debugging (spinlocks, mutexes, etc...) 条目。Lockdep 模块检测死锁的机制主要分为 D 状态死锁和 R 状态死锁。D 状态死锁是指进程长时间（系统默认配置 120 秒）等待 I/O 资源而处于阻塞状态（TASK_UNINTERRUPTIBLE）。R 状态死锁是指进程长时间（系统默认配置 60 秒）处于可运行状态（TASK_RUNNING）而垄断 CPU，以致没有进程切换行为。一般情况下进程已经关抢占或关中断而长时间执行任务或死循环会造成这种死锁情形。

4. 恢复死锁

在检测到死锁并确定相关进程之后，管理员通过撤销或挂起一个或多个进程，可以回收相应的资源。撤销可以是按进程优先级和撤销进程代价的高低进行，也可以采用进程回退法，让进程回退到足以回避死锁的地点，但是前提是系统保持每个进程的历史信息并设置了还原点。采用回退法的系统开销特别大，算法复杂，实际上难以实现。

5.4.2　预先静态分配法

预先静态分配法的目的是破坏部分分配条件，确保死锁不会发生。采用的策略是全部分配法，即进程运行前将其所需全部资源一次性分配给它，这样进程在运行过程中就不会再提出任何资源请求，从而避免进程出现死锁。预先静态分配法要求进程在运行之前检查全部资源是否配齐，如没有配齐，则拒绝执行。

预先静态分配法的思路简单，但是缺点很多。

首先，浪费资源且资源利用率低。进程中可能存在很多在运行后期才会真正用到的资源，但是这些资源现在也会被提前申请，导致这些资源占而不用。甚至有些资源在程序中并没有实际用到，但是也必须事先申请和一直占用。譬如程序中可能有多个分支，实际运行时只会根据用户的临时选择执行其中一个分支。即便这样，其余没有运行的分支所需要的资源也必须事先申请以备用。

其次，需要资源多的进程的启动可能会被推迟。因为系统资源数量有限，难以同时满足多个进程的资源需求，只能推迟部分进程的启动。

第三，适应性有局限。有些进程属于合作进程，需要类似信号量之类的同步信号资源，这样的资源无法提前准备。

第四，应用程序的设计开销增大。程序员要尽可能准确地估算资源需求。

预先静态分配法的改进可以考虑资源分配的单位由进程改为程序步，以便降低资源准备的难度，提高资源利用率，减少进程启动延迟的概率。程序步是指程序模块，一个模块往往能完成特定的子功能。程序一般都可以划分为多个程序步。

5.4.3　有序资源分配法

有序资源分配法的目的是破坏环路条件，使得环路无法构成。其采用的策略是给系统中的每个资源分配一个唯一序号，且进程每次申请资源时只能申请比上次申请的资源的序号更大的资源。

按照有序资源分配法的策略，如果进程已申请到的所有资源的序号最大为 M，则下次只能申请序号大于 M 的资源，而不能再申请序号小于或等于 M 的资源。按此规则申请资源则系统一定不会死锁。

系统处理进程资源申请时会遵循图 5-2 所示的流程。首先，检查申请的资源序号是否符合递增规定：若不符合，则拒绝该申请，并撤销该进程；若符合，且资源可用，则予以分配；若符合，但资源不可用，则不分配并阻塞进程。

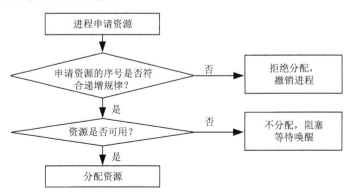

图 5-2　有序资源分配法处理资源申请的流程

由于每个进程只能按资源序号递增的顺序申请资源，因此系统在对资源编号的时候，要根据大多数进程使用资源的顺序由小到大进行编号，否则很多进程可能会无法正常申请资源，从而无法正常运行。一般是输入设备编号较小，输出设备编号较大。

有序资源分配法与前述其他方法相比，可提高资源利用率和系统的吞吐量，但也存在明显的缺陷和局限。

（1）资源浪费。当进程实际使用资源的顺序与设备编号的大小顺序不一致时，必须调整程序，刻意地提前先申请小序号的资源，尽管它实际上比序号大的设备后被用到。

（2）资源的编号不容易合理化，很难保证编号的顺序满足每个进程的资源使用顺序。对程序员来说，编程也麻烦，必须参考现有资源编号情况。

5.4.4　鸵鸟算法

解决死锁问题的各种策略和算法要么太复杂难以实现，要么要付出巨大的代价，包括降低资源利用率、进程延迟启动、增加程序编写开销等。因此，在 Windows、Linux、UNIX 等很多通用操作系统中均采用了称为"鸵鸟算法"的方式处理死锁问题。

所谓鸵鸟算法就是忽略死锁，视死锁问题不存在，即使系统真的发生了死锁也不做任何处理。鸵鸟算法的提出是基于这样的逻辑：死锁的发生是一个小概率事件，不值得付出很大代价去消除它，得不偿失，在通用操作系统中，一旦发生了死锁，用户可以通过手动方式消除。同时，程序员通过合理编写并发程序的同步控制逻辑也可以减少死锁风险。

5.5　本章习题

1. 什么是进程饥饿？
2. 产生进程饥饿的可能原因是什么？
3. 什么是进程死锁？
4. 描述哲学家就餐问题中死锁的产生过程。
5. 产生死锁的 2 个原因是什么？
6. 如何证明参与死锁的进程至少有 2 个已经占有资源？
7. 如何证明参与死锁的所有进程都在等待资源？
8. 死锁的 4 个必要条件是哪些？
9. 试述预先静态分配法解决死锁的目的和原理。
10. 试述预先静态分配法解决死锁的缺点。
11. 试述有序资源分配法解决死锁的目的和原理。
12. 如何证明"按有序资源分配法分配资源进程不会死锁"？

第 6 章
进程调度

在分时系统中，同时存在多个进程，所有进程共享 CPU。以合适的策略从众多处于就绪状态的进程中选择一个投入运行是操作系统的关键功能之一。进程调度正是研究这个功能。

6.1　调度概念

在多道程序系统中，用户进程数往往多于处理机数，这将使它们相互争夺处理机。此外，系统进程同样需要使用处理机。因此，系统需要按一定的策略动态地把处理机分配给就绪队列中的某个进程，以便使之执行。处理机分配的任务由进程调度程序完成。

进程调度概念

6.1.1　调度的定义

调度在广义上是指在一个队列中，按照某种策略从中选择一个最合适的个体。这个队列一般是因为同一原因、同一目标而聚合在一起的同一类对象的有序集合。比如，所有等待获得 CPU 的就绪进程构成的队列，所有等待获得某个 I/O 设备的阻塞进程构成的队列等。调度是操作系统的基本功能之一，几乎所有的计算机资源在使用前都需要被合理调度。

6.1.2　调度的分类

按照调度的层次或原因可以分为长程调度、中程调度、短程调度和 I/O 调度。长程调度也称宏观调度或作业调度。中程调度也称交换调度。短程调度是指进程调度。I/O 调度也叫设备调度。图 6-1 展示了 4 种调度的关系。

1. 长程调度或作业调度

在批处理系统中，作业进入系统后，先驻留在磁盘上，组织成批处理队列，称为后备作业队列。长程调度的功能是从多个作业构成的后备作业队列中，根据调度算法选取一个合适的作业调入内存。选取作业的过程中，会根据作业的属性检查系统能否满足其对资源的要求。若能满足，则为选中的作业分配内存和外部设备等资源，并为作业创建相应的进程以使其处于就绪状态。当作业结束后进行善后处理工作。在批处理之外的其他类型的操作系统中，例如分时系统中，通常不需要配置作业调度，因为当用户提交作业时就直接创建了相应进程。

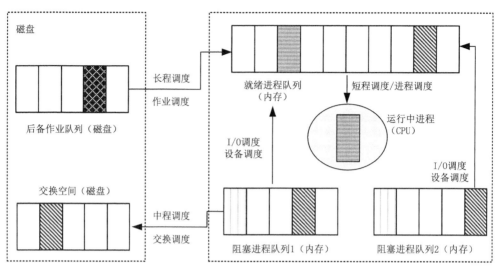

图6-1　调度的4种类型与相互关系

当一个作业运行结束退出系统时，需要执行作业调度，以便从磁盘上选择一个后备作业投入执行。当用户提交新作业时，如果系统作业量没有达到饱和，也会执行作业调度，使新作业进入内存开始执行。每次执行作业调度时，既要从资源利用率、吞吐量等方面考虑系统能够接纳的作业数量，还要考虑调度算法，即依据什么原则来选择一个作业。

2．中程调度或交换调度

中程调度的主要目的是短期调节系统的负荷。中程调度的对象是进程，把进程在内存和磁盘交换空间之间进行对换（也称为交换，含义是一样的）。对换进程的原因主要有两个：一是内存资源紧张需要腾空内存空间，因此会挂起一些进程，将这些暂时不运行的进程移到磁盘的交换空间；二是为系统减负即减少并发性以降低系统开销。因此，中程调度又称为交换调度。被交换到硬盘的进程暂时不能被运行。一个进程在运行期间可能要多次被交换到磁盘上。

3．短程调度或进程调度

短程调度即进程调度，决定哪个进程将被执行、哪些进程将处于就绪状态、哪些进程处于等待状态。也就是说，进程在运行、就绪、阻塞3个基本状态之间的转换过程是由短程调度来驱动的。最关键的工作是从就绪进程队列中选择一个合适的进程来运行。短程调度的目标之一就是使整个队列被调度的延迟最小，并优化系统的执行效率。

4．I/O调度或设备调度

I/O调度是指当I/O设备可用时，调度相应的等待队列中的进程使用该设备。I/O调度属于设备管理模块的功能。I/O调度就是确定一个合适的顺序来执行来自进程的I/O请求。进程发布的系统调用顺序不一定总是最佳选择。通过I/O调度可以改善系统的整体性能，使进程之间公平地共享设备访问，同时减少I/O完成所需要的平均等待时间。每个I/O设备都会维护一个请求队列来实现调度。当一个进程通过系统调用的方式请求I/O操作时将会被阻塞，并被挂接到此设备的请求队列上。I/O调度可能会重新安排队列顺序以改善系统总体效率和进程的平均响应时间。

本章重点学习进程调度（短程调度）的原理和相关算法。另外，简单学习作业调度（长程调度）的原理和相关算法作为学习进程调度的铺垫。本章后文提到的调度若无其他明确指示，主要是指进程调度或作业调度。

6.2 调度的原则

6.2.1 调度的宏观原则

对于作业调度或进程调度来说，用户期望的调度原则可能包括以下几个方面。

（1）响应速度尽可能快。对于交互程序来说，用户期望完成输入之后能够尽快获得输出结果。调度程序应该尽可能提高调度频率，确保用户获得良好的响应性能。

（2）进程处理的时间尽可能短。对于用户来说，感兴趣的进程应该尽可能多地占用 CPU，尽量少地被从 CPU 上切出。这就要求调度程序尽可能优先照顾该进程。

（3）系统吞吐量尽可能大。该原则意味着系统应在单位时间内尽可能多地运行用户程序，处理更多的用户数据。对于调度程序来说，尽量减少 CPU 的空闲时间，尽量减少 CPU 不必要的开销都是好办法。显然，调度程序本身的开销是一个无谓的额外开销，因此要尽可能减少调度的频率。

（4）资源利用率尽可能高。资源利用率高意味着包括 CPU 在内的所有资源都被尽量保持着忙碌。这就要求调度程序合理调度偏 I/O 进程和偏 CPU 进程。

（5）对所有进程要公平。调度程序应该平等地调度每个进程，每个进程具有相等的优先级和概率去获得 CPU。

（6）避免饥饿。调度程序不应该忽略某些进程，使其长时间得不到运行或得不到所需的 I/O 设备。

（7）避免死锁。调度程序确保资源分配的顺序合理，不会造成两个或多个进程陷入死锁。

上述每个原则都是理想化的原则。理论上，任何一个操作系统都无法同时满足上述原则，因为上述原则之间本身存在矛盾。实际上，操作系统往往会根据特定的应用场景采用折中的方式来采纳这些原则或其中一部分原则。

6.2.2 调度的时间性能测度

评价调度的性能除了使用前述宏观的原则，很多时候也会利用周转时间和带权周转时间两个量化的指标来评价系统性能。

1. 周转时间和平均周转时间

周转时间是指作业从提交给计算机开始到给出结果所花费的时间。详细来说，这个时间包括在后备作业队列上的等待时间、对应进程在内存就绪队列中的等待时间、对应进程在 CPU 上真正运行的时间、对应进程等待 I/O 操作完成的阻塞时间等。用 t 表示周转时间，计算公式如下：

$$t = t_c - t_s$$

其中：

t_s：作业的提交时刻（Start）

t_c：作业的完成时刻（Complete）

也可以计算如下：

$$t = t_w + t_r$$

其中：

t_w：作业的等待时间，从提交给系统到进入内存的时间。

t_r：作业的运行时间，从进入内存到运行结束的时间。

周转时间的长短说明了作业在系统中停留时间的长短。这个时间显然越短越好，时间越短用户体验越好。

平均周转时间是指一批作业的周转时间的平均值。用 t' 表示平均周转时间，计算公式如下：

$$t' = (t_1 + t_2 + \cdots + t_n) / n$$

其中：t_1，t_2，$\cdots$，t_n 是 n 个作业各自的周转时间。平均周转时间意味着一批作业在系统内停留的时间长短，表明了单位时间系统处理的作业数量多少，间接表明了系统吞吐量的高低和资源利用率的高低。平均周转时间比单个作业的周转时间更能描述系统的整体性能。

2. 带权周转时间和平均带权周转时间

如果作业调度算法的目标是保证每个作业的周转时间相等，那么对于一个本身就很大的作业而言，它就具有比小作业更大的优势获得被调度的机会。因为必须使大作业的等待时间更短才能保证大小不同的两个作业具有相同的周转时间。显然这对小作业而言是不公平的。越小的作业越不容易获得被调度的机会。因此，要更客观地评价调度性能，就需要考虑作业本身的大小对周转时间的影响。

带权周转时间是作业周转时间与执行时间的比值。用 w 表示带权周转时间，计算公式如下：

$$w = t / t_r$$

其中：

t：进程的周转时间

t_r：进程的运行时间

带权周转时间的意义在于表明了作业在系统中的相对停留时间，消除了因为作业大小不同而导致绝对的周转时间缺少比较价值的问题。

平均带权周转时间是一组作业的带权周转时间的平均值。用 w' 表示平均带权周转时间，计算公式如下：

$$w' = (w_1 + w_2 + \cdots + w_n) / n$$

其中：w_1，w_2，$\cdots$，w_n 是 n 个作业各自的带权周转时间。平均带权周转时间意味着一批作业在系统内相对停留的时间长短。平均带权周转时间比平均周转时间更能公平地描述系统的整体性能。

每个用户都希望在提交作业后能立即投入运行并一直到完成，这样，该作业周转时间最短。但是，从系统的角度来看，不可能满足每个用户的这种要求。一般来说，系统应该选择使作业平均带权周转时间最短的某种算法来进行作业调度，只有这样才能保证这批作业在系统内相对停留的时间最短。这样不仅提高了资源利用率，加大了系统吞吐量，也会使大多数用户满意。

6.3 进程调度过程

6.3.1 进程调度的功能

1. 记录和管理全部进程的工作状态

进程调试模块能够以进程的进程控制块（PCB）为基础，辅以其他数据结构来记录和管理进程的各种状态信息和运行动态信息。进程调度模块对进程的调度既依赖 PCB 的信息，同时也会改变 PCB 的信息。进程调度过程中，会频繁地遍历和处理由 PCB 构成的各种队列。

2. 按照调度策略选择合适的进程

根据一定的调度策略或指标遍历所有的就绪进程，从中选择一个最合适的进程。选择该进程的过程实际是用户按特定指标对所有进程进行排队的过程。

3. 进行进程上下文切换

上下文是指进程得以正确运行的微环境，一般是指 CPU 内若干寄存器的快照。当需要把 CPU

从当前进程转移给新调度的进程时，就涉及两个进程的上下文切换。新的进程上下文要被更新到 CPU 中，而旧的进程上下文将被保护起来以便将来再次使用。上下文切换过程一般由时钟中断触发，也可以被其他中断触发或一些特定事件触发。中断会导致 CPU 使用权从当前进程转移到内核调度程序，然后从内核调度程序转移到新的进程。需要注意的是，当中断发生时，系统也需要保存断点的上下文，以便中断服务完成后能够恢复原来程序的运行。进行上下文切换时，内核会将旧进程上下文保存在其 PCB 中，然后加载新进程 PCB 中指明的上下文。上下文切换所花的时间是系统额外的开销，且上下文切换的具体过程与硬件有关系。

6.3.2　进程调度的时机

进程调度程序是内核提供的模块，不能被用户在应用程序中显式地调用，只能在内核中被显式地调用或在应用程序执行系统调用的时候被隐式地调用。主要的调度时机如下。

1. 时钟中断

时钟中断是最频繁且周期性地引发进程调度的事件之一。在时钟中断服务程序中，会完成每个进程时间片的更新工作，并以更新后的进程时间片作为调度的主要依据。

2. I/O 中断

当进程运行过程中，有外部设备发生了 I/O 中断，在中断服务程序返回用户态之前，系统可能执行进程调度程序。

3. 异常

当进程运行过程中，有异常发生，在异常处理程序之后系统会调用进程调度程序。异常发生后，如果是严重错误则会直接结束当前进程，并调用进程调度程序。

4. 进程结束

当进程结束后，系统会选择一个新进程来运行，会调用进程调度程序。

5. 系统调用

用户态进程无法实现主动调度，仅能通过系统调用进入内核态后，在某个时机点进行调度，即在相应的中断处理过程中进行调度，直接调用进程调度程序。一般是在执行完系统调用，系统程序返回用户进程之前，执行进程调度程序。可以理解为此时系统进程已经执行完毕，需要去选择一个新的进程来执行。

6. 主动调度

当进程因为各种原因被阻塞时，例如在同步控制过程中，因得不到信号量而被阻塞，或在进程申请磁盘读写时而被阻塞，进程将自己的状态从运行态修改为阻塞态，并主动调用进程调度程序让出 CPU，并等待被唤醒。

需要注意的是，以上列举的进程调度时机并不是相互孤立的，同时，也并未穷尽所有的调度时机，而且不同操作系统也会有不同的选择。

为避免系统失控，一般操作系统在内核临界区中或原子操作中不执行进程调度。当然，这也要求内核临界区和原子操作都应设计得足够小，避免影响系统的整体并发性。

6.3.3　进程调度的方式

进程调度的方式可分为非抢占方式和抢占方式。两种方式的主要差别在于当有优先级更高的进程到来时，进程调度程序是否会把当前进程立即切出而把新进程切入。

非抢占方式调度又称非剥夺式调度。它是指进程调度程序一旦把 CPU 分配给某进程后，该进程可以一直运行下去，在它的时间片用完之前，或任务完成之前，或因为 I/O 请求被阻塞之前，决不允许其他进程抢走它的 CPU。非抢占方式简单、系统开销小，但是实时性较差。当一个高优先级的任务来到时无法马上获得 CPU，而是要等待一段时间，直到当前进程让出 CPU 为止。

抢占方式又称剥夺式调度。抢占方式允许进程调度程序根据某种策略终止当前正在运行的进程，将其移入就绪队列，再根据某种调度算法选择另一个进程投入运行。当高优先级进程来到时，进程调度程序会把当前进程切出，把 CPU 让给新进程。抢占方式调度开销大，但是其优点是实时性好，系统整体性能较高。

6.4　作业调度算法

6.4.1　先来先服务调度算法

1. 调度算法

先来先服务（First Come First Service，FCFS）调度算法是一种较简单的调度算法，可以用在作业调度中，也可以用在进程调度中。它的基本思路按照作业进入系统的时间先后次序从后备作业队列中挑选作业，先进入系统的作业优先被运行，一直到该作业运行完毕才让出处理机。

先来先服务调度算法容易实现，但是效率不高。另外，该算法只考虑作业的等待时间，而没考虑运行时间的长短。因此一个晚来但是很短的作业可能需要等待很长时间才能被运行，因而此算法不利于短作业。先来先服务调度算法很少单独用作调度策略，通常与其他调度算法联合使用。

2. 调度例子

假设系统中有 4 个作业先后投入，它们的作业大小和进入时间如表 6-1 的第 2 列和第 3 列所示。按照先来先服务的调度算法，可以计算它们的开始运行时间、运行结束时间，如第 4 列和第 5 列所示。统计它们的周转时间、带权周转时间、平均周转时间、平均带权周转时间，如第 6 到 9 列所示，便可定量评估先来先服务算法的调度性能。

表 6-1　采用先来先服务调度算法调度 4 个作业　　　　　单位：min

作业	大小	进入时刻	开始时刻	结束时刻	周转时间	带权周转时间	平均周转时间	平均带权周转时间
A	20	0	0	20	20	1.00		
B	40	10	20	60	50	1.25	46.25	2.19
C	30	15	60	90	75	2.50		
D	10	60	90	100	40	4.00		

6.4.2　短作业优先调度算法

1. 调度算法

短作业优先（Shortest Job First，SJF）调度算法参考运行时间，从后备作业队列中选取运行时间最短的作业优先投入运行。短作业优先算法与先来先服务算法相比，目的是减少作业的平均带权周转时间。作业越大意味着越慢的响应速度，因此用户在提交作业时必须尽量准确地预估作业需要的运行时间。

短作业优先调度算法易于实现，能较好地降低一组作业的平均等待时间，有利于提高系统的吞吐量。但是，该算法忽视了作业等待时间，一个早来但是很长的作业将会在很长时间得不到调度，易出现资源"饥饿"的现象。

2. 调度例子

重新用短作业优先调度算法来调度表 6-1 所示的 4 个作业，调度的过程和结果如表 6-2 所示。4 个作业的作业大小、进入时间都不变。按照短作业优先调度算法，可以重新计算它们的开始运行时间、运行结束时间，如第 4 列和第 5 列所示。统计它们的周转时间、带权周转时间、平均周转时间、平均带权周转时间，如第 6~9 列所示，便可定量评估短作业优先调度算法的调度性能。

表 6-2　采用短作业优先调度算法调度 4 个作业

单位：min

作业	大小	进入时刻	开始时刻	结束时刻	周转时间	带权周转时间	平均周转时间	平均带权周转时间
A	20	0	0	20	20	1.00		
B	40	10	50	90	80	2.00	43.75	2.04
C	30	15	20	50	35	1.17		
D	10	60	90	100	40	4.00		

6.4.3　响应比高者优先调度算法

1. 调度算法

一个作业的响应比被定义为作业的响应时间和运行时间的比值，计算公式为：

$$响应比 = 响应时间 / 运行时间$$
$$= （等待时间 + 运行时间）/ 运行时间$$
$$= 1 + 等待时间 / 运行时间$$

可见，一个作业的响应比既与作业的等待时间有关，也与作业运行时间即作业的大小有关。

响应比高者优先（Response Ratio Highest First，RRHF）调度算法计算作业列表中每个作业的响应比，选择响应比最高的作业优先投入运行。该算法同时考虑了作业的等待时间长短和作业的大小，从中选出响应比最高的作业投入执行。

响应比高者优先调度算法有利于短作业。如果作业等待时间相同，则运行时间越短的作业，其响应比越高，因此越容易被调度。

响应比高者优先调度算法有利于等候已久的作业。如果作业运行时间相同，则等待时间越长的作业，其响应比越高，因此越容易被调度，因而有利于等待时间很长的作业。

响应比高者优先调度算法有利于长作业。对于运行时间长的作业，其响应比可以随等待时间的增加而提高，当其等待足够久的时候，也有可能获得 CPU。

2. 调度例子

重新用响应比高者优先调度算法来调度表 6-2 所示的 4 个作业，调度的过程和结果如表 6-3 所示。4 个作业的作业大小、进入时间都不变。需要注意的是，每当一个作业运行完成之后，需要重新计算作业列表中余下作业的响应比。因为不同时刻，等候时间发生了变化，所以响应比也会发生变化。

表 6-3　采用响应比高者优先调度算法调度 4 个作业　　　　　　单位：min

作业	大小	进入时刻	开始时刻	结束时刻	周转时间	带权周转时间	平均周转时间	平均带权周转时间
A	20	0	0	20	20	1.00		
B	40	10	20	60	50	1.25	46.25	2.19
C	30	15	60	90	75	2.50		
D	10	60	90	100	40	4.00		

6.5　进程调度算法

6.5.1　优先数高者优先调度算法

1. 调度算法

典型调度算法

优先数高者优先（Highest Priority First, HPF）调度算法根据进程的优先数，把 CPU 分配给最高的进程。该算法同样适合于作业调度，给每个作业分配合适的优先数，就可以根据该参数来调度作业。此节主要介绍用于进程调度的优先数高者优先调试算法。

优先数描述了进程需要运行的紧迫程度，这是一个人为定义的参数。进程优先数包括静态优先数和动态优先数两个参数。静态优先数是进程创建时确定的，在整个进程运行期间不再改变；而动态优先数在进程运行期间可以根据运行环境和进程自身状态进行微调。

2. 静态优先数的确定

静态优先数根据进程的静态特性，在进程创建之时进行设置，一旦开始执行就不能改变。确定进程的静态优先数可以从以下 3 个方面考虑。

（1）基于进程所需资源的多少确定

可以根据进程耗费内存量的大小、I/O 设备的类型及数量等，确定进程的优先数。通常，进程所申请的资源越多，可以分配越低的优先数。不过，如果涉及的 I/O 设备是人机交互类型的设备，可能需要考虑分配更高的优先数，以获得足够好的用户体验。

（2）基于进程运行时间的长短确定

对于较大的进程，所需占用 CPU 的时间更长，这时可以给其分配较低的优先数，而对较小的进程可以分配较高的优先数。

（3）基于进程的类型确定

不同类型的进程对优先数的需求可以有差别。对于偏 I/O 的进程可以比偏 CPU 的进程获得更高的优先数；前台进程可以比后台进程获得更高的优先数；普通用户进程可以比核心进程获得更高的优先数。系统或操作员可以给每类进程指定不同的优先数。

到底选用哪一种或哪几种优先数与系统的应用场合或用户对调度性能的目标密切相关。即便是同一类进程，在有的系统中其优先数可能更高，而在另一系统中其优先数却更低，这也是合理的。

3. 动态优先数的确定

静态优先数一旦确定之后，直到执行结束为止始终保持不变，但是在并发环境中，随着进程的运行，其先前确定静态优先数的某些条件已经不复存在了或者发生了变化，从而导致系统调度性能降低。所以，现代操作系统需要在进程运行过程中微调优先数，这就是动态优先数。进程的动态优先数一般根据以下原则确定。

（1）当使用 CPU 超过一定时长时

一个进程连续占用 CPU 运行的时间超过一定时长时，可以认为这是一个偏 CPU 的长进程，因此可以考虑将其优先数降低一些。

（2）当进程等待时间超过一定时长时

当进程在就绪队列中等待 CPU 的时间超过一定时长时，可以提高其优先数。在等待设备调度的过程中等待了更长时间的进程也可以考虑提高其优先数。

（3）当进行 I/O 操作后

当进程进行了 I/O 操作之后，可以提高其优先数。可以认为该进程是个偏 I/O 的进程，提高其优先数有助于提升用户体验。

在实际应用中，优先数的确定涉及许多因素，优先数高者优先调度算法往往和其他算法结合使用。

4. 异常问题

优先数高者优先调度算法表面上看起来合理，但是也存在一些实际的问题，其中常见的问题包括优先级反转问题和进程饥饿问题。进程饥饿问题在第 5 章已经讨论，此处仅讨论优先级反转问题。

考虑这样一种情形：一个低优先级进程正占有一个高优先级进程所需要的资源，使得高优先级进程处于阻塞状态，而这时不需要访问此资源的中优先级进程却可以顺利运行，因此出现了高优先级进程等待较低优先级（此处为中优先级）进程先运行的情形。这种反常情形称为优先级反转问题。优先级反转是一种系统错误，高优先级进程停滞不前，导致系统性能降低。

解决方案有 3 种：临时设置高优先级、继承高优先级、临时使用中断禁止。例如：凡是进入临界区的进程，临时给它高的优先级，使其先执行完，然后把临界区的控制权还回去，离开临界区时再还原低优先级；或者让低优先级进程继承高优先级进程的优先级，先把临界区任务执行完后，再还原原来的低优先级；或者进入临界区的进程先关闭中断，禁止响应中断，直到退出临界区才重新启动中断功能，这样就保护了这个进程不受干扰直到把临界区访问完。

6.5.2 时间片轮转调度算法

1. 算法思想

时间片轮转（Round Robin，RR）调度算法把所有就绪进程按先进先出的原则排成队列。新来进程加到队列末尾。进程以时间片 q 为单位轮流使用 CPU。刚刚运行了一个时间片的进程排到队列末尾，等候下一轮调度。队列逻辑上构成一个环。图 6-2 展示了时间片轮转调度算法的思想。

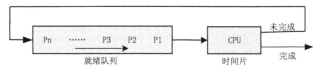

图 6-2 时间片轮转调度算法思想

时间片轮转调度算法由时钟驱动，在周期性的时钟中断中轮流选择队列（逻辑上是环形的，无头无尾）的下一个进程。每个进程具有均等的优先数去获得 CPU。时间片轮转调度算法是分时系统中采用的主要算法，既能实现系统的并发性，又能满足用户的交互需求。

时间片轮转调度是针对就绪队列的，其执行时机主要包括 3 种情况：

（1）发生了时钟中断时间片用完的时候；

（2）进程未用完一个时间片就结束；

（3）进程因为请求 I/O 操作被阻塞。

时间片轮转调度算法的优点是具有公平性和交互性。每个就绪进程有平等机会获得 CPU；每个进程仅需要等待$(N-1)*q$ 的时间就可以再次获得 CPU，其中 N 是就绪进程的数量。

2. 时间片长度的选择

对时间片轮转调度算法，关键在于设计时间片的长度。如果时间片太短，必然会导致时钟中断频繁，进程切换频繁，这会增加系统额外的开销。因此，要避免使用太短的时间片。如果时间片太长，必然会降低系统交互性能，延长系统响应时间。更极端一些，若时间片变得足够长，以致每个进程都能在一个时间片运行完，则时间片轮转调度算法就退化为先来先服务调度算法。

时间片的长短设计也与系统的并发容量有关。如果系统并发进程数量少，可以适当延长时间片，以便提升系统整体性能。

6.5.3 多重时间片轮转调度算法

多重时间片轮转调度算法是时间片轮转调度算法的拓展算法。图 6-3 展示了多重时间片轮转调度算法的原理。

系统中设置多个就绪队列，每个队列对应一个优先级，从下到上各层的优先数依次升高。各个就绪队列所用的时间片不同，高优先级的队列时间片短，低优先级的队列时间片长。通常优先级每提高一级时间片就降低一半。

图 6-3 多重时间片轮转调度算法原理

最下层队列的时间片是最长的，这层甚至可以直接采用先来先服务调度算法，相当于时间片足够大。

各级队列均按先进先出原则排序。新进程进入系统后，先进入最上面第 1 个队列的末尾。如果某个进程在相应的时间片内没有完成工作，则把它移到下一个队列的末尾，直至进入最下面的一个队列。

系统先运行第 1 个队列中的进程；仅当第 1 个队列空后，才运行第 2 个队列中的进程；仅当前面所有的队列为空时，才会运行最后第 N 个队列中的进程。

因为通过组织不同的就绪队列，且优先级和时间片都可以被动态调节，所以，多重时间片轮转算法能适应多种类型的进程调度。

对于偏 CPU 的进程，由于需要长时间占用 CPU，因此，逐渐由最高级队列降到最低级队列。

虽然它的运行优先级降低了，等待时间也被延长了（因为时间片更大了），但是它一旦获得 CPU 就会获得一个更大的时间片来运行。对于偏 I/O 的进程，由于占用 CPU 的时间相对较短，因此能在较高优先级的队列上运行，提高了系统吞吐量，缩短了平均周转时间。

6.6 Linux 进程调度

6.6.1 Linux 调度机制

1．进程调度原理

Linux 进程的优先级由静态优先级和动态优先级两者组成，构成一个全局优先级来满足调度要求。

Linux 进程调度

静态优先级在进程创建时指定，也可以由用户调用 sys_setpriority()函数修改，或者修改进程的 nice 值间接改变静态优先级。Linux 支持 nice（友好）值从 19（最低优先级）到-20（最高优先级）之间变化，默认值为 0。通过 top 命令可以看到当前进程的 nice 值。静态优先级表示该进程可被允许连续运行的最长时间。实时进程采用静态优先级来调度。

动态优先级在进程运行期间可以根据实际并发情况来调整。有一个基本原则就是只要进程占用了 CPU，其动态优先级就随时间的流逝而不断减小，直到 0 为止。进程控制块 task_struct 中的 counter 成员变量表示动态优先级。

Linux 进程调度是基于优先级调度的策略，既支持普通进程，也支持实时进程。内核确保实时进程的优先级高于普通进程，而对普通进程来说也能公平使用 CPU。Linux 中进程分为普通进程和实时进程，Linux 总是优先调度实时进程，以便满足实时进程对响应时间的要求。

2．调度策略

对于普通进程，即分时进程，使用基于动态优先级（SCHED_OTHER）的调度策略，即进程每运行一个时间片，当该时间片结束时，重新计算就绪队列中每个进程的优先级，若其他进程的优先级高于当前进程时，由调度函数调度优先级高的进程执行，而把被抢占的进程保存到就绪队列中等候下一轮调度。

对于实时进程，采用两种调度策略：先进先出（SCHED_FIFO）和时间片轮转（SCHED_RR）。

若采用先进先出策略，当前实时进程会一直占用 CPU 直到退出或阻塞，然后才能调度执行新的进程。当前进程在阻塞时可以执行 sched_yield 系统调用，自愿放弃 CPU，以让权给后来的进程。进程被阻塞后若重新就绪，则被添加到同优先级队列的末尾等待调度。

若采用时间片轮转策略，内核为实时进程分配时间片，在时间片用完时，让下一个进程使用 CPU。

3．进程控制块对调度算法的支持

进程控制块 task_struct 中与进程调度有关的成员变量有 policy、priority、rt_priority、counter 等。

policy：指明进程的调度策略，也用来区分实时进程和普通进程。可取的值有 SCHED_OTHER、SCHED_FIFO、SCHED_RR 等。

priority：指明进程（包括实时和普通进程）的静态优先级。

rt_priority：指明实时进程的优先级。

counter：指明进程在本轮调度中还能连续运行的最大时间片数量。counter 的单位是时钟时间片。可以把 counter 看作进程的动态优先级，具有较高优先级的进程有更大的 counter。counter 的初值等于静态优先级 priority，在进程执行期间，随着占用 CPU 时间的延长而不断减少。当 counter

等于 0 时，表明进程的时间片用完，并在下一轮调度开始时重新设置为初值，并等待调度。counter 是衡量进程权重的重要指标，主要根据如下几种事件而改变。

（1）进程被创建时，counter 取值为父进程 counter 的一半。

（2）进程运行期间，每次发生时钟中断时，counter 值减 1，直至为 0。

（3）若就绪队列中所有进程的 counter 值都为 0，则表明没有进程可供调度了，需要重设所有进程的 counter。例如，counter = counter / 2 + priority 或其他更新方式。

4. 调度函数 schedule()

Linux 进程调度的核心函数是 schedule() 函数。schedule() 函数的作用是实现进程调度，在就绪队列中找到优先级更高的进程并给它分配 CPU。具体来说包括两个过程，一是选择进程，二是切换进程。

（1）选择进程

选择进程主要是扫描就绪队列的所有活动进程，从中选择一个合适的进程。选择进程的依据是采用函数 goodness() 计算每一个就绪进程值得运行的程度，即权值（weight）。调度函数以这个权值作为选择进程的唯一依据。goodness() 在计算进程的权值过程中，确保实时进程的权值要比普通进程大得多。goodness() 计算权值过程会特别考虑的一些因素：上次运行的 CPU 是否就是当前 CPU、此次切换是否需要切换内存、进程的友好值 nice 是多少、进程是否为实时进程等。

如果进程上次运行的 CPU 就是当前 CPU，则权值增加一个常量。这意味着优先考虑不迁移 CPU 的调度，因为此时 Cache 信息还有效。

weight += PROC_CHANGE_PENALTY;

如果此次切换不需要切换内存，譬如，是同一进程的两个线程间的切换，或者是没有 mm 属性的核心线程，则权值加 1，表示稍微优先考虑不切换内存的进程。补充说明：在 task_struct 中 mm 属性指向进程所拥有的内存区域，核心线程没有自主的内存，它们的 mm 指针永远为 NULL。核心线程所使用的内存无论对于哪个进程空间都是一样的，所以也就没有必要切换进程的内存。在调度器中，只要判断 mm 是否为空就能知道该进程是不是核心线程。

weight += 1;

如果进程的用户可见的友好值 nice 越小，则权值越大。

weight += 20 - p->nice;

如果进程是实时进程，以采用 SCHED_FIFO 或 SCHED_RR 调度策略为依据判断进程类别，则实时进程的权值由该进程的 rt_priority 值决定。

weight = 1000 + p->rt_priority;

1000 的基准量使得实时进程的权值比所有非实时进程都要大得多。因此，只要就绪队列中存在实时进程，调度器都将优先满足它的运行需要。

如果权值相同，则选择就绪队列中位于前面的进程投入运行。

除了以上标准值以外，goodness() 还可能返回-1，表示该进程设置了 SCHED_YIELD 位，此时，仅当不存在其他就绪进程时才会选择它。

如果遍历所有就绪进程后，权值全部为 0，表示每个进程的当前时间片都已经用完了，此时将重新计算所有进程（不仅仅是就绪进程）的 counter 值，并重新进行上述选择进程的过程。

不过要注意的是，不同版本的内核计算权值的具体过程和所考虑的因素都可能与上述有细微差别。此外，内核 2.6 版本和更新版本的 Linux 已经放弃 goodness() 函数了，而是采用新的完全公平调度算法，参见 6.6.2 节。

（2）切换进程

切换进程主要是完成当前进程到新进程的上下文切换。上下文包括页全局目录、内核堆栈、

CPU 上下文等。切换页全局目录的目的是更新新的地址空间；切换内核堆栈和 CPU 上下文是因为它们提供了内核执行新进程所需要的信息，包含 CPU 寄存器等。这一步由 switch_to 宏完成。

5. 进程调度方式

Linux 在内核中执行进程调度时有两种方式：非抢占式调度和抢占式调度。图 6-4 展示了非抢占式调度和抢占式调度的对比。对非抢占式调度，高优先级的进程不能中止正在内核中运行的低优先级的进程而抢占 CPU 运行。进程一旦处于核心态，例如用户进程执行系统调用、执行外部中断的中断服务程序等情况，除非进程自愿放弃 CPU，否则该进程将一直运行下去，直至完成或退出内核为止。而抢占式调度则支持在内核抢占低优先级进程的 CPU。内核版本 2.6 之前的 Linux 内核仅支持非抢占式调度，版本 2.6 开始的内核支持抢占式调度。

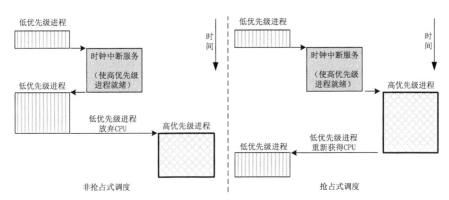

图 6-4 非抢占式调度与抢占式调度对比

时钟中断服务可以使一个高优先级的进程由挂起状态变为就绪状态。但中断服务以后控制权还是回到原来被中断了的那个进程，直到该进程主动放弃 CPU 的使用权，那个高优先级的进程才能获得 CPU 的使用权。

不过需要注意的是，即便是在非抢占式调度中，也会存在低优先级进程主动放弃 CPU 给高优先级进程的情况。这种情形发生在进程在使用了某些系统调用后，如果执行条件不满足就只能放弃 CPU 进入阻塞状态。此时，该系统调用会自动调用 schedule() 函数执行进程调度。

另外，在内核版本 2.6 以前，虽然内核中不可以抢占，但是在用户态下的进程是可以被抢占的。由于系统调用是在用户空间请求的，返回时也要回到用户空间，因此只有在用户态下才会产生进程切换，在内核态下是不会发生进程调度的。这意味着在内核代码执行时不用考虑进程切换的问题，这一点对于系统的设计和实现有着重要的意义。这对操作系统国产化是有启示的，国产操作系统可以在实时性或实时应用场景的适配性等指标上实现自主创新和突破。

6. 进程调度时机

调度的时机是指何时进行重新调度，即重新分配 CPU 资源的问题。Linux 的调度时机主要有以下几种。

（1）当正在执行的进程分到的时间片用完时。此种情况下，调度是由时钟中断引发的。

（2）当前正在 CPU 执行的进程执行 exit() 函数，或因某种原因阻塞而调用 sleep() 函数时。

（3）当进程从系统调用返回到用户态时。在系统调用返回时，一般要用特定的返回函数 ret_from_call()，由此函数检测调度标志 need_resched，若是 1，则启动调度程序。

（4）当中断处理程序返回用户态时。此种情况也是通过执行返回函数检测调度标志的。有时，对于那些要经常响应及及时处理的中断，为了节省开销，并不调用返回函数重新调度，这时直接返回被中断的进程。

（5）直接执行调度函数 schedule()。

6.6.2 完全公平调度算法

1. 按权重分配运行时间

Linux 进程调度在内核 2.5 版本之前采用传统的 UNIX 调度算法，算法没有考虑 SMP（Symmetrical Multi-Processing，对称多处理机）系统，当有大量的可运行进程时，系统性能表现欠佳。在内核 2.5 版本中，开始对 SMP 系统进行支持，采用称为 $O(1)$ 的调度算法，实现了调度时间为常量，且与系统内任务数量无关的效果。但是 $O(1)$ 调度算法对桌面计算机系统上的交互进程的响应时间却欠佳。在内核 2.6 版本中采用完全公平调度（Complete Fair Schedular，CFS）算法，并被设置为默认的调度算法。

完全公平调度算法思路很简单，就是根据各个进程的权重分配运行时间。进程的运行时间计算公式为：

$$分配给进程的运行时间 = 调度周期 \times \frac{进程权重}{所有进程权重之和}$$

其中，调度周期是指让所有处于 TASK_RUNNING 的进程都调度运行一次所花的时间和。例如，系统中现在有 3 个进程 A、B、C，权重分别为 1、2、2。假设调度周期为 100ms，那么分配给 A 的 CPU 时间为 20ms：

$$分配给进程 A 的运行时间 = 100ms \times \frac{1}{1+2+2}$$

同理，可以计算分配给进程 B 和进程 C 的时间分别是 40ms 和 40ms。这些时间意味着进程 A、进程 B、进程 C 在这一轮调度中将分别运行 20ms、40ms 和 40ms。

2. 友好值

CFS 算法中，每个进程分配多少运行时间归根到底是根据进程控制块中一个称为友好值 nice 的变量来计算的。前述进程的权重跟进程 nice 值之间有一一对应的关系，可以通过全局数组 prio_to_weight 来转换。nice 值越大，权重越低。

友好值 nice 的范围从 -20 到 +19，数值较低的表示有较高的相对优先级，权重较高。具有较低 nice 值的进程，与具有较高 nice 值的进程相比，会得到更长的 CPU 处理时间。进程默认的 nice 值为 0。

3. 虚拟运行时间

进程的运行时间用 Virtual Run Time（vruntime, 虚拟运行时间）来记录，它记录着进程已经运行的时间，但是并不是直接记录，而是根据进程的权重将实际运行时间进行了一个等比缩放。实际运行时间到虚拟运行时间的换算公式为：

$$虚拟运行时间 = 实际运行时间 \times \frac{参照权重}{进程权重}$$

其中，参照权重是指 nice 值为 0 的进程的权重，可以认为这是一个确定的值。所有的进程都以 nice 为 0 的进程的权重作为基准，计算自己的虚拟运行时间和它的增长速度。

对于前面提到的 3 个进程 A、B、C 的例子，进程 B 的权重是进程 A 的 2 倍，那么进程 B 的虚拟运行时间增长速度只有 A 的一半。如果进程的实际运行时间是一样的，权重小的进程将增长得多，权重大的进程将增长得少。

4. 调度过程

公平调度的思想是确保所有进程的虚拟运行时间的增长速度在宏观上应该是相同的。公平调度算法选择虚拟运行时间最小的进程作为下一个要运行的进程。一个进程的虚拟运行时间较小，就说明它累计占用的 CPU 时间较短，受到了"不公平"的对待，因此下一个运行进程就要选择它。

这样既能公平选择进程，又能保证高优先级进程获得较多的运行时间。

如果一个具有默认 nice 值为 0 的进程运行了 200ms，则它的虚拟运行时间也为 200ms；如果一个具有更大 nice 值（较低优先级）的进程运行了 200ms，则它的虚拟运行时间将大于 200ms，如果一个具有更小 nice 值（较高优先级）的进程运行 200ms，则它的虚拟运行时间将小于 200ms。因此，当决定下一步运行哪个进程时，调度程序当然会选择具有最小虚拟运行时间的任务。在操作系统中维护了红黑树，红黑树就是平衡二叉树，红黑树上面挂了很多进程，最左边的进程就是虚拟运行时间最少的进程，所以操作系统选取的下一个进程就是红黑树上最左侧的进程。此外，当一个具有更高优先级的进程变成就绪态，就会立刻抢占低优先级进程。

假设有两个进程，它们具有相同的 nice 值。一个进程是偏 I/O 进程，而另一个是偏 CPU 进程。通常，偏 I/O 进程在运行很短时间后就会被阻塞以便等待更多的 I/O；而偏 CPU 进程只要有在 CPU 上运行的机会，就会用完它的时间片。因此，对偏 I/O 进程来说，其虚拟运行时间概率上将会小于偏 CPU 进程，从而使得偏 I/O 进程具有更大的可能性获得 CPU。显然，这是合理的结果。另外，如果偏 CPU 进程正在运行，而偏 I/O 进程已经获得 I/O 资源，则可以抢占偏 CPU 进程。

6.7 Linux 进程调度实现

6.7.1 Linux 0.12 进程调度策略

一个良好的调度算法应该尽快结束任务，即平均周转时间尽量短，同时具有良好的响应性能，即用户操作尽快响应。短作业优先调度策略和轮转调度策略是两种最基础的调度策略。短作业优先调度策略可以达到减少平均周转时间的目的，其缺点是可能会造成某些进程出现饥饿现象。轮转调度策略的优点在于通过设置合理的时间片大小，就能有效地缩短响应时间，提高响应性能。两种基本调度策略都无法单独完美地解决前台与后台的矛盾，前台需要缩短响应时间，后台需要缩短平均周转时间。

Linux 0.11/0.12 没有划分出实时进程，实际采用了 6.6 节介绍的动态优先级调度策略。该策略基于时间片和优先级排队，通过为短作业设置较高优先级，较好地平衡了前后台两类进程的运行需求。

Linux 0.12 的调度策略总体如下：调度程序会扫描任务数组，从中选择时间片 counter 最大的就绪态（TASK_RUNNING）进程，并切换到该进程运行。如果所有处于就绪态的进程的时间片都已用完，调度程序就会根据每个进程的 priority 字段，对所有进程重新计算时间片 counter = counter/2 + priority，然后重复上述过程重新调度。

如果没有找到可运行的进程，调度程序会调度执行进程 0。进程 0 是一个 idle 进程，会调用 pause()以再次调用 schedule()来寻找可调度的进程。

代码 6-1 展示了 Linux 0.12 中进程调度的实现。该段代码主要做 3 件事情：首先，遍历全部进程将当前时刻已满足运行条件但尚未就绪的进程设置为就绪状态；其次，遍历所有就绪进程，挑选出其中优先级（以 counter 计）最高的进程；最后，切换到优先级最高的进程。

第 5～14 行通过 for 循环遍历全部进程，将可以进入就绪状态的进程设置为就绪状态。首先，检查进程有没有被设置定时器且定的时间已到的进程。若有，则先将其定时器取消。然后，检查有没有已经收到信号且其状态属于可中断阻塞的进程。若有，则将其状态设置为就绪状态。

第 15～31 行通过外层 while 循环来挑选一个准备切换的进程。第 20～25 行的 while 循环用于挑选全部进程中动态优先级（以 counter 计）最高的进程，挑选的结果是进程 next 被选中，其优先级是 c。

```
1    void schedule(void)
2    {
3        int i,next,c;
4        struct task_struct ** p;
5        for(p = &LAST_TASK ; p > &FIRST_TASK ; --p)
6            if (*p) {
7                if ((*p)->alarm && (*p)->alarm < jiffies) {
8                    (*p)->signal |= (1<<(SIGALRM-1));
9                    (*p)->alarm = 0;
10               }
11               if (((*p)->signal & ~(_BLOCKABLE & (*p)->blocked)) &&
12                   (*p)->state==TASK_INTERRUPTIBLE)
13                   (*p)->state=TASK_RUNNING;
14           }
15       while (1) {
16           c = -1;
17           next = 0;
18           i = NR_TASKS;
19           p = &task[NR_TASKS];
20           while (--i) {
21               if (!*--p)
22                   continue;
23               if ((*p)->state == TASK_RUNNING && (*p)->counter > c)
24                   c = (*p)->counter, next = i;
25           }
26           if (c) break;
27           for(p = &LAST_TASK ; p > &FIRST_TASK ; --p)
28               if (*p)
29                   (*p)->counter = ((*p)->counter >> 1) +
30                       (*p)->priority;
31       }
32       switch_to(next);
33   }
```

代码 6-1　Linux 0.12 进程调度实现

　　如果所有就绪进程的时间片都已用完，则通过第 27～30 行的 while 循环重新设置全部进程的优先级。从重置优先级的计算公式（counter = counter >> 1 + priority）中可以看到，当前依然处于阻塞状态的进程，现在获得了比处于就绪态（TASK_RUNNING）的进程更高的优先级，因为它们都被多加了一个（counter >> 1）项。显然，阻塞越久的进程会获得越大的优先级。这种微调优先级的处理方式是有意义的，可以一定程度缓解前台进程和后台进程的调度矛盾。

　　所有进程的优先级被更新后，进入下一次外层循环来重新寻找优先级最高的进程 next。找到后通过第 26 行跳出外层循环，然后在第 32 行通过 switch_to() 完成进程切换。宏 switch_to() 将在6.7.2 节中具体分析。

　　需要注意的是，Linux 中任务 0 是个闲置（idle）任务，只有当系统中没有其他任务可以运行时才调用它。任务 0 不能被终止，也不睡眠，即任务 0 中的状态信息（state）是从来不会用。在第 17 行 next 被初始化为 0，若系统中没有任何其他任务可运行时，则 next 始终为 0。因此，调度函数会在系统空闲时去执行任务 0，此时任务 0 执行 pause() 以再次调用 schedule() 来寻找可调度的进程。

　　Linux 0.12 的进程调度结合了时间片和优先级，通过为短作业设置较高的静态优先级，能够同时让平均周转时间和响应时间尽可能地短，较好地化解了前台和后台的矛盾，是一个能够应用于实践的优秀算法。

6.7.2　Linux 0.12 进程切换过程

　　上一节详细分析了 Linux 0.12 的调度策略及调度函数 schedule() 的实现，schedule() 函数的主要作用是根据调度策略选中一个合适的进程，并调用宏函数 switch_to() 来完成进程切换。本节将具体分析 Linux 0.12 完成进程切换的具体过程。

　　Linux 0.12 的进程切换也叫任务切换，采用宏 switch_to() 来实现。进程切换前首先判断需要切换进来的新进程是否是当前进程。如果是，则什么都不做，直接返回；如果不是，则进行进程切换。

　　代码 6-2 是 Linux 0.12 实现进程切换宏 switch_to() 的实现，其中的参数 n 是将要切换进来的新进程的任务号。

```
1   #define switch_to(n) {\
2   struct {long a,b;} __tmp; \
3   __asm__ ("cmpl %%ecx,_current\n\t" \
4       "je 1f\n\t" \
5       "movw %%dx,%1\n\t" \
6       "xchgl %%ecx,_current\n\t" \
7       "ljmp %0\n\t" \
8       "cmpl %%ecx,_last_task_used_math\n\t" \
9       "jne 1f\n\t" \
10      "clts\n" \
11      "1:" \
12      ::"m" (*&__tmp.a),"m" (*&__tmp.b), \
13      "d" (_TSS(n)),"c" ((long) task[n])); \
14  }
```

代码 6-2   Linux 0.12 进程切换实现

第 2 行，定义了一个结构体__tmp，其中包含 2 个 long 类型成员变量 a、b，分别记录新任务的偏移值和段选择子（注意：CPU 当前显然是在保护模式下工作）。

接下来是一条内联汇编语句。第 3、4 行，比较将切换进来的新进程与现在的旧进程是否是同一进程，即比较 task[n] 与 current，其中 task[n] 是要切换进来的新进程，current 是当前正运行的要切换走的旧进程。如果要切换进来的新进程就是当前进程，则跳到第 11 行的标号 1，马上结束，什么也不做，否则继续执行第 5 行的代码。

第 5 行，将新进程 task[n] 的任务栈段 TSS 段选择子赋值给__tmp.b。这里要注意进程 n 的 TSS 选择子的计算方式_TSS(n)：

```
#define FIRST_TSS_ENTRY  4
#define _TSS(n)   (((((unsigned long) n) << 4) + (FIRST_TSS_ENTRY << 3))
```

要理解 TSS 段选择子的计算，需要知道 GDT 中各描述符的组织结构和 TSS 段选择子的结构。图 6-5 是 Linux 0.12 定义的 GDT 布局，从中可以看到，第 0~3 个描述符依次是 NULL 描述符、代码段描述符 code segment、数据段描述符 data segment、系统调用表段描述符 syscall。从第 4 个描述符开始，每 2 个描述符为一组，依次是进程 0、进程 1、……、进程 N 的任务状态段描述符 $TSSn$ 和局部描述符表段描述符 LDTn。

__TSS(n)宏可以获得进程 n 的任务栈段描述符的段选择子。该宏中引用的宏 FIRST_TSS_ENTRY 为 4，是指首个 TSS 描述符放在 GDT 的第 4 项。

第 6 行，交换两个操作数的值，即将 current 变量（保存当前进程）与 ECX（保存新进程 task[n]）进行交换。现在 current 已经是新进程 task[n] 了，而 ECX 中是旧的进程。

第 7 行，执行长跳转 ljmp 指令完成任务切换。ljmp 长跳转的目

局部描述符表LDT$_n$描述符
任务状态栈TSS$_n$描述符
……
局部描述符表LDT$_1$描述符
任务状态栈TSS$_1$描述符
局部描述符表LDT$_0$描述符
任务状态栈TSS$_0$描述符
系统调用表描述符
数据段Data描述符
代码段Code描述符
NULL

图 6-5   GDT 布局

的地址是*&tmp（汇编源程序中表现的地址是*&tmp.a，实际是一样的作用）。ljmp 指令只需要用到其中的 6 个字节，成员&tmp.a 为 4 字节偏移值（值为 0），成员&tmp.b 的低 2 字节在第 5 行已经被赋值为要切换进来的新进程的 TSS 段选择子。该长跳转指令相当于 Intel 汇编法的 jmp CS:IP 指令，即：

```
jmp far __tmp.b : __tmp.a
```

其中，IP = __tmp.a，CS = __tmp.b

当 ljmp 指令（或 Intel jmp 指令）识别到段选择子指示一个可用的 TSS 描述符时，将进行进程切换，此时操作数的段偏移值是无用的，EIP 将从 TSS 中取到。CPU 得到 TSS 描述符后，就会将其加载到任务寄存器 TR 中，然后根据 TSS 的内容恢复进程的上下文信息，就可以完成进程的切换。

在新进程切入的同时，旧进程的上下文信息当然会被保存到旧进程的任务状态段中。因此，

当刚被切换走的旧进程有机会再次被切换回来继续运行时，它将从第 8 行开始继续执行。

第 8～10 行是判断原进程上次是否使用过协处理器。若是，则用 clts 指令清除寄存器 CR0 的 TS 标志。最终返回到调用该宏的位置继续执行原进程。

从代码 6-2 中可以看出，只有调用了 switch_to() 后才能发生进程切换。因此当进程再次被换入执行后，都是从 switch_to() 中 ljmp 指令的后一条语句，即第 8 行开始执行的，而这时进程处于内核态。因此，一个进程从就绪态再次进入运行态时都属于内核运行态。但有一个例外是在进程创建后第一次被调度执行。进程被 fork() 函数创建时，会把父进程的原 CS、原 EIP 当作初始的 CS、EIP，所以，子进程第一次被调度运行时，从就绪态进入的是用户态。但在这以后，再从就绪态进入运行态时都将处于内核运行态。

Linux 0.12 的任务切换宏函数 switch_to() 所做的核心工作是执行长跳转指令，而 TR、LDTR 寄存器的切换，以及旧进程保存现场和新进程现场还原等工作都是交由硬件自动完成的。内核通过在调度函数 schedule() 中调用宏函数 switch_to()，完成了进程的调度与切换工作。

6.7.3　Linux 0.12 进程调度时机

前面已经介绍了 Linux 0.12 进程调度的实现，接下来将分析 Linux 0.12 中进程调度的时机，即内核在什么情况下会调用进程调度函数 schedule()。

Linux 0.12 定义的进程状态有 5 种，在 sched.c 第 19 行处定义了状态的标识：

```
#define TASK_RUNNING       0  // 在运行或可被运行状态
#define TASK_INTERRUPTIBLE     1  //可被中断阻塞状态
#define TASK_UNINTERRUPTIBLE    2  //不可中断阻塞状态
#define TASK_ZOMBIE    3  //僵死状态
#define TASK_STOPPED    4  //停止状态
```

在 Linux 的代码中，没有区分就绪态和运行态，统一叫作可运行态 TASK_RUNNING。实际上，只有真正在 CPU 上运行的那个唯一的进程属于运行态（可以区分用户态下的运行和内核态下的运行两种情况），而其余已经具备运行条件的进程处于就绪态，且构成一个就绪队列等待调度。

当前占用 CPU 的进程只有调用了 schedule() 函数后，才可能会从运行态进入就绪态。schedule() 函数按照一定的策略从处于 TASK_RUNNING（包括用户运行态、内核运行态和就绪态）的进程中选出一个进程，然后切换到该进程去执行。这时被选中的进程进入运行态，开始使用 CPU 资源。

Linux 0.12 会在 3 种情况下调用 schedule() 函数进行进程调度：

（1）时钟中断处理中发现时间片用完且处于用户态时；

（2）系统调用时相应的处理函数返回后；

（3）睡眠函数 sleep_on() 内。

第一种情况发生在用户态。当时钟中断产生时，如果进程运行在用户态并且时间片用完，中断处理函数 do_timer() 会调用 schedule() 函数，这相当于用户态的运行被抢占了。如果进程处在内核态时发生时钟中断，do_timer() 函数不会调用 schedule() 函数，也就是说内核态是不能被抢占的。

当一个进程运行在内核态，除非它自愿调用 schedule() 函数而放弃 CPU 的使用权，否则它将永远占用 CPU。由于 schedule() 是内核函数，用户程序不能调用，因此在时钟中断过程中调用 schedule() 是必要的，这样可保证用户态的程序不会独占 CPU。

这种情况的详细调度过程具体见 6.7.4 节。

第二种情况是为了在内核态进行进程调度。应用程序一般通过系统调用进入内核态，因此 Linux 0.12 在系统调用处理函数 sys_XXXX() 结束后，int 0x80 中断处理函数会检查当前进程的剩余时间片和状态，如果时间片用完或状态不是 TASK_RUNNING 就会调用 schedule() 函数。这时相当于进程在内核态主动放弃了对 CPU 的占用。

比较第一和第二两种情况，可以看出 Linux 保证了用户态的进程不会独占 CPU，但是不能保证内核态进程也不会独占 CPU。从这里也可以看出该版本内核的不足，如果某个系统调用处理函数或者中断异常处理函数永远不退出，比如进入死循环或者等待其他资源，整个系统都将死锁，任何进程都无法运行。关于 Linux 不同内核版本的内核抢占见 6.7.6 节的介绍。

第三种情况将在 6.7.5 节中讨论。当进程等待的资源还不可用时，它将调用睡眠函数 sleep_on() 进入阻塞态，并且在其中调用 schedule() 让出处理器资源。

6.7.4 Linux 0.12 基于时钟中断的进程调度

在 6.7.3 节中研究了 Linux 0.12 的进程调度时机，包括 3 种情况：（1）时钟中断处理中发现时间片用完且处于用户态时；（2）系统调用时相应的 sys_XXXX 处理函数返回后；（3）睡眠函数内。本节重点介绍第一种情况，在时钟中断的过程中进行进程调度。

Linux 0.12 中执行进程调度的基本流程是时钟中断，属于内核不可抢占型调度方式。时钟中断是系统中调度和抢占的主要驱动因素，在时钟中断中会进行进程运行时间的更新等，并更新调度标志，以决定是否进行调度。基于时钟中断的进程调度主要流程如下。

首先，内核通过 sched_init() 函数完成时钟中断进行调度管理的初始化工作。该函数在后半部分完成了时钟调度管理的初始化工作。此外，该函数也在前半部分完成与调度管理无直接关系的初始化工作，包括初始化全局描述符表、初始化任务 0 的任务状态段描述符和局部描述符表段描述符，设置系统调用相关的中断门等。

其次，通过时钟中断处理函数 _timer_interrupt() 完成进程选择和切换。该函数中调用了 do_timer() 函数、schedule() 函数和 switch_to() 宏。其中的调用关系如下：

```
_timer_interrupt()
{
    ……
    do_timer()
    {
        ……
        schedule()
        {
            ……
            switch_to();
        }
    }
}
```

下面分别分析调度管理初始化函数 sched_init()、时钟中断处理函数 _timer_interrupt() 和时钟中断 C 处理函数 do_timer() 等 3 种关键函数的实现过程。

1. 调度管理初始化函数 sched_init()

sched_init() 函数的实现，参考代码 6-3。

第 8、9 行，初始化进程 0（任务 0）的任务状态段描述符和局部描述符表描述符。Linux 0.12 定义的 GDT 布局参考图 6-5，第 4、5（从 0 算起）两个描述符是进程 0 的任务栈段描述符 TSS_0 和局部描述符表段描述符 LDT_0。其中，set_tss_desc() 和 set_ldt_desc() 是两个宏函数，它们的作用是把 GDT 中指定位置的某个描述符进行初始化，逐字节或域设置描述符。

第 10～17 行，通过 for 循环初始化任务相关的数据结构。在第 12 行，先将所有任务（任务 0 除外）的句柄清零。然后，在第 13 和第 15 行分别将 GDT 中任务 0 后的所有任务的任务状态段描述符和局部描述符表段描述符的内容清除。

```
1   void sched_init(void)
2  {
3      int i;
4      struct desc_struct * p;
5
6      if (sizeof(struct sigaction) != 16)
7          panic("Struct sigaction MUST be 16 bytes");
8      set_tss_desc(gdt+FIRST_TSS_ENTRY,&(init_task.task.tss));
9      set_ldt_desc(gdt+FIRST_LDT_ENTRY,&(init_task.task.ldt));
10     p = gdt+ +FIRST_TSS_ENTRY;
11     for(i=1;i<NR_TASKS;i++) {
12         task[i] = NULL;
13         p->a=p->b= ;
14         p++;
15         p->a=p->b=;
16         p++;
17     }
18 /* Clear NT, so that we won't have troubles with that later on */
19     __asm__("pushfl ; andl $0xffffbfff,(%esp) ; popfl");
20     ltr( );
21     lldt( );
22     outb_p(0x36,0x43);              /* binary, mode 3, LSB/MSB, ch 0 */
23     outb_p(LATCH & 0xff , 0x40); /* LSB */
24     outb(LATCH >> 8 , 0x40);       /* MSB */
25     set_intr_gate(0x20,&timer_interrupt);
26     outb(inb_p(0x21)&~0x01,0x21);
27     set_system_gate(0x80,&system_call);
28 }
```

代码 6-3　sched_init ()函数的实现

第 20、21 行，装入任务 0 的任务状态段描述符和局部描述符表段描述符。其中，ltr()和 lldt()两个函数根据传入的任务号参数，计算出该任务的任务状态段描述符和局部描述符表段描述符在 GDT 中的偏移后，分别用 ltr 和 lldt 汇编指令将对应的描述符加载到任务寄存器 TR 和局部描述符表寄存器 LDTR 中。

第 22~24 行，初始化 8253 硬件定时器，使其按频率 100Hz（周期 10ms）发出时钟中断。宏 LATCH 是定时器的计数初值：

```
#define HZ 100
#define LATCH (1193180/HZ)
```

需要注意，8253 芯片的输入时钟频率必须是 1.193180MHz，才能使用上述宏定义确保时钟中断频率是 100Hz。如果输入时钟频率有变化，则必须改变 LATCH 的定义，才能确保获得指定的中断频率。

第 25 行，设置时钟中断（中断号是 20h，硬件决定了该中断的中断号）的中断服务程序，即用 set_intr_gate()宏在 IDT 中设置相应的中断门类型的门描述符，该门描述符指向相应的中断服务程序_timer_interrupt()。_timer_interrupt()函数的具体实现见后文。

第 27 行，设置系统调用（使用 80h 中断）相关的中断服务程序。系统调用对应的中断服务程序是 system_call()函数，通过任务门进入，这一点与普通的中断服务程序采用中断门方式进入有区别。宏 set_system_gate()的作用就是在 IDT 中为 80 号中断设置一个调用门类型的门描述符，该描述符引用了 system_call()函数。宏 set_system_gate()与第 25 行引用的宏 set_intr_gate()基本相同，仅仅是门的类型参数不同而已。下面列出了与中断描述符表 IDT 的设置有关的 3 个宏，分别是 set_intr_gate()、set_trap_gate()和 set_system_gate()，分别设置中断门、异常门和调用门。

```
#define set_intr_gate(n,addr)     _set_gate (&idt[n],14,0,addr)
#define set_trap_gate(n,addr)     _set_gate (&idt[n],15,0,addr)
#define set_system_gate(n,addr)   _set_gate (&idt[n],15,3,addr)
```

2.　时钟中断处理函数_timer_interrupt()

_timer_interrupt()函数的实现，参考代码 6-4。该函数实际是时钟中断的中断处理程序。中断频率已经被设置为 100Hz。

第 2~8 行，将 DS、ES、FS、EDX、ECX、EBX、EAX 等寄存器压入堆栈，保存现场。

第 9~11 行，设置 DS 和 ES 两个段寄存器，让其指向内核数据段（对应的段选择子为 0x10）。

第 14 行，将时钟滴答数增加 1。_jiffies（或 jiffies）是指从开机开始算起的滴答数（10ms/滴答）。

```
1  _timer_interrupt:
2      push %ds          # save ds,es and put kernel data space
3      push %es          # into them. %fs is used by _system_call
4      push %fs
5      pushl %edx        # we save %eax,%ecx,%edx as gcc doesn't
6      pushl %ecx        # save those across function calls. %ebx
7      pushl %ebx        # is saved as we use that in ret_sys_call
8      pushl %eax
9      movl $0x10,%eax
10     mov %ax,%ds
11     mov %ax,%es
12     movl $0x17,%eax
13     mov %ax,%fs
14     incl _jiffies
15     movb $0x20,%al    # EOI to interrupt controller #1
16     outb %al,$0x20
17     movl CS(%esp),%eax
18     andl $3,%eax      # %eax is CPL (0 or 3, 0=supervisor)
19     pushl %eax
20     call _do_timer    # 'do_timer(long CPL)' does everything from
21     addl $4,%esp      # task switching to accounting ...
22     jmp ret_from_sys_call
```

代码 6-4　_timer_interrupt()函数的实现

第 17～19 行，经过之前多条 PUSH 指令后，堆栈中依次存有 EAX、EBX、ECX、EDX、FS、ES、DS、EIP、CS 等寄存器的旧值。其中 EIP、CS 是中断发生时通过硬件压栈的。第 17 行取出了中断发生前 CS 寄存器的值，也就是代码段选择子。第 17 行出现的变量 CS（不是寄存器 CS）已经在初始化时被定义为 0x20 常数。根据段选择子的结构，取出其中的低 2 位特权级 CPL，赋值给 EAX，并将 EAX（CPL 值）压栈，后面将其当成参数传递给函数 do_timer()使用。

第 20 行，调用时钟中断 C 处理函数 do_timer()来做一些使用 C 语言的中断处理操作。最后，从中断中返回当前任务。

3. 时钟中断 C 处理函数 do_timer()

do_timer()函数的实现，参考代码 6-5。do_timer()函数是时钟中断的 C 语言处理程序，由时钟中断处理函数_timer_interrupt()调用。

```
1  void do_timer(long cpl)
2  {
3      extern int beepcount;              // 扬声器发声滴答数
4      extern void sysbeepstop(void);     // 关闭扬声器
5      if (beepcount)
6          if (!--beepcount)
7              sysbeepstop();
8
9      if (cpl)
10         current->utime++;
11     else
12         current->stime++;
13
14     if (next_timer) {
15         next_timer->jiffies--;
16         while (next_timer && next_timer->jiffies <= 0) {
17             void (*fn)(void);
18
19             fn = next_timer->fn;
20             next_timer->fn = NULL;
21             next_timer = next_timer->next;
22             (fn)();
23         }
24     }
25     if (current_DOR & 0xf0)
26         do_floppy_timer();
27     if ((--current->counter)>0) return;
28     current->counter=0;
29     if (!cpl) return;  // 内核态进程不依赖counter值进行调度
30     schedule();
31 }
```

代码 6-5　do_timer()函数的实现

第 3～7 行，对扬声器发声计时做相应处理，与本节内容无关。

第 9～12 行，根据当前进程的特权级，递增当前进程的用户时间或内核时间。如果当前特权级 cpl 为 0，则将内核代码运行时间 stime 递增，否则递增用户代码运行时间 utime。

第 14～24 行为定时器处理。

第 25、26 行，为软盘处理，与本节内容无关，可以忽略。

第 25～30 行为调度相关处理。第 27 行先递减当前进程时间片 counter，若递减后 counter 仍大于 0 则不需要进行调度，直接返回。第 28 行将递减为负数的时间片修正为 0。第 29 行检查当前进程是否处于内核态，若为内核态则不应调度，因为内核程序不能被抢占，直接返回。执行到第 30 行说明应当重新调度，调用 schedule() 函数执行调度。

6.7.5　Linux 0.12 进程睡眠与唤醒

前面已经分析了进程调度的各种时机，本节继续分析进程睡眠过程中进行进程调度的过程。下面以设备读写请求为例，介绍进程的睡眠与唤醒机制。

当有多个进程去读或写同一个文件时，会被这个文件对应的同一个缓冲区阻塞。内核需要采用合适的方式把这些进程阻塞，同时在必要的时候把被阻塞的进程一一唤醒。实际上，当一个进程所请求的资源正忙或不在内存时，为了不浪费处理器资源应将其切换出去，放在等待队列中；当资源可用时再将其唤醒切换回来运行。进程睡眠函数 sleep_on() 与进程唤醒函数 wake_up() 分别实现了对应的功能。注意，这里唤醒的含义是指将进程置为就绪态（TASK_RUNNING），而不是立刻调度其执行。

1. 等待队列

对于可能会阻塞进程的内核资源，其资源数据结构中都会有一个指向进程（或任务）队列的指针字段，它是等待该资源的进程队列头指针，如文件 inode 结构中的 i_wait 指针、缓冲头结构 buffer_head 中的 buffer_wait 指针等。

buffer_head 的结构定义在/include\linux\fs.h 文件中，具体实现参考代码 6-6。

```
1   struct buffer_head {
2       char * b_data;              /* pointer to data block (1024 bytes) */ //指向实体数据
3       unsigned long b_blocknr;    /* block number */
4       unsigned short b_dev;       /* device (0 = free) */
5       unsigned char b_uptodate;
6       unsigned char b_dirt;       /* 0-clean,1-dirty */
7       unsigned char b_count;      /* users using this block */ //使用这个缓冲区的进程数
8       unsigned char b_lock;       /* 0 - ok, 1 -locked */
9       struct task_struct * b_wait;
10      struct buffer_head * b_prev;
11      struct buffer_head * b_next;
12      struct buffer_head * b_prev_free;
13      struct buffer_head * b_next_free;
14  };
```

代码 6-6　buffer_head 结构体

可以看出 buffer_head 结构体的确有一个字段 b_wait 来标识什么进程被它阻塞了。字段 b_wait 是一个 task_struct *类型的变量。

当这个 buffer 只阻塞一个进程时，buffer_head.b_wait 可以指向整个进程的 task_struct。但是，如果一个 buffer 把多个进程都阻塞了就需要去分析等待队列的形成。

等待队列是在进程睡眠函数 sleep_on() 中隐式地形成的，依赖每一个等待进程中的临时指针变量 tmp 链接起来。当一个进程因为等待某一资源而调用 sleep_on() 时，该资源对应的等待队列头指针*p 指向已经在队列中的任务结构。入队的过程类似头插法，首先令函数 sleep_on() 中的临时变量任务指针 tmp 指向队列头指针所指的原等待任务，而队列头指针*p 则指向此次新入队的等待任务（当前任务）。当向等待队列中插入第三个任务时，会形成如图 6-6 所示的链接关系。

sleep_on() 函数在将当前进程插入等待队列后，会调用 schedule() 调度执行其他进程。进程在被唤醒而重新执行时，会把在它之前入队的一个进程唤醒。所以，进程的等待队列其实是一个后进先出的“队列”，因为总是从队列头部插入进程，也是从头部依次唤醒进程。

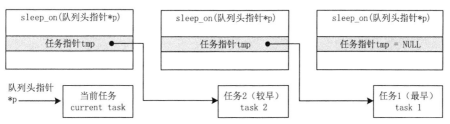

图 6-6　sleep_on()函数形成的进程等待队列

2. 进程睡眠函数 sleep_on()

sleep_on()函数将当前进程置为指定的睡眠状态（可中断或不可中断），并将当前进程插入参数指定的等待队列头部，如代码 6-7 所示。sleep_on()函数的分析需要参考前面等待队列形成的过程。

参数 state 只能是 TASK_UNINTERRUPTIBLE 和 TASK_INTERRUPTIBLE 两者其一，不可中断睡眠状态 TASK_UNINTERRUPTIBLE 的进程只能通过 wake_up()函数唤醒，而可中断睡眠状态 TASK_INTERRUPTIBLE 的进程可以通过信号、任务超时等方法唤醒。wake_up()函数一定会从队列头指针开始唤醒，但是对于可中断睡眠状态的进程的唤醒，可能会出现唤醒队列中间的进程的情况。根据前面对等待队列形成的分析可知，等待队列中的进程应当从头部依次唤醒。所以被唤醒的进程如果发现自己不是等待队列头指针所指进程，会先将自己置为不可中断睡眠状态并唤醒头指针所指进程，重新调度，等待在自己前面的进程来唤醒自己。

```
1   inline void __sleep_on(struct task_struct **p, int state)
2   {
3       struct task_struct *tmp;
4
5       if (!p) return;
6       if (current == &(init_task.task)) {
7           panic("task[0] trying to sleep");
8       }
9       tmp = *p;
10      *p = current;
11      current->state = state;
12  repeat: schedule();
13      /* 唤醒后返回这里 */
14      if (*p && *p != current) {
15          (**p).state = TASK_RUNNING;
16          current->state = TASK_UNINTERRUPTIBLE;
17          goto repeat;
18      }
19      if (!*p) {
20          printk("Warning: *P = NULL\n\r");
21      }
22      if ((*p = tmp)) {
23          tmp->state = 0;
24      }
25  }
```

代码 6-7　sleep_on()函数的实现

第 3～10 行，首先声明用于链接队列元素的临时指针 tmp，然后令 tmp 指向已经在等待队列上的元素*p，并让等待队列头指针*p 指向当前任务，这样就把当前进程插入了指定等待队列。

第 11、12 行，将当前进程置为参数指定的睡眠状态，并调用 schedule()来重新调度。

当该进程被重新唤醒后再次调度执行时，会返回执行后面的语句。所以，第 13 行后是对进程唤醒后的处理。

第 14～18 行，前面分析过可中断睡眠状态的进程的唤醒，可能会出现唤醒了队列中间的进程的情况，所以被唤醒的进程需要先判断自己是不是等待队列头指针所指进程，如果不是则将自己置为不可中断睡眠状态并唤醒头指针所指进程，重新调度，等待在自己前面的进程来唤醒自己。

第 22～24 行，如果当前进程确实是等待队列的第一个进程，则唤醒队列中在自己后面的一个进程（仅置为就绪态，拥有被调度的机会），然后返回到睡眠前的工作中去，即原来因为等待某个内核资源而阻塞，直到现在资源可用了便可以返回工作。

3. 进程唤醒函数 wake_up()

wake_up()函数用于唤醒参数指定的等待队列头指针指向的进程，如代码 6-8 所示。由于新入队的进程是插入队列头部的，因此唤醒的是最后入队的进程。

```
 1        void wake_up(struct task_struct **p)
 2    {
 3        if (p && *p) {
 4            if ((**p).state == TASK_STOPPED) {
 5                printk("wake_up: TASK_STOPPED");
 6            }
 7            if ((**p).state == TASK_ZOMBIE) {
 8                printk("wake_up: TASK_ZOMBIE");
 9            }
10            (**p).state = TASK_RUNNING;
11        }
12    }
```

代码 6-8　wake_up()函数的实现

wake_up()函数除了合法性检查，仅仅做了将头指针指向的进程置为就绪态这一操作，并没有立刻调度其执行。当系统下一次执行 schedule()来重新调度时，被唤醒的进程则有机会被调度执行，并继续唤醒队列后面的进程。这个操作在 sleep_on()中完成，因为睡眠前的进程是在执行 sleep_on()时被切换出去的，被唤醒后会继续执行 sleep_on()的后续代码，该部分完成进程被实际唤醒后的处理，已经在前面做了分析。可见，调用 wake_up()（如 wake_up(&inode->i_wait)、wake_up(&buffer_wait)）之后，在等待队列上睡眠的所有进程都会被唤醒，而且是以一种"链式"的方式依次被唤醒。

4. 进程睡眠唤醒实例

当多个进程读写文件时，内核将请求设备操作的进程阻塞，设备操作完成后又将它们一一唤醒。下面介绍进程请求设备时进程睡眠与唤醒的具体过程。

如代码 6-9 所示，当用户使用 read()系统调用执行读文件请求时，内核逐层调用到 bread()缓冲块读函数，在其中通过 ll_rw_block()底层块读函数调用 make_request()来下达外设请求，接着通过 wait_on_buffer()函数来调用 sleep_on()将当前进程睡眠，重新调度其他进程运行。

外设完成读取操作后会产生硬盘中断，在中断处理程序中会间接地调用 end_request()来结束外设请求，该函数会调用 wake_up()来唤醒请求外设操作的进程。进程被唤醒后处于就绪态 TASK_RUNNING，某个时机内核执行调度程序时，该进程有机会被调度执行，从先前开始睡眠的位置继续执行。此时内核已经准备好了从外设读取的数据，放在缓冲块内，进程唤醒后可以对缓冲块内的数据进行操作了。

通过这样的睡眠机制，可以让进程在内核资源不可用时主动让出处理机，让其他进程先运行，当资源可用时再恢复执行，进而缩短平均周转时间，提高系统的运行效率。

```
 1  sys_read(){
 2      ...
 3      file_read() {
 4          ...
 5          bread() {
 6              ll_rw_block() {
 7                  ...
 8                  make_request()          // 向外设发出请求
 9              }                           // ...
10              wait_on_buffer() {          // 外设处理请求
11                  ...                     // ...
12                  sleep_on(&bh->b_wait) { // 完成后在硬盘中断处理程序中调用
13                      ...                 // end_request() {
14                      bh->b_wait = current; // ......
15                      schedule();         //    unlock_buffer(bh){
16                      //当前进程睡眠       //        wake_up(&bh->wait)
17                      //唤醒后返回这里      // }
18                  }
19              }
20          }
21          //对从外设读来的数据进行处理
22      }
23  }
```

代码 6-9　设备请求调用过程

6.7.6　Linux 内核抢占机制

内核抢占是指当进程处于内核空间时，有一个更高优先级的任务出现时，如果当前内核允许抢占，则可以将当前内核任务挂起，执行优先级更高的进程。

在 Linux 2.5.4 版本之前，Linux 内核是不可抢占的，高优先级的进程不能中止正在内核中运行的低优先级的进程而抢占 CPU 运行。进程一旦处于内核态（例如用户进程执行系统调用），除非进程自愿放弃 CPU，否则该进程将一直运行下去，直至完成或退出内核态。与此相反，一个可抢占的 Linux 内核可以让 Linux 内核如同在用户空间一样允许被抢占。当一个高优先级的进程到达时，不管当前进程处于用户态还是内核态，只要满足抢占条件，允许内核抢占的 Linux 内核都应当调度高优先级的进程运行。

当出现优先级更高的用户进程，且内核进程即将返回用户空间的时候，无论是从中断处理程序还是从系统调用中返回，如果 need_resched 标志被设置，都会导致 schedule()被调用，此时就会发生用户进程抢占内核进程，内核会选择一个其他（更合适的）进程投入运行。简而言之，用户抢占可以在以下两种情况时产生：从系统调用返回用户空间；从中断处理程序返回用户空间。

实现内核的可抢占对 Linux 应用于实时系统具有重要意义。实时系统对响应时间有严格的限定，当一个实时进程被实时设备的硬件中断唤醒后，它应在限定的时间内被调度执行。而非抢占式 Linux 内核不能满足这一要求，不能确定系统在内核中的停留时间。事实上，当内核执行长的系统调用时，实时进程要等到内核中运行的进程退出内核态才能被调度，由此而产生的响应延迟具有不可确定性。这对于那些要求高实时响应的系统是不能接受的。

即便 Linux 自 2.5.4 版本起支持内核抢占，在以下几种情况下内核抢占是不可以执行的。

（1）内核正进行中断处理

在 Linux 内核中进程不能抢占中断（中断只能被其他中断中止、抢占），在中断例程中不允许进行进程调度。进程调度函数 schedule()会对此作出判断，如果是在中断中调用，会打印出错信息。

（2）内核正在进行中断上下文的 Bottom Half（中断的底半部）处理

硬件中断返回前会执行软中断，此时仍然处于中断上下文中。

（3）内核的代码段正持有某些锁而处于保护状态时

当内核的代码段正持有 spinlock 自旋锁、writelock/readlock 读写锁等锁，处于这些锁的保护状态时，不允许执行抢占。内核中这些锁是为了在 SMP（对称多处理器）系统中保证不同 CPU 上运行进程并发执行的正确性。当持有这些锁时，内核进程不应该被抢占，否则将导致其他 CPU 长期不能获得锁而死等。

（4）内核正在执行调度程序 schedule()

抢占的原因就是为了进行新的调度，没有理由将调度程序抢占掉再运行调度程序。

内核抢占可能发生的时机有：

（1）当中断处理程序正在执行，且返回内核空间之前；

（2）当内核代码再一次具有可抢占性的时候，如解锁及使能软中断等；

（3）内核中的任务显式地调用 schedule()调度函数；

（4）内核中的任务阻塞，主动放弃处理器资源。

在较新版本的 Linux 内核中均支持内核抢占，这能够缩短系统的平均响应时间，且让响应时间是可以确定的，使 Linux 可以更好地应用于实时系统。

6.8　本章习题

1. 什么是调度？调度有哪几类？

2. 什么是进程调度?

3. 调度的原则有哪些?

4. 什么是周转时间? 什么是平均周转时间?

5. 什么是带权周转时间? 什么是平均带权周转时间?

6. 进程调度的功能是什么?

7. 列举进程调度的主要时机。

8. 什么是非抢占调度方式? 什么是抢占调度方式?

9. 试述先来先服务调度算法的原理和缺点。

10. 试述短作业优先调度算法的原理和缺点。

11. 什么是响应比?

12. 试述响应比高者优先调度算法的原理和特点。

13. 试述优先数高者优先调度算法的原理。

14. 什么是静态优先数? 什么是动态优先数?

15. 试述时间片轮转调度算法的原理。

16. 试述多重时间片轮转调度算法的原理。

第7章
存储管理

存储管理是操作系统的重要组成部分，它既负责管理计算机的主存储器（ROM、RAM 是主要类型，简称主存，又称为内存），还负责管理外存储器（硬盘、软盘是主要类型）。主存储器是 CPU 能够直接存取的空间。本章重点介绍主存管理。根据冯.诺依曼原理，用户的指令和数据必须事先存放在主存储器中，CPU 才可以顺利访问和执行。主存储器的容量相对较小，而且具有数据掉电易失性。存储管理的任务之一是尽可能支持在小内存空间内运行大程序，并能支持更多数量的程序并发执行，提高内存使用率，实现内存安全共享。

7.1 存储管理概述

7.1.1 多级存储体系

理想的存储系统应该具有以下 4 个特点。

（1）容量足够大

存储容量足够大，既能满足大程序的运行需求，也能满足多道程序同时存放在内存的需求。另外，也能满足用户程序在运行过程中对大量内存的动态需求。

存储管理功能（一）

（2）速度足够快

存储设备的存取速度要尽量匹配 CPU 的运行速度，不成为系统运行的瓶颈。CPU 需要访问的指令和数据能尽快由其提供。

（3）信息永久保存

掉电后，用户数据能够永久保存，尤其是大量的用户程序和数据需要永久保存。

（4）廉价

存储设备的位价格便宜，用户可以接受。

用户对存储设备的上述需求是十分理想的，但是在实际中并没有任何一种存储设备能够同时满足以上要求。计算机系统实际的存储体系往往由高速缓存、主存和辅存 3 类不同存储设备组成，如图 7-1 所示。由于 CPU 内部的寄存器也可以暂存数据，因此将寄存器、高速缓存、主存、辅存一并列举出来，从工作原理、存取速度、存储容量等方面做一个比较。

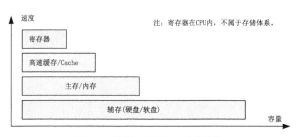

注：寄存器在CPU内，不属于存储体系。

图 7-1　计算机系统的三层存储结构

寄存器位于 CPU 内部，不同架构的 CPU 具有的寄存器数量不同，少则十几个，多则数十个。在指令中可以直接通过名字引用寄存器，也可以间接地引用特定寄存器。寄存器的存取过程不需要通过 CPU 的三组总线，不需要寻址，因此存取速度最快。

内存用来存放程序和数据。CPU 可以执行的指令和访问的数据必须事先存放在内存中。CPU 通过地址总线寻址内存，通过控制总线控制存取过程，通过数据总线完成实际的数据传输。CPU 可按指定地址直接访问任一单元，不需要按某种顺序寻找。因此，内存的存取时间与地址无关。内存的存储容量相对寄存器来说大得多。主流微型计算机的内存通常高达数 GB，甚至数十 GB。内存包括 RAM 和 ROM 两种类型。RAM 容量会更大一些，用户可读可写，但是掉电数据就会丢失。ROM 容量会更小一些，用户只可读，即使掉电数据也可以长期保存。ROM 的主要用途是存放 BIOS 程序。

高速缓存位于 CPU 与内存之间，也有一些 CPU 将其集成在 CPU 芯片之中。高速缓存的存取速度比内存更快，因此可以使用高速缓存存放 CPU 最近频繁使用的指令和数据，提高系统运行效率。由于高速缓存的容量较小，因此，高速缓存中仅复制内存中极少量的数据。合理的缓存更新策略能使高速缓存获得很高的命中效率。

辅存，以硬盘为主，主要用来长期存放程序和数据，既可联机存放，也可以脱机断电存放。硬盘容量很大，单个硬盘容量就可以高达数百 GB 或数 TB。辅存一般都带有文件系统，通过文件系统来存取文件。辅存的另外一个重要作用就是为内存提供交换空间。当内存暂时容纳不了过多的进程数据时，便可将其暂时迁移到辅存存放。对 CPU 来说，辅存属于外部设备，不能直接访问，需要通过接口电路和驱动程序来完成数据传输。大多数具有旋转操作的辅存其存取时间与数据所在位置有关，合理的存取调度策略能获得较高的综合存取效率。

为了在数据存取方式、容量大小、速度快慢、掉电易失性、价格高低等诸多因素中取得平衡点，实际的存储体系由高速缓存、内存和辅存等 3 类不同存储设备组成。高速缓存速度快，用作部分指令和数据的缓存；内存用于存放并发的多个进程的完整指令和数据；辅存用于永久存放系统和用户的程序和数据，并同时为内存提供交换空间。本章介绍三类存储设备的协同工作机制，并以内存为重点。

7.1.2　存储管理的功能

存储管理系统包括 4 个主要功能：地址映射、虚拟存储、内存分配、存储共享和保护。

存储管理功能（二）

1. 地址映射

CPU 要访问的数据都位于内存中某个确定的单元中。CPU 要能正确访问这个单元，必须知道这个单元真实的物理地址。这个地址会被送到 CPU 的地址总线上进行地址译码，以便找到这个单元。程序员在编写程序时所使用的地址或编译器编译出来的地址很可能是虚拟地址。因此，内存管理系统必须在合适的时候将虚拟地址转换为内存物理地址。这个转换过程就是所谓的地址映射。

具体的地址映射方法在 7.2 节讨论。

2. 虚拟存储

在实际应用中，总是会因为程序过大或程序数量过多，导致内存不够，程序无法运行。内存管理系统会借助辅存在逻辑上扩充内存，解决实际内存不足的问题。这种方法对用户和应用程序来说是透明的，用户感觉到"内存足够大"，完全可以顺利运行每一个程序。这种内存利用技术称为虚拟存储技术。

程序在有限的时间段内，需要执行的指令和数据总是很有限的一小部分。如果把这一小部分装入内存，程序也应该可以顺利运行，且能顺利运行一小段时间。

虚拟存储技术正是利用上面的事实，把程序分成很多小段，并逐段装入内存。程序边运行，边将马上要运行的小段从辅存上装入内存，同时将内存中已经运行过的小段直接丢弃或存放回辅存上，以腾空内存。显然，通过这种方式可以确保一个很大的程序也能在较小的内存中顺利运行。

将程序的代码和数据从辅存上装入内存中，称为迁入；反之，将程序代码和数据从内存放回到辅存上，称为迁出。

虚拟存储技术将程序分成小段后，不停地进行迁入和迁出操作，以保证内存能为当前需要运行的小段留出空间。对一个进程来说，短时间内不需要运行的部分往往占大部分，尤其是大进程。因此，虚拟存储技术具有很强的实用性。

虚拟存储技术把内存与辅存有机地结合起来使用，从而使得用户能得到一个容量足够大的"内存"，能运行大的程序和多个程序。

实现虚拟存储的前提有 3 点。

（1）要有足够容量的辅存。辅存需要有足够的容量能存放程序的主体以及内存迁出的代码和数据。

（2）要有适当容量的内存。内存需要满足进程当前运行的一小部分代码和数据的存储需求，通常这个存储需求比较容易满足。

（3）要有高效的地址变换机构。地址变换机构用于实现地址映射，其输入是虚拟地址，输出是物理地址，物理地址直接送到地址总线。

虚拟存储技术利用了程序运行的局部性原理。局部性原理是指程序运行时 CPU 短时间内存取的指令和数据往往聚集在一个较小的连续区域中。程序局部性原理包括时间局部性（Temporal Locality）和空间局部性（Spatial Locality）两个概念。

时间局部性是指一条指令或数据，会在较短时间内被重复访问。例如，循环语句具有较好的时间局部性。

空间局部性是指进程会在较短时间内访问某个内存单元及其邻近的存储单元。例如，顺序程序的执行、数组的访问都具有这样的特性。

程序局部性原理表明程序在有限的时间段内访问的代码和数据往往集中在有限的地址范围内。因此，一般情况下，把程序的一部分装入内存也能在较大概率上保证程序能顺利运行一小段时间。

3. 内存分配

内存分配是指为每道程序分配其必需的内存空间，同时还应尽量减少无法利用的内存零头或者碎片出现，以提高系统内存空间的利用率。内存分配需要解决的问题：空闲内存的管理、空闲区的选择，以及内存现有代码和数据的淘汰等。空闲内存的管理是指对内存所有可用区域的管理，提高分区查找和分配效率。空闲区的选择则是指在满足用户要求的前提下为用户选择合适的空闲区。此外，当内存不够时，还要尝试将内存中现有的代码和数据淘汰或迁出一部分以腾空内存空间。

4. 存储共享和保护

在多道程序设计环境下，内存中的许多用户或系统程序段和数据段可供不同的进程共享，这种共享可大大地提高内存的利用率。内存管理系统应提供合适的方法让相关进程共享同一份代码或数据。在提供共享功能的同时，还要限制各个进程只在自己的存储区活动。各个进程不能越界访问，也不能越权访问，更不能对别的进程的程序和数据造成干扰和破坏。因此，内存管理系统必须对内存中的程序和数据采取保护措施。共享和保护两个问题是同时存在的，两个问题相辅相成。

7.2 地址映射

7.2.1 地址映射的概念

程序员在编写程序时，在程序中直接使用的地址或编译器所产生的地址称为逻辑地址。逻辑地址是虚拟的，它产生的前提是内存是理想的存储空间。理想的含义是指这个存储空间是封闭的、线性的空间。封闭意味着这个空间是进程独占的，线性意味着这个空间的地址从 0 开始，线性递增到最大，对 32 位操作系统来说就是 4GB 的空间。

逻辑地址一般采用相对地址来计数，参考的起始地址是程序的首条指令或数据。当然，程序的首条指令或数据本身的地址可以是 0，也可以是一个指定的、已知的地址基数。逻辑地址也称为虚拟地址、相对地址。

代码 7-1 中的第 3 条指令访问的目的单元的逻辑地址就是 DS:0x1000。该指令的作用是把目的单元 DS:0x1000 中的内容读出来写到 AX 寄存器中。

```
1  MOV   BX,   0x2000
2  MOV   DS,   BX
3  MOV   AX,   [0x1000]
```

代码 7-1 汇编代码中的逻辑地址

地址映射也称为地址重定位、地址转换，是把程序中的逻辑地址（虚地址）变成真实内存中的物理地址（实地址）的过程。

物理地址是内存单元的真实地址，也叫实际地址或绝对地址。

7.2.2 地址映射的方法

根据地址映射的时机，地址映射分为 3 种方式：固定地址映射、静态地址映射和动态地址映射。

1. 固定地址映射

固定地址映射是在编程或者编译时确定虚拟地址和物理地址的映射关系。程序员可以直接在源代码中指定目标数据的物理地址或指令跳转的目标地址的物理地址。源代码中也可以使用变量、标号等，程序编译时由编译器根据一定的语法规则把这些变量和标号转化为确定的物理地址。

代码 7-2 是实模式下初始化中断向量表的代码片段，其中第 168 行和第 169 行涉及的两个目标地址 ES:[BX]与 ES:[BX+2]都可以转化为物理地址。标号 INTX、INT01 和 INT03 指向不同的中断例程，在编译过程中也会被赋予不同的地址值，这些地址也属于物理地址。

```
164           XOR  AX,AX
165           MOV  ES,AX
166
167           XOR  BX,BX
168 NEXTINTS: MOV  WORD ES:[BX], INTX
169           MOV  WORD ES:[BX+ ],
170           ADD  BX,
171           CMP  BX,
172           JNE  NEXTINTS
173
174           MOV  ES:[WORD  ], INT01
175           MOV  ES:[WORD  ], INT03
```

代码 7-2 固定地址映射代码示例

采用固定地址映射方式编译的可执行程序在运行之前必须放在指定的内存区域中。采用固定地址映射方式时，物理内存的分配使用直接由程序员主动控制，一般较多用于实模式编程和小型嵌入式系统开发中。

固定地址映射的缺点有以下几个。

（1）程序加载时必须放在指定的内存区域，容易造成运行失败。

（2）容易产生地址冲突，导致运行失败。

（3）不能适应多道程序编程环境。

2. 静态地址映射

静态地址映射是程序装入时由操作系统完成逻辑地址到物理地址的映射。程序装入内存时被整体装入，占据一片连续的内存空间。

静态地址映射的公式是：

$$MA = BA + VA$$

其中，

MA：程序在内存中的物理地址，Memory Addr。

VA：源程序中的逻辑地址，Virtual Addr。

BA：程序在内存中的装入基址，Base Addr。

譬如，程序装入内存的首地址为 4000，则装配程序就按 MA=4000+VA 对所有虚拟地址 VA 进行修改。如图 7-2 所示，可执行程序中有一条指令访问 VA 单元，指令中的目标地址信息是 VA。当程序被装入内存时，该指令中的目标地址信息被修改为 4000+VA。

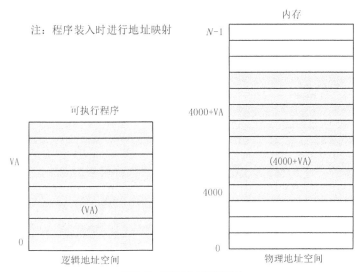

图 7-2　静态地址映射的例子

静态地址映射的特点如下。

（1）程序运行之前确定全部逻辑地址的映射关系。

（2）程序装入后不能再移动。如果必须移动，必须在再次运行之前放回原来位置。

（3）程序在内存中要占用连续的内存空间。

在 Windows 中，PE（Portable Executable）文件是可移植的可执行文件，具有可重定位特性。常见的 EXE、DLL 等扩展名的文件都是 PE 文件。

每个模块（也可能是 EXE 程序）在被编译为 PE 格式的可执行程序时，都有一个优先加载基地址，记这个地址为 ImageBase。ImageBase 值是链接器给出的。因此，链接器生成的指令中的地址是在假设模块被加载到 ImageBase 前提之下生成的。如果模块实际上没有被加载到 ImageBase 地址，那么程序中的指令地址就需要重新定位。为方便描述，记模块的实际加载地址为实际基地址 RealBase。例如：假设一个可执行文件，其 ImageBase 值是 0x400000。在这个映像文件中偏移 0x1234 处是一个指针 P（即地址值 P），指向一个字符串。字符串实际放在起始地址 0x404002 处。所以，指针 P 应该是 0x404002。如果该可执行程序被加载时，由于种种原因，被加载器最终加载到了 0x600000 处。记链接器假设的优先基地址 ImageBase 和实际基地址 RealBase 之间的差为▽，则此处的▽ = 0x200000。那么目标字符串的位置应该修正，修正的方式就是把指针值 P 加▽，即把原来的 P = 0x404002 修正为：

$$P = 0x404002 + \triangledown$$
$$= 0x404002 + 0x200000$$
$$= 0x604002$$

P 被修正为 0x604002 后就能指向目标字符串了。

为了让加载器有这样的能力对所有类似的地址值进行重定位，可执行文件内嵌入有一张表，称之为重定位表（Relocation Table）。重定位表中已经记录了许多个需要重定位的地址值在文件中的存放地址。当程序被装入内存时，一次性地对它们实现地址转换，即把它们都加上▽。

图 7-3 用实例展示 Windows PE 文件中重定位表的工作原理。此例中 PE 文件的优先基地址 ImageBase 假设是 0，实际装入基址 RealBase 是 2000，则▽=2000。重定位表中的 150 表示文件中偏移地址为 150 处的内容 100 为逻辑地址，装入时该逻辑地址 100 要根据实际装入基址 RealBase 修改为 100 +▽，即 100 变成 2100（=100 + 2000）。

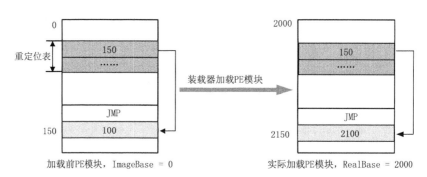

图 7-3　Windows PE 文件中重定位表的工作原理

3. 动态地址映射

动态地址映射是在程序执行过程中把逻辑地址转换为物理地址。当程序运行到一条访问内存的指令时，临时把逻辑地址转化为物理地址。例如执行指令：

```
MOV AX, [500]    ;目标地址是 DS:500 单元
```

假如 DS=0，则目标地址的逻辑地址实际是 0x500，动态地址映射会在执行该指令时临时把 0x500 转化为物理地址。

动态地址映射在把程序装入内存时也是将其整体装入，占据一片连续的内存空间。动态地址映射的公式与静态地址映射一样：

$$MA = BA + VA$$

其中，

MA：程序在内存中的物理地址，Memory Addr。

VA：源程序中的逻辑地址，Virtual Addr。

BA：程序在内存中的装入基址，Base Addr。

观察图 7-4 的例子。程序装入内存的首地址为 4000，则执行每一条访问内存指令时临时将指令内的逻辑地址 VA 按 MA=4000+VA 公式进行修改。

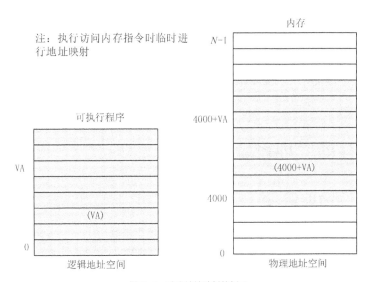

图7-4 动态地址映射的例子

在多道程序系统中，可用的内存空间常常被许多进程共享，程序员编程时事先不可能知道程序执行时的驻留位置，而且必须允许程序因换出或换入而被移动。这些现象表明，操作系统的装载程序没有必要采用静态地址映射，一次性地将所有逻辑地址都修改为正确的物理地址，因为这个程序在运行过程中还有可能被再次移动到别的位置。因此，程序应该采用动态地址映射，在每条指令执行时临时进行地址映射。

动态地址映射必须借助专门的硬件地址转换机构才能实现。最简单的办法是利用重定位寄存器。重定位寄存器的值是由进程调度程序根据进程当前实际分配到的主存空间的起始地址来设定。当轮到执行该进程时，不是直接根据指令中逻辑地址去访问内存，而是将逻辑地址与重定位寄存器中的内容相加后得到的地址作为物理地址去访问内存。图 7-5 展示了带有重定位寄存器的动态地址映射的过程。

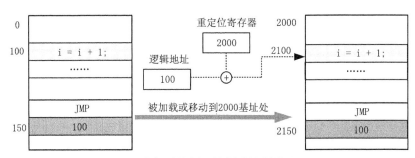

图7-5 带有重定位寄存器的动态地址映射的过程

动态地址映射通过硬件实现，CPU 引用指令内存地址时先进行重定位，再将重定位以后的地址值作为内存的引用地址。进程装入内存时不做任何修改，重定位寄存器作为进程运行现场的一部分。当进程被切出时作为现场数据之一被保存，进程进入运行态时，重定位寄存器要重新恢复。

当程序需要被分成多段放在几个不连续的物理内存区域时，要求编译器能对程序分段编译。在程序被装入内存时或在内存中被移动后，要有办法记住每一段在内存中的存放基址。在执行某一段内的访问内存的指令时采用动态地址映射，所参考的段基址必须是其所在段的段基址。

采用动态地址映射的优点如下。

（1）程序不必存放到一个连续的存储空间中，因而可充分利用较小的区域。

（2）用户程序在执行的过程中可移动，这有利于内存空间的充分利用。

（3）有利于程序和数据的共享。

采用动态地址映射的缺点是硬件复杂，需要专门的内存管理单元（MMU）的支持，另外软件算法相对复杂。

7.3　分区存储管理系统

7.3.1　分区存储的概念

分区存储管理

分区管理把内存划分成若干个大小不等的区域，除操作系统占用一个区域之外，其余分区由多道程序环境下的各并发进程共享。分区管理是满足多道程序设计的一种最简单的存储管理方法。分区存储管理方法主要有单一分区管理、固定分区管理、动态分区管理 3 种方式。

7.3.2　单一分区管理

单一分区管理方式将内存空间分为系统区和用户区，系统区存放操作系统，而用户区不分区，全部归一个用户作业所占用。图 7-6 显示单一分区管理的原理，图中栅栏寄存器记录系统区和用户区分割的界限。在这种管理方式下，任意时刻主存储器中最多只有一道程序，各个作业的程序只能按次序逐个地被装入内存运行。单一分区管理方式也叫不分区管理方式。

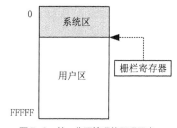

图 7-6　单一分区管理的原理示意

单一分区管理模式仅适用于单用户的情况。在 20 世纪 70 年代，由于小型计算机和微型计算机的主存容量不大，因此，单用户单任务的工作模式十分普遍，单一分区管理模式得到了广泛的应用。IBM7094 的 FORTRAN 监督系统、IBM1130 磁盘监督系统、MIT 兼容分时系统 CTSS 以及微型计算机 Cromemco 的 CDOS 系统、Digital Research 和 Dyhabyte 的 CP/M 系统、DJS0520 的 0520FDOS 等均采用单一分区管理。

单一分区管理系统的地址转换大多采用静态地址映射。程序执行之前由装入程序完成逻辑地址到物理地址的转换工作。具体来说，可设置一个栅栏寄存器用来指出内存中的系统区和用户区的地址界限，如图 7-6 所示。通过装入程序把程序装入从栅栏寄存器指示的界限地址开始的用户区域。由于用户是按逻辑地址（相对地址）来编排程序的，因此，当程序被装入主存时，装入程序必须对它的指令和数据进行重定位。存储保护也是很容易实现的，由装入程序检查其绝对地址是否超过界限地址。一个被装入的程序在执行时，总是在它自己的区域内（整个用户区）进行，而不会破坏系统区的信息。

单一分区管理也可以采用动态地址映射。程序执行过程中，在 CPU 访问内存前，把要访问的程序和数据的逻辑地址转换成物理地址。具体来说，可设置一个重定位寄存器，它既用来指出主存中的系统区和用户区的地址界限（与栅栏寄存器功能相同），又可以作为用户区的基地址。通过装入程序把程序装入从界限地址开始的区域，但此时并不进行地址转换。程序执行过程中动态地将逻辑地址与重定位寄存器中的值相加就可得到绝对地址。

单一分区管理模式原理简单，不需要复杂硬件支持，仅适用于单用户单任务的操作系统。

其缺点是程序运行时要占用整个用户区内存，即便小程序也是如此，因此浪费内存，且设备利用率低。

7.3.3　固定分区管理

固定分区存储管理把用户区内存划分为若干大小不等的分区，供不同程序使用。图 7-7 显示了固定分区存储管理的原理，该示例中用户区内存已经被划分为 4 个分区。

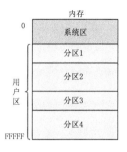
图 7-7　固定分区管理原理

固定分区存储管理的用户区在系统初始化时被分割，一旦初始化完毕，每个区域的位置和大小就被固定下来，系统运行期间不再变化。每个分区的大小可以相同也可以不同。每个分区在任何时刻只装入一道程序执行。支持多个作业同时装入内存，支持它们之间的并发执行。这是能满足多道程序设计需要的最简单的存储管理技术之一。早期的 IBM 操作系统 OS/MFT（Multi programming with a Fixed Number of Tasks）使用了固定分区存储管理。1964 年，IBM 发布 OS/360 支持多道程序，最多可同时运行 15 道程序。为了便于管理，OS/360 把中央存储器划分为多个（最多 15 个）分区，每个程序在一个分区中运行。

固定分区存储管理维护一个内存分配区，记录每个分区的区号、大小、起始位置、占用标志。占用标志用 0 和 1 分别表示分区空闲和已经被占用。图 7-8 展示了一个内存分区和分区表的例子。例子中，用户区被分成 4 个分区，每个分区的大小和起始位置在分区表中有记录，其中分区 1、分区 2、分区 3 分别被程序 A、程序 B 和程序 C 所占用，分区 4 空闲。图中可以看到，分区 2 和分区 3 都没有被程序 B 和程序 C 占满，两个分区中还有不少空间浪费。尤其是分区 3，因为其中的程序 C 比较小，浪费的空间更大。

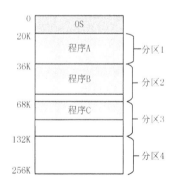

区号	大小	起址	占用标志
分区 1	16K	20K	1
分区 2	32K	36K	1
分区 3	64K	68K	1
分区 4	124K	132K	0

分区表

图 7-8　内存分区和分区表例子

固定分区存储管理的地址映射可以采用静态地址映射方式。操作系统装入程序在进行地址映射的同时检查目标地址是否落在指定的分区中。若是，则把程序装入，否则不能装入，且应归还所分得的分区。

固定分区存储管理的地址映射也可以采用动态地址映射。系统专门设置一对地址寄存器：上限寄存器和下限寄存器。当一个进程被切入占用 CPU 执行时，操作系统就同时从分区表中取出其所占分区的大小和地址，换算成分区的上限地址和下限地址后分别存于上限寄存器和下限寄存器。

系统操作员根据当天作业的情况在操作系统初始化的时候完成内存空间的划分，把主存划分成大小可以不等但位置固定的分区。固定分区存储管理系统的作业进入分区时有两种作业排队策略：一是每个分区维持一个不超过分区大小的作业等待队列；二是全部作业维持一个队列，为每个作业选择一个尽可能小的空闲区。

固定分区存储管理系统比单一分区存储管理系统能获得更好的并发性，也能解决单道批处理系统内存利用率低的问题。在系统中程序的大小、数量和出现顺序都已知的情形下，可以获得较高的内存管理效率。

采用固定分区存储管理的缺点主要有以下几点。

（1）浪费内存。当程序比所在分区小的时候，会浪费内存，这些浪费的内存无法被再次利用。

（2）大程序可能无法运行。当程序比最大的空闲区还要大时，程序无法装入。尽管很多分区还没有被占用，或者有些分区尽管已经被占用但还剩有或多或少的空闲空间，但是这些空闲区和空闲都不能被利用来扩充出一个更大的空闲区。

（3）作业的内存无法被动态扩充。如果一个作业运行中要求动态扩充内存，固定分区是很难实现的。

（4）各分区的作业要共享程序和数据很难实现。

（5）可以并发运行的程序数量受分区数量的限制。

7.3.4 动态分区管理

动态分区管理是在程序装入时创建分区，使分区的大小刚好与程序的大小相等。动态分区管理使得内存分区的大小、位置和数量都是动态的。

系统装入一个作业时，根据作业需要的内存量查看内存中是否有足够的空间。若有，则按需要量分割一个相应大小的分区分配给该作业；若无，则令该作业等待内存空间。图 7-9 展示了一个动态分区的例子。有 4 个程序：程序 1（10KB）、程序 2（8KB）、程序 3（25KB）、程序 4（20KB）被先后提交到系统，动态分区管理系统分别为它们需要的内存大小进行了 4 次分割，使得它们所分得的分区刚好与程序大小一致。

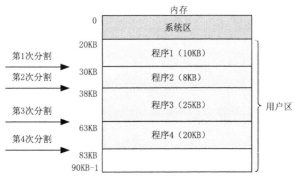

图 7-9 有 4 个程序的动态分区例子

在图 7-9 显示的动态分区的例子中，内存被动态分区后产生如表 7-1 所示的内存分区表，前面 4 个分区被占用，最后 1 个分区是空闲区。

由于分区的大小是按作业的实际需要量来定的，且分区的个数也是可变的，所以，动态分区管理可以较好地避免固定分区方式中的内存空间的浪费，有利于多道程序设计，可实现多个作业对内存的共享，进一步提高了内存资源利用率。使用动态分区存储管理的典型例子是 IBM 在 1967年为 S/360 发布的 OS/360 MVT 操作系统。

表 7-1　动态分区的内存分区表

区号	大小	起址	占用标志
分区 1	10KB	20KB	1
分区 2	8KB	30KB	1
分区 3	25KB	38KB	1
分区 4	20KB	63KB	1
分区 5	7KB	83KB	0

　　在动态分区管理模式下，系统初启后且用户作业尚未装入内存之前，整个用户区是一个大空闲区。随着作业的装入、撤离，内存空间被分成许多个分区，有的分区被作业占用，而有的分区是空闲的。当一个新的作业要求装入时，必须为其找一个足够大的空闲区。如果找到的空闲区大于作业需要量，则作业装入前把这个空闲区分成两部分，一部分分配给作业使用，另一部则自然成为一个更小的空闲区。当一个作业运行结束撤离时，它归还的区域如果与其他空闲区相邻，则应该合成一个较大的空闲区，以便将来大作业的装入。

7.3.5　内存碎片

　　内存碎片是指内存在被反复分割后剩下的一些小空闲区。这些小空闲区由于过小，以致实际上无法被其他任何程序使用，从而成为所谓的"内存碎片"。显然，过多的内存碎片将会降低有效内存空间，降低内存使用率。虽然动态分区比固定分区的内存利用率高，但由于各个进程反复申请和释放内存，在内存中经常会出现大量的、分散的小空闲区。

内存碎片

　　内存碎片可以分成内部碎片和外部碎片。

　　分区内部出现的碎片称作内部碎片。固定分区法很容易产生内部碎片，因为分区内剩下的部分不会再分给其他程序使用，导致该分区的内存出现浪费。有时也可能会因为系统特殊的要求引起内存碎片。例如，系统要求被分配的内存地址必须起始于可被 2、4、8 或 16 整除（视处理器体系结构而定）的地址。假设用户请求 43Byte 的内存块时，因为没有同样大小的分区存在，所以用户可能会获得 44Byte 或 48Byte 或者其他更大一点的分区，由此会在分区之内产生碎片。

　　在所有分区之外新增的碎片称作外部碎片。如在动态分区过程中，由于某个分区被分割，导致剩下的部分很小而无法被实际利用，就形成了外部碎片。

　　一般所谓的碎片问题主要是指外部碎片。解决碎片问题的方法主要有 3 种：内存拼接技术、设置分割门槛、分段装入技术。

1. 内存拼接技术

　　内存拼接的目的是移动内存内容，以便使所有空闲空间移动到一起，最后合并成一整块。不过，实施拼接操作是有一定条件的。如果采用了固定地址映射方法或静态地址映射方法，那么就不能拼接。如果采用了动态地址映射方法，那么就比较方便采用拼接。在这种情况下，可以首先移动程序和数据，然后再根据新的基地址来改变重定位寄存器。最简单的拼接方式是将所有进程移到内存的一端，而将所有的小空闲区移动到内存的另一端，以生成足够大的空闲区。

　　进行拼接的时候，需要关闭系统进行离线拼接，但是这将降低系统的运行效率；另外，拼接后需要重新定义作业，包括修改作业的内存分配参数或重新进行地址映射等操作。

2. 设置分割门槛技术

　　在分割空闲区时，若剩余部分小于门限值，则此空闲区不进行分割，而是全部分配给用户。显然这种分配方式容易造成内部碎片。

3. 分段装入技术

把程序分拆成几个部分以装入不同的分区，以便充分利用碎片。这个方式是通过解除程序必须占用连续内存才能运行的限制，从根本上解决碎片问题的办法。如图 7-10 所示，8KB 的进程被拆分成两块分别装入两个不连续的 4KB 内存碎片中。当然，分段装入的方式必定会要求操作系统能实现相应的地址映射方式，确保程序能正确运行。目前主流操作系统常用这种内存非连续分配的技术，即允许物理空间为非连续的，这样可以尽可能地利用物理内存，提高物理内存使用率。

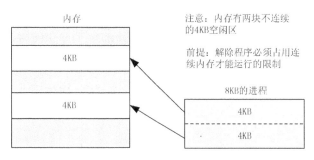

图 7-10　进程被拆分成两块装入不同分区中

7.3.6　分区回收管理

随着内存中各个程序的运行，有些程序会更早地结束，从而释放所占用的分区，归还给系统。

以图 7-9 描述的例子为例，有 4 个程序正在内存中运行，此时内存的分区和占用情况如表 7-1 所示。假如分区 2 中的程序 2 最先结束，其占用的 8KB 内存将会被释放归还给系统，形成新的空闲区。此时分区表应该被更新，如表 7-2 所示。

表 7-2　动态分区的内存分区表

区号	大小	起址	占用标志
分区 1	10KB	20KB	1
分区 2	8KB	30KB	0
分区 3	25KB	38KB	1
分区 4	20KB	63KB	1
分区 5	7KB	83KB	0

另外需要注意，如果程序结束时，其释放的分区与系统现有的空闲区相邻，还需要考虑将待释放的区域（简称释放区）与现有空闲区合并，以便形成更大的空闲区登记在分区表中。假如在表 7-2 所示的分区表的基础上，程序 3 准备结束，其释放的分区 25KB 将与现有空闲区分区 2 合并，形成新的更大的空闲区 33KB。更新后的分区表如表 7-3 所示。

表 7-3　动态分区的内存分区表

区号	大小	起址	占用标志
分区 1	10K	20KB	1
分区 2	33K	30KB	0
分区 3	20K	63KB	1
分区 4	7K	83KB	0

为了方便管理，操作系统还会单独维护一个内存的空闲区表。空闲区表用来记录内存空闲区的位置和大小。与前述的内存分区表相比较，空闲区表仅仅记录内存空闲的分区，方便用户查找和分配所需要的分区。空闲区表是分区表的一部分。图 7-11 展示了内存占用的情况以及对应的空闲区表，该空闲区表记录了内存中两个空闲区的大小和起始地址。

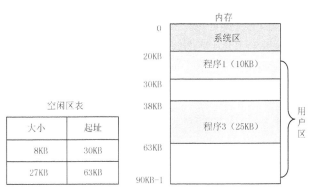

图 7-11　内存占用的情况以及对应的空闲区表

对于空闲区表来说，当分区回收程序回收一个分区时，也应当考虑该分区（即释放区）是否与现有的空闲区相邻。

若释放区不与现有任何空闲区相邻，则把该释放区作为空闲区直接插入空闲表。

若释放区与现有任何空闲区相邻，则要考虑合并的情况。合并时要分 3 种情况。

- 若释放区的低地址端有空闲区，则需要把低地址端的空闲区的记录大小域更新。
- 若释放区的高地址端有空闲区，则需要把高地址端的空闲区的记录地址域和大小域都更新。
- 若释放区的两端都有空闲区，则需要把低地址端的空闲区的记录大小域更新，且同时删除高地址端的空闲区的记录。

空闲区队列是另外一种常见的空闲区管理数据结构，所有空闲区被依次链接起来。

7.3.7　分区分配与放置策略

分区放置策略

分区分配是指选择一个合适的空闲区并从中分割出所需要的大小分配给程序。

分区分配选择空闲区时一般参考空闲区表，通过遍历空闲区表寻找一个大小不低于程序要求的空闲区，然后分配给程序。空闲区表的排序方式影响最终的分区选择结果。空闲区表不同的排序方式表明了系统实施的分区选择策略，这个策略主要取决于空闲区表的排序原则。分区的选择策略也叫放置策略。

根据空闲区表的不同排序原则，放置策略分为首次适应算法、最佳适应算法、最坏适应算法3 种。

1. 首次适应算法

首次适应算法是把空闲区表按空闲区的起址进行递增排序，从排好序的空闲区表中选择第一个大小不低于程序要求的分区，分割出程序要求的大小给用户，剩下的部分依然作为空闲区留在空闲区表中。

首次适应算法会优先利用主存低地址空间的空闲区，尽量保留高地址区域具有较大的空闲区。将来有较大的程序需要运行时，系统有较大可能在高地址区域找到足够大的分区。首次适应算法也会在低地址空间留下较多的小空闲区。

2. 最佳适应算法

最佳适应算法是把空闲区表按空闲区的大小进行递增排序，从排好序的空闲区表中选择第一个大小不低于程序要求的分区，分割出程序要求的大小给用户，剩下的部分依然作为空闲区留在空闲区表中。

最佳适应算法会优先选中满足要求的最小的空闲区，尽量保留较大空闲区。这样，将来有较大的程序需要运行时，系统有很大的可能性可以找到足够大的空闲区。若存在与申请大小相同的空闲区，最佳适应算法必定会将其选中，而首次适应法却不一定。由于最佳适应算法每次都是挑选最小的分区进行分割，显然，该算法很容易让系统中留下大量的微小空闲区，即所谓的内存碎片，无法被再次实际利用。

3. 最坏适应算法

最坏适应算法是把空闲区表按空闲区的大小进行递减排序，从排好序的空闲区表中选择第一个大小不小于程序要求的分区，分割出程序要求的大小给用户，剩下的部分依然作为空闲区留在空闲区表中。

最坏适应算法尽量选择最大的空闲区进行分割，确保被分割之后的分区还是很大，还是能满足大程序的使用需求。最坏适应算法仅需要进行一次查找就可找到所要分区，或者说只要看第一个分区能否满足程序的要求即可。因此，最坏适应算法具有很高的查找效率。

7.4 覆盖和交换

7.4.1 覆盖技术

覆盖（Overlay）技术的目的是实现在较小的内存空间中运行较大的程序。覆盖的基本思路：把程序分成多个模块，考虑到在程序运行的任何一个有限时段内，都只需要少数模块参与其中，因此，程序开始运行时只需要把部分模块装入内存就可以，而不必把全部模块都装入，其他模块等到需要运行时再临时装入，且覆盖在那些暂时已不再运行的模块空间上。通过这种方式可以大大降低对内存的需求。

覆盖技术

用户区的内存被分割为两类分区：常驻区和覆盖区。

常驻区是指被某段单独且固定地占用的区域。用户区可划分出多个常驻区。

覆盖区是指能被不同模块共用的区域，即可以覆盖的区域。用户区可划分出多个覆盖区。

图 7-12 展示了一个仅有 90KB 大小的用户内存被分割为 2 个常驻区和 4 个覆盖区的例子。常驻区的大小分别是 10KB 和 20KB；覆盖区的大小分别是 10KB、10KB、20KB 和 20KB。

图 7-12 用户内存划分为多个常驻区和覆盖区

覆盖技术要求程序员先把程序按一定的调用关系分成若干代码模块或数据模块。覆盖技术将程序被频繁调用的模块，一般是核心模块或共用模块，装入常驻区；而将程序不常用的模块，一般是顶层功能模块，装入覆盖区。程序当前正在运行的模块处于常驻区或覆盖区；而当前不运行的模块放在硬盘的覆盖文件中。随着程序的运行，可能会需要位于硬盘中的模块，这时临时将这个模块装入相应的覆盖区，以覆盖旧的模块，达到节省内存的目的。被装入常驻区的模块不能被覆盖，仅装在覆盖区的模块可以被覆盖。因此在设计程序的段落结构时，要考虑各个模块之间的调用关系或依赖关系，确保共享同一覆盖区的模块是相互并列的关系，而不具有上下层次的调用关系。

图 7-13 展示了一个 190KB 的程序在用户内存仅为 110KB 的系统中利用覆盖技术合理使用内存的例子。用户程序由 A、B、C、D、E 和 F 6 个程序段组成，它们之间的调用关系如箭头所示。20KB 的程序段 A 是程序的基础段；不超过 50KB 的程序段 B、C 属于中间调用层次，相互属于并列模块；不超过 40KB 的程序段 D、E、F 属于上层模块，相互也是并列的模块。不存在调用关系的并列模块可以共享同一个内存区域，占用同一个覆盖区。用户内存已经被划分为 1 个常驻区 20KB，2 个覆盖区分别是 50KB 和 40KB。根据调用关系，可以安排程序段 A 占用常驻区，程序段 B 和 C 共享覆盖区 1，程序段 D、E 和 F 共享覆盖区 2。通过把程序分段，把内存合理分区，可实现在小内存中运行较大程序的目标。

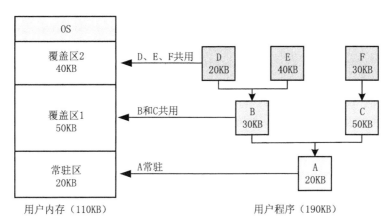

图 7-13 利用覆盖技术在小内存运行较大程序的例子

覆盖技术的缺点有两个。首先，编程复杂。程序员需要根据内存的实际划分情况来划分程序的模块，并确定模块之间的覆盖关系。程序员不仅要考虑模块调用关系，还要考虑模块的大小。其次，覆盖技术在程序执行过程中，把模块从外存装入内存耗时较长，效率较低。

7.4.2　交换技术

在多道程序环境或分时系统中，同时执行好几个作业或进程时，如果让这些等待中的进程继续驻留内存，将会造成内存空间的浪费。因此，合理的做法是把处于等待状态的进程换出内存，为即将运行的进程腾出空间。实现上述目标常用的方法之一就是交换（Swapping）技术，也称对换技术。

交换技术

交换技术的基本思路是：在内存不够时把暂时不运行的进程写到磁盘上，这个操作称为换出或 Swap Out；当磁盘上的某个进程需要继续运行时又将其重新写回内存，称为换入或 Swap In。图 7-14 展示了进程交换的例子。系统中有 2 个进程 A、B。当需要运行进程 A 时，先将进程 B 从内存交换出去以腾出内存，然后将进程 A 从硬盘的交换区换入运行。宏观上，进程 A、B 是并发运行的。

交换技术增加了进程的并发数，实现了在小内存中运行多个程序的目的。交换技术不需要程序员像使用覆盖技术一样考虑程序的结构，程序是作为整体被迁入或迁出的。

例如，有一个采用循环轮转调度法的多道程序环境。当需要进行进程切换的时候，内存管理器将需要切出的进程换出到硬盘，而将需要切入的另一进程换入已经腾空的内存。

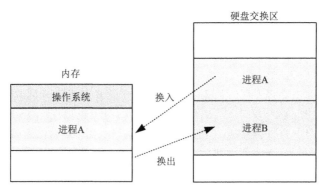

图 7-14　进程交换的例子

交换技术需要解决的一个问题：换入的进程是否必须放到它原来的内存区域中？这个问题的解决取决于系统采用的地址映射方式。如果地址映射方式采用的是固定地址映射或静态地址映射，那么进程换入时就必须放回到原来的位置；如果采用的是动态地址映射，那么进程可以移到不同的地址空间，但是需要重定位寄存器。

交换技术需要使用硬盘上专门划分出来的交换空间存储换出的进程映像。交换空间必须存取速度足够快且空间还必须足够大，以便容纳所有的进程映像。

7.5　页式存储管理系统

前面介绍的分区存储管理方式、覆盖技术、交换技术等都属于物理内存管理技术，实现起来相对较为简单，但是缺陷也都比较明显，包括：不太适合分时系统下多个进程并发、内存利用效率低、共享不方便、安全性和可靠性差等。现代操作系统大多采用虚拟内存管理方式实现内存管理，包括页式存储管理技术和段式存储管理技术等。

7.5.1　页式管理的概念

页式存储管理也是把程序分拆成多个模块以装入不同的内存区域，通过解除程序必须占用连续内存才能运行的限制，实现对内存的有效管理和利用。

页式存储管理把进程空间（虚拟空间）和内存空间都划分成等大的小片，进程的小片称之为页（虚拟页或页面或虚页），内存的小片称之为页框（物理页或块或实页）。图 7-15 展示了页式存储管理的基本原理。页框和页的大小一致，一个进程由多个页构成，内存也被划分为连续的多个页框，页框之间连续无空隙。

页式虚拟内存管理

内存以页框为单位分配使用，进程则以页为单位装入内存，如图 7-15 所示。进程被装入内存的时候只把进程的部分页面装入内存便可运行。进程在内存中占用的多个页框也不必相邻，即逻辑上相邻的页，分配到内存里面，其占用的页框不必连续或相邻。随着进程的运行，进程需要运行新的页面，需要新页时，按需从硬盘调入内存，而把已经在内存中存放的且不再需要运行的页面及时删除，以腾出内存空间。

进程的每个页都有一个唯一编号，叫作页号。页号从 0 开始顺序编号。内存的每个页框也都有唯一编号，叫作页框号，页框号也从 0 开始顺序编号。

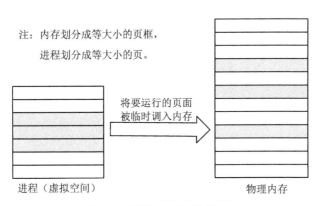

注：内存划分成等大小的页框，
进程划分成等大小的页。

将要运行的页面被临时调入内存

进程（虚拟空间）　　　　　物理内存

图 7-15　页式存储管理的基本原理

页或页框的大小设置是由 CPU 体系结构所决定的，即由硬件决定。对于某种类型的计算机，只能采用一种大小的页面大小。通常，在系统设计时应使页大小比较适中，并取 2 的整数次幂。在实际中，页的大小一般选为 1KB、2KB、4KB 或 16KB。

7.5.2　页面调入策略

在页式系统中，进程被创建的时候往往并不装入内存，而是在进程运行过程中逐步装入所需要的页面，即边运行边装入。具体在何时调入所需要运行的页面取决于所采用的页面调入策略。页面调入策略有两种：预调策略和请求调页策略。

1. 预调策略

预调策略是在页面被需要之前已经被提前调入了内存。进程映像存放在外存中，当调入其中一页时往往会将后续的连续多页一起调入。这样的批量调入显然比每次仅调入一页效率更高。当然，被提前调入的一批页面如果大多数都未被实际访问，那么效率又是很低的。更高级的预调策略应该是通过一定的算法预测即将运行的那些页面，并仅将这些页面提前调入内存。但是这样的预测算法本身很难实现，实践上也尚未实现。

2. 请求调页策略

请求调页策略是指当进程在运行过程中发现所需要访问的页面不在内存时，临时提出调入请求，由内核将所需的页面调入内存。请求调页策略在已经发现页面不在内存，无法继续运行下去时才临时申请调入，且每次请求仅调入一个页面。请求调页策略也简称请调策略。

7.5.3　页式虚拟地址

进程空间的页式虚拟地址是一维线性地址，从 0 开始计算，线性增加。采用页面的概念后，可以通过页式虚拟地址计算出该地址所在页面的页号以及其在页内的偏移地址。

图 7-16 展示了由页式虚拟地址计算页号和页内偏移地址的原理。假如页式虚拟地址 VA 的宽度是 m 位（例如，典型的 m 值为 32），页的大小是 2^nByte（例如，典型的 n 值为 12，即页面大小为 4KB），那么虚拟地址的低 n 位为页内偏移地址，记为 W；而高（$m-n$）位为页号，记为 P。

在已知虚拟地址 VA、地址宽度 m 位、页面大小 2^nByte 的情况下，有两种计算页号 P 和页内偏移地址 W 的方法。

图 7-16　页式虚拟地址分解出页号和页内偏移地址

第一种方式，用位运算计算页号 P 和页内偏移地址 W。

$P = VA >> n$

$W = VA \&\& (2^n - 1)$

第二种方式，用除法计算页号 P 和页内偏移地址 W。

$P = VA / 2^n$

$W = VA - (VA / 2^n \times 2^n)$ 或 $W = VA \% 2^n$

上述两种方法本质上是一样的，仅仅是计算形式和效率不一样。

例：假设现有虚拟地址 VA 是 25000，页面大小 4KB，虚拟地址是 32 位。

则可以计算出：

页号 $P = 25000 / 4096 = 6$

页内偏移 $W = 25000 \% 4096 = 424$

这个例子说明，虚拟地址 25000 位于第 6 页的第 424 个单元。

7.5.4　页面映射表

为了实现页式地址映射，系统建立页面映射表（简称页表），记录进程的页与内存的页框之间的对应关系。页表主要用来记录每一个页面在内存中所占用页框的页框号以及其他一些使用特性，主要的使用特性有信息保护、存取权限等。表 7-4 展示了页表的结构和示例，每条记录主要描述页号、页框号和其他属性。其他属性在后面小节中展开讨论。注意，实际的页表并没有页号这一列，页号实际是页表（数组）的序号或与这个序号有线性对应关系。表中显示，第 0 页占用了内存的第 12 个页框，第 1 页占用内存的第 13 个页框，第 2 页占用内存的第 48 个页框，……

页表和页式地址映射

表 7-4　页表结构和示例

页号	页框号	其他属性
0	12	…
1	13	…
2	48	…
3	49	…
4	33	…
…	…	…

操作系统会为每个进程建立一个页表。页表长度和首址存放在该进程的进程控制块中。当前运行进程的页表必须驻留在内存，页表长度和首址由特殊的寄存器来记录。

一个进程有 4 页，操作系统为其建立的页表中包含 4 条记录，如图 7-17 所示。根据页表可知某一页在内存中所占用的页框。譬如，第 2 页放在第 6 个页框中。

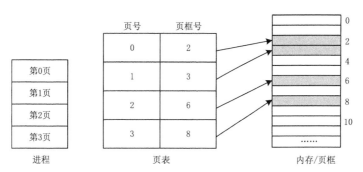

图 7-17 有 4 条记录的页表例子

7.5.5 页式地址映射过程

页式地址映射是指把页式虚拟地址转换为物理内存地址的过程。当进程执行一条访存指令时，指令中的逻辑地址是页式虚拟地址。分页系统的地址变换机构会自动完成地址映射过程。分页系统首先会从页式虚拟地址计算出相应的页号 P 和页内偏移地址 W，其次以页号 P 为索引去检索页表找到页框号 P′，最后通过页框号 P′和页内偏移地址 W 按下面公式计算物理地址 MA。

物理地址 MA = 页框号 P′×页大小 + 页内偏移地址 W

图 7-18 通过一个例子展示了页式虚拟地址的完整的映射过程。进程包含一条访存指令：MOV AX, [2500]，这里为简化起见，假定对应段基址是 0，则指令中的地址 2500 就是页式虚拟地址。页面大小设定为 1024Byte。

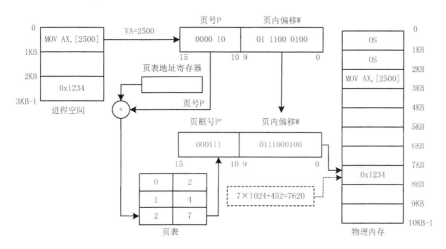

图 7-18 页式虚拟地址映射过程和例子

第一步，从虚拟地址 2500 计算出页号 P 和页内偏移 W。

P= 2500 >> 10 = 2

W = 2500 && $(2^{10}-1)$ = 452

第二步，定位页表。通过页表地址寄存器指示的地址定位到内存中的页表。

第三步，遍历页表，查找页框号。利用页号 P 和页表地址联合定位到相应的页表记录，获得第 2 页对应的页框号 P′=7。

第四步，利用页框号和页内偏移地址联合计算物理地址 MA。计算物理地址的方法有两种，一种是通过位运算，另一种是通过乘法，但是两种方法本质都相同。

MA = (P′<< 10)| W = (7 << 10)| 452 = 7620

MA = (P'* 1024)+ W = (7 * 1024)+ 452 = 7620

虚拟地址 2500 最终对应的物理地址是 7620，此单元正是目标数据所在单元。

页式地址映射本质采用的是动态地址映射。虚拟地址在指令执行时通过查询页表和一系列计算转化为物理地址。

7.5.6 空闲页框管理

页式存储管理以页面为单位来管理内存。进程在运行过程中为其分配页框，甚至需要动态分配一些内存。内存管理系统必须将内存所有的空闲页框管理起来。位图法和空闲页框链表法是典型的空闲页框管理方法。

1. 位图法

在内存中划分一块固定区域，该区域以位（bit）为单位来分析，该区域称为位图。位图中的每一位对应一个页框，相邻的位对应的页框也相邻。如果该页框已被分配，则位图中对应的位置1，否则置0。所以，位图中的 1 表示对应页框被占用了，0 表示页框空闲。一个具有 4096 个页框的内存，其位图就需要占据 4096/8=512Byte 的内存。

图 7-19 显示了一个位图的例子。内存中有 3 个进程 A、B、C，各自占用内存前 16 个页框中的一些页框。内存中还有一些页框空闲。位图的前 2 个字节表示了前 16 个页框的占用和空闲情况，1 表示对应页框已被占用，0 表示对应页框空闲。

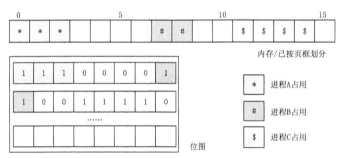

图 7-19　利用位图表示空闲页框的例子

位图法的缺点是搜索目标区域效率较低。当把一个需要请求 n 个页框的进程调入内存时，内存管理系统必须搜索位图，在位图中查找有 n 个连续为 0 的串。查找位图中指定长度的连续为 0 的串是一个耗时的操作。

2. 空闲页框链表法

空闲页框链表用来记录页框被占用或空闲的情况。链表的每个节点对应多个连续的被占用的页框或多个连续的空闲页框。

空闲页框链表的每个节点包含 4 个域：空闲和占用标记域、起点页框域、页框的数量域、链接指针域。

空闲和占用标记域：节点对应的页框是被占用还是空闲。用 B（Busy）表示页框被占用，用 F（Free）表示页框空闲。

起点页框域：多个连续被占用或空闲的页框中起始页框的编号。

页框的数量域：多个连续被占用或空闲的页框的数量。

链接指针域：下一个节点指针。

图 7-20 是利用空闲页框链表法表示空闲页框的例子。第 1 个节点的空闲和占用标记域是 B，意味着这个节点对应的页框（可能有连续多个页框）已被占用。起点页框域和页框的数量域分别

是 0 和 3，说明从第 0 个页框开始的连续 3 个页框都是被占用的。链接指针域指向下一个节点。第二个节点的空闲和占用标记域是 F，意味着这个节点对应的页框（可能有连续多个页框）是空闲的。起点页框域和页框的数量域分别是 3 和 4，说明从第 3 个页框开始的连续 4 个页框都是空闲的。链接指针域指向下一个节点。其余节点可以做类似分析。

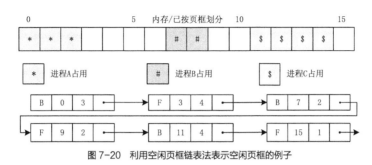

图 7-20 利用空闲页框链表法表示空闲页框的例子

上面介绍的是单向链表，也可以将其改造为双向链表。使用双向链表的结构更容易找到上一个节点，并检查是否可以合并相邻的节点。

7.5.7 快表

页表是页式存储管理系统非常重要的数据结构。进行页式地址映射必须通过页表才能进行。页表是访问十分频繁的内存数据结构。显然，页表的存取速度影响程序的运行效率。因此，页表的实现方式将影响系统的效率。页表可以放在内存中实现，也可以放在 Cache 中实现。

页表放在内存中实现，优点是算法简单，硬件简单，存储容量相对较大。缺点是存取速度相对稍慢。放在内存中的页表，因为存取速度相对较慢，故被称为慢表。

快表技术和页面
共享技术

页表也可以放在 Cache 中实现。Cache 也称为联想存储器，它不是根据地址而是根据所存信息的特征进行存取，是具有并行查寻能力的高速缓冲存储器。在 Cache 中实现页表的优点是速度快，缺点是算法复杂、硬件复杂、成本高、容量小。放在 Cache 中的页表，因为存取速度相对较快，故被称为快表。

实践中的做法是将页表中最近常用或频繁使用的部分条目（页表的一个子集，一般是 16 条）复制到快表中，进行地址映射时优先访问快表。若在快表中找到所需的数据，则称为"命中"；若在快表中没有找到所需的数据，则需要访问慢表，并将慢表的访问结果更新到快表中。这样下一次再访问同一页的地址时就可以在快表中找到所需要的数据。合理的页面调度策略能使快表具有较高命中率。页表的更新策略影响页表的命中率。

具有快表的系统进行页式地址映射的过程如图 7-21 所示。页式虚拟地址首先被分解成页号 P 和页内偏移地址 W；其次，页号 P 被送到快表查找对应的页框号 P′；如果快表没有命中，则页号 P 被送到慢表查找对应的页框号 P′，并更新快表；最后，使用页框号 P′ 和页内偏移 W 计算物理地址。

快表的容量很小，只能存放少量的页表记录。当快表被存满之后，就需要淘汰一条记录以便存放新的记录。简单淘汰策略可以根据每条记录的访问次数来决定淘汰哪条记录。为了记录访问次数，页表需要增加一列称为"访问位"的列，用于记录每一条记录在过去一段时间内被访问的次数。每当该页被访问一次，对应的访问位就加一。需要淘汰一条记录时在快表中选择一个访问位值最小的记录，将之淘汰，以便插入新的记录。

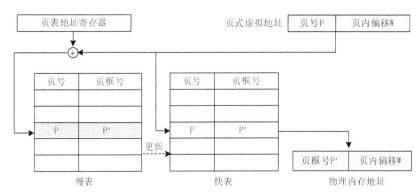

图 7-21　具有快表的系统进行页式地址映射的过程

7.5.8　页面共享

代码和数据的共享在操作系统中十分常见。尽管共享的代码和数据在内存中只有一份副本，却可以同时被多个进程访问。几乎所有的应用程序都会共享操作系统提供的一些核心库（或叫 API 库、应用编程接口库）。通过共享可以节约系统大量的存储空间，方便用户存储和传输应用程序。

页式存储管理能方便实现多个进程之间共享代码和数据。页的共享可大大提高内存空间的利用率。例如，一个文本编辑器应用程序，有 12KB 代码段和 4KB 数据段。系统同时运行 10 个进程都执行该文本编辑器应用程序。

如果不采用任何共享方式，10 个进程占用的内存为：

$$10×12KB + 10×4KB = 160KB$$

如果采用代码共享方式，10 个进程占用的内存为：

$$12KB + 10×4KB = 52KB$$

显然，采用共享方式可节省内存 108KB。

页式存储管理共享内存的思想：把共享代码的页框映射到相关进程的页表中，从而实现页面共享。每个相关进程都能访问这个共享代码。共享页面在内存只有一份真实存储，节省了内存。

下面以上述文本编辑器为例子说明页面共享的原理，假设页面大小是 4KB。文本编辑器的代码段 12KB 有 3 页，数据段 4KB 有 1 页，并假定它们分别是进程的第 0 页到第 3 页。图 7-22 展示了 3 个文本编辑器进程 A、B、C 的分页情况和它们的页表。

进程A		页	页框
code0		0	4
code1		1	7
code2		2	6
data(A)		3	3

进程B		页	页框
code0		0	4
code1		1	7
code2		2	6
data(B)		3	14

进程C		页	页框
code0		0	4
code1		1	7
code2		2	6
data(C)		3	10

内存
```
0
      data(A)
      code0
5
      code2
      code1
10    data(C)

      data(B)
15
```

图 7-22　3 个进程页面共享的例子

每个进程的前 3 页都是代码段，分别是 code0、code1、code2 等 3 小段，每小段刚好一页，它们在内存中只有一份真实的副本，并分别放在第 4、7、6 等 3 个页框中。这 3 个页框号已经填到了每个进程页表的前 3 条记录中。每个进程的数据段 data 都在第 3 页，它们在内存中各自占有一个页框。因此在 3 个进程页表的第 3 条记录中页框号各不相同。

7.5.9　缺页中断

缺页中断

1．页表的扩充

实际的页表每一条记录有 4Byte，除了页号、页框号两个域，还有可读/R、可写/W、可执行/X、访问位、修改位、中断位 I、辅存地址等属性，如表 7-5 所示。

表 7-5　页表中常见的属性

页号	页框号	可读/R	可写/W	可执行/X	访问位	修改位	中断位 I	辅存地址

可读/R、可写/W、可执行/X：描述当前页面的读写属性和是否可执行的属性。

访问位：记录当前页面在一定时间范围内是否被访问过。若被访问过，则该位记 1，否则记 0。

修改位：记录当前页面上的数据是否已经被修改过。若被修改过，则该位记 1，否则记 0。

中断位 I：标识当前页是否已经装入内存。因为进程的页面数量很多，并发的进程数量也很多，不太可能把每个进程的全部页面都装入内存。若 I = 1，表示当前页面不在内存中；若 I = 0，表示当前页面在内存中。

辅存地址：记录当前页面在辅存上的存放位置。

图 7-23 显示了页表中中断位 I 和辅存地址的含义。页表显示进程 A 的第 0 和 1 两个页面的中断位 I 都是 0，说明这两个页面已经在内存中。从页框号字段可以看出，它们确实分别处在第 3 和 6 两个页框中。而第 2 个页面对应的中断位 I 是 1，说明该页不在内存中，其页框号字段的内容是无效的，故图中其对应空格显示为空白。页表显示，第 2 页在辅存上的存放地址是 8000。

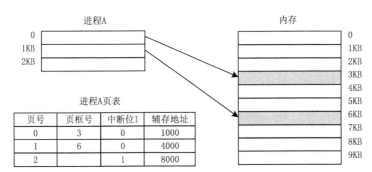

图 7-23　页表的中断位 I 和辅存地址的含义

2．缺页中断

前面已经提及，在页式系统中，进程被装入内存时仅需把进程的部分页面装入内存便可。其余页面在运行过程中按需逐步装入。随着进程的运行，进程需要运行新的页面时，由于新的页面还不在内存，因此在执行地址映射过程中，一定会产生异常，这种异常即所谓的缺页中断。

缺页中断是指在地址映射过程中，当所要访问的目的页不在内存时系统产生的异常。

页式系统能正确地处理缺页中断。遇到缺页的情况，系统会启动缺页中断处理程序。缺页中断处理程序把所缺的页从页表指出的辅存地址调入内存的某个空闲页框中，并更新页表中该页对应的页框号以及修改中断位 I 为 0，并重启被中断的指令。缺页中断处理程序的流程如图 7-24 所示。

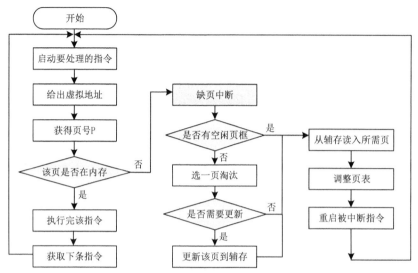

图 7-24 缺页中断处理程序的流程

与普通中断不一样，普通中断发生在指令执行完后，而缺页中断发生在指令执行过程中，当指令要访问的目标地址不在内存时发生缺页中断，中断处理完后重启该指令。

缺页中断需要注意的问题有两个。

（1）页面淘汰的问题

当缺页中断处理程序把所缺的页从辅存地址调入内存时，先要在内存中按一定策略寻找一个空闲页框以便存放新的页面。当内存没有空闲页框的时候，就需要把内存中已有的页面淘汰一页出去才能腾出一个页框来。淘汰哪一个页面需要遵循系统设定的策略，参见 7.5.11 节内容。

（2）关于脏页更新的问题

在选中一个页面准备淘汰它的时候，应当检查该页在页表内的"修改位"。如果修改位为 1，说明该页面上的数据已经被修改过，称之为脏页（dirty page）。脏页不能被简单地丢弃，而是需要将其更新到硬盘的交换区进行保存，以便将来被再次调入内存时相关进程能正确地执行。

缺页中断机制有利于实现进程的延迟加载。在进程生存期内，其地址空间的所有页面放置在辅存中。系统仅将当前需要的部分页面放在主存，并通过缺页中断机制保证页面能被持续加载和交换，满足进程的执行需求。缺页中断机制也支持将内存分配与进程加载两个过程分开，进程被创建时仅仅只分配内存，而进程的加载则被推迟到运行时刻，和地址映射同时进行。

3. 缺页中断率

进程的运行过程就是不断地执行指令、访问页面的过程。但是页式系统并不保证每个页面事先都在内存中等待着被访问。页面可能会发生缺页。缺页发生的次数或频率显然影响进程的执行效率。在进程运行过程中，缺页的次数可以统计：

$$缺页中断率 f = 缺页次数 / 访问页面的总次数$$
$$页面命中率 = 1 - f$$

缺页中断率是一个衡量进程运行效率的指标，也可反映内存管理的效率。缺页中断率应该是越低越好。

7.5.10 多级页表

主流的计算机系统和操作系统以 32 位和 64 位为主，其支持的进程虚拟空间十分大。以 32 位系统为例，进程的逻辑空间高达 2^{32}Byte，即 4GB 的空间。如果页面大小是 4096Byte，则进程将有 1M 个页面，页表将会有 1M 条记录。如果每条记录是 4Byte，一个页表将需要 4MB 的内存空间。由此可见，页表的内存需求将十分庞大，尤其是在多个进程并发的情况下，多个页表将占据大量的内存。此外，页表还需要在内存中连续存放，这更进一步提高了对内存的要求。

这种原始的页表机制称为一级页表机制。显然，直接使用一级页表机制进行内存管理是不妥当的。若采用多级页表则可解决页面过多，页表过大难以连续存放的问题。二级页表是最常用的多级页表机制。

二级页表机制的基本方法是，把页表本身按页面大小分成若干个页面，每个页面就是一个小页表。小页表可以离散地存放在内存中。为了对小页表进行管理和索引查找，另设置一个称为页目录的表，页目录指出每个小页表放在哪个页框中。页目录也叫作外层页表或一级页表，而小页表叫内层页表或二级页表。可见，页目录本身也是一个特殊的页表，只不过每个表项记录的是二级页表的序号与所存页框的关系，而不是页号与页框的关系。图 7-25 展示了二级页表的原理。

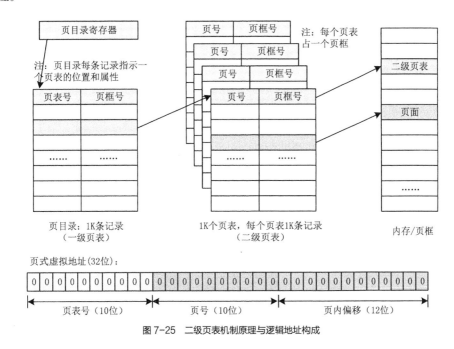

图 7-25　二级页表机制原理与逻辑地址构成

采用二级页表机制的另外一个好处就是可以避免把全部页表一直保存在内存中，不需要的页表部分可以暂时不加载到内存。

在二级页表机制中，用户程序的逻辑地址构成方式和地址映射过程均需做相应的调整，如图 7-25 所示。逻辑地址可以分成 3 个部分：高 10 位是页表号，用于遍历页目录，查找 1024 个二级页表所存放的页框的页框号；中间 10 位是页号，与一级页表机制中的页号意义完全相同，用于遍历二级页表，查找 1024 个页面所存放的页框的页框号；低 12 位是页内偏移地址。

当进程内的指令给出 32 位逻辑地址时，二级页表机制的地址映射过程分成 4 步。

（1）根据页目录寄存器给出的地址找到页目录。

（2）根据逻辑地址的高 10 位，遍历页目录，找到相应二级页表在内存中的页框。

（3）根据逻辑地址的中间 10 位，遍历第 2 步找到的二级页表，找到该页对应的页框。

（4）根据逻辑地址的低 12 位，在第 3 步找到的页框中定位到指定的偏移地址，找到目标单元。

7.5.11　页面淘汰算法

页面淘汰

在缺页中断一节中已经提到，当缺页中断处理程序把所缺的页从辅存地址调入内存时，如果内存当前恰好没有空闲页框，就需要把内存中已有的页面淘汰一页。

淘汰哪一个页面需要根据一定的算法来确定。选择淘汰哪一个页面的算法称为页面淘汰算法。页面淘汰算法的质量会影响系统的性能，影响页面缺页中断率或命中率。合理的页面淘汰算法可降低缺页中断率。如果进程的某一个页面刚被选中淘汰出内存，可能还被迁出到外存上，但是正巧进程稍后又要访问它，这时只得把这个页面再次迁入内存。迁出和迁入都是 I/O 操作，相当消耗时间，会降低系统工作效率。显然，针对这个例子，合理的做法是先不要选择这个页面淘汰，而是让其继续留在内存。

一个页面在内存和外存之间反复地被淘汰、迁出和迁入，称为页面抖动。页面抖动会降低系统工作效率，合理的页面淘汰算法应该尽量减少页面抖动。

常用的页面淘汰算法有：最佳淘汰算法（OPT 算法）、先进先出淘汰算法（FIFO 算法）、最久未使用淘汰算法（LRU 算法）、最不经常使用淘汰算法（LFU 算法）等。

1.　最佳淘汰算法

最佳淘汰算法（OPT 算法，Optimal Replacement）的思想是淘汰以后不再需要的或最远的将来才会用到的页面。采用这种页面淘汰算法，可以保证最低的缺页率。但是在实践中系统无法预测一个还未进行的进程将来需要用到哪些页面，不用哪些页面，因此该算法实际上无法实现。不过，这个算法可用来衡量其他淘汰算法的优劣。

假定有一个进程，系统仅给其分配 3 个页框可以使用。该进程执行过程中需要访问的页面先后是 A，B，C，D，A，B，E，A，B，C，D，E。如果按照 OPT 算法进行页面淘汰，其页框被占用的情况、缺页的情况和页面淘汰的情况如表 7-6 所示。

表的第 1 行自左到右显示页面被访问顺序。表的第 2 行记录访问该页时是否会发生缺页。若缺页则打×，不缺页则留空。表的第 3 行到第 5 行记录 3 个页框的占用情况。第 2 列，显示进程刚刚开始运行时，即初始时刻，3 个页框没有占用，是空闲状态，里面没有任何有用的页面存在。

表 7-6　使用 OPT 算法时页框占用、缺页和页面淘汰情况统计

页面	初始	A	B	C	D	A	B	E	A	B	C	D	E
缺页/×		×	×	×	×			×			×	×	
页框 1	空闲	A	A	A	A	A	A	A	A	A	C	C	C
页框 2	空闲		B	B	B	B	B	B	B	B	B	D	D
页框 3	空闲			C	D	D	D	E	E	E	E	E	E

进程会先访问 A 页面，由于 3 个页框中没有页面 A，因此会发生缺页，在第 3 列第 2 行的空格中填写×，表示会发生缺页中断。缺页中断处理程序装入 A 页面，且装在目前空闲的页框 1 中，因此在第 3 列第 3 行的空格中填写 A。

A 页面访问完以后，接下来按第一行所列的顺序继续访问 B 页面。按前面的分析过程，访问

B 页面会发生缺页，装入 B 页面到页框 2 中。访问 C 页面也会缺页，做类似处理，把 C 页面装入页框 3 中。

访问完 C 页面后，当访问 D 页面时，也会发生缺页，必须将 D 页面装入内存。但是由于内存中 3 个页框已经被 A 页面、B 页面、C 页面占满。因此，必须把内存中 3 个页框中的其中一个淘汰出去，以腾空内存装入 D 页面。这时要使用 OPT 算法选择一个页框。因为比较 3 个页框中的 3 个页面，其中 C 页面是最远的将来才会用到的页面，所以淘汰 C 页面是合理的。因此将页框 3 中的 C 页面淘汰出去，而后将 D 页面装入页框 3 中。因此，在第 6 列第 5 行的空格中填入 D。

访问完 D 页面后，继续顺序访问余下的页面时，重复上述过程分析它们是否缺页、是否淘汰哪一个页面并占用相应页框，不再赘述，结果在表中已展示。

最终统计的缺页次数是 7 次，缺页率约 58%。

2. 先进先出淘汰算法

先进先出淘汰算法（FIFO 算法，First In First Out）的思想是淘汰在内存中已停留时间最长的页面。该算法认为最早进入的页面不再使用的可能性比最近调入的页面要大。

假定有一个进程，系统仅给其分配 3 个页框可用使用。该进程执行过程中需要访问的页面先后是：A，B，C，D，A，B，E，A，B，C，D，E。如果按照 FIFO 页面淘汰算法进行页面淘汰，其页框被占用的情况、缺页的情况和页面被淘汰的情况如表 7-7 所示。

表 7-7　使用 FIFO 算法时页框占用、缺页和页面淘汰情况统计

页面	初始	A	B	C	D	A	B	E	A	B	C	D	E
缺页/×		×	×	×	×	×	×	×			×	×	
页框 1	空闲	A	A	A	D	D	D	E	E	E	E	E	E
页框 2	空闲		B	B	B	A	A	A	A	A	C	C	C
页框 3	空闲			C	C	C	B	B	B	B	B	D	D

表的结构和分析过程如前面例子所述，不再赘述，仅仅所用淘汰算法不同。此处仅仅分析对 D 页面的访问和装入过程。访问完 C 页面后，当访问 D 页面时，因为 D 页面不在内存中，故会发生缺页，在第 6 列第 2 行的空格中填入 ×。由于缺页，现在必须将 D 页面装入内存。但是由于内存中 3 个页框已经被 A 页面、B 页面、C 页面占满，因此，必须要把内存中 3 个页框中的其中一个淘汰出去，以腾空内存装入 D 页面。这时要使用 FIFO 淘汰算法选择一个页框。因为比较 3 个页框中的 3 个页面，其中 A 页面是最早进入内存的页面，所以淘汰 A 页面是合理的。因此将页框 1 中的 A 页面淘汰出去，而后将 D 页面装入页框 1 中。因此，在第 6 列第 3 行的空格中填入 D。

访问完 D 页面后，继续顺序访问余下的页面时，重复上述过程分析它们是否缺页，淘汰哪一个页面并占用相应页框，不再赘述，结果在表中已展示。

最终统计的缺页次数是 9 次，缺页率为 75%。

实现 FIFO 算法比较简单，只需把各个页面按装入内存的顺序挂接在 FIFO 队列的末尾即可。在选择一页淘汰时，总是淘汰 FIFO 队列队首的页面，同时新换入的页面还是接在 FIFO 队列的队尾。当访问一个已在内存中的页面时，没有发生缺页，也不需要淘汰页面，这个时候不对 FIFO 队列做任何处理。

FIFO 算法容易理解和实现。但是，其性能并不总是很好，主要是它所依据的理由与普遍的进程运行规律不符，只有进程按照线性顺序访问地址空间时才是理想的。

FIFO 算法对于一些特定的访问序列，会出现随分配页框数增多，缺页率反而增加这一特殊现

象。还是以前述例子为例，进程访问同样的页面序列，但是这次给它分配 4 个页框，依然按照 FIFO 算法分析其页面被占用、缺页和页面淘汰的情况，结果如表 7-8 所示。

表 7-8　使用 FIFO 算法时页框占用、缺页和页面淘汰情况统计

页面	初始	A	B	C	D	A	B	E	A	B	C	D	E
缺页/×		×	×	×	×			×	×	×	×	×	×
页框 1	空闲	A	A	A	A	A	A	E	E	E	E	D	D
页框 2	空闲		B	B	B	B	B	B	A	A	A	A	E
页框 3	空闲			C	C	C	C	C	C	B	B	B	B
页框 4	空闲				D	D	D	D	D	D	C	C	C

最终统计的缺页次数是 10 次，缺页率约 83%。这比分配 3 个页框时的缺页次数还要多 1 次。这是一个反常的现象。

3. 最久未使用淘汰算法

最久未使用淘汰算法（LRU 算法，Least Recently Used）的思想是淘汰在内存中最长时间未被使用的页面。该算法认为很长时间没有被使用的页面不再使用的可能性比最近还在使用的页面要大。换句话说，如果某一页刚被访问了，那么该算法认为它很可能马上又被访问。这种算法考虑了程序运行的局部性特点。

依然以前面的例子为例。假定有一个进程，系统仅给其分配 3 个页框可以使用。该进程执行过程中需要访问的页面先后是 A，B，C，D，A，B，E，A，B，C，D，E。如果按照 LRU 算法进行页面淘汰，其页框被占用、缺页和页面被淘汰的情况如表 7-9 所示。

表 7-9　使用 LRU 页面淘汰算法时页框占用、缺页和页面淘汰情况统计

页面	初始	A	B	C	D	A	B	E	A	B	C	D	E
缺页/×		×	×	×	×	×	×	×			×	×	×
页框 1	空闲	A	A	A	D	D	D	E	E	E	C	C	C
页框 2	空闲		B	B	B	A	A	A	A	A	A	A	D
页框 3	空闲			C	C	C	B	B	B	B	B	B	E

表的分析过程如前面例子所述，不再赘述。此处仅分析对 D 页面的访问和装入过程。访问完 C 页面后，当访问 D 页面时，因为 D 页面不在内存中，故会发生缺页，在第 6 列第 2 行的空格中填入 ×。由于缺页，现在必须将 D 页面装入内存。但是由于内存中 3 个页框已经被 A 页面、B 页面、C 页面占满，因此，必须把内存中 3 个页框中的其中一个淘汰出去，以腾空内存装入 D 页面。这时要使用 LRU 算法选择一个页框。因为比较 3 个页框中的 3 个页面，其中 A 页面是最久没有访问的页面，所以淘汰 A 页面是合理的。因此将页框 1 中的 A 页面淘汰出去，而后将 D 页面装入页框 1 中。因此，在第 6 列第 3 行的空格中填入 D。

访问完 D 页面后，继续顺序访问余下的页面时，重复上述过程分析它们是否缺页，淘汰哪一个页面并占用相应页框，不再赘述，结果在表中已展示。

最终统计的缺页次数是 10 次，缺页率约 83%。

LRU 算法的硬件实现方法需要配置一个定时器时钟，并为每个页面设置一个移位寄存器 R。每当该页被访问时，将 R 先清零并最低（右）位置 1。定时器时钟周期性地（周期很短，记为 T）将所有页面的移位寄存器 R 左移 1 位且最低位补 0。图 7-26 显示 LRU 算法的硬件实现方法的原理。

图 7-26 LRU 算法的硬件实现方法的原理

当需要淘汰一个页面时，选择 R 值最大的那个页面，因为这个页面在最长的时间内没有被访问了。移位寄存器 R 的位数越多且移位周期 T 越小，这个算法就越精确，但硬件成本也越高。若移位寄存器 R 的位数太少或周期 T 太大，可能同时出现多个为 0 的页面，这时就难以选择一个页面淘汰。

LRU 算法是经常采用的页面淘汰算法，但是实现起来必须有大量硬件支持，还需要一定的软件开销。因此在实际应用时可以考虑一种简单而有效的 LRU 近似算法。

LRU 近似算法利用页表中的访问位和一个定时时钟。当页面被访问时，其在页表中的访问位由硬件置 1。定时时钟以周期 T 不停地将所有页面的访问位置 0。当需要淘汰一个页面时，根据该页的访问位来判断是否可以被淘汰。若该页的访问位为 1，则说明在时间 T 内，该页曾被访问过，保留该页，若该页的访问位为 0，则说明在时间 T 内，该页不曾被访问过，淘汰该页。LRU 近似算法的缺点是周期 T 难定。若周期 T 太小，则访问位为 0 的页面过多，找不到合适的页面淘汰，若周期 T 太大，则可能所有页面的访问位都为 1，也找不到合适的页淘汰。

4. 最不经常使用淘汰算法

最不经常使用淘汰算法（LFU 算法，Least Frequently Used）的思想是淘汰到当前时间为止被访问次数最少的页面。该算法认为一个较少被访问的页面不再被使用的可能性比被访问更多次数的页面要大。换句话说，如果某一页面被很频繁地访问，那么该算法认为它将来还可能会被访问。LFU 算法的实现可以采用如下方法：为每个页面设置访问计数器，当页面被访问时，该页面的访问计数器加 1，当发生缺页中断，需要淘汰一个页面时，就选择访问计数器最小的页面淘汰，同时将所有访问计数器清零。

7.6　段式存储管理系统

页式存储管理系统可有效地提高内存的利用率，但这种方式也存在一些缺点。首先，页面的划分是在进程空间进行的一种无任何逻辑含义的分割。同一个功能模块很可能会被分割到几个页面中，一个页面也很可能包含一个或两个并不完整的模块。其次，页面的共享也不够灵活。页式系统以页为单位共享，这就有可能导致被共享的页面上可能存在并不需要被共享的代码或数据，导致不该共享的内容也被共享了。最后，页式系统也存在内部碎片问题，进程的最后一页可能会有页内碎片。

段式存储管理技术通过人为控制段的划分，能较好地解决上述问题，是现代操作系统广泛采用的技术之一。

7.6.1　段式管理的概念

段式存储管理系统允许程序员把进程按逻辑意义划分为多个段，每段有段名，长度不定。一个进程可以由多个段组成。图 7-27 展示了一个具有 3 个段的进程：代码段、数据段、堆栈段。代码段可以有一个，也可以有多个；数据段也可以有多个。每个段的名称可以自己定义。

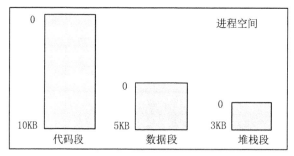

图 7-27　具有 3 个段的进程

各段段内都从 0 开始编址，并占用一段连续的地址空间。每个段的长度取决于段自身的内容，因此各段的长度可不相等。

与页式存储管理系统一样，在段式存储管理系统中，程序并不需要在运行时把全部段都装入内存。段式存储管理系统的内存分配以段为单位装入，每段分配连续的内存，但是段和段不要求相邻。

7.6.2　段式地址和段表

段式存储管理系统中的虚拟地址 VA 包含段号 S 和段内偏移地址 W 两个部分，如图 7-28 所示。在分段方式中，源程序（有段和段内偏移概念）经链接装配后仍保持二维地址结构。

虚拟地址VA	段号S	段内偏移W

图 7-28　段式虚拟地址的构成

进程的各段可能被装入内存的不同区域，进行地址映射的时候，必须知道每一段在内存中存放的位置。段表就是用于支持地址映射的数据结构，类似页式系统的页表。

段表（Segment Memory Table，SMT）记录每段在内存中映射的位置和相关的存取属性。段表的典型字段包括段号 S、基址 B、段长 L、可读/R、可写/W、可执行/X、访问位、修改位、中断位 I 等属性，如表 7-10 所示。

表 7-10　段表中常见的属性

段号	基址	段长	可读	可写	可执行	访问位	修改位	中断位 I

段号 S ：段的编号（唯一的）。

基址 B ：该段在内存中的首地址。

段长 L ：该段的长度。

可读/R、可写/W、可执行/X：描述当前段的读写属性和是否可执行的属性。

访问位：记录当前段在一定时间范围内是否被访问过。若被访问过，则该位记 1，否则记 0。

修改位：记录当前段上的数据是否已经被修改过。若被修改过，则该位记 1，否则记 0。

中断位 I：标识当前段是否已经装入内存。因为进程的段数量很多，并发的进程数量也很多，不太可能把每个进程的全部段都装入内存。若 I = 1，表示当前段尚不在内存中；若 I = 0，表示当前段在内存中。

7.6.3　段式地址映射

进程在执行一条访存指令时，首先，获取指令中虚拟地址的段号 S 和段内偏移地址 W；其次，以段号 S 为索引，查找段表，找到对应表项中的基址字段和段长字段，分别获得该段在内存的起始地址 B 和段的长度 L；再次，利用段长 L 和段内偏移地址 W 进行合法性检查：如果 W<0 或 W>L 则意味着访问越界；最后，计算物理地址，物理地址等于基址 B 与段内偏移地址 W 之和。段式地址映射是把二维的段式地址转化为一维的物理地址的过程。图 7-29 展示了段式存储管理的地址映射过程。

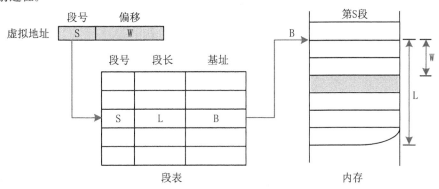

图 7-29　段式存储管理的地址映射过程

正在运行的进程的段表必须放在内存中。段表的基址和段表的长度两个数据拼接在一起放在 CPU 的段表寄存器中。

段式存储管理系统的段共享非常灵活。共享的段在内存中只有一份存储。相关的进程只需要将共享段映射到进程空间中，即写入进程的段表中即可。需要被共享的模块可以设置为单独的段。

段式系统也有一些缺点。因为每一段需要连续的存储空间，可能会因为实际内存的限制导致一些进程因为段太长无法运行。此外，段的最大尺寸也受内存大小的限制。最后，在辅存中管理可变尺寸的段也比较困难。

尽管段式系统有一些缺点，但是事实上它是 x86、ARM 等架构的 CPU 上最基础的内存管理机制，是保护模式的运行基础。

7.7　段页式存储管理系统

段页式存储管理系统综合了页式管理和段式管理的优点，二者结合起来，在逻辑上分段，物理上分页，这样既能充分发挥分段机制的良好逻辑性、可保护性和共享性，又能够充分发挥分页机制良好的内存利用率特性。

7.7.1　段页式存储的概念

段页式系统的基本原理是分段和分页原理的组合，即先将用户程序分为若干个段，并为每个段赋予一个段名，再把每个段分成若干页。图 7-30 展示了一个具有 3 个段且段内分页的进程模型。

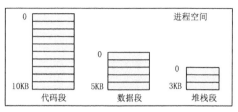

图 7-30 具有 3 个段和段内分页的进程

7.7.2 段页式地址和地址映射

在段页式存储管理系统中，进程中各段依然具有二维地址空间：段号（段名）和段内偏移。段内偏移分解为页号和页内偏移地址。因此段页式地址由 3 部分组成：段号、页号和页内位移地址。图 7-31 展示了段页式虚拟地址的构成。

图 7-31 段页式虚拟地址的构成

对程序员来说，段页式地址首先是段式地址，由段号和段内偏移构成；而对地址映射机构来说是实实在在的段页式地址，由段号、页号和页内位移地址 3 部分构成。

为了实现从虚拟地址到物理地址的转换，系统需要同时配置段表和页表。

段表的部分字段内容略有变化。段表的基址字段不再是段的内存起始地址，而是页表起始地址；段表的段长字段不再是段的长度，而是页表的长度。

每个段必须建立一张页表，页表用来记录段中的虚拟页面与物理内存中的页框之间的映射关系。与页式管理系统相同，此处的页表中也要有支持实现缺页中断处理和页面存取保护等功能的字段。例如，页表中还有可读/R、可写/W、可执行/X、访问位、修改位、中断位 I、辅存地址等属性。在段页式管理中，页表不再属于进程而属于某个段，因为段表中的基址和段长两个字段已经用于指明该段所对应页表的起址和长度。

段页式地址映射过程包括 4 个步骤，如图 7-32 所示。

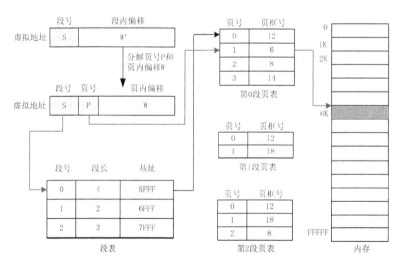

图 7-32 段页式地址映射过程

（1）指令中的段页式虚拟地址被转换为段号 S、页号 P 和页内偏移地址 W 3 个部分。

（2）根据段号 S 遍历段表，查找该段对应的页表的基址。

（3）根据页号 P 遍历上一步找到的页表，查找该页对应的页框号。

（4）根据页内偏移地址 W，在上一步找到的页框中定位物理地址。

当前正运行的进程，其段表和页表都必须装入内存。因此，在段页式管理系统中，要对内存中的指令或数据进行一次存取的话，至少需要访问 3 次内存，即先后访问段表、页表和内存中的目标单元。

7.8　IA-32 CPU 内存管理机制

7.8.1　实模式与保护模式

Intel CPU 物理结构

IA-32 CPU 有 3 种工作方式：实模式、保护模式和虚拟 x86 模式。尽管主流 CPU 的功能和性能要大大超过早期版本（例如：8086/8088、80186、80286），但只有在保护模式下才能真正发挥其强大的功能。

实模式允许的最大寻址空间为 1MB，因为早期 8086/8088 地址总线宽度是 20 位。即便后期的其他微处理器有更多的地址线，但是当它们工作于实模式时，出于向后兼容的目的，也只能访问 1MB 空间。实际上，实模式就是为 8086/8088 保留的工作方式。

实模式下，存储器地址采用分段机制。系统规定段基址必须 16Byte 对齐。这个分段机制解决的实际问题是在 16 位字长的计算机里提供 20 位地址，采用存储器地址分段的方法是完全可行的。20 位物理地址由 16 位段地址（因低 4 位全为 0，故只取高 16 位）和 16 位偏移地址组成。

在保护模式下 CPU 功能得到极大扩展。全部实际的地址线都有效（超过 20 位），可寻址高达 4GB 的物理地址空间；扩充的存储器分段管理机制和可选的存储器分页管理机制，不仅为存储器共享和保护提供了硬件支持，而且能为实现虚拟存储器提供硬件支持；支持多任务，能够快速地进行任务切换和保护任务环境；4 个特权级和完善的特权检查机制，既能实现资源共享又能保证代码和数据的安全和任务的隔离。

在内存寻址或地址映射上，保护模式和实模式有很大区别。

在实模式下寻址时，程序员只要在程序中给出存放在段寄存器中的段地址并在指令中给出偏移地址，CPU 就会自动用段地址左移 4 位加上偏移地址，求得物理地址，从而访问所要的存储单元。因此，程序员在编程时并未直接指定所选存储单元的物理地址，而是仅给出逻辑地址（段地址:偏移地址），由 CPU 自动计算出 20 位物理地址并放在地址总线上。

在保护模式下寻址时，仍然要求程序员在程序中指定逻辑地址，只是 CPU 采用了一种比较复杂的方法来计算物理地址。但是，对程序员编程来说，这并未增加复杂性。在保护模式下，逻辑地址依然表现为（段地址：偏移地址）的形式，但是这个逻辑地址中的"段地址"已经不再是实模式中的含义了。操作系统会通过一定的方法从这个"段地址"里面辗转多次获得真正的"段地址"，再和偏移地址相加来获得物理地址。在计算物理地址的过程中，还会同时对存取权限和存取范围进行核验，对各个任务进行隔离和保护。这正是保护模式的"保护"一词的由来。在保护模式下，由于寄存器位数的扩充，偏移地址可以达到 32 位，因此最大的段长也由实模式下的 64KB 扩大到 4GB。

在保护模式下，为了控制 CPU 的操作模式，CPU 内部除把一些常用寄存器的位数扩充到 32 位之外，也增加了一些额外的寄存器。增加的寄存器包括 GDTR、LDTR、IDTR、TR 等，以及 5

个 32 位的控制寄存器：CR0、CR1、CR2、CR3、CR4。

CR0：含有控制 CPU 操作模式的控制位和表示系统状态的标志位。其中最重要的两位是位 0 和位 31。位 0 是 PE 位，用于切换保护模式和实模式。位 31 是 PG 位，用于启动分页机制。

CR1：系统保留未用。

CR2：含有导致缺页中断的线性地址，也叫页故障线性地址寄存器。当发生缺页中断时，CPU 把引起页异常的线性地址保存在 CR2 中。缺页中断处理程序可以检查 CR2 的内容，从而查出是线性地址空间中的哪一页引起本次异常。

CR3：含有页目录的物理内存基地址，也叫页目录基地址寄存器 PDBR（ Page Directory Base Address Register ）。由于目录是页对齐的，因此 CR3 仅高 20 位用于标识地址，低 12 位用于其他用途。每当用 MOV 指令重置 CR3 的值时，会更新页目录，同时会导致分页机制的高速缓存的内容无效。通常，在启用分页机制之前，即把 PG 位置 1 之前，预先更新分页机制的高速缓存。

CR4：包含虚拟 8086 模式扩展位、保护模式虚拟中断位、禁止 RDTSC 指令位、调试扩展位、允许页容量大小扩展位、允许物理地址扩展位、允许机器检查异常位等较特殊的控制位。

7.8.2 段与段描述符

Intel CPU 段机制

1. 段与段描述符的概念

段（ Segment ）是保护模式下最重要的概念之一。段是指一段连续的内存。在保护模式下，对任何一个内存单元的存取，都会被系统用这个单元所在的段所具有的存取属性对该操作进行核验，确保不会出现越权或越界操作。

段的属性用称之为段描述符（ Segment Descriptor ）的数据结构来描述。段描述符有 8 字节，描述段的段基址、段限长和段属性（例如段类型、访问该段所需最小特权级、是否在内存等）。段的种类很多，不同类型的段其段描述符的各个域不完全一样，但是大同小异。图 7-33 给出了各种段描述符的通用格式。

字节7	字节6	字节5	字节4	字节3	字节2	字节1	字节0
Base2 (31...24)	属性和Limit2		Base1 (23...0)			Limit1 (15...0)	

7	6	7	4	3	2	1	0	7	6	5	4	3	2	1	0
G	D	0	AVL	Limit2 (19...16)				P	DPL		S	TYPE			

图 7-33　各种段描述符通用格式

段描述符的长度是 8 个字节，含有 3 个主要域：段基地址域、段限长域和段属性域。

（1）段基地址域 Base

段基地址域 Base 由字节 7、字节 4、字节 3、字节 2 等 4 个字节的 32 位构成，指明段在 4GB 线性地址空间中所处的位置。换一种说法，对于一个逻辑地址，如果段内偏移为 0，那么这个逻辑地址对应的线性地址就是 Base；如果段内偏移为 X，那么这个逻辑地址对应的线性地址就是 Base+X。

段基地址可以是 0~4GB 范围内的任意地址，这与实模式不同。在实模式下段基地址要求 16 字节对齐。但是，为了让程序具有最佳性能，系统还是建议段基地址对齐 16 字节边界。

（2）段限长域 Limit

段限长域 Limit 用于指定段的长度。段限长域 Limit 实际由段描述符中两个分离的段限长字段 Limit2 和 Limit1 组合成一个 20 位的值。

要注意两点：一是段限长实际是最大的段内偏移值；二是段限长仅仅是个数字，长度的单位（Byte 或页面 4KB）由段属性域中的颗粒度标志域 G 来指定。

如果 G=0，则 Limit 值的单位是 Byte，也就是说 Limit 的范围可以是 0Byte 到 0xFFFFF Byte，即段长最大是 1MB。

如果 G=1，则 Limit 值的单位是页面，即 4KB，也就是说 Limit 的范围可以是 0*4KB 到 0xFFFFF * 4KB，即段长最大是 4GB。

（3）段属性域

段的属性包括很多方面。下面仅介绍主要的属性和对应的域。

描述符特权级域 DPL：这个域指明描述符的特权级，用于其他代码控制对该段的访问。特权级范围从 0（最高）到 3（最低）。DPL 对段的访问控制机制请参考后面 7.8.9 节。

描述符类型标志域 S：这个域仅一位，描述段的类型是存储段还是非存储段。S=1 表示存储段描述符。所谓存储段，就是该段存放的是可由程序直接进行访问的代码或数据。存储段包括代码段和数据段两种，因此存储段描述符也分为代码段描述符和数据段描述符。所谓的堆栈段其实也是这里的数据段。S=0 表示系统描述符。系统描述符描述的是一段特殊的内存，这段内存记录的信息与前述的代码段或数据段是不一样的，主要用于系统各种控制，后文具体介绍。

描述符访问类型标志域 TYPE：该域由 4 位构成，用于指定段或者门（Gate）的类型、段的访问种类以及段的扩展方向。该域各个位的具体含义依赖描述符类型域 S。

当 S=1 时，即针对代码段描述符和数据段描述符，段类型域 TYPE 的 4 位主要描述它们的可读、可写、可执行等属性或是否为一致性代码段或最近是否被访问过。下面稍微详细地讨论"是否为一致性代码段"与"最近是否被访问过"两个属性。

是否为一致性代码段由 TYPE 域中的 C 位指示。一致性属性有时也称为依从属性。C=0 时，表示非一致的代码段，这样的代码段可以被与它特权级相同的代码段调用或者通过门调用；C=1 时，表示允许从低特权级的代码转移到该段执行，但是低特权级的程序仍然保持自身的特权级。

最近是否被访问过由 TYPE 域中的 A 位指示。A 位表示该段最近是否被访问过，准确地说是指明自从上次该位被清零后该段是否被再次访问过。当创建描述符的时候，应该把这位清零。之后，每当该段被访问时（即这个段的段选择子被加载进段寄存器时。段选择子在 7.8.3 节详述，暂可理解为指向段的指针），该位被系统自动置 1。对该位的清零也是由操作系统负责的。通过定期监测该位的状态，就可以统计出该段的使用频率。当内存空间紧张时，可以把不经常使用的段迁出到硬盘上，从而实现虚拟内存管理。

段存在标志域 P：用于指出一个段是否在内存中。P=1 表示在内存中。

D/B 域：该域设置默认的操作数大小、默认的栈指针大小和栈的上界限。设置 D/B 域主要是为了兼容 16 位保护模式的程序。该域对不同的段有不同的效果。对于代码段，该位称为 D 位；对于栈段，该位称为 B 位。对于代码段，是 D 位，指定指令中的偏移地址和操作数是 16 位还是 32 位。D=1 时表示 32 位的偏移地址和操作数。对于栈段，是 B 位，用于指明在栈操作中（push、pop、call 等）是使用 SP 寄存器，还是使用 ESP 寄存器。B=1 时使用 ESP 寄存器，且栈的上边界是 0xFFFF FFFF；B=0 时使用 SP 寄存器，且栈的上边界是 0xFFFF。

颗粒度标志域 G：该域用于指明段限长域 Limit 值的单位。如果 G=0，则 Limit 值的单位是 Byte；如果 G=1，则 Limit 值的单位是 4KB。这个域不影响段基地址的颗粒度，段基地址的颗粒度总是以字节为单位。前面介绍段限长域 Limit 时也有描述，可参考。

段描述符通常由编译器、链接器、加载器或者操作系统来创建，但绝不是应用程序。

2. 系统描述符

前面提到，段描述符的通用格式中有描述符类型标志域 S 和访问类型域 TYPE。这两个域不同的取值组合意味着不同类型的段描述符。不同类型的段描述符尽管都是 8Byte，主要的格式和图 7-33 展示的通用格式差不多，但是细节上还有很多差别。有些域的定义差别不大，有的还是有很大的差别。图 7-34 展示了 IA-32 CPU 段描述符的完整分类，其中包括前面已经介绍过的 S=1 时的代码段描述符和数据段描述符。S=0 时属于系统描述符。系统描述符用于描述一段特殊的内存，这段内存中记录的信息与代码段或数据段不一样，主要用于系统各种控制。

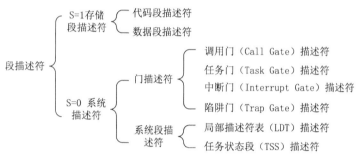

图 7-34　段描述符的种类

系统描述符还可以细分为两大类：门描述符和系统段描述符。

门描述符指向门（Gate）。所谓门，也是一段特殊的内存区域，用特定的数据结构组织。不同类型的门，它们的数据结构大同小异，但基本上都记录了要访问目标代码段所必须要知道的信息，主要包括含有目标代码段的段选择子、在目标代码段内的具体入口点以及相关的访问权限。通过门可以实现特权级的转变和任务的切换。门有调用门、任务门、中断门、陷阱门等 4 种类型，相应地各有对应的门描述符：调用门描述符、任务门描述符、中断门描述符和陷阱门描述符。

系统段描述符指向系统段，如局部描述符表（LDT）和任务状态段（TSS）。这两种系统段都有特定的数据结构，分别记录一个进程或任务的相关信息，分别详见 7.8.3 节和 7.8.5 节。

7.8.3　描述符表与段选择子

内存中同时存在具有各种功能或存放有特定内容的内存段。有些段是操作系统内核用的，有些段是各个进程定义和使用的。无论什么段，每一个段在使用之前，都要建立一个前述的段描述符，每个段描述符占 8KB。为方便管理整个内存，把所有的段描述符会集中起来存放在内存的某个区域，一个挨着一个，就构成了一张表，称之为描述符表，如图 7-35 所示。图中的描述符表包含 3 个描述符，每个描述符都指向一个特定的内存段。

描述符表是存放描述符的数组，是一个线性表，表的长度是 8B 的整数倍。

IA-32 CPU 中有 3 种描述符表，此节仅描述其中两种：全局描述符表（Global Descriptor Table，GDT）、局部描述符表（Local Descriptor Table，LDT）。

1. GDT 与 GDTR

GDT 包含所有进程可共用的段的描述符。系统中每个 CPU 只能有 1 个 GDT。GDT 中包含的描述符往往描述的内存段都是全局性的，是每个进程都可以访问的段或者用于系统全局管理的段。一般 GDT 的第 1 个描述符是空描述符，里面的内容可以忽略，当然用户将其置为任何值都没有关系。

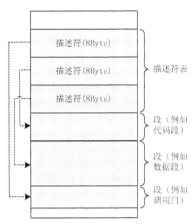

图 7-35 包含 3 个描述符的描述符表例子

GDT 可以被放在内存的任何位置，但 CPU 必须知道 GDT 的入口。在 CPU 内部，有一个 48 位的寄存器，名叫 GDTR，也就是全局描述符表寄存器，用于存放 GDT 的入口地址，其结构如图 7-36 所示。

图 7-36 GDTR 结构

GDTR 分为两部分。

（1）32 位基地址域（BASE）：记录 GDT 在内存中的起始物理地址。在保护模式初始化过程中，必须给 GDTR 的 BASE 域加载一个确定的地址值。

（2）16 位表界限域（LIMIT）：在数值上等于 GDT 的大小（总字节数）减 1。因为表界限是 16 位，一个描述符占用 8Byte，所以 GDT 理论上最多可以定义 8192 个描述符。实际上，不一定会定义这么多，具体多少根据需要而定。

GDT 本身并不作为一个段定义，而仅是内存空间中定义的一个数据结构。所以，GDT 的基地址和长度值必须加载进 GDTR 中。GDT 的基地址一般进行内存 8 Byte 对齐，以得到最佳处理器性能。

2. 段选择子

GDT 中含有多个段描述符，若要选择其中一个段描述符并通过其选择对应的段，必须要知道该段描述符在 GDT 中的位置，即索引。

段选择子（Segment Selector）是记录段描述符在描述符表中的索引的数据结构。段选择子有 16 位，包含 3 个域，结构如图 7-37 所示。

图 7-37 段选择子的结构

索引域（Index）：13 位，记录描述符在描述符表中的索引，索引值从 0 开始。

TI 域（Table Indicator）：1 位，指明所在描述符表是 GDT 还是 LDT。若 TI=1，从 LDT 中选择相应描述符；若 TI=0，则从 GDT 中选择描述符。

特权级域（Request Privilege Level）：2 位，描述对请求者最低特权级的限制。

在程序中，16 位的段选择子刚好可以存放在 16 位段寄存器中。在实模式下，段寄存器记录段的基址（20 位中的高 16 位）。但是，在保护模式下，段寄存器记录的是段描述符的索引。通过该索引可以找到段描述符。最后，再通过段描述符中的段基址域可以找到该段。可见，在保护模式下，虽然段寄存器的内容发生了变化，但是，还是能通过段寄存器辗转找到目标段。

3. LDT 与 LDTR

LDT 与特定任务相关，用来容纳仅属于该任务的段描述符。在设计操作系统时，通常为每个任务设计一个独立的 LDT。LDT 提供将一个任务专用的代码段、数据段、堆栈段等与操作系统及其他任务相隔离的一种机制。

LDT 本身作为一段特殊的内存，也有对应的描述符，称为 LDT 描述符。LDT 描述符描述 LDT 的基地址、段限长以及其他一些属性。LDT 描述符是全局性的，也存放在 GDT 中。因此，要获取 LDT 的基地址，首先要从 GDT 中找到相对应的 LDT 描述符。

CPU 中有一个局部描述符表寄存器（LDTR），这是一个 16 位寄存器。LDTR 中存放着 LDT 描述符对应的段选择子。通过该段选择子在 GDT 中可以找到 LDT 描述符，然后间接地找到 LDT。

4. 利用 LDT 隔离任务

当发生任务切换时（任务与进程有联系，也略有区别，内核中习惯称任务。不过，很多时候不加区分，将它们混同），LDTR 会更换成新任务的 LDT 描述符的段选择子。系统中所有任务共享的段由 GDT 映射，这样的段通常包括操作系统的段以及所有任务各自的 LDT 段。LDT 段可以理解成属于操作系统的数据。

图 7-38 展示了不同任务中的段如何彼此分隔开，且与操作系统分隔开。图中共 6 个段，任务 A、任务 B 与操作系统各有 2 个段。每个任务有自己的 LDT。

任务 A 拥有自己的局部描述表 LDT_A，LDT_A 记录了任务 A 专属的段 $Code_A$ 和 $Data_A$。类似地，任务 B 也拥有自己的局部描述表 LDT_B，LDT_B 记录了任务 B 专属的段 $Code_B$ 和 $Data_B$。操作系统内核有两个段 $Code_{OS}$ 和 $Data_{OS}$，使用 GDT 来记录。GDT 是全局性的，可以同时被任务 A 和任务 B 共享。要注意的是，两个 LDT 段 LDT_A 和 LDT_B，对应的描述符也都存放在 GDT 中。

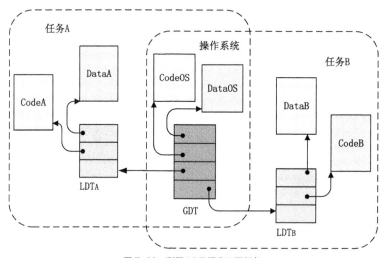

图 7-38　利用 LDT 隔离不同任务

当任务 A 运行时，可访问的段包括 LDT_A 记录的 $Code_A$ 和 $Data_A$，加上 GDT 记录的操作系统两个内核段 $Code_{OS}$ 和 $Data_{OS}$。

当任务 B 运行时，可访问的段包括 LDT_B 记录的 $Code_B$ 和 $Data_B$，加上 GDT 记录的操作系统两个内核段 $Code_{OS}$ 和 $Data_{OS}$。

当任务 A 运行时，任务 A 没有办法访问任务 B 的内存空间。同样地，当任务 B 运行时，任务 A 的段也不能被任务 B 寻址。由此可见，使用 LDT 隔离不同任务是保护模式的重要工作机制之一。

7.8.4 门与门描述符

1. 调用门与调用门描述符

调用门一般用在特权级的切换过程中，调用门描述符存在于 GDT 中或者 LDT 中。

调用门描述符和存储段类型的段描述符的结构相似，只是少数域的定义有所不同，具体结构如图 7-39 所示。

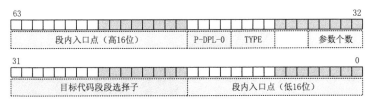

图 7-39　调用门描述符的结构

调用门描述符指定要转移（将要访问）的目标代码段的段选择子以及在目标代码段段内的具体入口点（段内偏移量）。调用门描述符指定了调用者尝试去访问目标代码段所需要的 DPL。这里的 DPL 是调用者所要具备的特权级。

如果发生了堆栈切换，调用门描述符指定了拷贝到新栈的可选参数的数量（5 位，最多 32 个）。也就是说，在跳到内层 0 级特权级执行目标代码段的时候，特权级变了，使用的栈也会改变，所以会有参数传递。

调用门描述符中的段选择子指向目标代码段的段描述符，段内入口点对应目标代码段中的偏移量。当 JMP 和 CALL 指令的操作数是调用门的时候，就会跳转到目标代码段的段内入口点处，并发生特权级的变换，也同时发生堆栈的切换。

引入调用门后，要注意区分两个描述符和对应的两个选择子：调用门自身的描述符（即调用门描述符）和目标代码段段描述符，调用门描述符的选择子和目标代码段段描述符的段选择子。

通过调用门和 CALL 指令，可以实现从低特权级到高特权级的转移，无论目标代码段是一致性代码还是非一致性代码。

建立调用门与目标代码段之间的联系是通过初始化调用门描述符的"选择子域"完成的，例如代码 7-3 所示的代码。

```
1  ;门描述符    : 调用门 目标代码段段选择子,  偏移, DCount, 属性
2  CALL_GATE_TST:  Gate  SelectotCode       ,   0 ,  0, 386fGate + DPL0
```

代码 7-3　将调用门与目标代码段关联的代码例子

其中，CALL_GATE_TEST 是正在定义的调用门描述符。Gate 是带多个参数的宏，用于定义调用门。变量 SelectorCode 是第一个参数，用于指定目标代码段的段选择子。紧接其后的参数 0 表示目标代码段的段内入口点是 0，说明入口点就在段的首部。

调用门的本质是为调用者指定目标代码段中特定例程的入口地址，并同时增加了若干属性而已。有些时候，如果将使用调用门进行跳转的 CALL 指令修改为直接调用目标代码段中的特定例程，效果是一样的。假如代码 7-3 中的 CALL_GATE_TEST 调用门描述符对应的选择子是 SelectorCallGate。下面的指令：

```
call SelectorCallGate:0
```

即可跳转到选择子 SelectorCallGate 指向的目标代码段的段首处（因为偏移地址是 0）。上述代

码如果改成：

```
call SelectorCode:0
```

效果是完全一样的，都能执行正确的跳转。

尽管有些时候通过调用门间接跳转到目标代码段与直接跳到目标代码段都可以达到目的，但是使用调用门有更深层的作用，就是通过调用门来方便地实现不同特权级的代码间转移，同时避免某些时候高特权级过程栈空间不足而崩溃。

2. 任务门与任务门描述符

任务门一般用于任务的切换。任务门描述符一般存放在 GDT 和 LDT 中，有时也会放在 IDT 中。IDT 的工作原理请参考 7.8.8 节。

任务门描述符和调用门描述符的结构相似，只是少数域的定义有所不同，具体结构如图 7-40 所示。

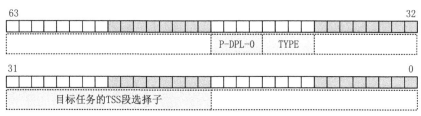

图 7-40　任务门描述符的结构

任务门描述符的主要域"目标任务的 TSS 段选择子"用于指定要切换的目标任务。每个任务都有一个任务状态段（Task State Segment，TSS），用来存放任务的现场数据，包括断点信息等。TSS 描述符放在 GDT 中。TSS 描述符的段选择子用于从 GDT 中选择 TSS 描述符，并继续间接地选择 TSS。

任务门描述符中指定的 TSS 段选择子必须指向 GDT 中的 TSS 描述符。任务门中的偏移无意义，原因是任务的入口已经保存在 TSS 中。

当 JMP 和 CALL 指令的操作数是任务门的时候，就会发生任务的切换。详见 7.8.10 节多任务支持。

3. 中断门和陷阱门以及对应的描述符

中断门和陷阱门用于描述进入中断处理程序的相关信息，相应的描述符存在于 IDT 中。IDT（Interrupt Descriptor Table，IDT）是中断描述符表，里面存放的是中断或陷阱门的段描述符。中断门和陷阱门描述符的结构完全相同，参考图 7-41，仅有 1 位有差别，用来区分中断门和陷阱门。

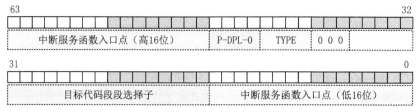

图 7-41　中断门和陷阱门描述符的结构

中断门和陷阱门描述符中的"目标代码段段选择子"域用于指定一系列的中断服务函数所在的代码段段描述符对应的段选择子，"中断服务函数入口点"域指定中断服务函数的入口地址，即在段内的偏移值。

中断门与陷阱门的差别在于前者受 IF 影响，且执行时清除 IF，而后者不会受 IF 影响也不会清除 IF。

中断门与陷阱门描述符放在 IDT 中。关于它们的选择、IDT 工作原理以及保护模式下的中断机制请参考 7.8.8 节。

7.8.5 任务状态段与段描述符

任务状态段（Task State Segment，TSS）是操作系统在进行任务切换时保存任务现场信息的内存段。TSS 在任务切换时起着重要的作用，通过它保存 CPU 中各寄存器的值，实现任务的挂起和恢复。

例如：CPU 正执行 A 进程，一会儿其时间片刚好用完而要切换到 B 进程。此时，CPU 会先把当前寄存器组的值，比如 CS、EIP、ESP、标志寄存器等，以及其他一些信息保存到 A 进程的 TSS 里。接下来挂起 A 进程，转去执行 B 进程。这样，在 CPU 下次再执行 A 进程的时候，就可以从其 TSS 中取出上一次被保存的信息，恢复到相应的寄存器组中，恢复上次 A 进程被中断的执行现场。尤其是 CS 和 EIP 两个寄存器的恢复，使得 CPU 能从上一次被中断的位置继续执行。

TSS 的基本结构如图 7-42 所示，由 104Byte 组成。这 104Byte 的基本结构不可改变。但在此 104Byte 之外，操作系统可以定义若干附加信息。104Byte 可分为 5 类区域：寄存器保存区域、内层堆栈指针区域、地址映射寄存器区域、链接字段区域和其他信息区域。每个区域包含不同数量的域。

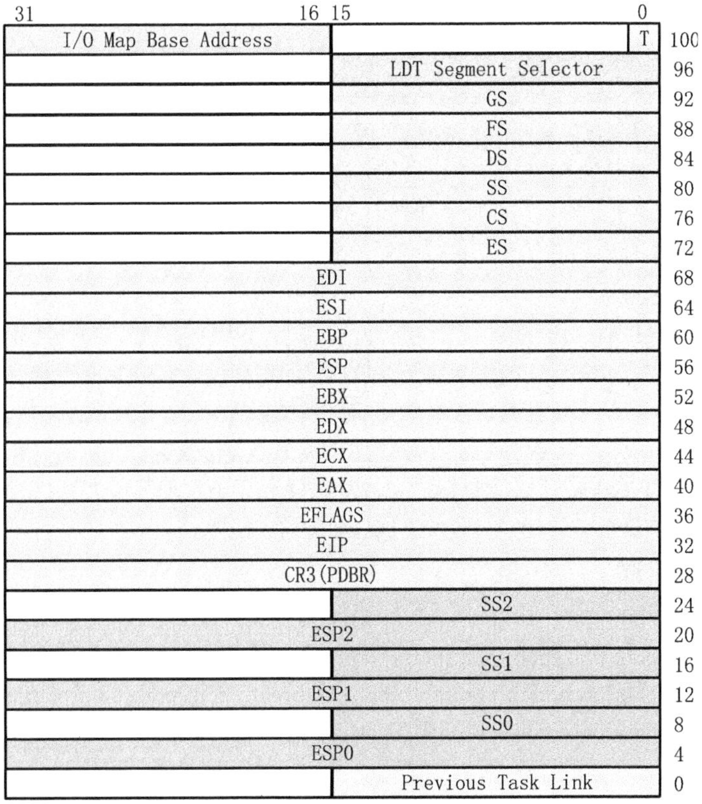

31	16	15	0	
I/O Map Base Address			T	100
	LDT Segment Selector			96
	GS			92
	FS			88
	DS			84
	SS			80
	CS			76
	ES			72
EDI				68
ESI				64
EBP				60
ESP				56
EBX				52
EDX				48
ECX				44
EAX				40
EFLAGS				36
EIP				32
CR3 (PDBR)				28
	SS2			24
ESP2				20
	SS1			16
ESP1				12
	SS0			8
ESP0				4
Previous Task Link				0

图 7-42　TSS 的基本结构

1. 寄存器保存区域

寄存器保存区域位于 TSS 中偏移 32Byte～95Byte 的范围。寄存器保存区域主要保存任务在

CPU 中的上下文信息，包括通用寄存器、段寄存器、指令指针和标志寄存器等。在当前任务被切出时，CPU 中的相应寄存器的当前值就保存在该区域。当下次切换回原任务时，再从保存区恢复出这些寄存器的值，从而使 CPU 恢复成该任务切出前的状态，最终使任务能够恢复执行。特别要注意的是，当任务正在执行时，保存区的数据是无效的。

2. 内层堆栈指针区域

内层堆栈指针区域位于 TSS 中偏移 4 Byte～27 Byte 的范围。为了有效地实现保护，同一个任务在不同的特权级下使用不同的堆栈。例如，当从外层特权级 3 变换到内层特权级 0 时，任务使用的堆栈也同时从 3 级堆栈变换到 0 级堆栈；当从内层特权级 0 变换到外层特权级 3 时，任务使用的堆栈也同时从 0 级堆栈变换到 3 级堆栈。所以，一个任务可能有 4 个堆栈，对应 4 个特权级。4 个堆栈需要 4 个堆栈指针。TSS 的内层堆栈指针区域中有 3 个堆栈指针。每个堆栈指针都是由 16 位的段选择子 SS 和 32 位的偏移地址 ESP 两个域构成，分别指向 0 级、1 级和 2 级堆栈的栈顶。当发生特权级向内层转移时，把内层的堆栈指针装入 SS 及 ESP 寄存器以变换到内层堆栈，同时外层堆栈的指针保存在内层堆栈中。没有指向 3 级堆栈的指针，因为 3 级是最外层，所以任何一个向内层的转移都不可能转移到 3 级。但是，当特权级由内层向外层变换时，并不把内层堆栈的指针保存到 TSS 的内层堆栈指针区域。

3. 地址映射寄存器区域

地址映射寄存器区域包括 CR3 寄存器域和 LDTR 寄存器域。

CR3 寄存器域位于偏移 28Byte～31 Byte 处。如果采用分页机制，那么由线性地址空间到物理地址空间的映射需要当前任务的页目录表完成。CR3 寄存器存放页目录表的物理地址。随着任务的切换，地址映射关系也要切换。在新任务切入时，CPU 自动从要新任务的 TSS 中取出 CR3 值装入寄存器 CR3，这样就改变了虚拟地址空间到物理地址空间的映射关系。

LDTR 域，也称为 LDT Segment Selector 域，位于偏移 96Byte 和 97Byte 处，存放 LDT 段选择子。每个任务都有自己的 LDT，LDT 记录任务的代码段、数据段和堆栈段。要查找任务的 LDT，必先获取 LDT 段选择子。所以，在任务切换时，CPU 自动从新任务的 TSS 中取出 LDTR 值装入寄存器 LDTR 中，这样就为新任务的运行做好了准备。

4. 链接字段区域

链接字段区域是指前一任务链接域，位于偏移 0Byte 和 1Byte 处。前一任务链接域保存前一任务的 TSS 描述符的段选择子。如果当前任务是由段间调用指令 CALL 或中断/异常激活的，那么前一任务链接域应保存先前被挂起任务的 TSS 描述符的段选择子，并且把标志寄存器 EFLAGS 中的 NT 位置 1，使前一任务链接域有效。NT 位用于标识当前任务是否发生了嵌套。当前任务在返回时，返回指令 RET 或中断返回指令 IRET 先检查 NT 位，若发现其值为 1，则将 CPU 控制权恢复到前一任务链接域所指向的任务，即恢复被嵌套的前一任务。

5. 其他信息区域

其他域包括调试陷阱域 T 和 I/O 许可位图域。

调试陷阱域 T 位于 TSS 偏移 100Byte 处的最低位，仅占一位。在发生任务切换时，如果新任务的 T 域为 1，那么在任务切换完成之后，在新任务的第一条指令执行之前产生调试陷阱。

I/O 许可位图域位于偏移 102Byte 和 103Byte 处。为了实现 I/O 保护，要使用 I/O 许可位图（I/O Permission Bit Map）。I/O 许可位图是一个比特序列。因为 CPU 最多可以访问 65536 个端口，所以这个比特序列包含 65536bit，即 8KB。I/O 许可位图中的每个 bit 的值决定了相应的端口是否允许访问。为 1 时禁止访问，为 0 时允许访问。所有的 I/O 操作在执行时都会检查这个位图。I/O 许可位图域是 16 位，指明 I/O 许可位图相对于 TSS 起始处的偏移地址。

7.8.6 分页机制

Intel CPU 在 80386 及更高型号处理器中使用内存分页机制。操作系统通过维护每个进程私有的页目录和页表实现线性地址与物理地址之间的转换，转换过程对于进程来说是透明的。正如保护模式下的段寄存器提供对整个段的访问控制一样，分页机制在更细粒度的页级层面上提供对整个页的保护机制。保护机制包含的一些必要信息包括当前页是否可读或可写、访问该页所需的最小特权级、该页是否已被交换至磁盘（将会产生一个缺页异常）等。

1. 分页相关寄存器

CPU 中与分页有关的寄存器为 CR0、CR2、CR3 等 3 个控制寄存器。这 3 个寄存器在 7.8.1 节讨论过。

CR2 寄存器用于存放页故障线性地址。当根据某个线性地址所寻址的页不在内存中时将触发一个缺页异常，此时处理器负责将该线性地址加载至 CR2 寄存器，以便把相应的页重新加载到内存中。

CR0 寄存器共 32 位，组织结构如图 7-43 所示，分高 2 字节和低 2 字节。其中，比较重要的位有 PG、PE 和 WP。

PG 位：控制分页机制是否启动。PG=0 时禁用分页机制，PG=1 时则启用分页机制。若禁用分页，那么线性地址与物理地址一一对应。但通常将该位置 1 以启用分页机制，此时线性地址需要通过分页机制的转换才能形成物理地址。

PE 位：控制实模式与保护模式之间的转换。分页机制仅支持平坦内存模型（Flat Memory Model）或段式内存模型（Segmented Memory Model），这两种模型都是在保护模式下才存在。所以，分页机制在实模式下无法使用。

WP 位：用以实现写时复制机制。该机制的原理为当父进程调用 fork() 产生子进程时，父子进程共享相同的内存地址空间。但当其中的某个进程对可写的数据段进行更新操作时，将复制该数据段，同时修改相应进程的页表项以指向新的数据段。注意，代码段是只读的，因此更新操作只可能发生在数据段上。而堆栈段由于用来保存进程的局部变量，因此堆栈段也总是独有的。

CR3 寄存器的组织结构如图 7-44 所示，用于存放页目录的基地址，仅高 20 位有效。

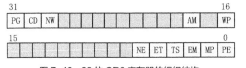

图 7-43 32 位 CR0 寄存器的组织结构

图 7-44 32 位 CR3 寄存器的组织结构

2. 页式地址结构

32 位页式线性地址的结构如图 7-45 所示，页表号 10 位，页号 10 位，页内偏移 12 位。线性地址转换到物理地址分 3 步完成，如图 7-46 所示。

首先，由 CR3 寄存器中的页目录基地址域找到相应的页目录，通过线性地址中的页表域找到对应的页目录项。

图 7-45 32 位页式线性地址的结构

其次，根据页目录项中存放的页表的基地址找到相应的页表，再通过线性地址中的页号域找到相应的页表项。

最后，根据页表项中存放的页的基地址及线性地址中的页内偏移域，两者相加获得物理地址，从而完成线性地址到物理地址的转换。

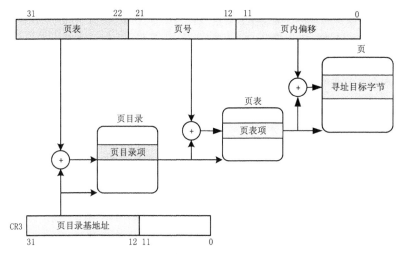

图 7-46 线性地址到物理地址的转换过程

系统中的每个进程必须有且仅有一个页目录，且在该进程的运行期间页目录必须驻留内存。因为线性地址中的页表域为 10 位，所以可寻址的页目录项多达 $2^{10}=1024$ 个。线性地址中的页号域也为 10 位，因此每个页表可寻址的页表项也多达 $2^{10}=1024$ 个。页目录项和页表项都占 4Byte，所以一个页目录或页表恰好占据一个物理页。同时，因为页内偏移域的数据位宽度为 12，所以一页有 $2^{12}=4096\text{Byte}$，这也正好与页的定义完全一致。因此，一个进程可寻址的内存空间为 $1024\times1024\times4096\text{B}=4\text{GB}$。

3. 页目录项和页表项的组织

页目录项和页表项都占 4Byte，其结构特别相似，它们的组织形式如图 7-47 所示。

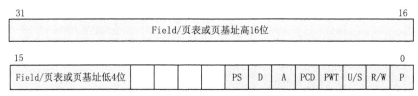

图 7-47 页目录项和页表项的 4 个字节组织形式

Field 域：20 位，表示页表或页所在的基址的高 20 位。这个地址是 4KB 对齐的。

P 位：Present 标志。该标志位置 1 表示对应的页表或页在内存中。反之，则说明不在内存中。若在地址转换过程中发现该位为 0，分页机制将该线性地址放入 CR2 控制寄存器中，并产生缺页异常。

R/W 位：Read/Write 标志。该位为 0 表示相应的页表或页是只读的，否则，为可读可写。

U/S 位：User/Supervisor 标志，指示访问该页表或页面所需的特权级。若该标志为 0，那么当前特权级小于 3 时才能对相应的页表或页寻址。反之，则总能对相应的页表或页进行寻址。

D 位：Dirty 标志，脏标志。只在页表项中存在该标志位。当对某个页框执行写操作时设置该位。操作系统在调度时根据该位判断是否需要将该页写回磁盘，以此来保证数据之间的一致性。

PS 位：Page Size 标志，该位只在页目录项中使用。若该位置 1，则启用扩展分页机制，即将二级分页模型切换为一级分页模型，32 位线性地址被分为 10 位的页号域以及 22 位的页内偏移域。

7.8.7　3 种地址与保护模式地址映射过程

实模式与保护模式的最大区别在于地址映射方式的差异。简单来说，在实模式下，地址转换基本流程是段寄存器左移 4 位后加上偏移地址获得物理地址。而在保护模式下，地址转换的基本流程是通过段选择子遍历 GDT 或 LDT 选择指定的段描述符，通过段描述符间接获取段基址，然后与偏移地址相加获得物理地址。保护模式在进行地址映射过程中，还会同时利用段描述符、段选择子、TSS 等数据结构以及 EFLAGS 寄存器等对程序的执行流程进行持续的存取权限和存取范围的核验，实现对任务的隔离和保护。这些过程都体现了保护模式中"保护"的含义。

1. 3 类地址

在 IA-32 CPU 中，程序在 CPU 中运行的全过程存在 3 种形式的地址：逻辑地址、线性地址、物理地址。

（1）逻辑地址（Logical Address）

程序员在编写程序时，在程序中直接使用的地址或编译器所产生的地址称为逻辑地址。逻辑地址是虚拟的，它产生的前提是内存是理想的存储空间。理想的含义是指这个存储空间是封闭的、线性的。封闭意味着这个空间是进程独占的，线性意味着这个空间的地址可用一维方式表示，从 0 开始线性递增到最大，对 32 位系统来说就是 4GB 空间。

逻辑地址一般采用相对地址来计数，参考的起始地址是程序的首条指令或数据。当然，程序的首条指令或数据本身的地址可以是 0，也可以是一个指定的、已知的地址基数。

逻辑地址也称为虚拟地址、相对地址。一方面因为寄存器位宽的限制，另一方面也因为模块化编程的要求，逻辑地址由两部分组成：段基址和段内偏移量。这种地址构成方式使得逻辑地址事实上变成了二维地址。

代码 7-4 中的第 3 条指令访问的目的单元的逻辑地址就是 DS:0x100。该指令的作用是把目的单元 DS:0x100 中的内容读出来并写到 AL 寄存器中。

（2）线性地址（Linear Address）

逻辑地址是二维地址，需要先把它映射到一维的地址空间。对于逻辑地址，段寄存器会提供段的基地址，基地址加上偏移地址就获得线性地址。需要注意的是，在实模式和保护模式中，段寄存器用不同的方法提供段的基地址，前面已详述。线性地址空间中，所有指令、数据和堆栈都包含在相同的地址空间中。在未启用分页机制的系统中，线性地址就等同于物理地址。

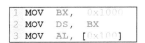

```
1  MOV   BX,  0x1000
2  MOV   DS,  BX
3  MOV   AL,  [0x100]
```

代码 7-4　汇编代码中的逻辑地址

（3）物理地址（Physical Address）

物理地址是指内存单元的真实地址。这个地址直接用于内存芯片的寻址。物理地址会被从 CPU 的地址总线（Address Bus）发出，结合其他控制信号，被送进地址译码器，从而选择内存芯片中目标单元。

2. 保护模式地址映射过程

保护模式下 80x86 在逻辑地址到物理地址的转换过程中先后使用分段和分页两种机制，如图 7-48 所示。第一阶段的分段变换机制总是使用的，而第二阶段的分页机制则是可选的，由 CR0 控制寄存器的最高位 PG 位控制。当 PG=1 时，启用页式地址映射。

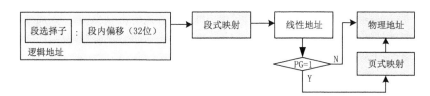

图 7-48　保护模式下虚拟地址到物理地址的映射过程

第一阶段，使用分段机制把程序的逻辑地址转换成线性地址空间中的地址，如图 7-49 所示。

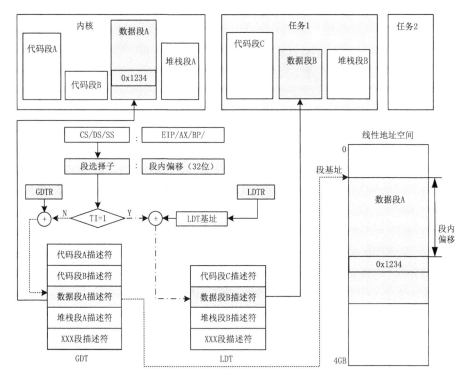

图 7-49　分段机制把逻辑地址转换成线性地址

逻辑地址包括段选择子和段内偏移。段选择子是一个段的唯一标识。另外，段选择子提供段描述符表（例如 GDT 或 LDT）中某一个特定的段描述符的偏移量。通过这个偏移量加上 GDT 的基址（由 GDTR 提供）或 LDT 的基址（由 LDTR 间接提供）可以查找到相应的段描述符。选择 GDT 还是 LDT 取决于段选择子的 TI 位。当 TI=0 时选择 GDT，否则选择 LDT。段描述符已经指明目标段基地址、大小、特权级、段类型等参数。确定目标段的段基址后，将段基址和逻辑地址中段内偏移量相加即可得到目标单元的线性地址。如果系统没有启用页式机制，这个线性地址就是物理地址。

第二阶段，使用分页机制把线性地址转换为物理地址。

如果系统已经启用页式机制（由 CR0 的最高位 PG 位控制），需要继续将线性地址通过页式地址映射方式转换为物理地址。32 位的线性地址被分成 3 个部分，分别用来在页目录表和页表中定位对应的页目录项和页表项，以及在对应的物理内存页框中指定偏移位置。具体的转换过程参考 7.8.6 节，此处不再赘述。

3. 内存管理单元

段式地址映射和页式地址映射都由 CPU 内部的内存管理单元（Memory Management Unit，

MMU）负责。MMU 完成逻辑地址到物理地址的转换功能。MMU 是硬件部件，输入是虚拟地址，输出是物理地址。物理地址将直接放在 CPU 的地址总线上，对内存单元进行寻址。

7.8.8　保护模式下的中断机制

中断机制是现代操作系统多任务的基础。原因很简单，只要中断没有被屏蔽，它就能随时发生。特别是定时器中断，能够以准确的时间间隔发生，可以用来强制实施任务切换。

IA-32 CPU 中断系统能够处理 256 个中断，用中断号 0～255 区别，其中极少一部分属于外部中断。外部中断，也就是可屏蔽中断，还需要通过中断控制器 Intel 8259A 辅助管理。CPU 用中断号来识别不同的中断源，调用不同的中断服务程序为之进行服务。

对内部中断，包括 INT N 形式的软件中断，由 CPU 自动提供中断号；对外部中断，CPU 从中断控制器 8259A 中获得中断号。

1. 实模式下的中断机制

实模式下使用中断向量和中断向量表配合 CPU 完成中断响应。中断向量是中断服务程序的入口地址。它由两部分组成：中断服务程序入口所在段的段基址（2Byte）、中断服务程序入口的偏移地址（2Byte）。

中断向量表按中断号的递增顺序存放有 256 个中断源的中断向量，每个中断向量占 4Byte，总共占用 1024Byte。在 IA-32 CPU 系统中，中断向量表存放于内存最低 1KB 空间中，即 0～0x3FF。

具有指定中断号的相应中断向量在中断向量表中的位置可以通过公式"中断号×4"来计算。$N×4$ 的字单元存放偏移地址，$N×4+2$ 的字单元存放段基址。

当中断发生后，在允许中断的条件下，CPU 响应中断。CPU 自动获得中断号 N，被硬件自动引导到物理地址为 $N×4$ 的地方读取中断向量，并将此处 4Byte 填充到 CS 和 IP 两个寄存器中，自动实现到中断服务程序的跳转。

中断服务程序的结构一般包括以下四个部分。

（1）使用 PUSH 指令保存可能用到的寄存器。

（2）处理中断事件。

注意：如果 IF 被设置为 0，在中断处理中，处理器将不再响应硬件中断。如果希望更高优先级的中断嵌套，可以在编写中断处理程序时，适时用 STI 指令开放中断。

（3）使用 POP 指令恢复前面保存的寄存器。

（4）用 IRET 指令返回。

2. 保护模式下的中断机制

在实模式下，内存最低地址端 1KB 是中断向量表，保存着 256 个中断处理过程的段地址和偏移地址。而在保护模式下，中断向量表不再使用，取而代之的是中断描述符表（Interrupt Descriptor Table，IDT）。IDT 和 GDT、LDT 的结构是一样的，也用于保存段描述符。只不过 IDT 中保存的是门描述符，包括中断门描述符、陷阱门描述符，有时，IDT 中也会保存任务门描述符。在 7.8.4 节已经介绍过中断门和陷阱门描述符，它们中的"目标代码段段选择子"域用于指定中断服务函数所在的代码段段描述符对应的段选择子，"中断服务函数入口点"域则指定不同中断服务函数入口地址的偏移地址。

IDT 中的门描述符是按中断号递增的顺序排列的。当某一个中断发生时，CPU 用其中断号 N 乘以 8（因为每个门描述符占 8Byte）作为索引访问 IDT，取出相应的门描述符。然后，从门描述符中获取中断服务程序的段选择子和中断服务函数入口点（即段内偏移地址），类似使用调用门，控制流接着就转移到相应的地址去执行中断服务程序。

IDT 的地址记录在 IDTR 中。IDTR 与 GDTR 结构类似，如图 7-50 所示，有 48 位，其高 32

位是 IDT 的基址，低 16 位是限长。

IA-32 系统最多支持 256 个中断，所以 IDT 最多仅需要容纳 256 个描述符，最大的限长 LIMIT 是 0x7FF。

图 7-50　IDTR 结构

中断门描述符和陷阱门描述其实和调用门用法类似，都是任务内的控制转移。中断门除通过中断指令 INT n 调用，也可以通过 CALL 指令来直接调用。当然，中断门的标准调用方式还是通过中断方式来自动调用。

7.8.9　特权级保护机制

保护模式的核心是对内存访问的保护和隔离。保护机制涉及 3 种类型的特权级：描述符特权级、当前特权级、请求特权级。

1．描述符特权级（Descriptor Privilege Level，DPL）

DPL 是实施特权级保护的第一步。DPL 在 7.8.2 节有描述。每个描述符都有一个 2bit 的 DPL 字段，可取值为 0~3，代表其指向的目标段的特权级，决定了哪些特权级的代码能访问它。

对于数据段来说，DPL 决定访问它们的代码段所应具备的最低特权级。如果一个数据段段描述符的 DPL 字段为 2，那么能够访问该数据段的只有特权级为 0、1 或 2 的程序。当一个特权级为 3 的程序访问该数据段的时候，将会被 CPU 阻止，并引发常规保护错误（#GP）。

对于非一致性代码段来说，DPL 决定访问它的代码段所应具备的特权级，即只有同特权级的代码段可以访问它。例如，0 级的非一致性代码段，只有同为 0 级的代码段可以访问它，而应用程序不能访问它。例外情况是，如果准备通过调用门访问非一致性的代码段，此时的 DPL 决定访问它的代码段所应具备的最高特权级。

对于一致性代码段来说，DPL 决定访问它的代码段所应具备的最高特权级。例如，2 级的一致性代码段，只有 2 级或 3 级的代码段可以访问它，而 0 级或 1 级的代码段不能访问它。可见，一致性代码段的 DPL 与通过调用门访问的非一致性代码段的 DPL 含义相同。

对于调用门和 TSS，与数据段的访问规则相同，DPL 决定访问它们的代码所应具备的最低特权级。

对任何段进行访问之前都要先把该段的段描述符加载到相应的段描述符影子寄存器（对用户不可见），所以这种 DPL 保护手段很容易实现。

2．当前特权级（Current Privilege Level，CPL）

前面已经提及，在实模式下，段寄存器存放的是段地址，而在保护模式下，段寄存器存放的是段选择子。当 CPU 在一个代码段中执行指令时，这个代码段的特权级叫作 CPL。正在执行的代码段，因其段选择子正位于段寄存器 CS 中，因此 CS 的最低两位就是 CPL 的值。一般情况下，当代码发生转移时，CPL 也会随之变化，例外就是访问高特权级的一致性代码段时，CPL 保持不变。代码的一致性属性的概念参考 7.8.2 节。

在一个任务中，有全局空间和局部空间。一般来说任务的全局空间是操作系统的函数，特权级是 0；任务的局部空间一般是任务自己的函数，特权级是 3。

那些只能在 CPL 为 0 的时候才能执行的指令，称为特权指令。典型的特权指令有加载全局描述符表的 lgdt，加载局部描述符表的指令 lldt，停机指令 hlt 等。

3．请求特权级（Request Privilege Level，RPL）

为了访问内存的目标代码，即要将 CPU 控制从一个代码段转移到另一个代码段，通常使用 JMP 或者 CALL 指令，并要在指令中提供构造好的指向目标代码的段选择子，以便加载到 CS 寄存器中。另外，为了访问内存中的目标数据，也必须提供构造好的指向目标数据的段选择子，以便加载到 DS、ES、FS 或者 GS 等寄存器中。不管是访问目标代码实施 CPU 控制转移，还是访问数据，都可以看成一个请求。请求者要构造和提供段选择子才能访问指定的代码段或数据段。这里的段选择子的最低 2 位就是指请求者的请求特权级 RPL。

在绝大多数情况下，请求者都是当前程序，因此 CPL=RPL。要判断请求者是谁，最简单的方法是看谁提供段选择子，谁就是请求者。

但是在一些并不多见的情况下，RPL 和 CPL 并不相同。比如，特权级为 3 的应用程序，希望从硬盘读一个扇区，并传送到自己的数据段。这里的数据段的 DPL 是 3。应用程序通过调用门调用内核读硬盘的例程完成硬盘的读操作，这里请求者是 RPL=3 的应用程序，但是内核读硬盘的例程的 DPL=0。调用门会改变当前特权级，进入内核读硬盘的例程后，CPL=0。此时，RPL=3 与 CPL=0 就不相同。

再看一个 RPL 低于 DPL 的例子。假设用户程序已经得知操作系统内核数据段的段选择子。用户程序虽然不可以直接读写内核的数据段，但是它可以通过调用门改变该内核数据段的内容。用户程序通过调用门调用操作系统的例程，将当前特权级 CPL 变为 0，然后从硬盘读取数据，并将这些数据写到内核的数据段。显然，这种情况是要避免发生的，因为肯定会破坏操作系统。

因此，系统会加强检查机制禁止这种具有风险的操作发生。操作系统会利用 RPL 信息来实现这个检查机制。每当 CPU 执行将段选择子传送给段寄存器的指令时，会检查以下两个条件是否同时满足。

（1）CPL 高于或者等于数据段描述符的 DPL，即在数值上有：CPL <= 数据段描述符的 DPL。

（2）RPL 高于或者等于数据段描述符的 DPL，即在数值上有：RPL <= 数据段描述符的 DPL。

如果以上两个条件不能同时成立，CPU 会阻止这种操作，并引发异常中断。所以，当用户程序尝试去修改内核的数据段时，通过调用门调用内核例程后，当前特权级 CPL=0 与内核数据段描述符的 DPL=0，满足第一个条件。但是，RPL=3 与内核数据段描述符的 DPL=0，不满足第二个条件。因此，上述操作会使 CPU 引发异常中断。在这个过程中，RPL 起到了很重要的作用，所以 RPL 也是特权级保护的关键要素。

4．访问代码段

访问代码段即实现 CPU 控制的转移，从当前执行的代码段转移到目标代码段。代码段转移过程中特权级检查很严格。控制转移分以下几种情况。

（1）同特权级的代码段可以直接转移。

（2）高特权级代码不可以转移到低特权级代码段。

（3）特定情况下低特权级代码可以转移到高特权级代码段。例如，低特权级的应用程序尝试调用高特权级的内核程序，可以通过下面两种方法实现转移。

方法一：将高特权级的代码定义为一致性代码。

将目标代码段的段描述符的 TYPE 域的 C 位设置为 1，这样的代码段是一致性代码段，该代码段可以被特权级比它低的程序调用并进入。

要强调的是，即便目标代码段是具有一致性的代码段，也仅允许从低特权级的代码转移到高特权级的代码，而不能从高特权级的代码转移到低特权级的代码。

上述转移到具有一致性的目标代码段的要求可以用一个表达式来总结：

当前运行代码段的 CPL 数值 >= 目标代码段描述符的 DPL 数值

当具有一致性的代码段运行时，其并不是在它本身的 DPL 上运行，而是在调用者的特权级上运行。也就是说，当控制权转移到一致性的代码段后，不改变 CPL，即段寄存器 CS 的 CPL 不发生变化，被调用过程的特权级与调用者的特权级一致。这也就是"一致"一词的含义。所以，高特权级的目标代码实际上已经被降级运行。

方法二：使用调用门进行特权级转移。

门的类型有好几种，包括调用门、中断门、陷阱门、任务门等。不同特权级之间的过程调用可以使用调用门。调用门描述符中定义了目标例程所在的代码段的段选择子，以及目标例程在相应代码段内的偏移地址。使用调用门进行控制转移，可以使用 JMP FAR 或者 CALL FAR 指令，并把调用门描述符的选择子作为操作数。

使用 JMP FAR 指令，可以将控制通过调用门转移到 DPL 更高的代码段，但不改变 CPL。

但是，如果使用 CALL FAR 指令，则当前 CPL 会提升到目标代码段的 DPL。

7.8.10 多任务支持

支持多任务是现代操作系统的基本特性。TSS 和 LDT 两个数据结构是实现多任务机制的重要基础。

1. 任务的隔离

一个失控的程序或者一个恶意的程序，可以通过追踪和修改描述符表来达到它访问任何内存段的目的。比如用户程序知道 GDT 的位置，它可以通过向段寄存器加载操作系统代码段的段选择子，或者在 GDT 中添加一个指向操作系统数据段的段描述符，来修改只属于操作系统的私有数据。显然，应该避免这种恶意的操作发生。

对于多任务系统，首先必须保证任务之间的隔离和任务与操作系统之间的隔离；其次，要实现特权级与特权级访问规则等。这些都是系统保护机制要实现的内容。

如果在 GDT 中既存储内核各种段的段描述符，还存储所有任务各种段的段描述符，那么，很容易造成任务之间的干扰或任务对内核的干扰，因此这样的做法并不安全。为了让任务与任务、任务与操作系统都能够更好隔离，IA-32 便设计有 LDT。每一个任务都有独立的局部描述符表 LDT，里面存放的是各个任务私有的段描述符。各个任务的段描述符不再放在 GDT 中，而是放在自己独立的 LDT 中，这样更加有利于任务的隔离。每个任务也具有各自的 TSS，保存运行时的上下文。TSS 在 7.8.5 节有详细描述。图 7-51 展示了用 GDT、LDT、TSS 来实现任务之间和任务与内核之间的隔离。

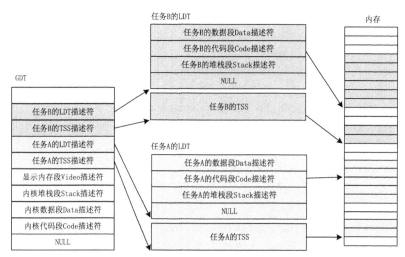

图 7-51　用 GDT、LDT、TSS 实现任务隔离

类似 GDTR 是指向 GDT 的寄存器，对于 LDT 来说，也有一个寄存器 LDTR 指向 LDT。LDTR 指向的是当前正在执行的任务的 LDT。当任务切换时，LDTR 也会更新，指向新的任务的 LDT。

当段选择子的 TI 位为 1 的时候，表示从 LDT 中加载描述符；TI 位为 0 的时候，表示从 GDT 中加载描述符。

用户程序在执行的全过程中，会频繁地在操作系统内核和用户程序之间来回切换。每个用户程序执行过程所访问的空间既有自己的局部空间，也有属于内核的全局空间。所谓全局空间和局部空间，也就是地址划分的问题，即段的划分问题。内核的空间属于所有任务共享的部分，是全局空间，由 GDT 指定。局部空间属于任务私有的空间，由 LDT 指定。图 7-52 为多任务系统的全局空间和局部空间的示例。

图 7-52　多任务系统的全局空间和局部空间

2.　任务的切换

在多任务的环境中，可以同时存在多个任务，每个任务都有自己的 LDT 和任务状态段 TSS。CPU 可以在多个任务之间切换，使它们轮流执行。从一个任务切换到另一个任务时，具体的切换过程由 CPU 负责进行。但是什么时候切换到另一个任务，以及切换到哪一个任务，这是操作系统的责任。CPU 只负责具体的切换过程，包括保护前一个任务的现场。

需要注意的是，任务切换与控制转移是有区别的。控制转移会考虑特权级的变化，很多时候特权级是针对任务的局部空间与全局空间之间的控制转移而存在的。换句话说，特权级是针对同一个任务的。即使是具有不同特权级的两个任务之间，也是可以进行任务切换的，比如用户线程与内核线程的切换。

有两种基本的任务切换方法：一种是协同式，另一种是强制式。

（1）协同式任务切换

从一个任务切换到另一个任务时，需要当前任务主动请求暂时放弃执行权，或者在通过调用门请求操作系统服务时，由操作系统趁机将控制转移到另一个任务。

（2）强制式任务切换

强制式任务切换往往通过安装一个定时器，并在定时器的中断服务程序中实施任务切换。定时器的硬件中断信号总会出现，不管处理器当时在做什么，中断总会按时到来，因而任务切换就能准时进行。在这种情况下，每个任务都能获得平等的执行机会。

不管是协同式的任务切换，还是强制式的任务切换，有 4 种具体的切换过程，以便将 CPU 控制转移到其他任务。

（1）通过任务门完成任务切换。基本思路是结合异常或者中断机制，让特定的中断号、中断描述符与特定的任务门关联起来。一般的中断处理可以使用中断门和陷阱门。它们的本质与调用门类似，都是任务内的控制转移，从任务的局部空间转移到全局空间。但是当中断发生时，中断号如果对应的是任务门，那就不一样了。处理器用中断号乘以 8 作为索引访问 IDT。当它发现这是一个任务门描述符时，就知道应立即发起任务切换。即终止当前任务的执行，切换到另一个任务执行。任务门描述符中含有目标任务的 TSS 段选择子，通过装载 TSS 段选择子可以实现任务切入。

（2）执行 JMP 或者 CALL 指令，将当前程序、任务或者过程的控制转移到 GDT 内的某一个任务对应的 TSS 描述符。

（3）执行 JMP 或者 CALL 指令，将当前程序、任务或者过程的控制转移到 GDT 内或者 LDT 内的某一个任务门。

（4）当前任务执行 IRET 指令。前提是 EFLAGS 寄存器的 NT 位已置 1。无论何时，只要处理器接收到 IRET 指令，它都会检查 NT 位，如果 NT 位是 1，表明当前任务之所以能够执行，是因为它中断了别的任务，因此应该返回到之前被它中断的前一任务去执行。如果 NT=0，表明当前任务是一般的中断过程，仅需要返回到同一任务的其他代码即可。需要注意的是，在 IRET 指令调用前，应根据目标任务具体情况，在相关寄存器中手动设置好相关参数，最后才能调用 IRET 指令模拟中断返回的情形，正确实现任务切换。通常，在内核初始化时首次进入特定的任务时会采用这种方法。

总之，以上 4 种方法涉及的 JMP、CALL、IRET 指令或者异常和中断是实现任务重定向的基本机制，它们所引用的 TSS 描述符或者任务门，以及 EFLAGS 寄存器 NT 位的状态，决定了任务是否切换以及如何切换。

7.9 Linux 内存管理

7.9.1 Linux 内存管理概述

1. 虚拟内存

Linux 操作系统采用虚拟内存管理技术，每个进程都有各自互不干涉的封闭进程空间。从系统的角度来看，虚拟内存包括两部分。

用户空间：从 0 到 3GB 的范围，用户进程独占并可以直接对其进行访问。

内核空间：从 3GB 到 4GB 的范围，存放内核代码和数据，由所有进程共享。用户进程处于用户态时不能访问。当中断或系统调用发生时，用户进程进行模式切换，CPU 特权级别从 3 转为 0，用户进程进入内核态。

在 Linux 中，所有进程从 3GB 到 4GB 的空间有相同的页目录项和页表，对应同样的物理内存区域。这个区域用于存放操作系统代码，所有在内核态下运行的进程共享这个区域。

2. Linux 分页存储管理

为了保持可移植性，Linux 采用三级页表机制，从最外层到最里层分别是页全局目录（Page Global Directory，PGD）、页中间目录（Page Middle Directory，PMD）、页表（Page Table，PT）。

每一个进程都有一个全局页目录，全局页目录中的每一项指向一个中间页目录。每个活动进程的全局页目录必须在主存中。中间页目录的每一项指向一个页表。页表每一项指向一页，并指明该页所在的页框和相关属性。

相应地，Linux 虚拟地址（线性地址）由 4 个部分构成，如图 7-53 所示。线性地址从高位到低位被划分为 PGD 索引域、PMD 索引域、PT 索引域和页内偏移域等 4 部分。当前进程的 PGD 的基址存放在 CR3 寄存器中。

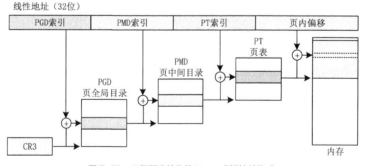

图 7-53　三级页表结构的 Linux 虚拟地址构成

Linux 三级页表机制只是一个通用的模型，最终还是要在具体的 CPU 和 MMU 上实现。Linux 在 i386 CPU 上实际按两级页表来管理，跳过了中间的 PMD 层次，反映到线性地址的构成上，PMD 索引域被设置为 0 位，即取消该域。Intel 引入了物理地址扩充功能 PAE，运行地址宽度可以从 32 位拓宽到 36 位，因此也具备实施三级页表的硬件基础。所以，i386 CPU 在硬件上既支持二级页表，也支持三级页表，至于最终选择哪一种，用户可以在编译内核的时候进行选择。

3. Linux 段式存储管理

CPU 可以选择性地支持页式管理或支持段式管理或同时支持。但是 i386 CPU 比较特殊，它采用嵌套的方式支持两种内存管理方式，它先对逻辑地址进行段式映射，然后进行可选的页式映射。

无论是段式映射还是页式映射，都对内存访问进行了保护。i386 CPU 支持 4 种特权级，而在 Linux 中，只需要两种特权级。因此，Linux 仅在地址映射的第一阶段，简单地使用必不可少的段机制实现了 4 个范围都为 4GB 的线性地址空间（以 32 位系统为例），两个是内核空间，两个是用户空间。尽量方便在系统运行中，不需要进行段的切换操作，而且段的特权级也只需要设置 0 级和 3 级两种。

每当内核新建一个进程，都要将其段寄存器即段选择子设置好。设置的结果就是进程具有 4 个范围都是 4GB 的段：内核数据段、内核代码段、用户数据段、用户代码段。每段的属性各不相同，内核段特权级为 0，用户段特权级为 3。所以，Linux 仅仅是利用段机制来隔离用户数据和系统数据，同时简化了逻辑地址到线性地址的转换，可以直接将逻辑地址当作线性地址，二者完全一致。

4. Linux 物理内存管理

在频繁地申请和释放内存的情况下必然会导致较多离散的空闲页框，即所谓的外部碎片或空洞。Linux 物理内存管理的目标就是如何在频繁地申请和释放内存的情况下减少外部碎片，增加内存利用率。具体的方法有伙伴算法、slab 缓存技术等。

（1）伙伴算法

伙伴算法（buddy system）是解决外部碎片问题的常用方法，同时允许快速分配与回收物理页。其思想是当用户只是申请一小块内存时，保证内核不会从大块空闲内存截取，保证大块内存的连续性和完整性。

伙伴算法把所有的空闲页框分别用 11 个块链表来组织。页框以"页框块"为单位被这些块链表管理。不同块链表中的页框块单位定义不同，页框块包含的连续页框数量不同。11 个链表所用的页框块包含的页框数量依次是：2^0、2^1、2^2、2^3……2^9 和 2^{10}。最小的页框块是 1 个页框，对应 4KB 的连续内存；次小的页框块包含 2 个连续页框，对应 8KB 的连续内存；最大的页框块包含 1024 个连续页框，对应 4MB 的连续内存。

系统构建了 11 个链表，并用它们构成了块链表数组 free_area[11]。数组中的每个元素都指向一个块链表。图 7-54 显示了链表和链表数组的关系和结构，图中的块链表具有双向链接指针。

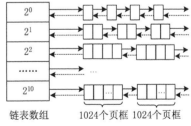

图 7-54　块链表和块链表数组的结构

元素 free_area[0]指向的块链表由具有 2^0 个页框的页框块连接而成，即块链表中每个节点都指向 4KB 的连续内存空间。

元素 free_area[1]指向的块链表由具有 2^1 个页框的页框块连接而成，即块链表中每个节点都指向 8KB 的连续内存空间。

元素 free_area[2]指向的块链表由具有 2^2 个页框的页框块连接而成，即链表中每个节点都指向 16KB 的连续内存空间。

元素 free_area[i]指向的块链表由具有 2^i 个页框的页框块连接而成，即链表中每个节点都指向 $2^i \times 4KB$ 的连续内存空间。

元素 free_area[10]指向的块链表由具有 2^{10} 个页框的页框块连接而成，即链表中每个节点都指向 4MB 的连续内存空间。

伙伴算法中的伙伴含义是指，两个页框块满足下面 3 个条件就可以互称为伙伴。

① 页框块的大小相同，即都含有相同数量的页框数。

② 两个页框块的地址前后连续。

③ 两个页框块（最大的页框块除外）能够合并成一个更大的页框块挂接在某个块链表中。

伙伴算法的分配过程用以下例子说明，该过程也体现了"伙伴"的含义。

假设要申请一个 256 个页框（2^8 个页框）的块，即要申请 1MB 空间。显然，应先从元素 free_area[8]指向的块链表中查找空闲块。若找到了，就直接分配；若没有找到，就去元素 free_area[9] 指向的块链表（页框块有 512 个页框）中查找。若找到了，则将页框块分为前后 2 个各有 256 个 页框的小页框块（分为两个伙伴）。一个小页框块分配给用户，另外一个小页框块因为是空闲的， 则移到每个页框块有 256 个页框的链表中，即 free_area[8]指向的块链表中；若没有找到，继续向 元素 free_area[10]指向的块链表（页框块有 1024 个页框）中查找。若找到，就将页框块分成前后 2 个各有 512 个页框的页框块（又分为两个伙伴），将后一个页框块移到 free_area[9]指向的块链表 中，而前一个页框块继续分成前后 2 个各有 256 个页框的页框块（又分为两个伙伴），将前面一个 页框块分给用户，后一个页框块移到 free_area[8]指向的块链表中。如此递归查找链表，直到找到 合适的页框块；若最终没有找到，则说明内存不够，返回错误。

伙伴算法的内存回收是分配的逆过程，也可以看作伙伴的合并过程。当释放一个页框块时， 遵循下面流程。

① 先在其对应的链表中检查是否有伙伴存在。如果没有伙伴，就直接把要回收的块插入链 表头。

② 如果有伙伴，则从链表中摘下伙伴，合并成一个更大的页框块。

③ 继续检查合并后的页框块在更大一级的链表中是否有伙伴存在。

④ 第②和第③两步不断递归，直到合并后的页框块不能再找到伙伴合并或者已经合并到了最 大的块，就挂接到相应的块链表上。

（2）slab 分配器

在内核中有时需要动态分配内存，例如几 Byte 或数十 Byte，而伙伴算法分配的粒度又太大。 如果直接采用伙伴算法来进行分配和释放，不仅会造成大量的内存碎片，而且处理速度也太慢。 引入 slab 机制就是用于解决内部碎片的问题。

slab 分配器是基于对象进行管理的，相同类型的对象归为一类（如进程描述符就是一类）。每当 要申请这样的一个对象，slab 分配器就从一个 slab 列表中分配一个相应大小的单元出去。而当要释 放对象时，仅将其重新保存到该列表中，而不是直接返回给伙伴系统，从而避免内部碎片发生。

与传统的内存管理模式相比，slab 分配器具有很多优点。内核通常会反复地分配和释放很多 小对象，它们会在系统生命周期内进行无数次分配。slab 分配器通过对类似大小的对象进行缓存 而提供"分配与释放"的这种功能，从而避免常见的碎片问题。slab 分配器还支持通用对象的初 始化，从而避免为同一目的而对一个对象重复进行初始化。

7.9.2 Linux 0.11 内存管理设计

1. 物理内存布局

Linux 0.11 在不做修改的情况下最多支持 16MB 的物理内存，16MB 的物理地址分为 3 部分， 由低向高分别是内核模块区、高速缓冲区、可选 RAM 虚拟盘区、主内存区。

内核模块占据物理内存的最前端，随后是高速缓冲区。高速缓冲区的最高内存地址为 4MB。 如果存在 RAM 虚拟盘，那么 RAM 虚拟盘的空间紧随其后，再之后的内存部分为主内存区。主内 存区属于用户区域，是整个内存空间的主体部分。整个物理内存分配如图 7-55 所示。

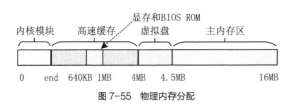

图 7-55 物理内存分配

在 Linux 0.11 中，内核使用宏 LOW_MEM 标记参与页式管理的物理内存最低端，系统初始化时 LOW_MEM 被设置为 1MB，意味着低于 1MB 的物理内存不参与页式管理，只有 1MB 之上的 15MB 物理内存才参与页式管理。1MB 之上的 15MB 物理内存也称分页内存区，内核初始化时已定义宏 PAGING_MEMORY 记录其大小 15MB。分页内存区被分割为大小为 4KB 的页框，并在内核中维护一个大小与页框数相同的字节数组 mem_map[ ]（也称页面映射字节图）。页框数或字节数组的长度在内核中用宏 PAGING_PAGES 记录，并被初始化为（16MB ~ 1MB）/4KB，即 3840。数组中所有字节项都顺序对应所有的物理页框，每个字节记录对应物理页框的占用次数。空闲的物理页框对应的字节为 0，即没有被占用，占用次数为 0。每当申请一页空闲物理内存页框时就将对应字节置 1，且以后每次被设置共享时就加 1，而撤销共享时就减 1。

需要注意的是，在内存管理初始化中，从 1MB 到 4MB（有 RAM 虚拟盘时是 4.5MB）的区域虽然属于分页内存区，但是这个区域用于高速缓冲或虚拟盘，所以这部分区域与对应的页框被记录为占用，不再参与页面分配。因此，可以按页来动态地分配或释放的区域是 4MB（有虚拟盘时是 4.5MB）到 16MB，即主内存区。在管理内存的时候，要时刻判断操作的内存页框是否在有效范围（1MB~16MB）内，且要判断其占用情况。

2. 内核区域中关键数据结构的布局

在内存的内核区域中，线性地址和物理地址是一样的。从 0 地址开始，首先存放的是页目录表，占 4KB。之后是 3 个页表，每个占 4KB，每个页表共 1024 项，即每项 4Byte。它们都在 /include/linux/head.h 当中完成初始化。

在内核区域中，IDT 和 GDT 是两个很重要的内存段，各占 2KB 内存，二者的定义在 /include/linux/head.h 当中。IDT 存放的是中断描述符表，GDT 中存放的是全局描述符表。

GDT 中，第 0 项为空项，第 1 项为代码段描述符，第 2 项为数据段描述符，第 3 项计划为系统段描述符，但是未使用，为空项。GDT 从第 4 项开始，存放进程的相关信息，每个进程使用 2 项。对于每个进程，第一项是 TSS(n)，第 2 项是 LDT(n)，其中 n 为进程号。从这里就可以看出来 GDT 最多容纳 127 个任务，但实际上，Linux 0.11 规定，最多只允许 64 个任务同时存在。

在 Linux 0.11 中，每个任务的虚拟地址范围为 64MB。每个任务都由一个 task_union 联合体描述。task_union 联合体包含一个 task_struct 结构体和一个字节数组，参见代码 7-5 所示。

用户进程所占的物理内存主要是主内存区，且占用的物理内存是不连续的，它所占有的数据可以分布在整个主内存区中，这个区域由前述的 mem_map[ ]来管理。

代码 7-5 task_union 联合体

3. 页目录和页表

IA-32 体系结构提供分页机制，它的内存管理是通过二级页表机制完成的，具体包括页目录和页表两级。

Linux 0.11 系统只有一个页目录，供所有进程共享，里面有 1024 个页目录项。每个进程又有若干个自己的页表，每个页表记录 1024 个物理页地址，一个物理页的大小是 4KB。这样 i386 CPU 的最大寻址空间是 1024×1024×4KB=4GB。

页表中的每个页表项记录对应的页框的地址和一些存取标志信息。页目录中的每个页目录项则记录对应页表在内存中的地址（实际只有高 20 位）和一些存取标志信息。这些存取标志信息包括 3 种信息。

P：是否可用。即是否在内存。

D/A：已修改或已访问。

R/W：读写权限。

线性地址的转换就是通过这两级页表实现的。前面已经介绍过 CPU 通过段式机制实现逻辑地址到线性地址的转换过程。此处，仅介绍 Linux 0.11 内核用软件方式处理页目录和页表实现地址映射的过程。

一个 32 位的线性地址分为 3 个部分。

页目录项索引：高 10 bit。

页表项索引：中间 10 bit。

页内偏移地址：低 12 bit。

将线性地址右移 22 位可以得到页目录项索引。一个页目录项占 4B，所以，要得到页目录项的地址，还要再左移 2 位（乘以 4）。这样，实际上就是将线性地址右移 20 位，再把最低两位清零（位与操作，& 0xffc）可得到页目录项地址。得到页目录项后，再将低 12 位清零（位与操作，& 0xfffff000）就可以得到页表的起始物理地址。在页表中得到物理页的起始地址的做法和在页目录中得到页表地址的做法类似，只是前者利用的是线性地址的中间 10 位。

4. 写时复制机制

写时复制机制是 Linux 中实现内存共享并同时有效节省内存的方法。当父进程利用 fork 创建子进程的时候，子进程复制了父进程的页目录项和页表，同时将对应的物理页设为只读，这样它们两个共用一段物理内存。当其中的一个进程在自己的虚拟地址范围内进行写操作的时候，就会产生异常，引起中断。中断处理会在物理内存中再分配一个物理页，并将引起异常的这个页的内容复制进去，修改对应的页表项为可读写。这样父子两个进程就各自有了一个内容相同的物理页了。

5. 请求加载机制

请求加载机制可延迟进程加载时间，提高进程加载效率和运行效率。在 fork 出一个新进程后，通常会用 exec 为这个进程加载新内容。这时，exec 会先删除这个进程原有的数据段和代码段占用的页目录项和页表。随后系统会为加载进来的环境参数和命令行参数分配一定数量的物理页和对应的页表和页目录。需要注意的是，这个进程的代码和数据暂时还没有占用任何物理内存空间，因为它们还在磁盘上。但将来一旦从程序的开始处开始执行，访问代码和数据的时候，就会发现它们没在内存中，进而引起缺页中断。缺页中断处理程序将会在内存中申请一页物理页存放代码或数据，并设置页表中对应的页表项。如果不存在页表，还要先申请一页内存存放页表。最后，将请求的代码或者数据以块为单位从磁盘上复制到内存中。

7.9.3　Linux 0.11 页式内存基本操作

1. 内存管理初始化

7.9.2 节已经提及，对于 1MB 以上的物理内存页面，内核维护了一个长度为 PAGING_PAGES（15MB/4KB）的页面映射字节图 mem_map[ ]来记录每个页面的占用次数，空闲物理内存页面对应的字节项为 0，当申请一页空闲物理内存时就将对应字节置 1，当共享一页物理内存时就将对应字节加 1。

内存管理初始化工作在函数 mem_init()中实现，参考代码 7-6。函数首先把 mem_map[ ]的所有项都置为 USED（100），然后找到主内存区的起始页号，并计算出主内存区的页面数，然后将主内存区所有页面对应的 mem_map[ ]项置 0，完成初始化。可见，主内存区才是用户可按页再分配和释放的区域。

内存初始化后，位于 1MB 以上的高速缓冲区和虚拟盘所占用的空间虽已被分页，但是在 mem_map[ ] 中都被记录为已占用，所以，内存管理程序不会再去分配或释放这些页面。而是仅去分配主内存区中的页面。

```
1    #define LOW_MEM 0x100000
2    #define PAGING_MEMORY (15*1024*1024)
3    #define PAGING_PAGES (PAGING_MEMORY>>12)
4    #define MAP_NR(addr) (((addr)-LOW_MEM)>>12)
5    #define USED 100
6
7    void mem_init(long start_mem, long end_mem)
8    {
9        int i;
10
11       HIGH_MEMORY = end_mem;
12       for (i=0 ; i<PAGING_PAGES ; i++)
13           mem_map[i] = USED;
14       i = MAP_NR(start_mem);
15       end_mem -= start_mem;
16       end_mem >>= 12;
17       while (end_mem-->0)
18           mem_map[i++]=0;
19   }
```

代码 7-6　内存管理初始化函数 mem_init()

2. 页面分配

内核使用 get_free_page() 函数获取图 7-57 中主内存区中的空闲页框的物理地址。get_free_page() 函数就是在页面映射字节图 mem_map[ ] 中寻找一个没有被使用的页面，标记为在使用，返回该页面的物理内存地址。

get_free_page() 函数详见代码 7-7 所示。函数目的是在页面映射字节图 mem_map[0.. (PAGING_PAGES-1)] 中寻找空闲页面，即 mem_map[i]==0 的项。如果找到，返回物理地址；如果找不到，返回 0。

```
1    #define LOW_MEM 0x100000
2    #define PAGING_PAGES (PAGING_MEMORY>>12)
3    /*
4     * Get physical address of first (actually last) free page,
5     * used. If no free pages left, return 0.
6     */
7    unsigned long get_free_page(void)
8    {
9    register unsigned long __res asm("ax");
10
11   __asm__("std ; repne ; scasb\n\t"
12       "jne 1f\n\t"
13       "movb $1,1(%%edi)\n\t"
14       "sall $12,%%ecx\n\t"
15       "addl %2,%%ecx\n\t"
16       "movl %%ecx,%%edx\n\t"
17       "movl $1024,%%ecx\n\t"
18       "leal 4092(%%edx),%%edi\n\t"
19       "rep ; stosl\n\t"
20       "movl %%edx,%%eax\n"
21       "1:"
22       :"=a" (__res)
23       :"0" (0),"i" (LOW_MEM),"c" (PAGING_PAGES),
24       "D" (mem_map+PAGING_PAGES-1)
25       :"di","cx","dx");
26   return __res;
27   }
```

代码 7-7　get_free_page() 函数的实现

第 1、2 行定义基本参数。PAGING_MEMORY 标识了 Linux 分页内存区大小为 15MB，最低端的 1MB 分配给了内核。PAGING_PAGES 标识了实际可用的物理页的页数。由于每页大小定义为 4KB（4096Byte），因此，该值的计算方式可以是 PAGING_MEMORY>>12 或 PAGING_MEMORY/4096。

第 9、22 行，定义返回值。设定返回值存储在寄存器 ax。

第 11 行，逆序遍历页面映射字节图 mem_map[0..(PAGING_PAGES-1)]，找出其中 mem_map[i]==0 的页。注意：如果 mem_map[i]==0，表示为空闲页；否则为已分配占用。

在汇编语言尾部的参数中已经指定了 al、ecx、es:di 3 个寄存器的初值。

al = 0;　　// al 保存 0 值，用于比较。

ecx = PAGING_PAGES;　　//主内存页面的个数。

es:di = (mem_map+PAGING_PAGES-1);　　//页面映射字节图最后一项。

第 13 行，已经在 mem_map[0..（PAGING_PAGES-1)] 页面映射字节图中找到逆序的第 1 个 mem_map[i]等于 0 的目标，故将 edi 的最低位置 1，即 mem_map[i]置为 1，标记该页已被占用，不再空闲了。

第 14、15 行，计算找到的目标页面的基址，存放于 ecx 中。其中，第 14 行的 ecx 保存的是 mem_map[i]的索引 i，即相对页面序号。此时，相对页面地址是 4K × (PAGING_PAGES - 1)，程序中采用了左移 12 位的等效操作。第 15 行，把相对页面地址与低端内存地址 LOW_MEM 相加，得到实际物理地址。

第 16～19 行，以 4Byte 为单位，循环 1024 次，将前面找到的物理页内容全部清零。

第 20 行，将找到的且内容已被初始化为全 0 的物理页的起始地址放入 eax 寄存器中，作为函数的返回值。

3. 页面释放

free_page()函数的功能是释放以参数 addr 为起始地址的物理内存页面，具体参考代码 7-8。

该函数首先做地址的界限检查。接着根据 addr 换算出该页面在页面映射字节图 mem_map[ ] 中的索引，并令该项递减。当 mem_map[ ]中的字节项为 0 时表示页面被释放，但 free_page()函数中并没有清空该物理页，清空页面的操作是在分配空闲物理页 get_free_page()函数中完成的，即用的时候再清空。

代码 7-8　free_page()函数的实现

4. 页面映射

put_page()函数参见代码 7-9，该函数的作用是修改页目录和页表的映射关系，以使得内存中实际物理页与虚拟空间的页面映射关系在页目录项和页表项中得到更新。关于页目录项和页表项的结构参考 7.8.6 节图 7-48。

代码 7-9　修改页表映射关系的函数 put_page()

第 7、8 行，用于检查当前页面 page 的地址是否在合法的物理地址范围内。注意：前面已经提及，可分页管理的内存仅包括 1MB 之后的内存区域，前 1MB 内存仅供内核使用，不参与页式管理。

第 9、10 行，再次确认该页面 page 是不是通过 get_free_page() 函数成功申请并在 mem_map[ ] 中已经标注过的页面。所谓标注页面，也就是把这个页面对应的 mem_map[ ] 项置 1。确认为标注的页面，即这个物理页确实是刚申请备用的，只有这种物理页才能被映射到一个线性地址。

第 11 行，让变量 page_table 指向 address 线性地址所在页面在页目录表中对应的页表项，（实为该表项基于页目录首址的偏移地址）。后面第 12 行开始将利用 page_table 对相应的页表项信息（4Byte，其中包含页表基地址和页表的一些属性）进行分析。

第 11 行，让变量 page_table 指向 address 线性地址所在页面的页目录项（实为该页目录项基于页目录首址的偏移地址）。第 12 行根据页目录项的位 1（有效位）判断页表是否存在，若存在，则在第 13 行令变量 page_table 指向页目录项中的页表基址；否则，通过第 15～18 行为该页目录项分配新的页表，并将申请到的页面地址填入页目录项，令变量 page_table 指向新的页表基址。最后在第 20 行以 page_table 为基址，以线性地址的位 21-位 12 为偏移，得出页表项地址，将页面地址写入页表项并置 U/S、W/R、P 标志。函数返回参数的物理页地址。

第 12～19 行，先检验用（*page_table）获取的 address 在页目录中对应表项内容的最低位（存在位 P）是否为 1，即检验对应的页表是否已在物理内存中。出于节省内存考虑，系统并不会把页目录中每个表项对应的页表都一直存放在内存中。

若页表在内存中，则由第 13 行把页表的地址记录到变量 page_table 中。注：页表地址来自页目录中对应的表项内容的高 20 位，即（*page_table）的高 20 位。

若页表不在内存中，则调用 get_free_page() 函数在页面映射字节图 mem_map[ ] 内申请一个空闲页面，并将这个空闲页面的属性设置为用户级、只读、存在，再将新申请并初始化好的页面地址赋值给 page_table。其中"tmp | 7"的操作是设置页表项最低 3 位处的 P 位、U/S 位、R/W 位分别为 1。

当第 19 行运行结束时，已经得到了一个有效的页表，其基地址就是 page_table。第 20 行就是将物理页 page 和线性地址 address 所处的虚拟页面关联起来，即将它们之间的映射关系以及一些属性写到页表的相应表项中。具体做法就是在 page_table 中，将虚拟地址 address 对应的页表项中的页面基地址域设置为物理地址 page，P 位、U/S 位、R/W 位都设置为 1，其他属性位默认为 0。其中，[(address>>12) & 0x3ff] 是获得 address 地址的次高 10 位，表示页面在页表内的偏移值，而"page | 7"的操作是设置页表项最低 3 位处的 P 位、U/S 位、R/W 位分别为 1，与第 17 行的操作目的类似。

7.9.4　Linux 0.11 缺页中断实现

当 CPU 在转换线性地址的过程中遇到以下两种情况时，会产生页异常中断（INT 14）。

（1）线性地址对应的页目录项或页表项的存在位（P）为 0。关于页目录和页表项的结构参考 7.8.6 节图 7-48。

（2）当前进程没有访问指定页面的权限。

为了能够诊断并处理异常，CPU 在产生页异常时提供了以下两个信息。

（1）放在堆栈上的 32 位错误码，实际只用到低 3 位。

错误码用于指明页异常是由于缺页导致的还是违反了访问权限导致的。

位 0（P）：0 表示缺页，1 表示页面存在，违反了页级保护。

位 1（R/W）：0 表示读操作，1 表示写操作。

位 2（U/S）：0 表示在超级用户模式下执行，1 表示在用户模式下执行。

（2）存放在 CR2 寄存器中的线性地址。

页异常处理程序可以用这个地址来查找页目录项和页表项。

由于 Linux 0.11 所实现的页级保护仅为页面写保护，即写只读页面时会产生页级保护异常。因此，在 Linux 0.11 内核的页异常中断（INT 14）中只有缺页异常和写保护异常两种情况，故程序中只需判断错误码的位 0 即可区分。

页异常中断（INT 14）的处理函数 do_page_fault()定义在 mm/page.s 文件中，它将从堆栈中取出错误码，根据位 0 判断页异常是缺页异常还是写保护异常，分别调用 mm/memory.c 文件中的缺页异常处理函数 do_no_page()和写保护异常处理函数 do_wp_page()。

在 Linux 中采用了写时复制机制，也就是当某个线性地址被写时，触发相应的缺页异常。该缺页异常会导致分配物理页，实现的代码在 page.s 中，具体的业务逻辑在函数 do_no_page()中，详见代码 7-10 所示。

```
1  void do_no_page(unsigned long error_code,unsigned long address)
2  {//unsigned long address:是产生缺页中断的线性地址
3      int nr[4];
4      unsigned long tmp;
5      unsigned long page;
6      int block,i;
7
8      address &= 0xfffff000;
9      tmp = address - current->start_code;
10     if (!current->executable || tmp >= current->end_data) {
11         get_empty_page(address);
12         return;
13     }
14     if (share_page(tmp))
15         return;
16     if (!(page = get_free_page()))//获取一个page
17         oom();
18 /* remember that 1 block is used for header */
19     block = 1 + tmp/BLOCK_SIZE;
20     for (i=0 ; i<4 ; block++,i++)
21         nr[i] = bmap(current->executable,block);
22     bread_page(page,current->executable->i_dev,nr);
23     i = tmp + 4096 - current->end_data;
24     tmp = page + 4096;
25     while (i-- > 0) {
26         tmp--;
27         *(char *)tmp = 0;
28     }
29     if (put_page(page,address))
30         return;
31     free_page(page);
32     oom();
33 }
```

代码 7-10　函数 do_no_page()的实现

第 8 行，address &= 0xfffff000，获取 address 的高 20 位地址，忽略其低 12 位的页面内的偏移。原因是此处要复制的内容是当前地址所在的整个页面，因而忽略其低 12 位。

第 10～13 行，若当前进程的 executable 为空，或者 tmp 地址超出（代码+数据）的长度，则申请一页物理内存，并映射到指定的线性地址处。executable 是进程的 i 节点结构。该值为 0，表明进程刚开始设置，需要内存；而指定的线性地址 tmp 超出（代码+数据）的长度，表明进程在申请新的内存空间，也需要给予满足。因此，这两种情形就直接调用 get_empty_page()函数，申请一页物理内存并映射到指定线性地址处即可。start_code 是进程代码段的地址，end_data 是（代码+数据）长度。对于 Linux 内核来说，它的代码段和数据段的起始基址是相同的。

第 14、15 行，用于检验是否已有其他进程已执行了同样的程序，如果有，便试图申请共享内存。这是通过调用 share_page()函数来实现的，该函数将在后文分析。

第 16、17 行，使用 7.9.3 节中的 get_free_page()函数来获取一个空闲的内存页面 page。如果内存不够，则显示内存不够，终止进程。

第 20～22 行，用于在辅存中寻找进程中地址为 address（已经过第 8 行处理的相应页面的基地址）的页面在文件系统中的逻辑号，并将其读入第 16 行准备好的页面 page 中。这里要注意的是，读辅存会先尝试去读高速缓冲区的内容。

第 23～28 行，当在执行文件中读取的页面超出文件末尾时，需要将超出的部分清空。如果页面距离执行文件末端超过 1 页，说明是从库文件中读取的，不用执行清零操作。

第 29～32 行，最后，将刚才申请的物理页映射到产生缺页的线性地址 address 处，这个操作使用 7.9.3 节中的页面映射函数 put_page()。映射成功则返回，否则释放掉之前分配的页面并刷新 TLB 缓存。

7.9.5 Linux 0.11 页面共享的实现

在缺页处理中，首先尝试能否共享运行着同一可执行文件的其他进程的内存页面，而不是立即分配新的页面并从映像文件中读取内容填充该页面。这样做不仅可以节省设备访问的开销，而且可以节省物理内存空间。

share_page()函数由缺页处理函数 do_no_page()调用，用来进行页面共享处理。share_page()函数的实现参考代码 7-11。share_page()函数的参数 address 是进程中的逻辑地址，即当前进程欲与 p 进程共享页面的逻辑地址。

函数首先检查当前进程的 executable 字段是否指向某执行文件的 i 节点，以判断本进程是否有对应的执行文件。如果没有，则返回 0。如果 executable 的确指向某个 i 节点，则检查该 i 节点引用计数值。如果当前进程运行的执行文件的内存 i 节点引用计数值等于 1（即 executable->i_count=1），表示当前系统中只有 1 个进程（即当前进程）在运行该执行文件。因此无共享可言，直接退出函数。否则搜索任务数组中所有任务。寻找与当前进程可共享页面的进程，即运行相同的执行文件的另一个进程，并尝试对指定地址的页面进行共享。如果找到某个进程 p，其 executable 字段值与当前进程的相同，则调用 try_to_share()函数尝试页面共享。若共享操作成功，则函数返回 1；否则返回 0，表示共享页面操作失败。

```
 1    static int share_page(unsigned long address)
 2    {
 3        struct task_struct ** p;
 4
 5        if (!current->executable)
 6            return 0;
 7        if (current->executable->i_count < 2)
 8            return 0;
 9        for (p = &LAST_TASK ; p > &FIRST_TASK ; --p) {
10            if (!*p)
11                continue;
12            if (current == *p)
13                continue;
14            if ((*p)->executable != current->executable)
15                continue;
16            if (try_to_share(address,*p))
17                return 1;
18        }
19        return 0;
20    }
```

代码 7-11 函数 share_page()的实现

try_to_share()函数是由 share_page()函数调用的子函数，当 share_page()函数找到一个运行相同映像文件的其他进程时，将该进程的任务结构指针和进程空间的逻辑地址作为参数传递给 try_to_share()函数。try_to_share()函数的原型如下：

```
int try_to_share(unsigned long address, struct task_struct * p)
```

下面按照程序的执行步骤对 try_to_share()函数进行逐段分析。

（1）分别得到指定进程 p 和当前进程中逻辑地址 address 对应的页目录项。

参考代码 7-12，方法是先计算出 address 在 0～64MB 的进程空间中的页目录项地址，再用该地址加上 p 进程在线性空间中的起始地址对应的页目录项地址得到 address 在 p 进程中的页目录项地址 from_page。同理，得到 address 在当前进程中的页目录项地址 to_page。

```
1  from_page = to_page = ((address>>20) & 0xffc);
2  from_page += ((p->start_code>>20) & 0xffc);
3  to_page += ((current->start_code>>20) & 0xffc);
```

代码 7-12　获得页目录项

（2）检查 from_page 所指页目录项是否存在。

参考代码 7-13。如果不存在则直接返回 0，无法进行共享；否则从页目录项中获得页表起始地址，再加上线性地址 address 中的页表项偏移得到指定 p 进程的页表项。

```
1  /* is there a page-directory at from? */
2  from = *(unsigned long *) from_page;
3  if (!(from & 1))
4      return 0;
5  from &= 0xfffff000;
6  from_page = from + ((address>>10) & 0xffc);
```

代码 7-13　检查 from_page 所指页目录项是否存在

（3）检查页表项映射的物理页是否干净并且存在。

参考代码 7-14。如果页面被修改过或者无效则返回 0，无法进行共享；否则，获得物理页地址 phys_addr，并检查物理页地址的有效性，即是否在主内存区范围。

```
1  /* is the page clean and present? */
2  if ((phys_addr & 0x41) != 0x01)
3      return 0;
4  phys_addr &= 0xfffff000;
5  if (phys_addr >= HIGH_MEMORY || phys_addr < LOW_MEM)
6      return 0;
```

代码 7-14　检查页表项映射的物理页是否干净并且存在

（4）操作当前进程的表项。

参考代码 7-15。首先检查 to_page 所指页目录项是否存在。如果不存在，则申请一页空闲物理页来存放页表，并登记到 to_page 所指页目录项中。然后，从页目录项中获得页表起始地址，再加上线性地址 address 中的页表项偏移得到当前进程的页表项。如果该页表项经验证（用 1 做掩码测试最低位 P 位）已经映射了物理页，则说明内核出错，做停机处理。

```
1  to = *(unsigned long *) to_page; //当前进程目录项内容
2  if (!(to & 1)) {
3      if (to = get_free_page()) {
4          *(unsigned long *) to_page = to | 7;
5      } else {
6          oom();
7      }
8  }
9
10 to &= 0xfffff000;
11 to_page = to + ((address>>10) & 0xffc); //当前进程的页表项地址
12 if (1 & *(unsigned long *) to_page)
13     panic("try to share: to_page already exists");
```

代码 7-15　操作当前进程的表项

（5）进行共享处理。

参考代码 7-16。方法是将指定 p 进程的页表项 from_page 的 R/W 复位，开启写保护（只读），并将 from_page 的内容复制给当前进程的页表项 to_page。至此，当前进程与指定进程共享了线性地址 address 所在的内存页面。

随后还需要刷新 TLB 缓存，并将内存页面映射字节图 mem_map[] 的对应字节也增 1，表示相应的物理页增加了一次共享引用。函数返回 1，表示共享成功。

```
1    /* share them: write-protect */
2    *(unsigned long *) from_page &= ~2;
3    *(unsigned long *) to_page = *(unsigned long *) from_page;
4    invalidate();
5    phys_addr -= LOW_MEM;
6    phys_addr >>= 12;
7    mem_map[phys_addr]++;
8    return 1;
```

代码 7-16　共享处理

7.9.6　Linux 0.11 为任务建立页表

1. 创建子进程时为其复制父进程的页表

Linux 内存管理具有写时复制机制，父进程使用 fork()创建子进程时不会为子进程创建新的页面，而是共享父进程的全部页面，直接复制父进程全部的页目录项和页表项。页目录项和页表项的结构参考 7.8.6 节图 7-48。

创建子进程时，页表的复制过程在内存管理函数 copy_page_tables()中完成，如代码 7-17 所示。

程序根据源线性地址和目标线性地址计算出两个页目录项指针。由于线性地址高 10 位是页目录项号，故页目录项号=from>>22，又因为每项按 4Byte 对齐，故页目录项指针=页目录项号<<2=from>>20，最后和 0xffc 相与保证页目录项指针位于 4Byte 边界。然后计算需要复制的目录项数。因为一个页表可以映射 4MB 内存，所以将内存大小 size 除以 4MB 就可以得到目录项数。之所以将 size 加上 0x3fffff（4MB-1）是为了把目录项数向上取整。

```
1    int copy_page_tables(unsigned long from,unsigned long to,long size)
2    {
3        unsigned long * from_page_table;
4        unsigned long * to_page_table;
5        unsigned long this_page;
6        unsigned long * from_dir, * to_dir;
7        unsigned long nr;
8
9        if ((from&0x3fffff) || (to&0x3fffff))
10           panic("copy_page_tables called with wrong alignment");
11       from_dir = (unsigned long *) ((from>>20) & 0xffc); /* _pg_dir = 0 */
12       to_dir = (unsigned long *) ((to>>20) & 0xffc);
13       size = ((unsigned) (size+0x3fffff)) >> 22;
14
15       for( ; size-->0 ; from_dir++,to_dir++) {
16           // 循环中复制每个页目录项
17           if (1 & *to_dir)
18               panic("copy_page_tables: already exist");
19           if (!(1 & *from_dir))
20               continue;
21
22           from_page_table = (unsigned long *) (0xfffff000 & *from_dir);
23           if (!(to_page_table = (unsigned long *) get_free_page()))
24               return -1; /* Out of memory, see freeing */
25
26           *to_dir = ((unsigned long) to_page_table) | 7;
27           nr = (from==0)?0xA0:1024;
28
29           for ( ; nr-- > 0 ; from_page_table++,to_page_table++) {
30               // 循环中复制每个页表项
31               ...
32           }
33       }
34       invalidate();
35       return 0;
36   }
```

代码 7-17　copy_page_tables()函数外层循环的实现

首先，在外层循环中复制每一个页目录项（对应每一个页表），循环次数为上面计算的 size，每次循环都使 from_dir 和 to_dir 自增 1，使它们指向下一个页目录项。在循环体内，首先根据页目录项指针 from_dir 从页目录中取出该项内容，计算得到页目录项对应的页表基址 from_page_table。然后，第 23 行分配一页空闲物理内存用于存放目标页表，令目标页表基址 to_page_table 指向该页基址；然后，修改目标页目录项的内容为页表基址 to_page_table，并令其最低 3 位为 1（表示存在、可写、用户态）；最后，得出该页表需要复制的页表项数 nr。

程序进入内层循环复制该页目录对应页表的每一个页表项，如代码 7-18 所示。首先从当前要复制的源页表项中预先读出内容存入 this_page 变量。判断页表项内容 this_page 是否为空，若为空则跳过这次内层循环，继续复制下一页表项。接着将预复制的页表项设为只读，并写进目标页表项中。如果页表项映射的物理页在 1MB 以上（分页内存区），则需要在 mem_map[ ] 中增加对应页面的引用计数，并令源页表项也为只读。

```
1    int copy_page_tables(unsigned long from,unsigned long to,long size)
2    {
3        unsigned long * from_page_table;
4        unsigned long * to_page_table;
5        unsigned long this_page;
6        unsigned long * from_dir, * to_dir;
7        unsigned long nr;
8        ...
9
10       for( ; size-->0 ; from_dir++,to_dir++) {
11           // 循环中复制每个页目录项
12           ...
13           from_page_table = (unsigned long *) (0xfffff000 & *from_dir);
14           if (!(to_page_table = (unsigned long *) get_free_page()))
15               return -1;  /* Out of memory, see freeing */
16           ...
17
18           for ( ; nr-- > 0 ; from_page_table++,to_page_table++) {
19               // 循环中复制每个页表项
20               this_page = *from_page_table;
21               if (!(1 & this_page))
22                   continue;
23               this_page &= ~2;
24               *to_page_table = this_page;
25
26               if (this_page > LOW_MEM) {
27                   *from_page_table = this_page;
28                   this_page -= LOW_MEM;
29                   this_page >>= 12;
30                   mem_map[this_page]++;
31               }
32           }
33       }
34       invalidate();
35       return 0;
36   }
```

代码 7-18　copy_page_tables()函数的内层循环

　　完成所有页表的复制操作后，被复制的页目录和页表对应的原物理内存页面区被两套页表映射而共享使用，两个进程（父进程和子进程）将共享内存区，直到有一个进程执行写操作时，内核才会为写操作进程分配新的内存页。这就是写时复制机制的实现。

2. 子进程加载执行文件时清空原有页表

　　当子进程使用 exec()加载新的执行文件时，会将从父进程复制过来的页目录项和页表完全清空，但是不会立刻为新任务建立新的页目录和页表，而是在产生缺页时（访问页面的目录项或页表项无效）创建所缺页面的页目录项和页表项。这正是 Linux 采用的请求加载机制。因此，exec()刚执行完时，新任务的页目录和页表是全空的。

　　页表释放操作在内存管理函数 free_page_tables()中完成，如代码 7-19 所示。

```
1    int free_page_tables(unsigned long from,unsigned long size)
2    {
3        unsigned long *pg_table;
4        unsigned long * dir, nr;
5
6        if (from & 0x3fffff)
7            panic("free_page_tables called with wrong alignment");
8        if (!from)
9            panic("Trying to free up swapper memory space");
10
11       size = (size + 0x3fffff) >> 22;
12       dir = (unsigned long *) ((from>>20) & 0xffc); /* _pg_dir = 0 */
13
14       for ( ; size-- ; dir++) {
15           if (!(1 & *dir))
16               continue;
17           pg_table = (unsigned long *) (0xfffff000 & *dir);  // 取页表地址
18           for (nr=0 ; nr<1024 ; nr++) {
19               if (1 & *pg_table)                             // 若该项有效，则释放对应页，
20                   free_page(0xfffff000 & *pg_table);
21               *pg_table = 0;                                 // 该页表项内容清零，
22               pg_table++;                                    // 指向页表中下一项。
23           }
24           free_page(0xfffff000 & *dir);                      // 释放该页表所占内存页面，
25           *dir = 0;                                          // 对应页表的目录项清零。
26       }
27       invalidate();                                          // 刷新页变换高速缓冲。
28       return 0;
29   }
```

代码 7-19　函数 free_page_tables()的实现

free_page_tables()函数的操作方式与 copy_page_tables()函数类似，都是通过第 14 行外层 for 循环遍历并删除页目录项，第 18 行内层 for 循环遍历并删除页表项，较 copy_page_tables()函数更为简单，故不再重复分析。

3. 缺页时为所缺页面修正页目录项和页表项

由于新进程使用 exec()加载执行文件后新进程的页目录和页表都是被清空的，因此新进程在执行时一定会产生缺页异常。缺页异常处理程序会将所缺页面加载到内存中，并为该页面建立对应的页目录项和页表项。注意，缺页异常处理仅创建所缺页面的页目录项和页表项，而非创建任务的整个页目录和页表，即每缺页一次就创建一项，直到每个缺页都被处理才将整个页目录和页表创建完整。

缺页异常已经在 7.9.4 节中详细分析，这里仅描述缺页异常创建页目录项和页表项的大致过程。缺页处理首先会为产生缺页的线性地址分配一页空闲页面，然后将数据从磁盘加载到该物理页中，最后调用 put_page()函数将线性地址映射到该物理页上，即完成页目录项和页表项的创建。

put_page()函数详见 7.9.3 节的分析，需要注意的是，如果缺页所在的页目录项已经被其他页面的缺页处理过程创建了，那么就不需要再为其创建页目录项并分配页表所在页面，可以直接从页目录项中找到页表基址，在其中创建对应的页表项即可。

7.9.7 Linux 0.11 内存分配系统调用

1. 进程的内存空间映像

在 Linux 0.11 中进程的用户内存空间映像如图 7-56 所示。进程用户空间主要由正文段、初始化数据段、未初始化数据段、堆 Heap、栈 Stack、命令行参数和环境变量等构成。

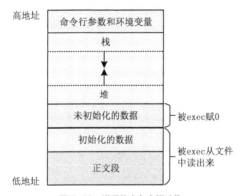

图 7-56　进程的内存空间映像

正文段：也叫代码段，整个用户空间的最低地址部分，存放的是指令，也就是程序编译后的可执行机器码。

初始化数据段：存放的是已经初始化的全局变量。

未初始化数据段：存放的是未初始化的全局变量。

堆 Heap：堆自低地址向高地址增长。brk 等相关系统调用都是从这里分配内存的。

栈 Stack：自高地址向低地址增长。

命令行参数和环境变量：存放命令行的参数和环境变量两部分数据。

2. brk 和 sbrk 系统调用

利用 malloc 函数分配内存空间是在堆上分配的，（暂时不考虑通过 mmap 申请大块内存的情况），参考图 7-57 所示。实质上，Linux 维护一个 break 指针，这个指针指向堆空间的某个地址。

从堆起始地址到 break 之间的地址空间为映射好的空间，可以供进程访问；而从 break 往上的区域，是未映射的地址空间，如果访问这段空间则程序会报错。要增加一个进程实际的可用堆大小，就需要将 break 指针向高地址移动。

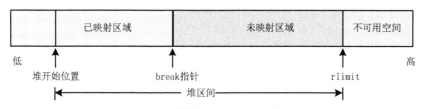

图 7-57　堆空间的分配与 break 指针

Linux 通过 brk 和 sbrk 系统调用操作 break 指针。两个系统调用的库函数原型如下：

```
int brk(void *addr);
void *sbrk(intptr_t increment);
```

brk 将 break 指针直接设置为某个地址，而 sbrk 将 break 指针从当前位置移动参数 increment 所指定的增量。sbrk 成功时返回 break 指针移动之前所指向的地址。一个小技巧是，如果将 increment 设置为 0，则可以获得当前 break 指针的地址。

需要注意的是，Linux 是按页进行内存映射的，所以 break 后的实际映射内存空间将会按页对齐，从而比 break 指针指向的地方要大一些。尽管如此，如果用户尝试去使用 break 指针之后不太远的地址也是很危险的。

3. 资源限制 rlimit

在图 7-59 中可以观察到堆空间中的资源限制 rlimit 标识。系统对每一个进程所分配的资源不是无限的，包括可映射的内存空间。因此每个进程有一个 rlimit 表示当前进程可用的资源上限。这个限制可以通过 getrlimit 系统调用得到。示例代码 7-20 可以获取当前进程虚拟内存空间的 rlimit。

```
1  int main( )
2  {
3      struct rlimit *limit =
4          (struct rlimit *)malloc(sizeof(struct rlimit));
5      getrlimit(RLIMIT_AS, limit);
6      printf("soft limit: %ld, hard limit: %ld\n",
7          limit->rlim_cur, limit->rlim_max);
8  }
```

代码 7-20　获取进程虚拟内存空间 rlimit

其中，rlimit 是一个结构体，参考代码 7-21。

```
1  struct rlimit
2  {
3      rlim_t rlim_cur; //Soft limit
4      rlim_t rlim_max; //Hard limit(ceiling for rlim_cur)
5  };
```

代码 7-21　rlimit 结构体

每种资源有软限制（成员变量 rlim_cur）和硬限制（成员变量 rlim_max），且硬限制是软限制的上限。用户可以通过 setrlimit()函数对 rlimit 进行设置。

4. malloc()函数简单版本

malloc()函数在内存中找一片指定大小的空间，如果分配成功则将这个空间的首地址返回给用户指针变量。当内存不再使用时，应使用 free()函数将内存块释放。malloc()函数是 brk 和 sbrk 两个系统调用的对应的用户态函数。malloc()函数分配的内存空间在逻辑上连续，而在物理上可以连续也可以不连续。对程序员来说，更需要关注的是逻辑上的连续，而由操作系统去实现物理内存的分配。

malloc() 函数最简单的实现版本，参考代码 7-22，当然就是在当前 break 指针的基础上增加相应大小字节数，并将之前 break 的地址返回。不过，这样的 malloc() 函数过于简单，以至于还缺乏对所分配的内存的记录，不便于将来对内存的释放和其他一些必要的管理，所以无法用于真实场景。

```
1  void *malloc(size_t size)
2  {
3      void *p;
4      p = sbrk(0);
5      if (sbrk(size) == (void *)-1)
6          return NULL;
7      return p;
8  }
```

代码 7-22　malloc 函数的简单实现

5. brk 函数实现

sys_brk() 函数是 brk 系统调用的实现函数，程序逻辑较为简单，参考代码 7-23。当参数 end_data_seg 数值合理，并且系统确实有足够的内存，而且进程没有超越其最大数据段大小时，该函数就设置数据段末尾为 end_data_seg 指定的值。该值必须大于代码结尾并且要小于栈的结尾。返回值是数据段的新的结尾值。如果返回值与要求值不同，则表明有错误发生。

```
1  int sys_brk(unsigned long end_data_seg)
2  {
3      if (end_data_seg >= current->end_code &&
4          end_data_seg < current->start_stack - 16384)
5          current->brk = end_data_seg;
6      return current->brk;
7  }
```

代码 7-23　sys_brk() 函数的实现

6. sbrk 函数实现

sbrk 不是内核的系统调用，而是标准库（如 glibc）中的函数，这里仅介绍其原理，库函数中的实际代码有所差异。参考代码见代码 7-24。

函数首先检查参数 increment 是否为 0，如果是 0，那么调用的功能就相当于获取当前 brk 地址，直接返回该地址即可；否则将当前 brk 与参数 increment 相加的值作为参数调用上述 brk 系统调用，即实现了传递正值则将 brk 向后调整，传递负值则将 brk 向前调整的目的。

```
1   void * sbrk(ptrdiff_t increment)
2   {
3       char * oldbrk;
4       if (increment == 0)
5           return current->brk;
6       oldbrk = current->brk;
7       if (brk(oldbrk + increment) < 0)
8           return (void *) -1;
9       return oldbrk;
10  }
```

代码 7-24　sbrk() 函数实现

7.9.8　Linux 0.11 可执行文件

Linux 0.11 仅支持 a.out 执行文件格式。虽然这种格式目前已经渐渐不用，而是被功能更为齐全的 ELF（Executable and Link Format）格式代替，但是 a.out 文件格式简单明了，能清晰揭示进程的文件映像与内存映像之间的关系。

1. a.out 可执行文件格式

a.out 可执行文件的格式如图 7-58 所示。一个 a.out 格式的可执行文件由 7 个部分组成。

（1）执行头（Exec header）

执行头部分含有一些参数，内核使用这些参数将执行文件加载到内存中并执行，而链接程序（ld）使用这些参数将一些二进制目标文件组合成一个可执行文件。

（2）代码段（Text segment）

含有程序执行时被加载到内存中的代码和相关数据，可以以只读形式加载。

（3）数据段（Data segment）

含有已经初始化过的数据，总是被加载到可读写的内存中。

（4）代码重定位（Text relocation）

含有供链接程序使用的记录数据。在组合二进制目标文件时用于定位代码段中的指针或地址。

（5）数据重定位（Data relocation）

与代码重定位部分的作用类似，但是是用于数据段中指针的重定位。

（6）符号表（Symbol table）

这部分同样含有链接程序使用的记录数据，用于在二进制目标文件之间对命名的变量和函数（符号）进行交叉引用。

（7）字符串表（String table）

该部分含有与符号名相对应的字符串。

每个二进制执行文件均以一个执行头数据结构（exec header）开始。该数据结构的形式参考代码 7-25。

根据 a.out 文件中执行头结构魔数字段 a_magic 的值，可把 a.out 格式的文件分成多种类型。Linux 0.11 系统使用了其中的模块目标文件类型和执行文件类型两种类型。

图 7-58　a.out 执行文件格式

```
1  struct exec {
2      unsigned long a_magic; //执行文件魔数
3      unsigned a_text; //代码长度,字节数
4      unsigned a_data; //数据长度,字节数
5      unsigned a_bss; //文件中的未初始化数据区长度,字节数
6      unsigned a_syms; //文件中的符号表长度,字节数
7      unsigned a_entry; //执行开始地址
8      unsigned a_trsize; //代码重定位信息长度,字节数
9      unsigned a_drsize; //数据重定位信息长度,字节数
10  };
```

代码 7-25　exec 结构定义

（1）模块目标文件类型：a_magic =OMAGIC（Old Magic)

模块目标文件类型（OMAGIC, 0x107）指明文件是目标文件或者是不纯的可执行文件。

（2）执行目标文件类型：a_magic =ZMAGIC

执行文件类型（ZMAGIC, 0x10B）指明文件为支持请求分页处理（Demand Paging, 即按需加载（Load on Demand））的可执行文件。

两种格式的文件主要区别在于它们对各个部分的存储分配方式有差异。虽然执行头结构 exec 本身的总长度只有 32Byte, 但是对于 ZMAGIC 类型的执行文件来说，其文件开始部分需要留出 1024Byte 的空间给头结构使用，头结构实际仅占用其中 32Byte, 其余部分空闲未用。从 1024Byte 之后才开始放置程序的代码段和数据段等信息。对于 OMAGIC 类型的模块文件（典型如.o 后缀的文件）来说，文件开始部分的 32Byte 头结构后面就紧接代码区和数据区。

执行头数据结构 exec 其他字段的含义如下。

a_text 字段：该字段记录了代码段的长度值，以字节为单位。

a_data 字段：该字段记录了数据段的长度值，以字节为单位。数据段包括只读数据段和已经初始化的可读可写数据段。前者是程序使用的一些不会被改变的数据，后者是已初始化的全局变量。数据段属于静态内存分配，程序结束后由系统释放。数据段需要占用文件的存储空间，程序执行时它们位于只读或可读写的内存区域，并具有初值以供程序读写。只读或可读写内存区域的划分和设置与具体的 CPU 架构有关。

a_bss 字段：该字段记录了 BSS 段的长度。BSS 段（Block Started by Symbol）是程序运行时存放未初始化的全局变量的内存区域，程序运行之前并不需要占用文件的存储空间，但是需要在文件中记录这些变量在内存中的存储空间大小。内核在加载程序时，根据该字段在数据段的后面分配相应长度的空间，并且默认清零。

a_syms 字段：该字段记录了符号表部分的字节长度值。

a_entry 字段：该字段记录了内核将执行文件加载到内存中以后，程序执行起点的内存地址。

a_trsize 字段：该字段记录了代码重定位表的大小，以字节为单位。

a_drsize 字段：该字段记录了数据重定位表的大小，以字节为单位。

2. a.out 文件示例分析

代码 7-26 是一个简单 C 语言程序，定义了全局变量和局部变量，而且有的变量被初始化了，有的还没有被初始化，仅有定义。

由于兼容性问题，程序员要注意编译方式。由于新版本的 libgcc 无法链接 a.out，编译时要使用 -nostdlib 参数阻止链接。另外入口函数直接使用_start 符号，且不能带参数。

```
1  int global_1;
2  int global_2 = 13;
3
4  int _start()
5  {
6      int local_1;
7      int local_2 = 22;
8      global_1 = local_2;
9      local_1 = global_2;
10 }
```

代码 7-26　编译为 a.out 格式的示例程序

在 32 位环境下利用下面命令编译成 a.out 格式的可执行文件：

```
gcc  -Wl,--oformat=a.out-i386-linux  test.c  -o  test.out  -fno-ident
-fno-asynchronous-unwind-tables -nostdlib
```

将以上程序编译成 a.out 格式的可执行文件后，使用 size 命令查看该执行文件代码段、数据段和 bss 段 3 个段的大小，如图 7-59 所示。

使用 nm 命令列出目标文件的符号（主要是函数和全局变量等）清单，如图 7-60 所示。

```
~$ nm test.out
0804904c B __bss_start
0804904c D _edata
08049054 B _end
08049050 B global_1
08049048 D global_2
08048020 T _start
```

```
~$ size test.out
   text    data     bss     dec     hex filename
   4136    4096       0    8232    2028 test.out
```

图 7-59　a.out 示例文件的组成　　　　　图 7-60　a.out 示例文件的符号清单

图 7-60 中仅显示了_start、global_1 和 global_2 等 3 个用户定义的全局符号，其值如表 7-11 所示。

表 7-11　a.out 示例文件的符号清单

值	类型	名字
08048020	T	_start
08049050	B	global_1
08049048	D	global_2

表 7-11 中的 T、B、D 等符号类型含义如下。

T 符号，该符号位于代码段。

B 符号，该符号位于 BSS 段，用于描述未初始化的数据。代码 7-26 中的全局变量 global_1 并未初始化，因此 global_1 的类型为 B，且位于 bss 段中。其值表示 global_1 符号在 bss 段中的偏移。一般而言，bss 段分配于 RAM 中。

D 符号，该符号位于数据段，用于描述已初始化的数据。代码 7-26 中的全局变量 global_2 已被初始化，因此 global_2 的类型为 D，且位于数据段中。例如，程序中若定义全局数据数组 int baud_table[5] = {9600, 19200, 38400, 57600, 115200}，则也会分配于数据段中。

要注意的是，局部变量不在文件中记录，而是在程序运行时在堆栈中临时分配内存。

3. 进程的内存映像

Linux 0.11 为每个进程分配了从地址为（任务号 * 64MB）起的 64MB 线性地址空间。在每个进程的 64MB 线性逻辑空间内，代码段、数据段、BSS 段依次排布在最前端，紧接着 BSS 段的是向上增长的堆区，末端是存放命令行参数和环境变量的环境参数块，环境参数块往低地址方向紧接着是向下增长的栈区，堆和栈的空间紧连在一起。进程的线性地址空间布局如图 7-61 所示。

图 7-61　进程线性逻辑地址空间的布局

（1）代码段

代码段和数据段作为可执行文件映像，将从文件直接复制到内存中。通常来讲代码段是共享的，这样多次反复执行的指令只需要在内存中驻留一个副本即可，比如 C 编译器、文本编辑器等。代码段一般是只读的，程序执行时不能被随意更改，需要进行隔离保护。

（2）数据段

数据段存放的是已被初始化的数据，包括全局变量和静态变量，这些变量在编程时就已经被初始化。数据段是可以修改的，不然程序运行时变量就无法改变了，这一点和代码段不同。

（3）BSS 段

BSS 段即未初始化数据段。加载可执行文件时，操作系统从文件的头部读取出 BSS 段的大小，为 BSS 段分配内存空间。BSS 段属于静态内存分配，存放在这里的数据都由内核初始化为 0。BSS 段从数据段的末尾开始，存放全部的未初始化全局变量和静态变量，并将它们默认初始化为 0。

（4）堆

堆是一块巨大的内存空间，常常占据整个虚拟空间的绝大部分，在这块空间里，程序可以动态地申请一块连续的内存，并自由地使用。堆向高地址方向伸展。

（5）栈

栈是程序运行过程必需的空间。栈保存了函数调用、中断响应等多种场景所需要的信息。栈一般包括函数的返回地址和参数、临时变量（包括函数的非静态局部变量以及编译器自动生成的其他临时变量）、函数上下文（包括在函数调用前后需要保持不变的寄存器数据）、中断上下文等。栈向低地址方向伸展。

7.10　本章习题

1. 试述理想的存储系统应该有哪些特点。
2. 试述计算机三层存储结构的组成和每层的作用。
3. 试述存储管理的 4 个主要功能。
4. 什么是地址映射？
5. 什么是虚拟存储技术？
6. 什么是程序的局部性原理？程序具有哪两种局部性？
7. 什么是固定地址映射？有什么特点？
8. 什么是静态地址映射？有什么特点？
9. 什么是动态地址映射？有什么特点？

10. 试述动态地址映射的原理。

11. 什么是分区存储管理？有哪些类型？

12. 什么是固定分区存储管理？有什么特点？

13. 试述固定分区存储管理如何采用动态地址映射方式完成地址映射。

14. 什么是动态分区存储管理？有什么特点？

15. 什么是内存碎片？什么是内部碎片？什么是外部碎片？

16. 有哪些解决碎片的方法？

17. 收回一个分区加入到空闲区表时如何处理可能有的相邻空闲区？

18. 什么是放置策略？有哪些放置策略？

19. 首次适应算法放置策略的原理是什么？有什么优点？

20. 最佳适应算法放置策略的原理是什么？有什么优点？

21. 最坏适应算法放置策略的原理是什么？有什么优点？

22. 什么是内存管理的覆盖技术（Overlay）？有何优缺点？

23. 什么是内存管理的交换技术（Swapping）？有何优缺点？

24. 什么是页和页框？页式系统中内存分配和程序装入的基本原则是什么？

25. 什么是页表？描述利用页表完成页式地址映射的过程。

26. 试述位图法管理空闲页框的原理和缺点。

27. 试述空闲页框链表法管理空闲页框的原理。

28. 什么是快表？与普通页表相比有什么相同点和差异？

29. 描述有快表的情况下页式地址的映射过程。

30. 试述页式存储管理系统的页面共享原理。

31. 什么是缺页中断？试述缺页中断处理的过程。

32. 为什么采用二级页表机制取代普通的页表机制？

33. 什么是页面淘汰？页面淘汰的主要算法有哪些？

34. 试述最佳淘汰算法（OPT 算法）的思想。为什么该算法在实践中无法实现？

35. 试述先进先出淘汰算法（FIFO 算法）的思想。

36. 试述最久未使用淘汰算法（LRU 算法）的思想。

37. 试述最不经常使用淘汰算法（LFU 算法）的思想。

38. 试述段式地址的映射过程。

39. 试述段页式地址的映射过程。

40. 试述保护模式中保护一词的含义。

41. 试述保护模式中段的含义、段描述符的含义。

42. 试述段描述符的分类。

43. 什么是段选择子？段选择子的结构是什么？

44. 保护模式下逻辑地址如何通过选择子描述符表转化为线性地址？

45. 查阅资料了解 Linux 2.6 内核内存管理的基本框架和典型算法。

46. 查阅资料了解实时操作系统对内存管理的要求，了解页式虚拟内存管理的实时性。

47. 查阅资料了解 Windows 中的 PE 文件结构，了解 Windows 的程序加载器是如何解析 PE 文件并加载其中内容到内存中的。

48. 查阅资料了解 Linux 中的 ELF 文件结构，了解 Linux 的程序加载器是如何解析 ELF 文件并加载其中内容到内存中的。

第 8 章

设备管理

在计算机系统中，除 CPU 和内存，其余设备一般都统称为外部设备，简称外设，有时也称为 I/O 设备。常见的外部设备包括硬盘、显示卡、键盘、鼠标、网卡、声卡等。随着电子技术的发展，越来越多的电子设备都可以连接到计算机上，被计算机控制。这些电子设备在广义上也可以称为外部设备。如何统一管理各种各样的外部设备，方便设备快速地接入、访问和删除，并保证设备可靠高效地工作，尤其是被多进程并发共享，是操作系统必须解决的重要问题之一。

8.1 设备管理概念

8.1.1 设备分类

外部设备的种类繁多，对同一类设备或具有相似属性的设备可以归为一类，以便采用统一的方法对其进行管理。从不同的角度可将外部设备划分成不同的类型。下面列举几种常见的分类方法。

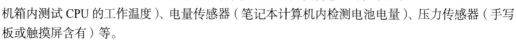

设备管理概念

1. 按交互对象分类

人机交互类设备：显示器、键盘、鼠标、打印机、手写板、触摸屏等。

与环境交互的设备：主要指传感器设备，典型的有温度传感器（位于主机机箱内测试 CPU 的工作温度）、电量传感器（笔记本计算机内检测电池电量）、压力传感器（手写板或触摸屏含有）等。

与 CPU 交互的设备：磁盘、软盘、光盘、定时器、中断模块等。需要注意的是，CPU 需要通过接口电路连接这些设备。

与计算机交互的设备：主要是通信设备，包括网卡、串口、并口、调制解调器等。

2. 按交互方向分类

交互方向是站在 CPU 的角度来定义的。数据流向 CPU 内部属于输入；数据从 CPU 流出属于输出。

输入设备：键盘、鼠标、扫描仪等是主机常见输入设备。主机内还有很多其他输入设备。

输出设备：显示设备、打印机。主机内也还有很多其他输出设备。

双向设备：硬盘、软盘、网卡、串口、并口等。这些设备既可以完成输入，也可以完成输出。

严格意义上来讲，串口、并口仅仅是通信接口，不是设备，但是实际使用时，上面会连接相应的串口设备和并口设备。

存储型设备：主要有硬盘、软盘、光盘、U 盘等，用于存储文件和数据。

3. 按数据传输率分类

一般速度在 1KB/s 以下的设备称为低速设备，如键盘等。在 1KB/s 到 1MB/s 之间的设备称为中速设备，如打印机。超过 1MB/s 的设备称为高速设备，如网卡、磁盘等。速度的高低之分并没有绝对的定量标准，上述只是大致的划分。

4. 按信息组织特征分类

字符设备：这类设备基本是输入或输出设备或输入输出双向设备，传输的基本单位是字符（character），故命名为字符设备。像鼠标、键盘、串口、控制台和 LED 等都是典型的字符设备。每个字符设备在/dev 目录下对应一个设备文件，Linux 用户程序通过设备文件（或称设备节点）使用驱动程序来操作字符设备。

块设备：这类设备基本是存储型设备，支持文件系统。这类设备的存储空间由若干个长度相同的块（block）所构成。块的长度通常为 2^nByte，如 512Byte、1024Byte、2048Byte、4096Byte 等。对于块设备，块是存储的基本单位，也是 I/O 传输的基本单位。块设备支持从设备的任意位置读取，但实际上，虽然块设备会按块读，但是返回给用户进程的仅仅是其所要求访问的内容。典型的块设备包括硬盘、软盘、U 盘和 SD 卡等存储型设备。

网络设备：网络设备采用 socket 套接字接口访问，与字符设备和块设备不一样，不通过设备文件来操作。网络设备在全局空间用唯一的名字，如 eth0、eth1 分别指代不同的网络设备。网络设备使用套接字来实现网络数据的接收和发送。

8.1.2 设备管理的目标

设备管理的目标主要有 5 个：提高设备的利用率、提高设备读写效率、提高 CPU 与设备并行程度、为用户提供统一接口、实现设备对用户透明。

1. 提高设备的利用率

由于用户程序请求 I/O 设备输入或输出数据具有很大的随机性，因此系统内可能阵发性地出现大量的 I/O 操作，使得 CPU 或外设忙闲不均。所以，操作系统必须采取措施加以平衡，充分发挥设备的潜力，最大限度地提高设备的利用率，尽量使设备保持持续的忙碌状态。现代操作系统采用缓冲技术和虚拟设备技术来提高设备的利用率。

2. 提高设备读写效率

外部设备的存取速度普遍较慢，尤其是对于磁盘之类需要进行磁头移动或磁盘旋转的存储设备。当进程的多个读写请求使得磁头产生大量的跳跃时，读写效率会较低。设备管理系统会通过合理的 I/O 调度策略，使得这些请求按特定的顺序被调度，使得磁盘或磁头有更高效的移动轨迹，从而获得更高的读写效率。

3. 提高 CPU 与设备并行程度

使设备的数据传输与 CPU 运行尽量高度重叠，各设备并行工作，以提高设备和系统效率。可以利用的主要技术有：中断技术、DMA 技术、通道技术、缓冲技术。

4. 为用户提供统一接口

设备管理为用户提供对设备的简便和统一的访问接口，这样既方便程序员访问设备，也方便设备供应商能够灵活地把新设备装入系统，并被系统自动识别，并确保已有的应用程序不需要做任何修改就可以继续访问设备。现代操作系统把设备当作文件来看待。每个设备都被抽象为文件，用户采用标准文件接口去访问设备。而对设备开发技术人员来说，只需要为设备提供合法的文件操作接口就可以被操作系统认为是合法的设备，满足任何用户对它的规范操作。

5. 实现设备对用户透明

在早期的操作系统中，当应用程序在使用 I/O 设备时，需要明确知道使用设备的名称，这使得应用程序与系统中的物理设备直接相关。当应用程序运行时，如果所请求的物理设备已分配给其他程序，此时尽管还有几台相同设备空闲可用，但系统只能根据设备的物理名字来分配，无法将其他同型号但仅仅名字不同的设备分配给它，致使该应用程序请求 I/O 失败而被阻塞。特别是设备在系统中的名字被更新后，应用程序将无法在该系统上继续运行。可见，应用程序直接与物理设备相关会给用户带来很大的不便，且也不利于提高 I/O 设备的利用率。

设备对用户透明意味着程序员编写程序时不需要考虑具体的物理设备名称和连接位置。譬如程序中需要使用打印机，程序员仅需要使用类似 "PRN" 或 "STDPRN" 的设备名就可以指代和使用打印机，程序员并不需要知道用户实际打印时会连接什么型号的打印机，也不需要知道打印机连接在哪个 USB 口或并口或网口上。程序引用的设备名独立于物理设备可方便程序在不同类型的计算机系统之间迁移，使之具有良好的适应性。

8.1.3 设备管理的功能

设备管理的功能包括 5 个：状态跟踪、设备分配、设备映射、设备驱动、缓冲区管理。

1. 状态跟踪功能

为设备管理器生成核心数据结构设备控制块（Device Control Block，DCB），用于记录设备的基本属性、状态、操作接口以及进程与设备之间的交互信息等。例如，当进程启动设备时，修改对应设备 DCB 的相应域，说明设备被哪个进程启动并占用了，并将该进程加入设备对应的进程队列中；当设备完成进程指定的操作后，中断处理程序通过查找 DCB 将相应结果传给进程，并唤醒因等待设备而阻塞的进程。DCB 是一个结构体，典型的成员变量包括以下几类。

（1）设备名：设备的系统名，即设备的物理名。

（2）设备属性：描述设备的类别、型号、端口资源占用、内存资源占用、中断资源占用、生产厂家等信息。

（3）指向命令转换表的指针：一个指针，指向一张所谓的命令转换表。命令转换表中存放实现设备各种特定操作的函数例程的地址。对于没有实现的操作，在表中相应位置置 NULL。

（4）在 I/O 总线上的设备地址：记录设备的 I/O 地址。每个设备在 I/O 地址空间都有自己特定的地址或地址范围。例如，在 PC 上，串口默认使用的 I/O 地址和中断号，如表 8-1 所示，在一些特定的系统上，这些值有可能会变动。

表 8-1 串口的 I/O 地址和中断号

串口	I/O 地址	中断号
COM1	0x3F8- 0x3FF	4
COM2	0x2F8- 0x2FF	3

（5）设备状态：描述设备的现行工作状态。例如，是否忙、是否可读、是否可写、引用计数等。

（6）当前用户进程指针：指向当前正在访问它的进程的指针。

（7）I/O 请求队列指针：指向一个队列，该队列存放所有在等待访问该设备的进程。这些进程已经处于阻塞状态，等待设备可用时被唤醒。

2. 设备分配功能

当多个进程需要竞争使用设备时，系统按一定策略安全地分配和管理各种设备，使系统有序运行。按照相应的分配算法把设备分配给请求该设备的进程，并把未分配到设备的进程放入设备的等待队列。分配设备的过程实际是按照特定算法遍历设备控制表的 I/O 请求队列，选择其中一个进程给其分配设备，并唤醒它的过程，同时会记录设备的使用情况。

3. 设备映射功能

对用户来说，真实而具体的物理设备对用户是透明的，用户编写程序时并不需要考虑具体的物理设备的名称、连接位置、工作方式和原理。对用户而言仅需要关心该设备的接口或者输入输出的形式。逻辑设备就是面向用户的，能完成一定功能，且具有一组特定接口的设备。逻辑设备也可以说是物理设备的抽象。

从应用软件的角度看，逻辑设备是一类物理设备的抽象；从设备管理程序的角度看，物理设备是逻辑设备的实例。

每个逻辑设备有一个所谓的友好名（Friendly Name），容易记忆，容易理解。用户在程序中使用逻辑设备的"设备友好名"访问物理设备。例如，在 Windows 中，用户编程时使用类似\\.\MyDevice的名字打开和访问设备。在 Linux 中，使用类似/dev/MyDevice 打开和访问设备。

设备管理器内部根据用户提供的设备友好名，引导应用软件程序连接到真实的物理设备上，实现所谓的设备映射。设备映射就是把逻辑设备转换到物理设备。

现代操作系统把设备当作文件来看待。每个设备都被抽象为一个文件，并且有所谓的设备文件与之关联。从程序员的角度看，设备管理器应当为应用提供服务，为文件系统和应用软件提供服务。在有的操作系统中（例如 Linux）友好名直接就是设备文件，有的操作系统中（例如 Windows）友好名表面上是特殊的字符串，但是内部依然对应着设备文件。无论哪种方式，设备管理器都会将它们引导到对应的驱动程序入口和具体的设备接入端口上。

用户可以使用逻辑设备的统一接口去访问设备，而不用考虑物理设备复杂而特殊的物理操作方式和结果，这种功能称为设备的独立性。也就是说，程序员编写应用程序时，其输入输出仅依赖逻辑设备的支持，而独立于具体的物理设备。只有当程序真正运行时，系统才依赖用户临时指定的参数（虽然绝大多数时候并需要用户指定，而是使用默认输入和输出设备）或设备的实际使用情况去选择具体的物理设备来完成真实的输入或输出。例如，应用程序中使用设备逻辑名"/dev/printer"试图访问打印机，该设备逻辑名只是说明用户需要使用打印机来打印输出，但并没有指定具体是哪一台打印机。系统在实际执行该程序时进行设备分配，依次查找该类设备中的每一台，直到找到一个可供分配的，便可将这台设备分配给进程。事实上，只要系统中有一台该类设备未被分配，进程就不会被阻塞。

设备的独立性可提高应用程序对运行环境的适应性，也能为应用程序之间实现一些特殊通信提供便利。例如应用程序的重定向、两个程序之间的管道通信，都依赖于设备的独立性。图 8-1 就是利用设备的独立性实现输出和输入重定向命令的例子。dir 命令的结果不再输出到屏幕上，而是写入一个文件。显然，系统程序员在编写 dir 命令的时候，并没有考虑程序运行时真实的输出设备是什么。

图 8-1　利用设备的独立性实现重定向命令

为了实现设备映射，或者说实现设备的独立性，系统中需要配置一张逻辑设备表（Logical Unit

Table ，LUT），如表 8-2 所示，用于将逻辑设备名或友好名映射为物理设备名。

表 8-2　逻辑设备表

逻辑设备名	物理设备名	驱动程序入口地址
/dev/tty	3	1024
/dev/printer	5	2046

逻辑设备表的表目中包含 3 项：逻辑设备名、物理设备名和驱动程序入口地址。当进程用逻辑设备名请求分配 I/O 设备时，系统根据当时的具体情况，为它分配一台相应的物理设备，同时在逻辑设备表上新建一个条目，填上进程使用的逻辑设备名、系统分配的物理设备名以及该设备驱动程序的入口地址。当以后进程再利用该逻辑设备名请求 I/O 操作时，系统通过查找 LUT，便可找到该逻辑设备所对应的物理设备和该设备的驱动程序的地址。

4. 设备驱动功能

设备管理需要实现对物理设备的驱动和控制，实现最终的 I/O 操作，完成数据传输。设备驱动程序介于应用程序与设备的 I/O 操作命令之间，前者更多采用 C 语言编写，后者更多采用汇编语言编写。用户通过逻辑设备的统一接口（例如 read、write 等）调用设备驱动程序，驱动程序则会把每个接口和参数都转化为一组 I/O 命令，然后控制设备以特定的方式与 CPU 或内存进行数据交换。CPU 或内存与设备之间具体的数据交换方式在本章的 8.6 节中介绍。

设备驱动程序与硬件密切相关，每类设备都要配置特定的驱动程序。驱动程序一般由设备厂商根据操作系统要求编写，操作系统仅对设备驱动的接口提出要求。系统中也有很多设备驱动程序并不驱动真实硬件设备，而是采用设备驱动程序的框架来实现一些较底层的纯软件处理。这样的设备驱动程序也叫虚拟设备驱动程序。虚拟设备驱动程序与真实的设备驱动程序结构完全一样。像防火墙软件、杀毒软件、过滤软件等大多采用了虚拟设备驱动程序。

5. 缓冲区管理功能

一般来说，CPU 的执行速度和访问内存速度都比较高，而外部设备的数据传输速度则低得多。让 CPU 频繁地直接去读写外设，系统的整体工作效率将变得十分低。为了缓解外部设备和 CPU 之间速度不匹配的问题，设备管理功能会在系统中开设一定大小的缓冲区来暂放数据，提供包括缓冲区的遍历、查找、数据更新和回写等操作，同时为进程提供获得和释放缓冲区的手段。

8.2　设备分配

SPOOLing 系统

设备分配是按照一定的算法将设备分配给申请进程。设备的分配算法与进程的调度算法类似，通常采用先来先服务算法和优先级高者优先服务算法。

按照设备本身的共享属性，设备可分成独享设备、共享设备和虚拟设备 3 类，相应的设备分配策略分别称为独享分配、共享分配和虚拟分配。

独占设备是不可抢占设备，每次只能供一个作业或进程单独使用的设备，如输入设备、磁带机、打印机等，只有一个进程不再使用它们且释放之后才能被别的进程申请使用。

共享设备是可抢占设备，允许多个作业或进程同时使用的设备。"同时使用"的含义是指每个作业或进程都还没有使用完该设备，但是它们之间可以以时分复用的方式交替使用设备（如 CPU）或采用空分复用的方式同时使用设备（如硬盘），内存则是两种形式兼具。CPU 和内存的管理和分配在前面章节已经介绍，但一般不把它们视作普通意义上的设备。

虚拟设备是借助虚拟技术，在共享设备上模拟独占设备，通常是借助可共享的磁盘部分存储区域来模拟独占设备。实现虚拟设备的目的是提高系统的并发效率和设备利用率。当多个进程试图同时访问独占设备的时候，可以让进程先访问对应的虚拟设备，避免造成进程阻塞，在随后某个合适的时候操作系统才完成对真实设备的访问。

8.2.1　独享分配

独享分配是指进程使用设备之前先向系统申请，申请成功开始使用，直到使用完再释放。若设备已经被占用，则进程会被阻塞，被挂入设备对应的等待队列等待设备可用之时被唤醒。

对独占设备一般采用独享分配方式。独享分配是广泛使用的资源分配策略，资源不仅包括普通设备，也包括共享变量之类的软件资源，每个资源的 DCB 都维护了一个 I/O 请求队列。由于在使用设备之前要申请，直到使用完才释放，因此独享分配方式存在引发死锁的风险。

8.2.2　共享分配

共享设备一般采用共享分配方式。硬盘就是典型的共享设备。共享设备的数据传输过程都是以设备自身的数据传输基本单位为粒度进行的。这个数据传输粒度可以是字节，也可以是一帧数据或一块数据，帧或块的大小与设备工作方式有关系。当进程申请使用共享设备时，操作系统能立即为其分配共享设备的一块空间，而不会让进程产生阻塞。共享分配使得进程使用设备十分简单和高效，随时申请，随时可得。不过，共享分配需要设备管理器提供缓冲功能才能更有效实现，参考 8.3 节和 8.5 节。需要注意的是，当共享设备正在进行一次基本的数据传输（如缓冲块的读写）时，其他进程只能等待。采用共享分配方式可以有效避免死锁。

8.2.3　虚拟分配

虚拟分配是指当进程需要与独占设备交换信息时，采用虚拟技术将与该独占设备所对应的虚拟设备分配给它。图 8-2 展示了虚拟分配的原理，进程实际申请的是独占设备，但是系统分配给它的是虚拟设备。

因此，虚拟分配包含两步：首先，采用共享分配为进程分配一个虚拟的独占设备；然后，将虚拟设备与指定的独占设备关联。虚拟分配使进程感觉到系统好像分给了它一个独占设备，由它独占一样。虚拟分配对实时性和交互性要求不高的设备是非常适合的，特别适合于单向的输入或输出设备。虚拟分配可有效提高资源的利用率，实现更高的系统并发性和吞吐量。

进程在运行过程中，当需要执行输入或输出操作时，实际上都是直接与虚拟设备，也就是共享设备的某个存储区域，进行交互，所以传输速度很快，进程本身的推进速度也得到了提高。另外，由于用来模拟独占设备的共享设备都是大容量磁盘，因此一般足够为每个需要使用独占设备的进程提供相应的虚拟设备。因此，使用虚拟分配方式时，相应的进程基本上都不会阻塞或排队，可以直接使用相应设备，因而，系统的整体运行效率就提高了。

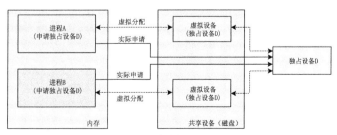

图 8-2　虚拟分配的原理

8.2.4 SPOOLing 技术

SPOOLing 技术（Simultaneous Periphernal Operations OnLine）是虚拟技术和虚拟分配的实现方案，也叫外部设备同时联机操作或假脱机输入输出系统。SPOOLing 技术是将独占设备改造为共享设备的行之有效的技术。SPOOLing 系统的构成如图 8-3 所示，包括硬件部分和软件部分。

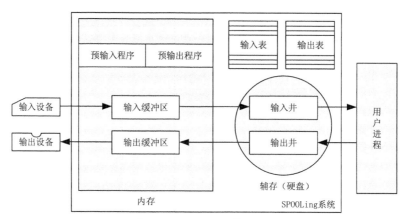

图 8-3　SPOOLing 系统的构成

1. SPOOLing 系统的硬件组成

（1）输入井和输出井

输入井和输出井是在共享设备（一般是硬盘）上开辟的两个存储区域。输入井模拟输入型的独占设备，用于存储输入设备输入的数据；输出井模拟输出型的独占设备，用于储存 CPU 传送给输出设备的数据。

（2）输入缓冲区和输出缓冲区

输入缓冲区和输出缓冲区是在内存中开辟的存储区域，分别用于暂存来源于输入设备的输入数据和送到输出设备的输出数据。

2. SPOOLing 系统的软件组成

（1）预输入程序

预输入程序控制输入信息从独占设备输入虚拟设备中，即共享设备的特定存储区域中。当用户进程需要数据时直接从输入井读入所需数据，这些数据是提前准备好的。这就是所谓的预输入机制，预输入程序相当于脱机输入过程中的卫星机。

（2）输入表

系统内部维护的一个数据表，用于记录输入型的独占设备与磁盘特定存储区域（即输入井）之间的对应关系。

（3）缓输出程序

在独占设备空闲的时候，控制输出信息从虚拟设备输出到独占设备上。用户进程将输出数据从内存先传送到输出井，然后由缓输出程序负责输出到独占设备上。这就是所谓的缓输出机制，缓输出程序也相当于脱机输出过程中的卫星机。

（4）输出表

系统内部维护的一个数据表，用于记录输出型的独占设备与磁盘特定存储区域（即输出井）之间的对应关系。

（5）井管理程序

负责控制用户进程和虚拟设备之间的信息交换，并管理共享设备上输入井和输出井所使用的存储空间的分配、释放。

3. 应用举例

假设用户进程 A 请求使用独占型打印机输出数据，SPOOLing 系统会采用如下步骤响应这个请求。

（1）在磁盘的输出井中找到可用的空闲输出井，用其虚拟一个虚拟打印机设备P，分配给进程 A。

（2）进程 A 将需要输出的数据块送到虚拟设备 P 中，即暂存到相应的输出井中。

（3）缓输出程序为进程 A 申请一个空白的请求打印表，将进程 A 的输出请求和暂存有输出数据的输出井地址填入表中，然后将该表挂到打印机的请求队列上。

（4）进程 A 如果不需要等待输出结果则继续运行，不需要睡眠等待输出结果。

（5）缓输出程序监控打印机的工作状态，按照先来先服务的原则遍历打印机的请求队列，逐个执行每个进程的输出操作，直至所有进程的全部数据块输出完毕。

4. SPOOLing 系统特点

（1）可提高进程的 I/O 速度

因为 SPOOLing 系统中进程不再需要直接与慢速的独占设备交换数据，而是直接与速度较快的共享设备进行数据交换，所以 SPOOL 技术能提高进程的 I/O 速度，提高进程的整体运行速度。需要注意的是，SPOOLing 系统虽然能提高进程的 I/O 速度，但是并没有提高独占设备自身的 I/O 速度。

（2）可提高系统的整体运行效率和吞吐量。

虚拟技术将独占设备改造为共享设备之后，每个进程都不再因为等待物理设备而阻塞，每个进程都可以随时申请到一台可用的虚拟设备，从而提高了进程的运行速度、并发性和执行效率，提高了系统的吞吐量。

8.3　缓冲技术

8.3.1　缓冲概念

缓冲（buffering）技术是在计算机各个层次使用的一种提高系统工作效率和可靠性的通用技术。具体来说，缓冲技术的作用主要表现在 4 个方面。

（1）缓解 CPU 与外部设备之间速度不匹配的矛盾，提高外部设备的读写效率。

为提高效率而设置的缓冲区一般都比目标外设存储区的访问速度快，但缓冲区的容量一般也会比目标外设存储区小。缓冲技术缓解速度不匹配矛盾和提高外设读写效率的基本思路如图 8-4 所示。

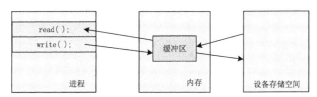

图 8-4　缓冲技术的基本思路

缓冲技术在内存空间开辟一片区域。对于输入过程来说，外部设备将缓慢产生的数据逐个送到缓冲区，待缓冲区填满之后通知进程来缓冲区中读取。对于输出过程来说，进程将要输出的数据先送到缓冲区，待缓冲区填满之后再通知系统将缓冲区的数据写到设备存储空间。从外设提取数据和向外设写入数据的速度可能相对缓慢，但是这已经不再影响进程的工作了。通过缓冲技术，原本进程要直接与外部设备进行的输入输出操作变成进程与内存之间的读写操作。主存存取速度远高于外部设备，因此缓冲技术可提高输入输出的速度和效率。

（2）协调数据记录大小的不一致

CPU 与外设之间或两个设备之间处理的数据记录大小和格式经常不一致，这时需要通过缓冲技术进行数据记录大小的转换或格式的转换。

例如，如图 8-5 所示，在网络数据收发的场景中，处于物理链路层的网卡接收数据往往是按帧接收，而传输层处理的数据往往是按包来处理。显然，帧和包的数据记录大小和格式不一样，这就需要通过缓冲进行转换，把多个帧的数据整理成一个包。相反，在发送的过程中则需要把一个包的数据拆分成多个帧。同样，在传输层和应用层之间的数据传输也需要运用缓冲技术。

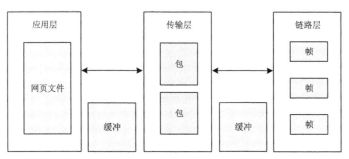

图 8-5　缓冲技术在网络数据收发过程中的应用

又例如，在异步串口通信中，串口都是按字节收发数据的，而内存中处理的数据往往都是带有一定格式的一块数据（例如一个自定义的结构体类型的数据），这也需要利用缓冲技术进行数据记录大小和格式的转换。

（3）正确高效地执行应用程序数据复制

缓冲技术还可以正确高效地实现应用程序的数据复制。所谓正确的数据复制，就是指复制的数据版本正确，即复制的数据就是用户想要的同一份数据。例如，进程通过系统调用 write(Data, Len) 向磁盘写入数据，待写入的数据是 Data。对用户来说，最基本的要求必然是确保真正写入磁盘的数据是 Data，即确保写入磁盘的数据正是进程在调用 write 系统调用那一刻提供的数据，而不是其他版本的数据。为保证数据版本正确，最简单的方法是进程等待内核把 Data 真正写到磁盘之后再返回。但是，这样做的结果就是实时性差，进程执行效率低。另外一个方法就是使用缓冲区来传递数据。进程把数据写到缓冲区之后就立即返回，再由内核选择合适的时候把缓冲区上的数据真正写到磁盘上。通过缓冲区间接地把数据写到磁盘可以让进程获得良好的实时性。但是，由于是事后才完成真正的写操作，因此需要缓冲技术确保写入的数据是正确的版本，而不是被其他进程（也有可能是本进程）再次修改之后的版本，从而实现正确高效的数据复制。

（4）提高 CPU 和外设之间的并发性。

缓冲技术的引入可显著地提高 CPU 和外设之间的并行操作程度，提高系统的吞吐量和设备的利用率。例如，在 CPU 和打印机之间设置缓冲区后，便可使 CPU 与打印机并发工作。当 CPU 把待输出的数据暂存到缓冲区之后，CPU 可以返回主程序继续工作，而同时打印机可以以自己的速度从缓冲区读取数据输出。这样就使得 CPU 和打印机可以并发工作，从而提高系统工作效率。

8.3.2　典型缓冲机制

在计算机系统中，缓冲的实现可以有 4 种形式。

（1）Cache，即高速缓冲寄存器，以半导体材料制成，存取速度非常快，介于 CPU 与内存之间，常用于存放快表之类的数据。

（2）外部设备或 I/O 接口内部的缓冲区。这类缓冲区基本上也是半导体材料制成，容量非常小，往往只有几个或几十个字节的大小。例如，打印机内部的缓冲区、显卡内部的缓冲区、硬盘控制器上的缓冲区等。随着存储器成本的下降，有些外设的缓冲区可以提供高达数兆字节甚至数十兆字节的容量。

（3）内存缓冲区。这类缓冲区在内存开辟，应用广泛，使用灵活。设备缓冲区，文件缓冲区都是由内核在内存区域开辟的缓冲区。用户也可以在内存开辟更灵活的缓冲区处理不同进程之间的通信，例如单缓冲、双缓冲、环形缓冲、缓冲池等形式的缓冲区。

（4）辅存缓冲区。这类缓冲区开辟在辅存上，例如硬盘上。在第 7 章中提到的交换分区，实质就是在辅存开辟的缓冲区。又例如，SPOOLing 技术也属于缓冲技术，虚拟设备所占用的输入井或输出井就是辅存上的缓冲区。

本章所讨论的缓冲区主要是指内存缓冲区，有时也叫软件缓冲区，后面若没有特别说明，都是指内存缓冲区。

内存缓冲区根据缓冲区的数量、存取方式等方面的不同，可以分为单缓冲、双缓冲、循环缓冲和缓冲池等 4 种组织形式。在不同的场合，这些组织形式都得到了广泛的应用。

1．单缓冲

单缓冲是最简单的一种缓冲技术，其原理如图 8-6 所示。单缓冲在内存中开辟的缓冲区大小仅有一个单元，即仅能容纳一条数据记录。

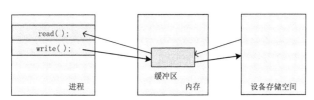

图 8-6　单缓冲的工作原理

单缓冲典型的数据输入过程是：

第一步，外部设备产生数据并写入缓冲区中；

第二步，通知用户进程读取缓冲区的数据；

第三步，用户进程读取缓冲区中的数据到进程内部的缓冲区中；

第四步，处理进程内部缓冲区中的数据。

类似的，单缓冲典型的数据输出过程是：

第一步，用户进程把产生的数据写入进程内部的缓冲区；

第二步，进程把内部缓冲区的数据写入缓冲区中；

第三步，内核在合适的时候把缓冲区中的数据写入设备中；

第四步，设备处理读取的数据。

在没有缓冲区的情况下，无论是输入过程还是输出过程，它们的四步都只能串行运行，进程将很有可能在输入过程的第三步被频繁阻塞，或在输出过程的第二步被频繁阻塞。外部设备处理数据的速度越慢，进程就会被阻塞越长时间；进程处理数据的速度越慢，外部设备空闲的时间就会越长。

在有缓冲区的情况下，无论是输入过程还是输出过程，它们的第一步和第四步都可以并行，外设和 CPU 并发运行，可提高系统的运行效率。

当外部设备与用户进程的数据处理速度基本匹配，且任何一方都不会出现数据批量猝发的情况时，单缓冲机制是一种较实用的缓冲方式。

在实际应用中，需要注意单缓冲的同步，不能重复处理数据，也不能遗漏数据不处理。

2. 双缓冲

双缓冲在单缓冲的基础上增加了缓冲区的容量，具有 2 个单元，能容纳 2 条数据记录。图 8-7 展示了双缓冲在输入过程中的工作原理。

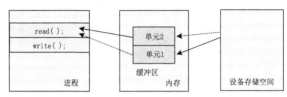

图 8-7　双缓冲输入的工作原理

图 8-8 展示了双缓冲在输出过程中的工作原理。

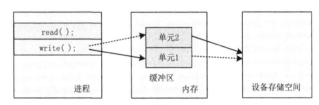

图 8-8　双缓冲输出的工作原理

双缓冲典型的数据输入过程是：外部设备产生数据并写入缓冲区的单元 1 时，用户进程可以从缓冲区的单元 2 中读取已准备好的数据进行处理；当外部设备再次产生数据时把数据写入缓冲区的单元 2，而这时用户进程可以再从缓冲区的单元 1 中读取已准备好的数据进行处理。上述过程不断重复，外部设备把数据轮流地写入缓冲区中 2 个单元；进程轮流地从缓冲区中 2 个单元读取数据。

双缓冲典型的数据输出过程是：用户进程产生数据并写入缓冲区的单元 1 时，外部设备可以从缓冲区的单元 2 中读取已准备好的数据进行处理；当用户进程再次产生数据时把数据写入缓冲区的单元 2 中，而这时外部设备可以从缓冲区的单元 1 中读取已准备好的数据进行处理。上述过程不断重复，用户进程把数据轮流地写入缓冲区中 2 个单元；外部设备轮流地从缓冲区中 2 个单元读取数据。

不难发现，双缓冲机制的效率比单缓冲要高，尤其是在外部设备的数据处理速度比进程的数据处理速度低很多的情况下，效率体现更明显。

与单缓冲的同步要求一样，双缓冲在传输数据的过程中既不能重复处理数据，也不能遗漏数据不处理。

3. 环形缓冲

当进程和外部设备的数据处理速度基本匹配或进程的数据处理速度是设备的数据处理速度的 2 倍左右时，采用单缓冲或双缓冲能获得较好的效果，使外部设备和进程基本上能并行操作。但若两者的速度相差更多，即使采用双缓冲技术效果也不够理想，进程会出现频繁的阻塞以等待外设处理数据，如图 8-9 所示。

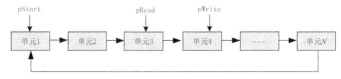

图 8-9　环形缓冲的原理

环形缓冲就是在双缓冲的基础上增加了容量，增加了更多的单元以便存放更多数据记录，并让首尾两个单元在逻辑上相连。图 8-9 展示了环形缓冲的原理。

环形缓冲设置有 3 个指针，3 个指针初始时值一样，指向同一单元。

起始指针 pStart：指向缓冲区的第一个单元。由于是环形的，因此可以指定任何一个单元为起点。

输入指针 pWrite：当需要向缓冲区中放数据时放到 pWrite 指向的单元。每放入一个数据，pWrite 都会移动以指向下一个单元。

输出指针 pRead：当需要从缓冲区中读取数据时，从 pRead 指向的单元中读取。每读取一个数据，pRead 都会移动以指向下一个单元。

当用户进程向缓冲区放数据时，要进行同步判断，判断 pWrite 是否等于 pRead。若相等，意味着环形缓冲区已经没有空单元存放新数据了，需要等待，若不相等，则将数据放到 pWrite 指向的单元，然后更新 pWrite 指向缓冲区的下一个单元。

当用户进程从缓冲区读取数据时，也要进行同步判断，判断 pRead 是否等于 pWrite。若相等的话，意味着环形缓冲区已经没有新数据了，现有的每个数据都已被处理，需要等待；若不相等，则从 pRead 指向的单元读取数据，然后更新 pRead 指向缓冲区的下一个单元。

在外部设备和用户进程的数据处理速度相差较大的情况下，环形缓冲比双缓冲有更高的传输效率，进程会更少出现等待情况。缓冲区的容量越大，单元数量越多，越能够容忍外部设备和进程之间更大的速度差，对数据猝发传输的支持越好。

双缓冲的实质是环形缓冲，是环形缓冲的特例。

4. 缓冲池

单缓冲、双缓冲、环形缓冲都只能用于单向的输入或输出，而且属于特定的进程专用。如果系统中存在较多的进程，每个进程都开辟各自专用的缓冲区，将会消耗大量的内存。尤其是这些进程的 I/O 操作并不频繁的情况下，缓冲区的利用率会十分低，容易造成内存浪费。

为了提高缓冲区的利用率，可采用缓冲池，在池中设置多个可供若干个进程共享的缓冲区。缓冲池中包括一定数量的缓冲区，可以支持输入，也可以支持输出，可极大地提高缓冲区的利用率，减少内存浪费的情况。

缓冲池的管理和同步过程比前面几种缓冲方式要更复杂，时间成本也更高一些。

8.3.3 提前读与延后写

设备管理对于磁盘之类的块设备通常采用提前读和延后写技术，以进一步提高进程与外部设备之间的数据传输效率。提前读和延后写通过设置缓冲区可减少进程访问目标设备的次数，来提高设备访问的效率。

1. 提前读

提前读是指进程需要从外设读取的数据事先已被提前读取到了缓冲区中，不需要继续启动外设执行读取操作。提前读技术之所以有效是基于下面的事实：用户进程对外部设备进行访问时，经常采用顺序访问方式，即顺序地访问外部设备存储空间中连续存放的若干字节。假如进程当前需要读取若个字节，缓冲机制收到进程发来的读取请求时，立即启动外设，执行一系列的 I/O 操作。但是，提前读机制并不是仅把进程所需要的这几个字节读出来就结束了，而是会把这几个字节所在一整块数据都读取回来，放在内存缓冲区缓存起来，然后再在缓冲区中继续挑选进程真正需要的那几个字节送给进程。这个过程看起来有些浪费时间，为了读取几个字节，却读取了一整块数据，但是这样做却能带来很大的好处：当进程稍后需要继续访问外部设备同一块上的其他数据时，因为这一块数据现在就在缓冲区中，因此进程可以直接去缓冲区中读取所需要的数据了，从而避免了再一次启动外部设备去执行缓慢的 I/O 操作。这个过程就是所谓的提前读。由于程序局部性的普遍存在，提前读显然可减少外设启动次数和 I/O 操作次数，提高进程的执行效率。图 8-10 展示了提前读的例子。

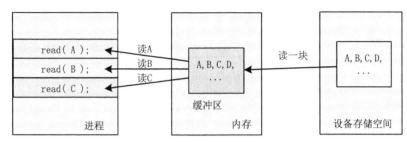

图 8-10 提前读的例子

进程先后发出读取 A、B、C 等 3 个数据的系统调用。假设在设备存储空间中，A、B、C、D 等数据在同一块中。进程第一次需要读取 A 时，设备被启动执行 I/O 操作，读取包含 A、B、C、D 等数据在内的一整块数据放在缓冲区中。接下来，缓冲机制会把 A 从缓冲区提取出来送给进程。此后，当前进程需要读取 B 和 C 时，缓冲机制就直接在缓冲区中找到 B、C 送给进程，从而避免再次启动外设。

要实现提前读需要解决的问题包括设备存储空间的分块管理、缓冲的管理（查找和更新）、文件系统的数据逻辑位置与设备存储空间位置的映射关系管理等。

2. 延后写

延后写是指缓冲机制把进程需要准备向外设写入的一系列数据先缓存起来，等待缓冲区被填满后或一些特定事件发生的时候，再启动外设，执行 I/O 操作，完成数据的真正写入。有时，也会延迟一些固定时间再完成数据的写入操作。因为真正写入外设的过程有时间上的延后，故称为延后写。

假如进程当前需要向设备的存储空间写入若干个字节，目标位置位于设备存储空间的某一存储块。缓冲机制收到进程发来的写入请求时，并不马上启动外设执行写入操作，而是把这几个字节缓存起来，并让进程立即返回。等到进程或其他进程继续发来新的写入请求把该缓冲区填满后就启动设备，执行一系列的 I/O 操作把缓冲区的数据写到设备的目的存储块上。和提前读一样，延后写可减少外设启动次数和 I/O 操作次数，提高进程写入效率。图 8-11 展示了延后写的例子。

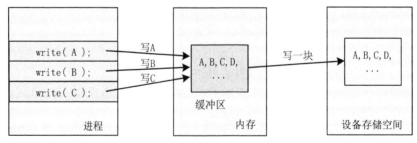

图 8-11 延后写的例子

进程先后发出写 A、B、C 等 3 个数据的系统调用。假设在设备的存储空间中，A、B、C、D 等数据在同一块中。进程第一次需要写入 A 时，缓冲机制会把 A 送到缓冲区暂存，并让进程立即返回；当前进程继续写入 B 和 C，缓冲机制同样把 B、C 送到缓冲区暂存。当缓冲区填满或进程关闭或在其他合适的时候，系统就启动设备执行一系列的 I/O 操作，把这些数据以块为单位写入外设。

要实现延后写，与提前读需要解决的问题也一样，不再赘述。延后写可明显减少外设启动次数，提高系统运行效率。

延后写的另一个好处就是：避免刚刚写入的数据可能在短时间内因为被再次访问（只读）而启动外设执行 I/O 操作。例如，进程把数据 A 写到缓冲区的 B 块中。现在 B 块在理论上是可以立即写入设备的。但考虑到数据 A（或 B 块中的其他数据）可能会在短时间内被继续访问，因而并不立即将 B 块中的数据写入磁盘，从而避免未来可能需要再次启动外设读取这块数据。缓冲管理模块往往会这样来处理刚才的 B 块：将 B 块挂在缓冲区的空闲块队列的末尾。随着空闲块的消耗，B 块也在缓缓往前移动，直至移到空闲块队列之首。当再有进程申请到 B 块时，这时才将该块数据写入磁盘，此后 B 块则作为空闲缓冲区分配出去。这样做的目的是尽量延迟 B 块的写入时间，避免 B 块中的数据被再次访问时在缓冲区中找不到。

3. Linux 提前读与延后写

在 Linux 操作系统中，当数据访问是顺序访问的情况时，内核不再使用访问单个数据块的 bread()函数，而是使用支持预读取的 breada()函数。breada()函数可以将目标数据块后面的数据块提前读入缓冲区，这样下次访问后面的数据块时就可以直接从缓冲获取到。

进程在执行写操作时会将数据先写入高速缓存，而不会立即执行 I/O 写操作。当高速缓存中已被修改但未写回块设备的缓冲块达到规定的比例时，或者系统急需缓冲块时，内核进程 bdflush 就被唤醒，把被修改的数据块写入块设备。bdflush 进程在系统启动时创建。

关于 Linux 回写机制，不管如何优化块设备调度算法，也不可能解决磁盘 I/O 和 CPU 速度严重不匹配的问题，为此 Linux 引入了页高速缓存。页高速缓存最开始是为内存管理而设计的，在 Linux2.6 内核中，各种基于页的数据管理都纳入页高速缓存。因此块设备的 I/O 缓冲区也属于页高速缓存。所有文件的 I/O 操作都是基于读写缓存的原则进行。对于读操作，只有当数据不在缓存时才需要 I/O 操作；对于写操作，一定需要 I/O 操作，不过内核把数据写到高速缓存后 write 系统调用就会立即返回。内核采用特定的写进程 bdflush 统一回写带有脏标记（dirty 标记）的缓存页。可见内核对读和写是区别对待的：同步读、异步写。写操作的实际 I/O 访问是由内核延后处理的，是用户无法预知的。

8.4 磁盘组织与管理

在计算机存储设备中，磁盘（传统的硬盘属于典型的磁盘）往往是存储容量最大的外部块设备。不仅系统和用户的代码和数据需要长期存放在磁盘上，而且在进程运行过程中需要频繁地读写磁盘。磁盘的读写速度相对较低，其读写效率会影响整个系统的运行效率。合理的磁盘空间管理和调度，有利于提高磁盘的存取效率。本节以硬盘为例介绍磁盘的组织与管理。

8.4.1 磁盘的结构

硬盘是若干个同心的磁性盘片叠合，外加读写磁头组合而成的旋转型的存储设备。磁性盘片至少有一面可以存储数据，也可能两面都可以存储数据。两面都可存储数据的磁片称为双面磁片。

磁头通过贴近盘面读写数据，通过旋转定位盘面上的任意位置读取指定的数据。每个盘面有独立的读写磁头，可以通过选择不同的读写磁头来选择不同的盘面读写数据。

盘面的正视图如图 8-12 所示。盘面被划分为数据区和启停区。数据区占绝大部分，启停区没有任何数据。设置启停区的目的在于保护盘面不被意外划损。读写磁头与盘面的距离很近，无论是在工作状态还是在关机状态，若磁头总是停留在盘片的数据区上面，则磁头很容易因为各种意外的抖动导致划伤盘面而造成数据丢失。所以，为了避免这样的情况，在不需要读写的时候，磁头都是停留在启停区。需要读写数据时，磁头从启停区出发寻址到特定数据区域。

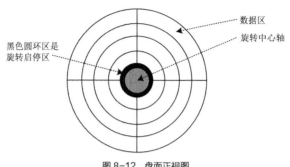

图 8-12　盘面正视图

盘面的数据区被划分成多个狭窄的同心圆环，数据就存储在这样的同心圆环上面。

1. 磁道

以盘片中心为圆心，把盘片分成若干个半径不等的同心圆环，圆环上可以存储数据。每一个同心圆环称为磁道。最外圈的磁道是 0 号磁道，逐步向圆心增长，依次为 1 号磁道、2 号磁道……数据存储时先从最外圈的磁道开始。每个磁道可以存储数十 KB 的数据，根据硬盘的规格，磁道数可以从几百到成千上万不等。

2. 柱面

柱面实际是抽象出来的逻辑概念。若干张盘片中相同位置的磁道组成一个柱面。可见，每面的磁道数量和整个磁盘的柱面数量相等。需要注意的是，磁盘读写数据是按柱面进行的，磁头读写数据时首先在同一柱面内从 0 磁头开始进行操作，依次向下在同一柱面的不同盘面（磁头上）进行操作，只有在同一柱面所有的磁头全部读写完毕后磁头才转移到下一柱面。选取磁头只需通过电子切换即可，而选取柱面则必须通过机械切换。因为数据的读写是按柱面进行的，而不是按盘面进行的，所以把数据存到同一个柱面是很有价值的。

系统在分区时，各分区都不允许跨柱面，即均以柱面为单位。柱面就是通常所说的分区粒度。有时候，用户执行分区操作时会发现最终分区的实际大小与事先设定的分区大小往往略有差异，原因就是系统自身限制了同一柱面不可以属于两个分区。

3. 磁头

磁头是读取硬盘数据的关键部件。在工作状态时，磁头悬浮在盘片上方，而不与盘片直接接触。关闭电源，磁头会自动回到盘片上的启停区位置。硬盘的磁头数取决于硬盘中的盘面数。一张盘片一般具有正反两个盘面（也有的盘片只有一个盘面），都可以存储数据，所以一个盘片就有 2 个磁头。

4. 扇区

将每个圆环磁道均匀分成若干等份，每一段都是类似扇形的区域，可以存储数据，称为扇区（Sector）。一般每个扇区的存储容量是 512Byte。扇区是硬盘最小的存储单位，即使用户仅需要读写一个字节的数据，也得先把整个扇区的 512Byte 的数据全部读入内存，然后再选择所需要的那个字节进行处理。

磁盘的存储容量可以按以下公式计算：

$$存储容量 = 柱面数 \times 磁头数 \times 每磁道扇区数 \times 每扇区字节数$$

块设备中最小的可寻址单元是扇区。扇区的大小一般是 2 的整数倍，最常见的大小是 512Byte。

8.4.2 磁盘的物理地址

1. CHS 式地址

磁盘上任意一个扇区的物理地址可用（柱面号 Cylinder，磁头号 Head，扇区号 Sector）方式来定位，又称 CHS 方式。柱面号等同于磁道号，磁头号等同于盘面号。每个盘面都有一个磁头。若是双面的盘面，其正反两面都有独立的磁头。柱面和磁头从 0 开始编号，扇区从 1 开始编号。

早期的硬盘并没有硬盘控制器，操作系统或 BIOS 需要知道数据存放的真实位置才能找到需要的数据，因此操作系统或 BIOS 直接采用了 CHS 寻址方式定位某个扇区。

CHS 地址宽度为 24 位，其中 10 位表示柱面，8 位表示磁头，6 位表示扇区。所以，CHS 方式的地址理论上支持的最大硬盘容量是：

$$硬盘容量 = 柱面数 \times 盘面数 \times 扇区数 \times 512Byte$$
$$= 2^{10} \times 2^8 \times 2^6 \times 512Byte$$
$$= 8388608\ KB$$
$$\approx 8.4GB$$

给定了 CHS 方式的地址，磁盘控制器可以根据该地址读取一块数据。具体操作如下：

（1）根据参数 C（柱面号）移动磁臂，让磁头指向指定柱面；

（2）根据参数 H（磁头号）激活指定盘面上对应的磁头；

（3）启动磁盘旋转，当参数 S（扇区号）指定的扇区从磁头下面划过的时候完成对特定扇区的读写。

2. LBA 式地址

现代的硬盘在容量上大大超过以往的硬盘，存储原理与工作机制也都与传统的硬盘相差较大。与此同时，硬盘也都集成了智能的硬盘控制器。硬盘控制器本身知道每一块数据的物理位置。但是为了与早期的操作系统或 BIOS 兼容，磁盘控制器依然向操作系统或 BIOS 报告某个数据的 CHS 格式的地址，只不过这个 CHS 方式的地址并不是数据所在区域的实际物理地址，而是磁盘控制器根据一定的映射规则计算出来的。磁盘控制器也可以根据指定的 CHS 方式的地址在硬盘上找到数据所在的真实物理位置。

因此，现代硬盘制造商在 CHS 寻址模式之外引入了所谓的 LBA（Logical Block Address，逻辑块地址）寻址模式，引入了 LBA 逻辑地址。CHS 地址和 LBA 地址的换算公式是：

$$LBA 逻辑地址 = （C \times 每柱面的磁头数 + H） \times 每磁道的扇区数 + （S - 1）$$

其中：C、H、S 分别是 CHS 地址中的柱面号、磁头号、扇区号，它们的起始值分别是 0、0、1。每柱面的磁头数和每磁道的扇区数两个参数都由磁盘驱动程序提供，它们的典型取值分别是 16 和 64。

例 1：已知某扇区的 CHS 地址是 0 柱面，0 磁头，1 扇区。计算该扇区的 LBA 逻辑地址（假定每柱面的磁头数和每磁道的扇区数分别是 16 和 64）。

解：计算过程如下。

$$LBA 逻辑地址 = (0 \times 16 + 0) \times 64 + (1 - 1) = 0$$

例 2：已知某扇区的 CHS 地址是 0 柱面，1 磁头，1 扇区。试计算该扇区的 LBA 逻辑地址（假定每柱面的磁头数和每磁道的扇区数分别是 16 和 64）。

解：计算过程如下。

$$LBA 逻辑地址 = (0 \times 16 + 1) \times 64 + (1 - 1) = 64$$

例 3：已知某扇区的 CHS 地址是 1 柱面，0 磁头，1 扇区。试计算该扇区的 LBA 逻辑地址（假定每柱面的磁头数和每磁道的扇区数分别是 16 和 64）。

解：计算过程如下。

$$LBA 逻辑地址 = (1 \times 16 + 0) \times 64 + (1 - 1) = 1024$$

事实上，有些情况下的操作系统或 BIOS 并不能直接使用 CHS 方式的物理地址对扇区进行寻址，而是使用 LBA 逻辑地址来对扇区进行标识。

例如，某扇区位于柱面号 140，磁头号 3，扇区号 4 的位置，其所在的扇区对应的 LBA 逻辑地址为 143555。也就是说，LBA 逻辑地址为 143555 的扇区其 CHS 物理地址是（140、3、4）。这里依然假设：每柱面的磁头数和每磁道的扇区数分别为 16 和 64。

已知 LBA，其相应 CHS 地址如下式计算：

柱面号 C = LBA 逻辑地址 /（ 每柱面的磁头数 × 每磁道的扇区数 ）

磁头号 H =（ LBA 逻辑地址 / 每磁道的扇区数)% 每柱面的磁头数

扇区号 S = LBA 逻辑地址 % 每磁道的扇区数 + 1

假定每柱面的磁头数和每磁道的扇区数分别取为 16 和 64，下面分别计算前面提到的 LBA 逻辑地址为 1024 和 143555 的两个扇区的 CHS 地址。

例 4：已知某扇区的 LBA 逻辑地址是 1024，试计算其 CHS 地址。

解：计算过程如下。

柱面号 C = 1024 /（ 16 × 64) = 1

磁头号 H =（ 1024 / 64)% 16 = 0

扇区号 S = 1024 % 64 + 1 = 1

即 LBA 逻辑地址是 1024 的扇区，其 CHS 地址是（1、0、1）。

例 5：已知某扇区的 LBA 逻辑地址是 143555，试计算其 CHS 地址。

解：计算过程如下。

柱面号 C = 143555 /（ 16 × 64) = 140

磁头号 H =（ 143555 / 64)% 16 = 3

扇区号 S = 143555 % 64 + 1 = 4

即 LBA 逻辑地址是 143555 的扇区，其 CHS 地址是（140、3、4）。

8.4.3　磁盘调度算法

磁盘管理的目的之一是尽量加速对磁盘的访问，缩短访问时间。磁盘访问时间包括寻道时间、旋转延迟时间和传输时间 3 部分时间。

寻道时间（Seek Time）是指读写磁头沿径向移动，移到要读取的扇区所在磁道的上方所花的时间。因读写磁头的起始位置与目标位置之间的距离不同，因此寻道时间也不同。

旋转延迟时间（Rotational Latency Time）是指磁头到达指定磁道后，通过盘片的旋转，使得要读取的扇区转到读写磁头的下方所花的时间。

传输时间（Transfer Time）是指读写数据所花的时间。

磁盘是可供多个进程共享的设备，当有多个进程都要求访问磁盘时，应采用一种最佳调度算法，以使所有进程对磁盘的平均访问时间最小。由于在访问磁盘的时间中最主要的是寻道时间，因此磁盘调度的目标是使磁盘的平均寻道时间最短。目前常用的磁盘调度算法有先来先服务、最短寻道时间优先、扫描算法以及循环扫描算法等。

（1）先来先服务算法

这是一种最简单的磁盘调度算法。它根据进程请求访问磁盘的先后次序进行调度。此算法的优点是公平、简单，且每个进程的请求都能依次得到处理，不会出现某一进程的请求长期得不到满足的情况。但此算法由于未对寻道进行优化，致使平均寻道时间可能较长。

（2）最短寻道时间优先算法

该算法选择这样的进程：其要求访问的磁道与当前磁头所在的磁道距离最近，以使每次的寻道时间最短。但这种算法不能保证平均寻道时间最短。

（3）扫描算法

扫描算法又称电梯算法，把磁头看作在做横跨磁盘的扫描，从柱面最内圈到最外圈，然后返回来，正如电梯做往返垂直运动一样。扫描算法既能获得较好的寻道性能，又能防止"饥饿"现象，故被广泛用于各型计算机的磁盘调度中。

（4）循环扫描算法

循环扫描算法是在扫描算法的基础上规定磁头单向移动来提供服务，返回时直接快速移动至起始端而不服务任何请求。由于扫描算法偏向于处理那些接近最里或外的磁道的访问请求，因此使用改进型的循环扫描算法可以避免这个问题。

8.4.4 磁盘的管理

磁盘管理的目的之一是尽量加速对磁盘的访问，缩短访问时间。虽然扇区是磁盘的最小寻址单位，但是为了提高读写效率，磁盘被划分为更大的磁盘块（也称为簇，Cluster），每个磁盘块的大小一般是 $41\sim64$KB，每次以磁盘块为单位来读写。访问一个磁盘块的平均用时为 10ms，但是这并不表示某一应用程序将数据请求发送到磁盘控制器后，等 10ms 就能得到数据。在磁盘访问请求的到达频率十分高的情况下，这些请求就会陷入较长时间的阻塞，调度延迟将会变得非常大。因此，下面的优化措施经常被采用，用于减少磁盘的平均访问时间。

（1）按柱面组织数据

前文已经提及，寻道时间占访问时间的主要部分，如果用户选择在一个柱面上连续地读取所有块，那么只需要考虑一次寻道时间，而忽略其他时间。这样，从磁盘上读写数据的速度就接近于理论上的传输速率。

（2）预取数据

在多数应用中，对磁盘的读写是顺序的，所请求的磁盘块也是顺序的，因此可以在需要这些磁盘块之前就将它们预装入内存。这样做的好处是方便系统能较好地调度磁盘，减少访问磁盘块所需要的平均时间。

8.5 Linux 缓冲技术

8.5.1 Linux 缓冲概述

1. 缓冲区基本思路

在 Linux 0.11 中有 3 种块设备：虚拟内存盘 RAMDISK、硬盘、软盘。块设备的 I/O 操作是非常慢的，它远远赶不上内存和 CPU 的速度。为了减少访问块设备的次数，Linux 操作系统提供了内存高速缓冲区，并将其划分为一个个与磁

Linux 模块机制

盘块大小相等的缓冲块来暂存与块设备之间的交换数据，以减少 I/O 操作的次数，提高系统的性能。

当需要读写块设备的数据时，首先在缓冲区中查找，若有则立即复制到用户数据缓冲区并返回；若没有则先从块设备读到缓冲区中，然后再复制到用户数据缓冲区。缓冲块中的数据不会消失，还会在内存中暂存一段时间。因此，在一定时间内，如果重复读取同一个文件，都可以直接从缓冲块中读取。当缓冲块没有所要数据时，请求的进程就必须进入睡眠，等待显式唤醒。

缓冲区有自己的管理机制：很久没有使用的块可以给其他进程使用（更新其中的数据），如果

是脏块，则要更新到设备中。缓冲区管理模块仅在某些特定情况下才会去执行写设备（典型的是硬盘）的操作。这个事实也提醒用户，当尝试热拔出一个设备时，应该先进行卸载操作，这样缓冲区管理模块才会有机会写设备，否则数据可能丢失，文件系统甚至可能会损坏。

2. 进程访问设备流程

缓冲块中总是保存着最近访问磁盘的数据。内核在读块设备之前先搜索缓冲区，如果数据在缓冲区中就不需要再从磁盘中读取，否则向块设备发出读操作的指令。当内核写块设备时，先将数据写入缓冲区，不过什么时候将数据同步到块设备要视具体情况而定。这样做是为了尽可能久地将数据暂留在内存以减少将来对块设备的操作。

不管硬盘、软盘、还是 RAM DISK，它们的驱动代码结构是一致的，都采用相同的处理方式。虽然从底层来说，不同硬件采用不同的方式读写数据，但是上层却是用同样接口来处理读写操作。这个流程大致分为 5 步。

（1）进程要读取数据，向缓冲区管理模块发出申请，并进入睡眠。

（2）缓冲区管理模块在缓冲区中查找是否已经读取过该数据块。若是，则直接返回数据，并唤醒进程；否则，使用更低级的块读写函数，从具体的设备上读取。

（3）低级的块读写函数向设备驱动程序发出读写请求。具体的做法是：先创建一个请求结构项，然后将其插入到请求队列中。

（4）当块设备处理到该请求结构项时，会将请求的目标数据读取到指定的缓存区中或将缓存中的数据写到设备上。

（5）设备完成读写操作后，设置相关标志，并唤醒相关进程。

8.5.2 典型块设备的块定义

典型的块设备包含了硬盘、软盘、RAM DISK 等。其中，访问最频繁的块设备当属硬盘。硬盘最小的可寻址单元是扇区。扇区的大小一般是 2 的整数次幂，最常见的大小是 512Byte。

扇区的大小是设备的物理属性。许多块设备能够一次传输多个扇区。从文件系统的角度来讲，块设备的可寻址单元是块（block）。

块是文件系统对存储设备最小的数据传输单位的一种抽象，系统规定只能基于块来访问文件系统。虽然磁盘的物理寻址是按照扇区进行的，但是操作系统内核执行的所有磁盘操作都是按照块进行的。块显然不能比扇区还小。

在大多数操作系统中，块都是数倍于扇区大小，但是不超过一页。通常的块大小是 512Byte、1024Byte 或 4096Byte。Linux 是 1024Byte。

8.5.3 缓冲区数据结构

在系统初始化过程中，高速缓冲区被划分为一个个缓冲块，如图 8-13 所示，并完成高速缓冲区的初始化。

当一个磁盘块被调入内存时，它要存储在一个缓冲块中，每个缓冲块与一个磁盘块对应，相当于磁盘块在内存中的备份。另外，由于内核在处理数据时需要相关的控制信息，因此每个缓冲块都用一个叫缓冲头 buffer_head 的结构体来描述。缓冲头在文件 linux/buffer_head.h 中定义。这个结构体在内核中扮演描述符的角色，说明从缓冲块到磁盘块的映射关系。

可见，每个缓冲块都绑定着唯一一个缓冲头，缓冲块本身用于存放数据。有时在不混淆的情况下缓冲块也称为数据区。缓冲头位于高速缓冲区的低地址处，缓冲块位于高速缓冲区高地址处。通常，缓冲块的大小为 1024Byte，即硬盘的两个扇区大小。每个缓冲头都有一个指针指向对应的缓冲块。缓冲头 buffer_head 结构体的定义如代码 8-1 所示。

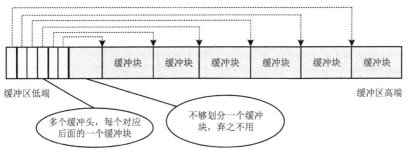

图 8-13　高速缓冲区结构

```
1  ⊟struct buffer_head {
2        char * b_data;              /* pointer to data block (1024 bytes) */
3        unsigned long b_blocknr;   /* block number */
4        unsigned short b_dev;       /* device (0 = free) */
5        unsigned char b_uptodate;
6        unsigned char b_dirt;       /* 0-clean,1-dirty */
7        unsigned char b_count;      /* users using this block */
8        unsigned char b_lock;       /* 0 - ok, 1 -locked */
9        struct task_struct * b_wait;
10       struct buffer_head * b_prev;
11       struct buffer_head * b_next;
12       struct buffer_head * b_prev_free;
13       struct buffer_head * b_next_free;
14   };
```

代码 8-1　缓冲头 buffer_head 结构体定义

缓冲头 buffer_head 结构体中的主要域定义如下。

（1）b_data 字段：指向缓冲块对应的数据区，大小为 1KB，即两个扇区的大小。

（2）b_blocknr 字段：设备中的块号。

（3）b_dev 字段：设备号。

（4）b_lock 字段：表示是否有块设备驱动程序正在操作该缓冲块。1 表示有驱动正在读写该块；0 表示没有，即该块空闲。当驱动文件 kernel/blk_drv/ll_rw_blk.c 中的底层读写函数对缓冲块进行读写操作时置该字段为 1，表示不允许进程占用缓冲块（否则会导致数据错误），此时就需要进程主动去睡眠，等待驱动程序读写完毕后再去操作缓冲块。

（5）b_count 字段：表示该缓冲块被多少个进程引用。如果 b_lock 为 1，则 b_count 一定也为 1。当 b_count 为 0 时，表示该块空闲，此时内核才能释放缓冲块。

（6）b_dirt 字段：为延迟写字段，即脏位字段。当缓冲块数据因为修改而与磁盘上数据不同时，b_dirt 字段置 1，表示在下次需要读写该块时需要先将数据同步到设备，同步到设备后 b_dirt 重置 0。

（7）b_uptodate 字段：为数据有效位字段，表示缓冲块中数据是否能给进程使用。初始化和释放时置 0，表示数据无效不能给进程使用；刚从设备读入或者刚同步到设备时置 1，表示数据有效，进程所需要的数据即当前块的数据。

（8）b_wait 字段：指向所有访问此缓冲块的任务等待队列。

缓冲头 buffer_head 结构体的最后 4 个指针用于支持对 buffer_head 的两种管理方式：free_list 指针和散列数组。

free_list 指针指向第一个空闲的缓冲头 buffer_head，全部空闲的 buffer_head 组成空闲队列。其中的 b_prev_free 字段和 b_next_free 字段将它们构成一个双向循环队列。

散列数组的大小为 307，对一个正在使用的 buffer_head，根据其中的设备号和逻辑块号，计算出该 buffer_head 的散列值，并把该 buffer_head 放入到散列数组中，其中的 b_prev 字段和 b_next

字段构成一个双向链表，分别表示散列项的前一个和后一个。每一个散列数组的元素里面还包含
2 个指向双向循环链表的指针。

如图 8-14 所示，所有的 buffer_head_free 都通过 b_prev_free 和 b_next_free 指针连接成一个双向
循环队列结构，这个循环队列也称为最近最少使用（Least Recently Used，LRU）队列。free_list 是
buffer_head 类型的指针，指示了循环队列的头部，也就是最近最少使用的缓冲块（最闲的块），而
队列的尾部则是最近刚刚使用的缓冲块（最忙的块）。每次搜索循环队列都从头部"最空闲"的块开
始，如果找到了合适的块则将其"摘下"，并将其链接在循环链表的尾部成为新的"最忙"的块。

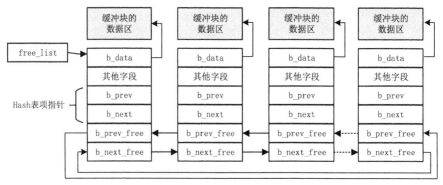

图 8-14　所有缓冲头链接构成双向循环队列

为了帮助进程快速寻找要请求的数据块是否已经读入了缓冲区，Linux 0.11 内核使用了有 307
个散列项的散列表，图 8-15 展示了缓冲区散列表结构。散列函数为：

```
(b_blocknr ^ b_dev) mod 307
```

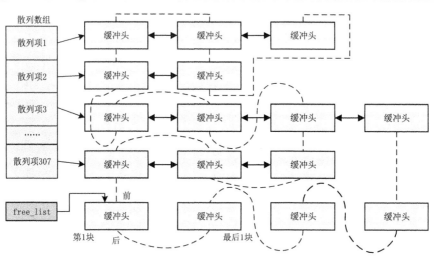

图 8-15　缓冲区散列表结构

每个缓冲块都在 free_list 指向的空闲队列中，但它们可以不在散列表中。缓冲块一旦被使用
过就会一直停留在散列表中，直到再次被选中，可以继续使用之前用过的某个盘块数据，也可以
修改 b_blocknr 和 b_dev 字段后重新插入新的散列项中用于存放其他盘块的数据。

8.5.4　缓冲块搜索

内核程序在使用高速缓冲区中的缓冲块时，都必须先通过指定设备号（b_dev）和块号

（b_blocknr）搜索缓冲区中的缓冲块。

内核搜索合适的缓冲块有两种方法，一种是搜索散列表，另一种是搜索 LRU 队列（free_list）。初始时散列表为空，内核分配 LRU 队列的第一个块，也就是"最空闲"的块，设置其 b_blocknr 和 b_dev 字段，根据这两个字段把缓冲头加入散列表中，同时将其从 LRU 队列头移到队列尾，表明该块"最忙"。所以缓冲块一旦被使用过，它的缓冲头就会记录在散列表中。

内核搜索缓冲块时，首先根据请求的块号和设备号对应的散列值搜索散列表，寻找之前是否有进程已经请求过相同的缓冲块。如果没有，则遍历 LRU 队列，找出最合适的一个块将其从 LRU 队列和散列表（如果在散列表中）中"摘下"，链接在 LRU 队列末尾和散列表的合适位置。

内核在请求缓冲块时可能会遇到以下 5 种情况。

（1）散列表中找到了请求的块，并且该块空闲

若进程 A 请求了块 x，x 对应的缓冲块 x′进入散列表，驱动对 x′写数据完毕，x′解锁。此时切换到进程 B，进程 B 也需要请求块 x，搜索散列表发现 x′未锁定，于是直接增加 x′的引用数并使用 x′。

（2）散列表中找到了请求的块，但是已被锁定

如图 8-16 示例所示，若进程 A 请求了块 x，则 x 对应的缓冲块 x′进入散列表，驱动程序开始对 x′写数据并将 x′上锁。此时切换到进程 B，进程 B 也需要请求块 x，搜索散列表发现 x′已锁定，于是进程 B 进入睡眠等待 x′解锁。x′解锁后唤醒进程 B。注意，此时仅仅是将进程 B 设置为就绪态而并未切换到进程 B，因而系统有可能实际切换到了进程 C。假如系统确实切换到了进程 C，且进程 C 也需要访问逻辑块 x，则进程 C 通过搜索 LRU 队列找到 x′，并将 x′挪作他用。因此进程 B 被唤醒后还要重新检查一下 x′是否还是原来的 x′，如果不是则要重新搜索。

图 8-16 进程在散列表中找到了块但因已被锁定而需重新检查的情形

（3）散列表中未找到，搜索 LRU 队列找到一个空闲且干净的块

getblk()函数首先搜索散列表，但是没有找到需要的块，说明该块从未被读写过或者之前虽被读写过但释放后又被其他进程映射到了另外的块。然后，getblk()函数搜索 LRU 队列，找到了一个 b_count=0 且 b_dirt=0 的块，直接返回缓冲头指针。

（4）散列表中未找到，搜索 LRU 队列找到一个空闲的合适的块

getblk()函数首先搜索散列表，但是没有找到需要的块，然后继续搜索 LRU 队列找到了一个合适的块。搜索的过程按照一定的优先级进行，在 b_count=0 的前提下，按照图 8-17 所示的优先级选择合适的块。

$$\Rightarrow \quad \begin{array}{l} b\_lock = 1 \\ b\_dirt = 0 \end{array} \quad \Rightarrow \quad \begin{array}{l} b\_lock = 0 \\ b\_dirt = 1 \end{array} \quad \Rightarrow \quad \begin{array}{l} b\_lock = 1 \\ b\_dirt = 1 \end{array}$$

图 8-17 选择块的优先级

优先选择被锁定（b_lock=1）但干净（b_dirt=0）的块，然后是未锁定（b_lock=0）但是脏（b_dirt=1）的块，最后才是既锁定（b_lock=1）又脏（b_dirt=1）的块。从系统开销的角度看这么做是有道理的，因为这 3 种情况的 I/O 开销是递增的。

第一种情况，I/O 开销为 0，只需要等待已有的 I/O 操作结束解锁缓冲就可以了。

第二种情况，需要同步块设备，包含一个完整的 I/O 操作。

第三种情况，既需要等待已有的 I/O 操作结束，又需要同步块设备，系统开销无疑是最大的。

上面这 3 种情况都需要当前进程睡眠以等待驱动程序完成，不可避免又要遇到图 8-16 类似的竞争条件的问题。所以进程唤醒之后都要检查一下所等待的块是否又被其他进程占用了，也就是检查 b_count 是否为 0。如果不为 0，则表示在进程睡眠期间该块被占用，需要重新开始搜索。

需要注意的是，即便 b_count=0，意味着此块空闲，但是还是会出现 b_lock=1 的情况。原因在于，getblk()函数的调用者 bread()、breada()、bread_page()等相关函数，都是通过 ll_rw_block()函数向驱动程序发出读写设备的命令，这里会对缓冲块上锁，发出读写命令后再释放缓冲块。这种情况就是异步写，即在缓冲块同步至设备期间不影响缓冲块的分配，这无疑又可提高系统的运行效率。

（5）散列表中未找到，LRU 队列中也没有合适的块

若散列表中未找到，LRU 队列中也没有 b_count=0 的块，说明此时缓冲区已经耗尽，需要加入等待缓冲区的队列中。任何一个进程释放一个缓冲块都会唤醒等待队列，但是进程被唤醒后依然需要重新开始搜索。

每次进程被唤醒都要从散列表开始重新搜索整个缓冲区。例如，进程 A 被唤醒后还仅仅处于就绪态，系统可能会先切换到其他进程 B，而进程 B 可能会将进程 A 需要的块映射到了缓冲区中，所以进程 A 请求的块可能已经加到了散列表中。综上所述，当一个缓冲块已经同步至设备、解锁、且引用数为 0 的时候才能分配给进程。

另外，关于 Linux 使用的 LRU 算法，有别于普通的 LRU 算法。普通的 LRU 算法要在块表中为每一块设置一个计数器。

Linux 采用双向空闲链表和散列表辅助实现了这个算法，值得借鉴。其实也只是形式变换了，LRU 算法的本质没有变。最新被使用的块将被插入空闲链表的末尾，表示最不空闲，与计数的方法实现了一样的效果。

```
1  #define BADNESS(bh) (((bh)->b_dirt<<1)+(bh)->b_lock)
2  struct buffer_head * getblk(int dev,int block)
3  {
4      struct buffer_head * tmp, * bh;
5
6  repeat:
7      if (bh = get_hash_table(dev,block))
8          return bh;
9      tmp = free_list;
10     do {
11         if (tmp->b_count)
12             continue;
13         if (!bh || BADNESS(tmp)<BADNESS(bh)) {
14             bh = tmp;
15             if (!BADNESS(tmp))
16                 break;
17         }
18 /* and repeat until we find something good */
19     } while ((tmp = tmp->b_next_free) != free_list);
20     if (!bh) {
21         sleep_on(&buffer_wait);
22         goto repeat;
23     }
24     wait_on_buffer(bh);
25     if (bh->b_count)
26         goto repeat;
27     while (bh->b_dirt) {
28         sync_dev(bh->b_dev);
29         wait_on_buffer(bh);
30         if (bh->b_count)
31             goto repeat;
32     }
33 /* NOTE!! While we slept waiting for this block, somebody else might */
34 /* already have added "this" block to the cache. check it */
35     if (find_buffer(dev,block))
36         goto repeat;
37 /* OK, FINALLY we know that this buffer is the only one of it's kind, */
38 /* and that it's unused (b_count=0), unlocked (b_lock=0), and clean */
39     bh->b_count= ;
40     bh->b_dirt= ;
41     bh->b_uptodate= ;
42     remove_from_queues(bh);
43     bh->b_dev=dev;
44     bh->b_blocknr=block;
45     insert_into_queues(bh);
46     return bh;
47 }
```

代码 8-2　getblk()函数的实现

getblk()函数是整个缓冲区机制的核心，它负责从所有缓冲块中找到一个最合适的块分配给进程使用。代码 8-2 是 getblk()函数的实现代码。

函数在第 7、8 行首先通过 get_hash_table()函数在散列表中寻找所需要的块，若找到则直接返回；否则通过第 9～17 行在 LRU 队列中寻找最合适的块。get_hash_table()函数用于在散列表中找到一个没有被锁定的块，如果发现请求的块已被上锁则进入睡眠等待该块解锁。

wait_on_buffer()函数等待指定缓冲块解锁。在 wait_on_buffer()函数内部，进入睡眠之前首先要关中断，这样在处理睡眠队列时就不会出现竞争条件的情况。这里需要注意的是关闭中断并不会影响其他进程对中断的响应，因为每个进程都有自己的 EFLAGS 标志保存在本进程的 TSS 结构中，进程切换时会将 TSS 中的寄存器值恢复。有可能从进程被唤醒到运行期间缓冲块会再次被其他进程上锁，所以代码中用了 while 循环，一旦再次被上锁就继续睡眠。

getblk()函数第 13 行的 BADNESS()是一个宏，用于计算缓冲块的相对使用开销，数值上等于 b_lock+b_dirt × 2，值越小表示使用该块的系统开销越小，优先选择该块。b_dirt 字段前文已经提及，是延迟写字段。可见，是否标记"延迟写"，对 BADNESS 的计算结果有很大影响。如果块既未锁定又是干净的（b_dirt=0），则可以直接使用。

在 getblk()函数的第 20～22 行中，bh 为空则说明散列表和 LRU 队列都找不到可以使用的缓冲块，即此时每个块都被使用，缓冲区已经耗尽。这时候就要把进程加入等待缓冲区的睡眠队列中，全局变量 buffer_wait 指示了睡眠队列头。如果某个进程释放了一个缓冲块则唤醒队列中某个进程进入就绪态。不过该进程一旦切换回来还是要重新搜索缓冲区。

在第 25、26 行中，如果从 LRU 队列中找到的块被上锁，则睡眠等待该块被解锁；如果被唤醒后发现该块又被其他进程占用，则重新开始搜索。

在第 27～32 行中，如果被标记为延迟写（b_dirt=1），则将缓冲区内容同步至设备，同时进程进入睡眠等待同步过程的完成.被唤醒后若发现该块又被占用则重新开始搜索。

在第 35、36 行中，经过前面的几次睡眠、唤醒之后可能有其他进程已经请求过所需要的块，因此需要最后一次搜索散列表。如果在散列表中找到了需要的块，则直接从散列表中返回一个缓冲头指针；否则就设置缓冲头的字段，将缓冲头从 LRU 队列的头部"摘下"并从散列表中卸下，重新插入 LRU 队列尾部和散列表的合适位置。

8.5.5　数据读取

数据读取的过程主要是指从用户提交文件读取请求开始到产生设备 I/O 请求的过程。

总体上说，内核上层程序会将文件访问请求转换为对数据块的访问，通过使用 bread()函数获得对应的缓冲块。bread()函数首先利用请求的设备号和块号，在相应的散列数组项中查找缓冲块，检查需要的数据块是否已经放入缓冲区中。若没有，就会分配一个新的缓冲块，然后调用底层块设备读写函数 ll_rw_block()去读取相应的数据块。

在第 3 章关于系统调用的内容中已经提及，应用程序对设备的读写都会转化为相应的系统调用。譬如，应用程序使用 read()系统调用去读取某个文件的内容，read()系统调用将引发中断，通过中断服务程序从系统调用表里找到内核中的 sys_read()函数去执行读操作。sys_read()函数根据设备的类型选择不同的函数去完成设备的读操作。假如是典型的磁盘文件，则调用 file_read()函数去读磁盘设备。代码 8-3 是 file_read()函数的部分核心代码，其中第 9 行和第 10 行便是引导进程到高速缓冲区中去读可能已被事先缓冲的数据。

代码 8-3 中的第 9 行通过 bmap()函数去查找文件映射的对应缓冲区，第 10 行则通过 bread()函数读取缓冲区。

```
1    int file_read(struct m_inode * inode, struct file * filp, char * buf, int count)
2    {
3        int left,chars,nr;
4        struct buffer_head * bh;
5
6        if ((left=count)<= )
7            return  ;
8        while (left) {
9            if (nr = bmap(inode,(filp->f_pos)/BLOCK_SIZE)) {
10               if (!(bh=bread(inode->i_dev,nr)))
11                   break;
12           } else
13               bh = NULL;
14           nr = filp->f_pos % BLOCK_SIZE;
15           chars = MIN( BLOCK_SIZE-nr , left );
16           filp->f_pos += chars;
17           left -= chars;
18           if (bh) {
19               char * p = nr + bh->b_data;
20               while (chars-- )
21                   put_fs_byte(*(p++),buf++);
22               brelse(bh);
23           } else {
24               while (chars-- )
25                   put_fs_byte( ,buf++);
26           }
27       }
28       inode->i_atime = CURRENT_TIME;
29       return (count-left)?(count-left):-ERROR;
30   }
```

代码 8-3　用于读磁盘设备的 file_read() 函数核心代码

```
1    struct buffer_head * bread(int dev,int block)
2    {
3        struct buffer_head * bh;
4
5        if (!(bh=getblk(dev,block)))
6            panic("bread: getblk returned NULL\n");
7        if (bh->uptodate)
8            return bh;
9        ll_rw_block(READ,bh);
10       wait_on_buffer(bh);
11       if (bh->b_uptodate)
12           return bh;
13       brelse(bh);
14       return NULL;
15   }
```

代码 8-4　bread()函数的关键代码

bread()函数的关键代码请参考代码 8-4，其主要流程如图 8-18 所示。bread()函数用于将指定盘块读入缓冲块中。首先调用前面介绍的 getblk()函数从缓冲区分配一个缓冲块。由上一节的介绍可知，getblk()函数返回的缓冲块可能是一个新的空闲块，也可能是正好含有所需数据的缓冲块，它已经存在于高速缓冲区中。因此对于读取数据块的 bread()函数来说，就要判断该缓冲块的更新标志（b_uptodate），看看所含数据是否有效。如果有效就可以直接将该数据块返回给申请的程序；否则就需要调用设备的低层块读写函数 ll_rw_block()，并同时让自己进入睡眠状态，等待数据从设备读入缓冲块。进程被唤醒后再次判断数据是否有效，如果有效，将此数据返回给申请的程序，否则就说明对设备的读操作失败了，没有取到数据，释放该缓冲块，并返回空值。

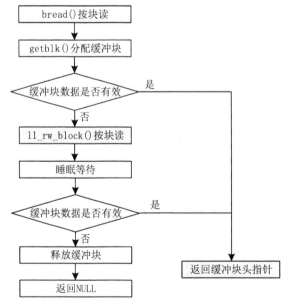

图 8-18　bread()函数执行流程

数据请求过程中，除了 bread()函数可以读取数据块，还有两个比较特殊的操作：bread_page()和 breada()。其中，bread_page()是一次操作 4 个缓冲数据块，该操作的目的是适应内存管理的页面交换机制。因为一个页面是 4KB，刚好等于 4 个缓冲数据块的大小。breada()可以将目标数据块后面的数据块提前读入缓冲区，这依然体现了提前读的思想，适用于顺序访问文件的情况，参考8.3.3 节中"提前读"的概念。

由此可见，高速缓冲区在提高对块设备的访问效率和增加数据共享方面起着重要的作用，除驱动程序以外，内核其他上层程序对块设备的读写操作需要经过高速缓冲区管理程序来间接地实现。它们之间的联系主要是通过高速缓冲区管理程序中的 bread()函数和块设备底层接口函数 ll_rw_block()函数来实现，如图 8-19 所示。上层程序若要访问块设备数据就通过 bread()函数向缓冲区管理程序申请。如果所需的数据已经在高速缓冲区中，管理程序就会将数据直接返回给程序。如果所需的数据暂时还不在缓冲区中，则管理程序会通过 ll_rw_block()函数向块设备驱动程序申请，同时让程序对应的进程睡眠等待。等到块设备驱动程序把指定的数据放入高速缓冲区后，管理程序才会返回给上层程序。

图 8-19　内核程序访问块设备

8.6　I/O 控制

8.6.1　设备的接口与端口

不同外部设备的工作原理和内部结构差别十分大，程序与其交互的过程也各不相同。在具有数据总线、地址总线、控制总线的计算机模型中，设备都是通过接口（有时也称为设备的控制器）连接到 3 组总线上的，如图 8-20 所示。

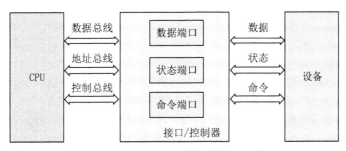

图 8-20　设备通过接口连接到计算机三总线

接口为用户屏蔽了设备的细节，方便用户操作设备，接口是设备的抽象。接口内部一般含有 3 类端口，端口是寄存器，可以暂存数据。

数据端口：暂存设备与 CPU 交互的数据。

状态端口：暂存设备产生的工作状态信息。

控制端口：暂存 CPU 发给设备的控制命令。

程序对设备的控制抽象为程序对设备接口中相应端口的读写操作。对端口的操作应使用 IN 和 OUT 指令完成，前者完成对端口的读，后者完成对端口的写。

8.6.2　典型 I/O 控制方式

不同设备的内部结构和工作原理存在很大差异，导致它们的数据存放方式、数据表示形式、传输方式、传输单位和传输速率都不一样。这些差异导致系统必须采用不同的方式与它们进行数据传输，即使用不同的 I/O 控制方式进行数据传输。CPU 与外设进行数据传输的过程称为 I/O 控制。主要的 I/O 控制方式有 5 种：无条件传送方式（也叫同步传送）、查询传送方式（也叫异步传送、循环测试 I/O）、中断传送方式、通道传送方式、DMA 传送方式。

1. 无条件传送方式

CPU 与设备进行无条件传送数据时，CPU 不需要查询外设状态，直接进行数据传输。

例如，如代码 8-5 所示，直接从设备的 80H 端口读取数据，然后直接写到设备的 81H 端口中。

```
1  IN   AL,  80H
2  OUT  81H, AX
```

代码 8-5　无条件传输的例子

上面两行代码就是 CPU 和设备之间的无条件数据传输的例子。无条件意味着当 CPU 发出 IN 指令的时候，CPU 默认外设已经准备了数据，无须询问是否已准备就绪；同理，当发出 OUT 指令的时候，CPU 默认外设已经清空了缓冲区。无条件数据传输主要用于外设时钟固定且已知的场合，程序员能确信外设已为传送数据做好了准备。

2. 查询方式

查询方式是在传送数据之前，CPU 先对外设状态进行检测，直到确认外设已经准备好才开始传输。

在执行输入时，先获取状态端口的状态数据，检测外设是否准备好了输入，即数据端口的数据是否已经准备好。若没有准备好，则继续循环检测，直到准备好，才执行对数据端口的读操作。

例如，如代码 8-6 所示，就是先从状态端口 PORT_State 读取状态，然后检查代表特定状态的最高位（应用中会根据实际情况选择特定的某位或若干位）是否为 1。若不为 1，则表示设备还没有准备好输入数据，则继续循环检测；若为 1，则表示设备已经准备好了输入数据，接下来就读取数据端口 PORT_Data 中的数据，完成数据传输过程。

```
1 POLL:
2    IN    AL,  PORT_State  ;读状态端口: PORT_State
3    TEST  AL,  80H         ;80H是掩码检查READY位是否为1
4    JZ    POLL             ;未准备好，转POLL
5    IN    AL,  PORT_Data   ;读数据端口: PORT_Data
```

代码 8-6　查询方式输入的例子

在执行输出时，先获取状态端口的状态数据，检测外设是否准备好了输出，即数据端口是否已经被清空。若没有被清空，则继续循环检测，直到被清空，才执行对数据端口的写操作。

例如，如代码 8-7 所示，就是先从状态端口 PORT_State 读取状态，然后检查其中代表特定状态的最低位是否为 1。若不为 1，则表示设备还没有清空数据端口，则继续循环检测；若为 1，则表示设备已经清空数据端口，接下来把数据 2021H 写入数据端口 PORT_Data，完成数据传输过程。

```
1 POLL:
2    IN    AL,   PORT_State  ;输入状态信息
3    TEST  AL,   1H          ;检查EMPTY位是否为1
4    JZ    POLL              ;外设不空（忙）转POLL
5    MOV   AX,   2021H       ; 2021H是需要输出的数据
6    OUT   PORT_Data, AX     ;向数据寄存器中输出数据
```

代码 8-7　查询方式输出的例子

查询方式传输数据的优点是硬件简单、程序简单，能确保传输的数据正确；缺点是因为需要不断轮询状态端口，CPU 需要消耗大量的时间在轮询工作上，使得 CPU 的工作效率降低，也不适合批量的数据传输过程。另外，CPU 与外设只能串行工作，也会降低系统的并发性。

3. 中断方式

中断方式的传输过程是指，当外设数据准备好或准备好接收时，主动向 CPU 产生中断信号。CPU 收到中断信号后，停止当前工作，立即开始准备进行数据传输。CPU 在中断服务程序中完成

对数据的传输。显然，中断方式不需要像查询方式一样，不断地去轮询设备的状态端口，只要设备准备就绪，CPU 会立即通过中断服务程序启动数据传输服务。

中断传送的优点如下。

（1）数据传输的实时性高

外设一旦准备好数据或准备好接收数据就会主动发出中断信号，通知 CPU 启动数据传输过程，从而获得良好的实时性。

（2）CPU 与设备可以并行工作

在设备自身进行输入数据或输出数据的过程中，无须 CPU 的干预，因而使 CPU 与设备可以并行工作。设备与 CPU 都处于忙碌状态，从而使 CPU 的利用率大大提高。

中断方式仍然存在着许多问题。

（1）每次中断时，受限于设备的端口空间容量，因此实际传输的数据量都较小。所以，在一次大批量的数据传输过程中，可能会发生很多次中断，这将耗去大量的 CPU 处理时间。

（2）当外部设备较多时，有可能系统会被这些设备极为频繁地中断，有可能导致 CPU 无法响应中断而出现数据丢失的现象。

（3）每一个字节的数据传输都需要 CPU 的介入和中转，导致 CPU 忙于 I/O 操作，尤其是遇到批量数据传输时，这将大大降低 CPU 的有效计算能力。

4. 通道方式

通道（Channel）是用来控制外设与内存数据传输的专门部件。通道有独立的指令系统，既能受控于 CPU，又能独立于 CPU 主动控制外设的数据传输过程。

当进程向外设请求数据时就启动通道，完成对通道的初始化，包括数据的存放地址、字节数等参数的初始化。通道被初始化后主动控制数据传输过程，实现设备和内存之间直接的数据传输，不需要 CPU 干预，直到数据传输结束为止。

通道具有很强的 I/O 能力，能提高 CPU 与外设的并行工作程度。通道方式的数据传输过程以内存为中心，可实现内存与外设直接数据交互，能支持高速批量数据传输。

5. DMA 方式

在现代微机中，已经采用 DMA 方式取代通道方式。DMA（Direct Memory Access）方式中文全称是直接内存存取。DMA 方式支持在内存与 I/O 设备之间、内存与内存之间、I/O 设备与 I/O 设备之间直接传送数据，不需要 CPU 的干预。仅在数据传输的开始和结束两个阶段需要 CPU 介入，中间的传输过程则无须 CPU 参与，从而实现高速批量数据传输。例如，磁盘、网卡等都会采用这种传输方式。实现 DMA 传送需要 DMA 控制器（DMAC，DMA Controller）的支持。DMA 控制器可以代替 CPU 控制内存与设备进行成块的数据交换。

DMA 传送方式的主要特点如下。

（1）数据传输支持块传送，即每次传送一个数据块的数据。

（2）传送过程直接在设备与内存之间进行，不需要 CPU 参与。

（3）仅在传送数据块的开始和结束时，才需要 CPU 的干预。

8.7 设备驱动机制

8.7.1 设备驱动概念

1. 程序访问设备的两种方式

程序访问设备就是程序使用硬件和驱动硬件正常工作的过程或方法。程序访问设备有两种典型的方法。

方法一，直接通过 I/O 指令操作硬件。在 BIOS 级别的程序中或大多数小型嵌入式系统中，用户可以采用 I/O 指令，直接使用硬件的端口地址，通过访问设备的端口直接控制硬件完成各种工作。硬件开发工程师通常会把这些底层的 I/O 操作程序写成较通用的函数或模块供应用程序员调用。很多时候也把这样的硬件操作函数或模块叫作驱动程序。不过使用这种驱动程序的应用程序具有可靠性差、效率低、程序移植性差等缺点。一般使用这种方式驱动硬件的系统都属于硬件简单、软件功能简单、程序规模较小的系统，且该系统中一般没有使用操作系统。典型的单片机系统就是这样来使用和驱动硬件的，在这样的系统中，硬件驱动程序和应用程序本质上没有区别，两者最终编译在一起。

方法二，通过操作系统的系统调用间接地控制硬件。例如利用文件系统的 read()函数去读取设备的数据和状态，利用 write()函数传递参数或命令来改变设备状态或操作设备完成特定功能。read()函数和 write()函数都会通过标准的设备驱动程序直接去访问硬件设备。这种设备访问方式是在有操作系统的支持下使用设备最高效、最可靠、最方便的方式。也是在通用操作系统上使用设备的标准方式。本章介绍的设备驱动程序都是围绕这种方式展开的。

2. 设备驱动程序的地位

设备驱动程序（Device Driver）是硬件设备的接口程序，负责直接控制硬件设备的各种操作。设备驱动程序也称为 I/O 处理程序，是一套低级的系统函数库。设备驱动程序向上为操作系统的 I/O 操作请求（来自文件系统的标准接口）提供服务，向下执行 I/O 指令控制硬件设备工作，完成操作系统与设备之间的通信。图 8-21 显示了驱动程序在系统中的地位。

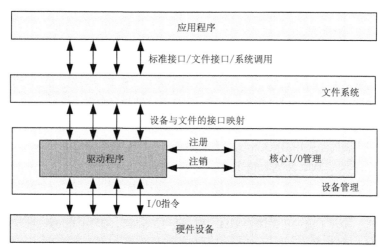

图 8-21　驱动程序在系统中的地位

驱动程序与硬件密切相关。不同类型的设备，其操作方式可能完全不相同。因此，应为每一类设备配置一种驱动程序。

驱动程序与一般的应用程序及系统程序相比，有下述特点。

（1）驱动程序会将上层抽象的 I/O 请求转换成具体的 I/O 操作后，执行相应的 I/O 指令。

（2）驱动程序与 I/O 设备的硬件特性紧密相关。对不同类型的设备应配置不同驱动程序，但是对略有差异的同一类设备可以提供一个通用的设备驱动程序。

（3）不同的操作系统对设备驱动程序的结构要求不同。设备生产厂商和驱动程序开发商都必须按照设备驱动程序的标准结构编写独立的设备驱动程序，当系统需要时，再将它安装配置到系统中。

（4）驱动程序运行于核心态，用户态的函数不能使用。

8.7.2 驱动程序基本接口

驱动程序的基本接口包括 3 类：面向用户程序的接口、面向 I/O 管理器的接口、面向设备的接口。

1. 面向用户程序的接口

为了实现设备无关性，在 UNIX、Linux、Windows 等操作系统中，设备作为特别文件处理，用户的输入输出请求、对命令的合法性检查以及参数都通过文件系统的系统调用统一处理。常用的接口主要包括以下 5 类。

（1）设备的打开与释放

打开设备需要完成设备的初始化，增加设备的引用计数，检查设备的状态等。打开设备也是进程申请资源的操作。

释放设备又称关闭设备，是打开设备的逆过程，主要工作包括释放分配的内存，减少设备的使用计数，必要时关闭设备。释放设备也是进程释放资源的操作。

（2）设备的读写操作

读操作主要获取设备产生的数据或状态。对于设备来说，数据和状态都存放于端口中。执行读操作需要用户提供相应的位置和长度参数，以便让接口电路（设备控制器）能定位目标数据的位置和长度。如果读操作请求到来时设备是空闲的，该请求就被立即执行；若设备正忙于处理前面的请求，就把新请求放入未完成请求队列中。

写操作主要给设备传送数据、修改设备的状态或命令设备执行特定的操作。同读操作一样，写操作也需要提供相应的位置和长度参数，除此之外，还需要提供待写入的数据本身，以便让接口电路（设备控制器）能把指定的数据写入特定的位置。如果写操作请求到来时设备是空闲的，该请求被立即执行；若设备正忙于处理前面的请求，就把新请求放入未完成请求队列中。

（3）设备的控制操作

除了标准的读写操作，有时还需要对设备做一些特殊的自定义控制。这些特殊的控制可以使用同一控制接口。每种控制都被定义有唯一的编号，通过接口的参数指明具体的操作编号。

（4）设备的中断处理

如果设备支持中断传送方式，则可以按照中断方式进行。驱动程序发出读写命令之后，将当前进程阻塞，直至设备完成数据准备产生中断将其唤醒。是否需要处理中断，与设备的实际工作机制有关。

（5）设备的轮询处理

读写设备时需要轮询设备状态，以决定是否继续进行数据传输。例如，打印机驱动程序在默认情况下需要轮询打印机的状态是忙还是闲，以决定下一步的工作。

并不是面向用户程序的每一类接口在驱动程序中都要实现，要视设备的工作原理和结构确定。对于实用的驱动程序来说，设备的打开和释放接口是必须要实现的。其余接口可以根据设备的实际情况来处理。

2. 面向 I/O 管理器的接口

驱动程序要能被正确地装入系统，被系统认为是合法的设备并被正确地初始化，必须提供符合要求的接口与 I/O 管理器进行交互这些接口有驱动程序的注册函数、注销函数、以及必需的数据结构、请求队列等。

3. 面向设备的接口

这类接口的具体实现与设备密切相关，描述了驱动程序如何与设备交互。这类接口也是体现设备功能和结构差异和特色的地方。这类接口的主要功能是把用户对设备的请求转化为一系列的端口操作，实现无条件传送、查询传送、中断传送或 DMA 传送，实现用户进程和设备之间的通信。

设备驱动程序通过 3 类接口，不仅对高层应用程序隐藏了硬件的差异，方便用户操作硬件，同时实现了 I/O 子系统与硬件无关，简化了操作系统的设计。最后，也为硬件设备制造商带来好处，可以方便他们开发新设备并能很容易地接入操作系统且兼容现有应用程序。

8.7.3　Linux 设备驱动

1. 可装载内核模块

可装载内核模块（Loadable Kernel Module，LKM）机制用于解决单体内核机制的不足。可装载内核模块是一种未经链接的可执行代码，但是经过动态装载（链接）后成为内核一部分。可装载内核模块也可以被动态地卸载。

Linux 驱动程序

Linux 的内核模块机制允许用户动态地向内核添加新的模块，扩充内核的功能。设备驱动程序就是一种可以通过模块的方式被添加到内核而又无须对内核重新编译的程序。内核模块机制很大程度上可减少操作的复杂度。内核模块机制使内核编译时不必包含很多无关功能，可以把内核做到最精简，而在用户使用过程中可以根据需要添加各种模块，包括本章介绍的设备驱动程序。内核模块机制也较好地解决了不便开源的程序在 Linux 内核中应用的问题，允许这些程序被独立编译而在后期动态添加到内核中。

模块经过编译后得到.ko 文件，这是可重定位的目标文件，类似于 gcc -c 得到的.o 目标文件。既然是重定位文件，在把模块加载到内核的时候就需要进行重定位。每一个内核模块在内核中都对应一个数据结构 module，所有的模块通过一个链表维护。

2. 设备驱动程序框架

一个典型的硬件设备驱动程序，需要实现 8.7.2 节提到的 3 类接口：面向用户程序的接口、面向 I/O 管理器的接口和面向设备的接口。主要接口的实现描述如下。

（1）设备注册函数

在系统初启或者模块加载的时候必须将设备登记到相应的设备数组中，并返回设备的主设备号。

在 Linux 2.4 以前，内核定义了 char_device_struct 结构体，元素个数为 255 的散列表 chrdevs 用于记录所有的字符设备。散列表 chrdevs 实际上就是字符设备数组，表中每个元素记录一组具有相同主设备号的设备。char_device_struct 在内核中的定义如代码 8-8 所示。

```
1  static struct char_device_struct {
2      struct char_device_struct *next;    //指向散列表中的下一个指针
3      unsigned int major;                 //主设备号
4      unsigned int baseminor;             //起始次设备号
5      int minorct;                        //设备编号数
6      char name[4];                       //设备驱动名
7      struct file_operations *fops;       //指向该设备对应的文件操作结构体指针
8      struct cdev *cdev;                  //指向字符设备驱动程序描述符的指针
9  } *chrdevs[CHRDEV_MAJOR_HASH_SIZE];     //CHRDEV_MAJOR_HASH_SIZE = 255
```

代码 8-8　char_device_struct 字符设备结构体的定义

使用 register_chrdev()函数将用户定义好的设备加入到 chrdev 字符设备数组的合适位置，此后该设备才能被内核管理和被用户应用。为设备分配或指定主设备号的 register_chrdev()函数原型：

```
int register_chrdev(int major, char *name, const struct file_operations *fops);
```

其中，major 参数是无符号整数，指定设备的主设备号。如果指定为 0，则系统自动从 chrdevs 字符设备数组中选择一个没有分配的 char_device_struct 结构体给当前设备，并返回其索引作为主设备号；如果指定主设备号为大于 0 的数，若在 chrdevs 字符设备数组中能找到该数，则以其索引作为主设备号，否则出错返回。

fops 参数是 file_operations 结构体类型。file_operations 结构体在头文件 linux/fs.h 中定义，参见代码 8-9，每个域都用来存储对设备进行相应操作的函数的指针，譬如其中的 read 域记录对设备进行读操作的函数的指针，write 域记录对设备进行写操作的函数的指针，open 域记录对设备进行打开操作的函数的指针。

fops 参数的作用是提供驱动程序内部自定义的设备操作接口与标准文件操作接口之间的映射关系。典型的 fops 变量的定义和初始化参考代码 8-10 的例子。

注册成功后，当应用程序调用 open、read、write 等函数操作设备时，将会被 fops 参数分别引导到驱动程序内部自定义的 chr_open()、chr_read()、chr_write() 等设备操作函数上。所以，编写驱动程序的一项重要工作就是根据设备的工作原理实现其文件操作接口。这也体现了设备就是文件的思想。

```
1  struct file_operations {
2      struct module *owner;
3      int (*llseek) (struct file *, int, int);
4      int (*read) (struct file *, char __user *, int, loff_t *);
5      int (*write) (struct file *, char __user *, int, loff_t *);
6      int (*poll) (struct file *, struct poll_table_struct *);
7      int (*ioctl) (struct inode *, struct file *,  int,  long);
8      int (*mmap) (struct file *, struct vm_area_struct *);
9      int (*open) (struct inode *, struct file *);
10     int (*flush) (struct file *, fl_owner_t id);
11     int (*release) (struct inode *, struct file *);
12     ......
13 };
```

代码 8-9 file_operations 结构体的定义（部分域）

```
1  static const  struct file_operations chr_fops =
2  {
3      .read          = chr_read,
4      .write         = chr_write,
5      .release       = chr_release,
6      .open          = chr_open,
7      .unlocked_ioctl = chr_ioctl,
8  };
```

代码 8-10 初始化 file_operations 结构体的例子

除 register_chrdev() 函数之外，不同版本的 Linux 内核还提供另外 2 个函数来实现字符设备的注册。这 2 个函数分别是 register_chrdev_region() 和 alloc_chrdev_region()，它们在底层都会调用共用的 register_chrdev_region() 函数来注册一组设备，这一组设备具有相同的主设备号和连续的次设备号，共用一个 char_device_struct 结构。

注意：在 2.6 版本之后的 Linux 平台上可以用 cdev_init() 函数代替 register_chrdev() 等函数实现注册，因其基本原理与此大同小异，故不赘述，仅在 7.8.4 节直接通过例子展示其应用过程和相关的数据结构。

对块设备来说，应调用 register_blkdev() 函数对设备进行注册。该函数会将设备添加到内核的设备数组 blkdev 中，并且获得该设备的主设备号。

在注册之后，一般还会紧接着为块设备准备请求队列。可以通过函数 blk_alloc_queue() 或 blk_init_queue() 分配一个请求队列。两个函数的区别在于：前者生成的请求队列没有设置默认的 I/O 调度器，而后者分配的请求队列会设置默认的 I/O 调度器。如果块设备不涉及外部设备，例如 RAM DISK 设备，则不需要使用 I/O 调度器，故可使用 blk_alloc_queue() 函数分配请求队列。而像硬盘之类的外部设备则需要使用 blk_init_queue() 函数分配请求队列，并同时给申请队列指定自定义的处理函数。

当成功地向系统注册了设备驱动程序后，就可以用 mknod 命令为设备创建特别文件，也就是设备文件，完成物理设备和逻辑设备（友好名）之间的映射。当应用程序要使用这个设备时，只要对该设备文件进行操作就可以了。

（2）设备注销函数

当不再需要这个设备时，可以将它卸载，可以通过 unregister_chrdev() 或 unregister_blkdev() 等函数分别从内核中注销字符设备和块设备。注销的过程除释放内核相应的数据结构，还会删除设备文件和释放设备号。

（3）定义各种必要的设备操作函数

设备可能有的操作函数包括设备的打开与释放、设备的读写操作、设备的控制操作、设备的中断处理、设备的轮询处理等。但是，不是每个设备都需要实现这些接口，针对具体设备还需要具体处理。

对设备来说，基本的操作有 open、read，write 等。当用户调用文件系统的同名标准接口去操作设备时，内核将自动调用驱动程序中定义的设备操作函数去执行具体的操作。

例如，在使用字符设备的应用程序中，当程序试图打开这个设备，即调用 open()函数时，内核就会自动运行驱动程序中在注册设备时已与之映射好的 MYopen()函数。MYopen 是自定义的函数名，名字可以随意取。同理，当试图读取设备，即调用 read()函数时，内核就会自动运行驱动程序中在注册设备时已与之映射好的 MYread()函数。文件系统中相应的系统调用与驱动程序中自定义的设备操作函数之间的映射在设备注册的时候已经通过 file_operations 结构体完成，前面已经详述。

网络设备是 Linux 操作系统中特殊的一类设备，没有被当成文件来处理，网络设备不存在于 Linux 的文件系统中，而是在核心中用一个 device 数据结构表示。网络设备在进行数据包发送和接收时，直接通过接口访问，不需要进行文件的操作，这一点与字符设备和块设备的访问都需要通过文件接口来操作是不相同的。

8.7.4　Linux 字符设备驱动示例

本节展示 2 个字符设备驱动程序的编写、编译和测试过程。第一个驱动程序使用 register_chrdev()函数和相关的数据结构完成设备注册，适合所有的 Linux 版本，包括目前最新的 Linux 6.16 版本的内核；第二个驱动程序使用 cdev_init()和相关的数据结构完成设备的注册，仅适合 Linux 2.6 之后的版本。

1. 第一个驱动程序

第一个驱动程序的功能是支持用户对设备内部的一个变量进行读和写。驱动程序的编写包括 8 个步骤。

（1）定义设备内部的全局变量

设备内部定义了一个整型变量 nDevState 来表示设备的状态，供应用程序读取和修改，参考代码 8-11 的第 3 行。

```
1   //定义设备的主设备号
2   #define MAJOR_NUM  252
3   //nDevState:设备中定义的整型全局变量
4   static int nDevState = 0;
5   //定义和初始化文件操作结构体变量
6   struct file_operations MyFops =
7   {
8       .open = chr_open,
9       .read = chr_read,
10      .write = chr_write,
11      .release = chr_release
12  };
```

代码 8-11　定义主设备号和文件操作结构体变量

（2）实现若干个设备操作函数

示例中实现了设备的打开、读、写、关闭等 4 个函数，分别命名为 chr_open()、chr_read()、chr_write()、chr_release()，具体参考代码 8-12。其中，chr_open()函数通过宏 MOD_INC_USE_COUNT 增加了设备的引用计数，而 chr_release()函数中通过宏 MOD_DEC_USE_COUNT 相应地减少了设备的引用计数。chr_read()函数用于读设备内部的状态 nDevState 并打印出来，chr_write()函数用于修改设备的内部状态 nDevState。

```
13   static int chr_open(struct indoe * pinode, struct file *pfile)
14  {
15       MOD_INC_USE_COUNT;
16       return 0;
17  }
18   static int chr_read(struct file *pfile, char *buf, int len, int *off)
19  {
20       //将 nDevState 从内核空间复制到用户空间
21       copy_to_user(buf, &nDevState, sizeof(int));
22       return 0;
23  }
24   static int chr_write(struct file *pfile, const char *buf, int len, int *off)
25  {
26       //将 nDevState 从用户空间复制到内核空间
27       copy_from_user(&nDevState, buf, sizeof(int));
28       return 0;
29  }
30   static int chr_release(struct indoe * pinode, struct file *pfile)
31  {
32       MOD_DEC_USE_COUNT;
33       return 0;
34  }
```

代码 8-12　设备内部自定义的操作函数

（3）定义和初始化文件操作结构体变量

定义和初始化文件操作结构体变量，完成自定义操作接口与文件标准接口之间的映射关系，参考代码 8-11 的第 5 行到第 12 行。

（4）实现设备的注册函数和注销函数

实现设备的注册接口，即定义设备的注册函数和注销函数，分别完成设备的注册工作和注销工作，参考代码 8-13。注册函数中通过调用 register_chrdev()函数完成设备注册。register_chrdev()函数需要提供的主要参数有设备的主设备号和文件操作结构体变量，两者都在代码 8-11 中有定义。第 50 行和第 51 行分别用 module_init()函数和 module_exit()函数登记注册函数和注销函数。

```
35   //定义注册函数
36   static int DevInit(void)
37  {
38       int ret;
39       ret = register_chrdev(MAJOR_NUM,"RWDevState",&MyFops);
40       printk("RWDevState register success\n");
41       return ret;
42  }
43   //定义注销函数
44   static void DevExit(void)
45  {
46       int ret;
47       ret = unregister_chrdev(MAJOR_NUM, "RWDevState");
48       printk("RWDevState unregister success\n");
49  }
50   module_init(DevInit);
51   module_exit(DevExit);
```

代码 8-13　设备的注册函数和注销函数

（5）编译驱动程序

参考代码 8-14 编写 Makefile 文件，完成驱动程序的编译，编译的结果是生成 RWDevState.ko 目标文件。

```
1   //Makefile
2   obj-m += RWDevState.ko
3   all:
4       make -C /lib/modules/$(shell uname -r)/build M=$(PWD) modules
5   clean:
6       make -C /lib/modules/$(shell uname -r)/build M=$(PWD) clean
```

代码 8-14　编译驱动程序的 Makefile 文件

（6）安装和卸载驱动程序

使用 insmod 命令安装驱动程序 RWDevState.ko，此命令执行前面定义的注册函数 DevInit()。

`# insmod RWDevState.ko`

使用 rmmod 命令卸载驱动程序 RWDevState，此命令执行前面定义的注销函数 DevExit()。

`# rmmod RWDevState`

（7）创建设备对应的设备文件

使用命令 mknod 在/dev 目录下创建设备对应的设备文件，该设备文件就是设备的逻辑名或友好名。命令中的 c 表示字符设备，252 是设备的主设备号，命令中传递的主设备号必须与驱动程序中设定的主设备号一致，参考代码 8-11 第 2 行定义的主设备号。

```
mknod  /dev/RWDevState  c  252  0
```

（8）编写应用程序测试驱动程序

应用程序参考代码 8-15。应用程序使用 open()函数打开设备文件后，使用 read()函数获取设备的状态并打印出来，使用 write()函数修改设备的状态，最后使用 close()函数关闭设备。当应用程序先后调用 open()、read()、write()、close()等标准的文件接口操作设备时，驱动程序内部会先后调用 chr_open()、chr_read()、chr_write()、chr_release()等自定义的操作函数去操作设备。

```
1   main()
2   {
3       int fd, nDevState;
4       //打开设备，设备文件名是：/dev/RWDevState
5       fd = open("/dev/RWDevState", O_RDWR);
6       //读设备的状态DevState
7       read(fd, &nDevState, sizeof(int));
8       printf("The Steate of Device is %d\n", nDevState);
9       //更新设备的状态DevState
10      nDevState = 100;
11      write(fd, &nDevState, sizeof(int));
12      //读设备的状态DevState
13      read(fd, &nDevState, sizeof(int));
14      printf("The Steate of Device is %d\n", nDevState);
15      //关闭设备
16      close(fd);
17  }
```

代码 8-15　用于测试驱动程序的应用程序

2.　第二个驱动程序

第二个驱动程序的功能更加简单，所有已实现的操作接口仅打印相应的提示提醒，没有做任何实际有效的工作。此例主要演示在较新版本的 Linux 中驱动程序的编写、编译、安装和测试的流程，尤其是使用 cdev_init()函数取代 register_chrdev()函数后设备注册过程的变化和带来的便利。在较新版本的 Linux 中编写字符设备驱动程序包括 6 个步骤。

（1）实现若干个设备操作函数

示例包括设备的打开、读、写、关闭等函数，参考代码 8-16。

```
1   static int  chr_open(struct inode *pinode, struct file *pfile)
2   {
3       printk(KERN_EMERG "line:%d,%s is called\n",__LINE__,__FUNCTION__);
4       return 0;
5   }
6
7   static int chr_read (struct file *pfile, char __user *buff,
8                        size_t size, loff_t *off)
9   {
10      printk(KERN_EMERG "line:%d,%s is called\n",__LINE__,__FUNCTION__);
11      return 0;
12  }
13
14  static int chr_write(struct file *pfile,  char __user *buff,
15                       size_t size, loff_t *off)
16  {
17      printk(KERN_EMERG "line:%d,%s is called\n",__LINE__,__FUNCTION__);
18      return 0;
19  }
20
21  static int chr_release(struct inode *pinode, struct file *pfile)
22  {
23      printk(KERN_EMERG "line:%d,%s is called\n",__LINE__,__FUNCTION__);
24      return 0;
25  }
```

代码 8-16　字符设备示例的基本操作函数

另外还实现了控制函数，参考代码 8-17，控制函数中实现了两个自定义的命令。

```
1  #define CMD_MAGIC 'k'
2  #define CHR_CMD1 _IO(CMD_MAGIC,0x1a)
3  #define CHR_CMD2 _IO(CMD_MAGIC,0x1b)
4  static long chr_ioctl(struct file *filp, int cmd, long arg)
5  {
6      printk(KERN_EMERG "ioctl is called, cmd is %d\n", cmd);
7      switch (cmd) {
8          case CHR_CMD1:
9              //...
10         case CHR_CMD2:
11             //...
12         default:
13             return -1;
14     }
15     return 0;
16 }
```

代码 8-17　字符设备示例的控制函数

（2）定义和初始化文件操作结构体变量

定义文件操作结构体变量，并完成上一步定义的设备操作函数与标准文件接口之间的映射，参考代码 8-18。初始化 file_operations 结构体变量 chr_fops，将驱动程序中已定义的操作函数的指针赋值给结构体的相应字段。

```
1  //定义和初始化文件操作结构体变量：chr_fops
2  static const  struct file_operations chr_fops =
3  {
4      .read          = chr_read,
5      .write         = chr_write,
6      .release       = chr_release,
7      .open          = chr_open,
8      .unlocked_ioctl = chr_ioctl,
9  };
```

代码 8-18　字符设备示例的文件操作结构体变量

（3）定义 cdev 类型的字符设备结构体变量和 class 类型设备类变量

定义和分配 cdev 字符设备结构体变量和 class 设备类变量，分别用于注册设备和创建设备文件，并定义设备的主设备号变量，参考代码 8-19。

```
1  static struct cdev chr_dev;      // 字符设备的核心结构cdev
2  static dev_t dev_no;             // 主设备号
3  static struct class *dev_class;  // 设备类，用于创建设备文件
```

代码 8-19　字符设备示例的字符设备结构体变量和设备类变量

（4）实现设备注册接口和注销接口

实现设备的注册接口，在其中主要完成设备的注册和设备文件创建，参考代码 8-20。用户创建字符设备时，一般还会在/dev 目录下创建一个设备文件，Linux 用户层的程序可以通过这个设备文件来操作字符设备。在向系统注册字符设备之前，需要先通过 alloc_chrdev_region()函数为字符设备申请一个设备号。使用 cdev_init()函数初始化 cdev 结构，并将文件操作结构体 file_operations 结构关联到 cdev 结构中；调用 cdev_add()函数向内核添加一个 cdev 类型的字符设备，完成字符设备的注册；调用 dev_class()和 device_create()函数来创建设备在/dev 目录下的文件节点。

```
1  static int __init chr_init(void) {
2      printk(KERN_EMERG "Install chr driver.\n");
3      alloc_chrdev_region(&dev_no, 0, 1, "chr_demo");   //动态分配设备号
4      cdev_init(&chr_dev, &chr_fops);  //初始化cdev结构，绑定chr_fops
5      chr_dev.owner = THIS_MODULE;
6      cdev_add(&chr_dev, dev_no, 1);  //注册设备
7
8      dev_class = class_create(THIS_MODULE, "chr_demo");
9      device_create(dev_class, NULL, dev_no, NULL, "chr_demo"); //创建设备文件
10     return 0;
11 }
```

代码 8-20　字符设备示例的注册函数

设备的注销函数 chr_exit()参考代码 8-21，主要完成相应的数据结构的销毁、设备文件的移除以及设备号的释放等工作。

调用 module_init()函数和 module_exit()函数在内核注册已经定义的注册函数和注销函数，参考代码 8-21，以便安装设备和卸载设备的时候内核能自动调用所定义的注册函数和注销函数。

```
1   static void __exit chr_exit(void) {
2       printk(KERN_EMERG "Uninstall chr driver.\n");
3       device_destroy(dev_class, dev_no);
4       class_destroy(dev_class);
5       cdev_del(&chr_dev);   //注销设备
6       unregister_chrdev_region(dev_no, 1); //释放占用的设备号
7
8   }
9
10  module_init(chr_init);
11  module_exit(chr_exit);
12  MODULE_LICENSE("GPL");
```

代码 8-21　字符设备示例注册已定义的注册函数和注销函数

（5）编译和安装驱动程序

为了方便，通常使用 make 命令编译驱动程序，相应的 Makefile 文件如代码 8-22 所示。

```
1   obj-m := chr_driver.o
2   KDIR := /lib/modules/`uname -r`/build
3   PWD := $(shell pwd)
4   default:
5       make -C $(KDIR) M=$(PWD) modules
6   clean:
7       rm -rf *.o *.mod.* *.ko *.symvers *.order
```

代码 8-22　字符设备示例的 Makefile 文件

完成字符设备驱动程序 chr_driver.c 和 Makefile 文件的编写后，使用 make 命令编译得到 chr_driver.ko 驱动程序模块。

使用 insmod 命令安装 chr_driver.ko 驱动。安装成功后会发现设备节点 chr_demo 已经被挂载在/dev 目录下，并且可以看到其主设备号为 243。注意，这个编号在不同的内核中可能会有所区别。

（6）编写应用程序测试驱动程序

驱动程序安装完成后，为了验证驱动程序是否能正常工作，可以编写用户态测试程序 test.c 测试它。在测试程序中首先使用 open 操作打开/dev/chr_demo 设备文件得到文件描述符，然后使用该文件描述符对设备依次执行读、写、I/O 控制和关闭操作。示例测试代码如代码 8-23 所示。

```
1   #define CMD_MAGIC 'k'
2   #define CHR_CMD1 _IO(CMD_MAGIC,0x1a)
3   int main(void)
4   {
5       int fd;
6       char buf = 0x61;
7       fd = open("/dev/chr_demo", O_RDWR); // 打开设备
8       printf("%d\n", fd);
9       read(fd, &buf, 1);                  // 读
10      write(fd, &buf, 1);                 // 写
11      ioctl(fd, CHR_CMD1);                // I/O控制
12      close(fd);                          // 关闭设备
13      return 0;
14  }
```

代码 8-23　字符设备示例的用户态测试程序 test.c

编译并执行测试程序后，可以使用 rmmod 命令将驱动程序卸载。驱动程序的每个函数中都调用了 printk()内核输出函数在内核消息缓冲区输出调试信息，可以使用 dmesg 命令查看内核消息缓冲区。从安装驱动、应用程序测试到卸载驱动整个过程中内核消息缓冲区接收的调试信息内容如图 8-22 所示。

```
[ 9504.655733] Install chr driver.
[ 9519.898350] line:11,chr_open is called
[ 9519.898396] line:17,chr_read is called
[ 9519.898398] line:23,chr_write is called
[ 9519.898400] ioctl is called, cmd is 27418
[ 9519.898402] line:29,chr_release is called
[ 9909.320093] Uninstall chr driver.
```

图 8-22　字符设备示例在内核消息缓冲区输出的调试信息

编译驱动程序能否成功与编译环境有很大关系，因为 Linux 发行版本和内核版本繁多，同一份源代码在不同环境下可能有的编译能通过，有的编译会产生错误，用户需要仔细参考编程手册。可能出现的错误包括头文件名字或路径有变化、函数的名字或参数有调整、数据类型名字发生变化、函数不存在等。

8.7.5　Linux 杂项设备驱动示例

有时有些硬件可能并不符合一般意义上的字符设备的范畴，若强制将其划归为字符设备有些牵强。普通字符设备的主设备号不管是静态分配还是动态分配，都会消耗一个主设备号，而系统最多只能有 255 个字符设备，因此主设备号是有限的资源。为了使设备分类更科学且尽量不浪费主设备号资源，Linux2.6 以及之后版本的 Linux 内核引入了杂项设备的概念，同时也简化了该类设备的注册工作。

杂项设备本质上也是典型的字符设备，其主设备号固定为 10。杂项设备在内部调用 class_create() 和 device_create() 两个函数为每个杂项设备创建设备节点，从而无须程序员手工通过 mknod 命令或显式地调用这两个函数来创建设备节点。

简而言之，提出杂项设备概念的目的就是为了将编写字符设备驱动程序的过程简化，对相关函数和数据结构进行了再次封装，降低了编写字符设备驱动的难度，同时节约了主设备号资源。下面演示杂项设备示例驱动程序，源程序文件名是 misc_driver.c。

编写杂项设备驱动程序与编写字符设备驱动程序的主要步骤类似，也包括 4 个步骤：实现若干个设备操作函数；定义和初始化文件操作结构体变量，完成设备操作函数与文件接口的映射；定义和初始化杂项设备核心结构 misc_dev；实现设备注册函数，完成设备的注册和设备文件创建。

1. 实现若干个设备操作函数

示例包括杂项设备的打开、读、写、关闭等操作函数，参考代码 8-24。

```
1   #include <linux/miscdevice.h>
2
3   static int  misc_open(struct inode *pinode, struct file *pfile)
4   {
5       printk(KERN_EMERG "line:%d,%s is called\n",__LINE__,__FUNCTION__);
6       return 0;
7   }
8   static ssize_t misc_read (struct file *pfile, char __user *buff,
9                             size_t size, loff_t *off)
10  {
11      printk(KERN_EMERG "line:%d,%s is called\n",__LINE__,__FUNCTION__);
12      return 0;
13  }
14  static ssize_t misc_write(struct file *pfile, const char __user *buff,
15                            size_t size, loff_t *off)
16  {
17      printk(KERN_EMERG "line:%d,%s is called\n",__LINE__,__FUNCTION__);
18      return 0;
19  }
20  static int misc_release(struct inode *pinode, struct file *pfile)
21  {
22      printk(KERN_EMERG "line:%d,%s is called\n",__LINE__,__FUNCTION__);
23      return 0;
24  }
```

代码 8-24　杂项设备示例的基本操作函数

2. 定义和初始化文件操作结构体变量

定义文件操作结构体变量，并完成上一步定义的设备操作函数与标准文件接口之间的映射，如代码 8-25 所示。初始化 file_operations 结构体变量 misc_fops，将已定义的设备操作函数的指针赋给结构体的相应字段。

```
1   //定义和初始化文件操作结构体变量: misc_fops
2   static const  struct file_operations misc_fops =
3   {
4       .read       = misc_read,
5       .write      = misc_write,
6       .release    = misc_release,
7       .open       = misc_open,
8   };
```

代码 8-25　杂项设备示例的文件操作结构体变量

3. 定义和初始化杂项设备核心结构 misc_dev

定义和初始化杂项设备核心结构 misc_dev。misc_dev 结构体的定义如代码 8-26 所示，主要的域包括：fops 域，指向上一步已经初始化好的文件结构体变量；minor 域，设定次设备号；name 域，设定/dev 目录下的设备文件的名字。

```
1   //定义和初始化杂项设备核心结构: misc_dev
2   static struct miscdevice misc_dev =
3   {
4       .fops       = &misc_fops,            // 初始化miscdevice结构, 绑定misc_fops
5       .minor      = MISC_DYNAMIC_MINOR,    // 动态分配次设备号
6       .name       = "misc_demo",           // 指定/dev/路径下的设备文件名
7   };
```

代码 8-26　杂项设备示例的定义和初始化核心结构 misc_dev

4. 实现设备注册接口和注销接口

参考代码 8-27，实现设备的注册函数，仅在其中简单地调用杂项设备的注册函数 misc_register() 就可以完成杂项设备的注册，并完成设备文件的创建。

```
1   static int __init misc_init(void)
2   {
3       misc_register(&misc_dev);   //杂项设备注册函数
4       printk(KERN_EMERG "Install misc driver.\n");
5
6       return 0;
7   }
```

代码 8-27　杂项设备示例的注册函数

注销函数 misc_exit()的实现如代码 8-28 所示，简单调用 miscderegister()函数即可。使用 module_init()函数和 module_exit()函数分别向内核注册已经定义的注册函数和注销函数，如代码 8-28 所示。

```
1   static void __exit misc_exit(void)
2   {
3       misc_deregister(&misc_dev); //杂项设备注销函数
4       printk(KERN_EMERG "Uninstall misc driver.\n");
5   }
6
7   module_init(misc_init);
8   module_exit(misc_exit);
9   MODULE_LICENSE("GPL");
```

代码 8-28　杂项设备示例注册已定义的注册函数和注销函数

完成杂项设备驱动程序 misc_driver.c 的编写后，使用 make 指令编译模块，与编译字符设备驱动的 Makefile 文件基本相同，得到 misc_driver.ko 驱动程序模块。使用 insmod 命令安装 misc_driver.ko 驱动，安装成功后发现设备节点 misc_demo 已经被挂载在/dev 目录下。使用 cat /proc/misc 查看到设备动态分配的次设备号为 54。

驱动安装完成后，编写用户态测试程序 test.c，参考代码 8-29，编译并运行测试。

```
1   int main(void)
2   {
3       int fd;
4       char buf = 0x01;
5       fd = open("/dev/misc_demo", O_RDWR);// 打开设备
6       printf("%d", fd);
7       read(fd, &buf, 1);                    // 读
8       write(fd, &buf, 1);                   // 写
9       close(fd);                            // 关闭设备
10      return 0;
11  }
```

代码 8-29　杂项设备的用户态测试程序

驱动程序运行完成后，使用 rmmod 命令将驱动程序卸载。从安装驱动、使用应用程序测试到卸载驱动的整个过程，杂项设备在内核消息缓冲区输出的调试信息如图 8-23 所示。

```
[ 3897.430359] Install misc driver.
[ 4116.707137] line:8,misc_open is called
[ 4116.707178] line:14,misc_read is called
[ 4116.707180] line:20,misc_write is called
[ 4116.707182] line:26,misc_release is called
[ 4158.966815] Uninstall misc driver.
```

图 8-23　杂项设备示例在内核消息缓冲区输出的调试信息

8.8　设备阻塞工作模式

进程对设备的读写请求有时可能会被很快响应，但是多数时候该响应可能会被延迟很多，因为多数 I/O 操作需要较多的时间才能完成，例如读写一个磁盘块中的数据。因此，合理的做法是在进程请求外部设备的服务时能将它阻塞起来，直到数据准备好或中断到来时才将它唤醒。这个过程涉及设备的两种工作模式：阻塞工作模式和非阻塞工作模式。

设备的阻塞工作模式是指进程在执行设备操作时，若设备暂时不能提供数据或服务，驱动程序就将进程挂起，直到该操作所需的条件满足后再唤醒进程继续操作。被挂起的进程进入睡眠状态（不占用 CPU 资源），从调度器的运行队列转移到等待队列，直到条件满足。进程被挂起后，其对应的系统调用自然也不会返回。

设备的非阻塞工作模式是指当设备暂时不能提供数据或服务的时候，如果进程来存取设备，则设备驱动程序立即给其返回一个状态错误的标志，而不是简单地挂起进程。对进程来说其发出的系统调用虽然已经立即返回，但是获得的却可能是一个带有错误指示的返回值。当获得的是错误指示时进程可以选择放弃访问，或选择再次访问直到获得一个正确的返回值为止。

实现设备的非阻塞工作模式，一般可以在驱动程序内部自定义的 read() 或 write() 等函数中，判断设备当前的工作状态，检查是否可以立即完成应用程序要求的读写工作。如判断的结果是可以立即完成，则立即返回正确的结果给应用程序；如判断的结果是不能立即完成（例如，设备工作速度慢无法向用户提供足够数量的数据，因为缓冲区数量不够无法全部接收用户提供的数据），则立即返回特定的状态值给进程，告知进程设备未准备好，必要时可以包含未准备好的具体原因。

实现设备的阻塞工作模式，同样可以在其内部自定义的 read() 或 write() 等函数中，判断设备当前的工作状态，检查是否可以立即完成应用程序要求的读写工作。如判断的结果是不能立即完成，则立即阻塞当前进程，直到设备准备好才唤醒进程继续完成未完的数据传输。

代码 8-30 展示了一个支持阻塞工作模式的设备驱动程序的示例，示例中仅包括缓冲区的定义、读写队列的定义和 read() 函数的实现。FIFOBuffer 是在内核定义的 FIFO 类型的缓冲区，大小是 32Byte，供多个应用程序读写。这些应用程序会随机地向 FIFOBuffer 缓冲区写一些数据或读一些数据，每次读或写的字节数量不等。对 FIFOBuffer 缓冲区的读写原则（同步要求）类似 4.11.7 节的 "生产者与消费者问题"。缓冲区被写满后不能向其中继续写，须等待缓冲区变空；缓冲区的数据被读空后不能继续从其中读，须等待缓冲区有新数据。假设设备工作在阻塞模式下，当缓冲区

为空时，如果应用程序尝试从其中读，则驱动程序应当阻塞该应用程序，直到有别的进程写了新数据到缓冲区中为止；当缓冲区已满时，如果应用程序尝试向其中写，则驱动程序应当阻塞该应用程序，直到有别的进程读取了一些数据为止。

第 1 行和第 2 行，使用 DEFINE_KFIFO()函数定义了一个先进先出的内核缓冲区 FIFOBuffer。

第 3～10 行，为当前设备定义了两个类型为 wait_queue_head_t 的等待队列：ReadQueue、WriteQueue。将来等待读或写的进程分别会阻塞到这两个队列中。

第 12～41 行，定义了设备的读函数 DevRead()，该函数实现了阻塞工作模式。第 19 行用函数 kfifo_is_empty()判断 FIFOBuffer 缓冲区是否为空：若不为空，则在第 31 行完成缓冲区的读操作，并在第 35 行和第 36 行调用函数 wake_up_interruptible()唤醒 WriteQueue 队列中阻塞的写进程；若为空，且在第 21 行和第 22 行检测到应用程序采用非阻塞模式（O_NONBLOCK）读，则直接返回错标志，否则就调用函数 wait_event_interruptible()阻塞当前进程并将其插入 ReadQueue 队列。

```
1    #define BUFFER_SIZE 32
2    DEFINE_KFIFO(FIFOBuffer, char, BUFFER_SIZE);
3    struct _BlockDevice
4    {
8        wait_queue_head_t ReadQueue;
9        wait_queue_head_t WriteQueue;
10   };
11   static ssize_t
12   DevRead(struct file *file, char *buf, size_t count, loff_t *ppos)
13   {
16       int actual_readed;
19       if (kfifo_is_empty(&FIFOBuffer))
20       {
21           if (file->f_flags & O_NONBLOCK)
22               return -EAGAIN;
25           ret = wait_event_interruptible(BlockDevice->ReadQueue,
26                   !kfifo_is_empty(&FIFOBuffer));
27           if (ret)
28               return ret;
29       }
31       ret = kfifo_to_user(&FIFOBuffer, buf, count, &actual_readed);
35       if (!kfifo_is_full(&FIFOBuffer))
36           wake_up_interruptible(&BlockDevice->WriteQueue);
40       return actual_readed;
41   }
```

代码 8-30　支持阻塞工作模式的设备驱动程序（部分）示例

一个设备可以仅支持阻塞工作方式，也可以仅支持非阻塞工作方式，还可以同时支持两种工作方式。同时支持两种工作方式由应用程序在打开设备时进行选择（利用 open()函数）。在应用程序中，程序员可以指定打开设备的方式：以阻塞方式打开设备还是以非阻塞方式打开设备，默认是阻塞方式。open()函数的原型如下：

```
int open(const char *pathname, int flags);
```

参数 pathname 指明文件的名字，此处主要指设备文件的文件名。

参数 flags 表示打开文件或设备的目的或方式，常用的可选值是 O_RDONLY（只读模式）、O_WRONLY(只写模式)、O_RDWR（可读可写），用户必须选择其中一个。此外，当文件名指向 FIFO 设备、块设备文件、字符设备文件时，还可以使用选项 O_NONBLOCK 设定当前的 open 操作和后续其他可能的 I/O 操作为非阻塞模式。默认情况下 open()函数采用阻塞模式。

8.9　Linux 块设备 I/O 调度

Linux 块设备 I/O 调度用于调度进程对块设备的读写请求。当进程要在块设备上读写数据时，并非该请求一发出就会被设备管理器立即执行，而是被先放入请求队列，并可能会被推迟执行。

被推迟的原因在于 Linux 需要考虑磁盘的综合访问性能达到最佳。磁盘是被访问最频繁的块设备。磁盘的寻道时间严重制约磁盘性能，若想提高磁盘 I/O 性能，必须想尽办法减少磁盘寻道次数。因此，必须考虑合并或（和）重排序 I/O 请求队列，以缩短整体所需的磁盘寻道时间，从而提高整体 I/O 性能。

块设备 I/O 调度器的基本目标是将所有的读写请求按照它们对应在块设备上的扇区号进行排列，以减少磁头的移动，提高块设备的整体性能。Linux 实现了 4 种块设备 I/O 调度算法，算法的基本方法是合并或/和重排序 I/O 请求队列，以缩短所需的磁盘寻道时间。4 种 I/O 调度算法分别为 NOOP 算法、Deadline 算法、CFQ 算法、Anticipatory 算法。用户可以指定一种 I/O 调度算法，默认的 I/O 调度程序是 Anticipatory 算法。

1. NOOP 算法

NOOP（No Operation）算法是最简单的 I/O 调度算法，也叫电梯调度算法。它将所有 I/O 请求放入一个 FIFO 队列中，并对一些磁盘上相邻的 I/O 请求做合并，然后逐个执行这些 I/O 请求。

假设有如下的磁盘块 I/O 请求序列：

100, 500, 101, 10, 56, 1000

NOOP 算法将会按照如下顺序响应它们的请求：

100（101），500, 10, 56, 1000

其中，第 100 块和第 101 块因为相邻被合并。

NOOP 算法不对请求排序，新的请求通常被合并到最邻近的请求之后，下一个要处理的请求总是队列中的第一个请求。这种算法适合不需要寻道的块设备，如 SSD、RAM DISK 等。NOOP 算法是在 Linux 2.4 或更早的版本中使用的唯一调度算法，不过容易造成 I/O 请求饿死。

2. Deadline 算法

Deadline 算法使用 4 个队列。其中，两个排序队列分别包含读请求和写请求，所有的请求根据起始扇区号排序；另外两个排序队列是最后期限（Deadline）队列，也分别包含相同的读请求和写请求，但是这两个队列已经根据它们的 Deadline 即最后期限排了序。引入这些队列是为了避免请求饿死。由于 NOOP 算法优先处理与上一个请求最邻近的请求，因此可能会对某个请求忽略很长一段时间，从而导致这个请求会饿死。请求的最后期限本质上就是一个超时定时器，当请求发出时开始计时。默认情况下，读请求的超时时间是 500ms，写请求的超时时间是 5s。读请求优先于写请求，因为读请求通常阻塞发出请求的进程。最后期限可保证调度程序会照顾等待了很长时间的请求，即使它位于排序队列的末尾。

3. CFQ 算法

CFQ（Completely Fair Queuing）算法即完全公平队列算法。CFQ 算法的主要目标是在触发 I/O 请求的所有进程中确保磁盘 I/O 带宽的公平分配。为了达到这个目标，CFQ 为每个进程单独创建一个队列来管理该进程所产生的请求，因此，算法使用了多个排序队列，它们存放了不同进程发出的请求。当算法处理一个请求时，同一个进程发出的请求通常被插入相同的队列中。算法本质上采用轮询方式扫描 I/O 队列，选择第一个非空队列，依次调度不同队列中特定个数（公平）的请求，然后将这些请求移动到调度队列的末尾。

4. Anticipatory 算法

Anticipatory 算法即预期算法，是最复杂的一种 I/O 调度算法。基本上，它是 Deadline 算法的演变算法，借用了 Deadline 算法的基本机制：两个最后期限队列和两个排序队列；I/O 调度程序在读请求和写请求之间交互扫描排序队列，不过更倾向于读请求。扫描基本上是连续的，除非有某个请求超时。读请求的默认超时时间是 125ms，写请求的默认超时时间是 250ms。但是，该算法还遵循如下启发式准则。

算法统计系统中每个进程触发的 I/O 操作的种类。当刚刚调度了某个进程 P 发出的一个读请求之后，算法马上检查排序队列中的下一个请求是否来自同一个进程 P。如果是，立即调度下一个请求；否则，查看该进程 P 的统计信息，如果确定进程 P 可能很快发出另一个读请求，那么就延迟一小段时间（默认大约为 7ms），因为算法预测进程 P 发出的读请求与刚被调度的请求在磁盘上可能是近邻。

8.10　微内核系统的设备管理

在 Linux 和 Windows 等操作系统中，设备管理系统为各种不同的设备向用户提供了统一的文件接口，采用设备驱动的方式来实现对设备的管理，驱动程序提供接口等待进程调用。驱动程序实质是一个被动的设备操作函数库。而微内核架构的操作系统（例如 MINIX、ARTs-OS 等），是以核外独立进程的形式向用户提供设备相关的服务，这些进程与其他普通用户进程看起来并无两样。

微内核系统一般采用资源管理器的方式管理设备，为进程提供服务。每一个资源管理器管理一个或多个设备，负责设备的初始化、资源清理、控制参数设置、打开、读、写、关闭、加载、卸载等。它实现了设备驱动和上层服务接口两部分功能。从总体来说，资源管理器是一个用户级的服务程序，它接收其他程序发过来的消息，并有选择地与硬件进行通信。

在资源管理器能够接收从其他程序发来的消息之前，它需要先使其他程序知道它负责管理了哪些资源。在微内核系统中，各种不同的资源管理器通过向内核注册，向内核 I/O 管理系统报告其管理的资源。

例如，名字叫"RM-serial"的资源管理器负责管理串口，但用户事先并不知晓。当用户需要请求串口服务时，用户以设备名"serial"作为参数通过系统调用 getDeviceId（"serial"）请求串口资源管理器服务。I/O 子系统根据设备名"serial"获得串口资源管理器 RM-serial 的进程句柄，并将其返回给用户。此后，用户再调用 I/O_read()、I/O_open()、I/O_write() 等函数操作设备时，这些函数将自动产生 I/O_OPEN、I/O_READ、I/O_WRITE 等消息并发送到资源管理器 RM-serial 进程。资源管理器内部有一个消息接收循环，等待接收从客户端（应用进程）发过来的消息，并为之做相应的设备操作并返回结果。能够接收并处理客户端发送的消息的资源管理器基本框架如代码 8-31 所示。

```
1   register the basic informatIOn to kernel   //注册基本信息
2   While(TRUE)   //循环等待信息
3       receive a message   //收到信息
4       SWITCH the message id   //判别信息类型或性质
5           CASE I/O_OPEN:   //打开设备
6               callout to I/O_open handler   //执行打开例程: I/O_open
7               ENDCASE
8           CASE I/O_READ:   //读设备
9               callout to I/O_read handler   //执行读例程: I/O_read
10              ENDCASE
11          CASE I/O_WRITE:   //写设备
12              callout to I/O_write handler   //执行写例程: I/O_write
13              ENDCASE
14          // ......
15      ENDSWITCH
16  ENDDO   //循环等待信息，循环永不结束
```

代码 8-31　能够接收并处理消息的资源管理器基本框架

8.11　本章习题

1. 设备按信息组织特征可以分为哪 3 类？每类有什么特点？

2. 设备管理的主要目标有哪 5 个?

3. 设备管理的功能有哪 5 个?

4. 什么是设备映射?

5. 什么是设备的独立性? 设备的独立性有何作用?

6. 什么是设备分配?

7. 什么是独享设备? 什么是共享设备?

8. 什么虚拟分配?

9. 什么是 Spooling 技术?

10. SPOOLing 系统的硬件和软件构成有哪些?

11. 缓冲技术的作用主要表现在哪 4 个方面?

12. 缓冲技术缓解速度不匹配的矛盾和提高外设读写效率的基本思路是什么?

13. 试以数据输入过程或输出过程为例, 描述单缓冲技术提高系统运行性能的原理。

14. 试以数据输入过程或输出过程为例, 描述双缓冲技术提高系统运行性能的原理。

15. 什么是提前读技术? 它为什么可以提高系统的运行效率?

16. 什么是延后写技术? 它为什么可以提高系统的运行效率?

17. 已知某扇区的 CHS 地址是 3 柱面, 0 磁头, 8 扇区。试计算该扇区的 LBA 逻辑地址是多少? (假定每柱面的磁头数和每磁道的扇区数分别是 16 和 64。)

18. 已知某扇区的 LBA 地址是 2020, 试计算其 CHS 地址。(假定每柱面的磁头数和每磁道的扇区数分别是 16 和 64。)

19. 磁盘访问时间由哪些时间构成? 各个时间的含义是什么?

20. 常用的块设备 I/O 调度算法有哪些? 各自的原理和特点是什么?

21. 什么是 I/O 控制? 主要的 I/O 控制方式有哪 5 种?

22. 试述设备驱动程序在计算机系统中的地位。

23. 驱动程序的基本接口包括哪 3 类?

24. 如何通过驱动程序的编写过程, 理解 "设备就是文件" 的概念。

25. 查询资料了解 Linux 中编写驱动程序时应该如何把设备自定义接口与文件操作接口关联起来。

26. 查询资料了解 Windows 中编写驱动程序时应该如何把设备自定义接口与文件操作接口关联起来。

27. 查询资料了解在 Linux 下如何把新编写的驱动程序直接编译到内核中。

第 9 章
文件管理

文件系统是计算机存储和组织数据的重要方法之一。文件系统使得用户对数据的访问和查找变得容易。文件系统使用文件和目录的概念封装了硬盘等存储设备存储块的细节，用户使用文件系统存取数据时，不必关心数据实际被保存在硬盘（或者光盘）的哪些存储块上，用户只需要记住文件的所属目录和文件名就可以了。文件系统是一套实现了数据的存储、分级组织、访问和获取等操作的抽象数据类型，为用户提供了底层数据访问的有效方法。

9.1 文件系统的概念

9.1.1 文件概念

1. 文件的定义

文件是操作系统中的一个重要概念。文件是以硬盘或软盘等典型块设备为载体存储在计算机上的信息集合。常见的文件包括文本、数据、图片、视频和程序等。在系统运行时，进程处理的信息大多来自各种形式的文件，输出的结果也很可能是文件。采用文件的形式组织和存放信息，方便信息的长期存储及访问。

文件系统的概念

文件是计算机系统中信息存放的一种组织和存储形式，文件由若干信息项有序构成。用户通过读写指针来存取文件的信息项。图 9-1 显示了文件的构成和通过读写指针指示读写位置的原理。读写指针总是指向文件中当前可读或可写的信息项位置。信息项可以是一个一个的字节，也可以是结构化数据。结构化数据包括多个字节，且具有一定的逻辑含义。

图 9-1 文件信息项和读写指针的概念

文件具有文件名。用户通过文件名来指定唯一的文件。不同的操作系统对文件命名的规则略有不同，文件名的格式和长度也因系统而异。文件名还包含扩展名，扩展名常用来区分文件的类型。另外，在 Windows、MS-DOS 等操作系统中也会根据扩展名对文件进行一些自动关联的操作，但是在 UNIX 和 Linux 这样的操作系统中对扩展名并不敏感。

2. 文件的属性

文件属性是指文件的某种独特性质。有些属性是人为定义的，有些属性是文件自身客观固有的。系统或用户可以利用文件的属性对文件进行分类，以便管理、存放和传输文件。常见的文件属性有只读属性、隐藏属性等。不同操作系统所支持的文件属性有所不同，数量也不同。

例如 DOS 中文件的典型属性包括只读属性（R）、隐含属性（H）、系统文件（S）、存档属性（A）等。利用 dir /A 命令可以列出具有指定属性的文件。

只读属性：表示文件不能被修改，只能被读。

隐藏属性：表示文件在系统中是隐藏的，在默认情况下用户看不到这些文件，也查询不出来。有隐藏属性的文件可以用 dir /ah 命令查看到。

系统文件：表示该文件是操作系统的一部分。该类文件会自动具有隐藏属性，在一般情况下，系统文件不能被查看。系统文件既不能被删除，也不能被查看，是操作系统对重要文件的一种保护措施，防止这些文件意外损坏。

存档属性：表示该文件自从上次备份后已经被修改过了。一些备份软件在备份系统后会默认把这些文件的存档属性取消。存档属性在一般的文件管理中意义不大，但是对于频繁的文件批量管理很有帮助。因为存档这个属性并不是直接提供给用户使用的，而是提供给备份程序的（例如 DOS 命令 Backup 或 WinRAR 等第三方软件）。一个文档刚刚被备份完的时候，就自动去掉了存档属性，这样下次再次启用备份的时候就会自动跳过这个文件。当用户对此文件修改后，操作系统会自动把它加上存档属性，下次备份就不会漏掉它。

例如 Linux 操作系统中支持的文件属性较多，常见的包括文件类型、属主权限、属组权限、其他用户权限、属主、属组、inode 索引节点编号、文件大小、硬链接数、修改日期和创建日期等。

文件类型属性：目录（d）、普通文件（-）、链接（1）、块设备（b）、字符设备（c）、套接字（s）和管道（p）等。

属主权限属性：文件的所有者所具备的权限，包括可读、可写、可执行以及三者的组合。

属组权限属性：文件的所有者所在用户组所具备的权限，包括可读、可写、可执行以及三者的组合。

其他用户权限属性：文件用户组之外的用户所具备的权限，包括可读、可写、可执行以及三者的组合。

属主属性：表示文件所属的用户。

属组属性：表示文件所属的用户组。

inode 索引节点编号属性：记录 inode 索引节点编号。系统读取文件时，通过文件名找到 inode，然后才能读取到文件内容。

文件大小属性：文件大小是指文件的容量，以字节为单位。

硬链接数属性：硬链接表示一个文件的访问路径，同一个文件可以具有多个不同的访问路径。

在 Linux 中使用 ls -l 命令可以列举文件的详细属性，其中前 10 位分别列出文件类型、属主权限、属组权限和其他用户权限。第 0 位确定文件类型，第 1-3 位确定属主（该文件的所有者）拥有该文件的权限，第 4~6 位确定属组（所有者的同组用户）拥有该文件的权限，第 7-9 位确定其他用户拥有该文件的权限。可以使用 chmod 命令更改文件的属主权限、属组权限和其他用户权限等 3 个属性。

3. 文件分类

对文件分类是为了便于对文件进行管理。不同类别的文件可以采用不同的处理策略。

按文件的用途可以分为系统文件、库文件和用户文件。系统文件包括操作系统的可执行程序和数据文件。这种文件不对用户开放，仅供系统使用。库文件是系统为用户提供的各种标准函数库和实用程序等。用户只能使用这些文件，而无权对其进行修改。用户文件是用户创建的文件，如用户的可执行程序、源程序、数据文件等。这种文件的使用和修改权均属于用户。

按文件的操作权限可以分为只读文件、只写文件、可执行文件、可读可写文件和不保护文件等 5 类。只读文件只允许用户进行读操作；只写文件仅允许用户进行写操作；可执行文件允许用户执行；不保护文件是指读写或执行等权限不加任何限制的文件。

按文件的存储时间长短可以分为永久文件和临时文件等两类。永久文件是指除非人为删除否则可以长期保存的文件；临时文件是指系统在运行过程中临时产生的文件、在程序运行完后被自动删除的文件或可被人为删除但并不影响程序再次运行的文件，临时文件被删除之后往往还会再次生成。

按文件的性质可以分为普通文件、目录文件和设备文件等 3 类。普通文件指一般的用户文件和系统文件；目录文件是记录文件目录项的文件，包括文件的名字、文件属性以及文件存放地址等内容；设备文件是特殊文件，每个设备都有一个抽象的文件与之对应，用户对该文件的操作（例如打开、读、写等）实际上就是对设备进行对应的操作。在 Linux 操作系统中，所有的设备文件集中存放在/dev 目录下。当从设备文件读取数据或向设备文件写入数据时，请求会被设备驱动程序处理。

9.1.2　文件系统概念

从用户的角度看，快速查找一个指定文件，有条理地展示多个文件，清晰地管理多级目录的层次关系，方便地打开、读、写、保存文件，方便地对文件采取访问控制、权限控制等，是文件系统要实现的功能。从系统管理人员的角度看，实现文件在存储设备上高效存储，节省存储空间、提高用户查找效率，是文件系统要实现的功能。

文件系统的功能包括管理和调度文件的存储空间、提供文件的逻辑组织方法、提供文件的物理存储方法、为用户提供文件名到存储地址的转换、实现文件的存取权限控制、实现文件的共享等。

9.2　文件逻辑结构与存取方式

9.2.1　文件逻辑结构

文件的逻辑结构是指文件数据在逻辑上的组织方法。根据逻辑结构的不同，文件可以分为两个大类：流式文件（也称为无结构文件）和记录式文件（也称为结构式文件）。

1. 流式文件

流式文件没有结构，信息项是字节，如图 9-2 中左图所示。流式文件的长度就是字节数。流式文件无须额外的说明信息或控制信息，节省存储空间。操作系统不关心字节序列的内容，其能看到的就是字节，其文件内容的任何含义在用户程序中被解释。把文件看成字节序列为应用提供了最大的灵活性，用户程序可以以任何格式向文件中写入任何内容，并且可以通过任何方便的形式命名。UNIX 和 Windows 操作系统都采用这种方法。

2. 记录式文件

记录式文件具有特定的结构，信息项由记录组成，一个记录包含若干成员。如图 9-2 中右图所示，每个记录包含若干个字节。例如，记录学生成绩的文件，该文件由一个个学生成绩记录构成，每个学生成绩记录可能包括姓名、学号、高等数学分数、线性代数分数等内容。

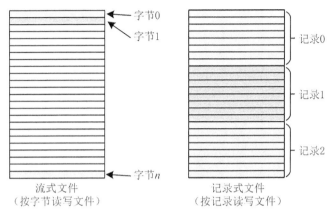

图 9-2　文件的逻辑结构

记录式文件中需要保存记录的长度、记录的数量等说明信息，以便用户读取和分析文件内容。把文件作为记录序列的思想是：无论读操作或写操作，每次都以一个具有完整逻辑含义的记录为单位，便于用户理解。

记录式文件根据记录的长度是否固定又分为定长记录文件和非定长记录文件。

定长记录文件中的记录结构固定、长度固定。文件中的记录可以是无顺序的，也可以是有顺序的。无顺序是指记录的顺序是随机的，与特定的关键字无关；有顺序是指根据特定的关键字对记录进行了排序。如果文件记录是无顺序的，可以在文件头部提供一个索引表，索引项中包含每个记录的关键字和在逻辑文件中的起始位置，以便为用户提供快速的随机存取。

非定长记录文件的记录结构不固定、长度也不固定。读写非定长记录文件需要在文件的头部提供一个索引表，该索引表对文件的每个逻辑记录添加了索引项，索引项包含每个记录的长度和在逻辑文件中的起始位置。索引表像目录一样，可以通过查找索引表对文件进行随机访问。每个记录都有一个索引项，对非定长记录文件存取，必须先查找索引表，这增加了存储的代价。

在现代操作系统中，所有文件都是流式文件，由应用程序根据特定的文件格式（协议）去解释和处理文件。

9.2.2　文件存取方式

文件存取方式是指用户读写文件信息项的方式，可以分为顺序存取、随机存取等两种方式。

顺序存取，是按从前到后的顺序依次对文件信息项进行读/写操作，直到定位到特定的信息项为止。

随机存取，也称为直接访问，是直接定位到文件的特定位置对信息项进行读/写操作的方式。

随机存取适合流式文件或定长记录文件。因为流式文件或定长记录文件比较容易确定某个信息项的存取位置，可以直接定位到文件的特定位置。

随机存取方法对于非定长的记录式文件比较麻烦。如果该非定长的记录式文件建有索引表，则需要先通过索引表确定特定记录的位置，然后再进行随机存取。

9.3　文件物理结构

文件的物理结构是指文件在存储设备上的存储结构，可以分为连续文件、串联文件、索引文件 3 种。无论采用哪种存储结构，存储设备本身都是按块来分配和存取的。存储空间被按块有序地划分，每个存储块的大小都一样。

文件物理结构

9.3.1　连续文件

连续文件是指文件的逻辑块存放在连续分配的存储块中。连续文件要求为每个文件分配一组相邻的存储块，这种分配方式可保证文件中的逻辑块顺序与存储设备中文件占用存储块的顺序的一致，如图 9-3 所示，文件名为 TestFile，文件长度为 4，占用了 4 个存储块，首个存储块号是 80，存储设备从第 80 块到第 83 块都属于文件 TestFile 所有。

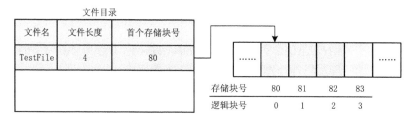

图 9-3　连续文件结构示例

对于连续文件，其相应的文件目录中至少需要记录文件名、起始存储块的编号、文件长度等。

连续文件的优点是便于顺序访问且访问速度快。连续文件的缺点是由于要求占用连续的存储空间，因此创建文件时必须事先确定文件的长度，且容易造成存储碎片。

9.3.2　串联文件

串联文件是指文件的逻辑块存放在离散分配的存储块中，每个存储块除存储数据之外还存储有一个链接指针指向文件的下一个存储块。文件的逻辑结构可以通过链接指针体现，逻辑上相邻的块，也要通过存储块之间的链接指针来体现。通过每个存储块上的链接指针，可以将同属于一个文件的多个离散的存储块顺序接成一个链表，由此形成的物理文件称为串联文件。串联文件的结构如图 9-4 所示。需要注意的是，串联文件的最后一个存储块的链接指针需要置空，表示这是文件的末尾。

FAT 文件系统

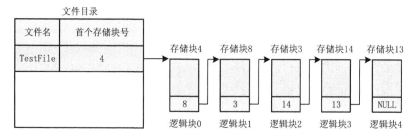

图 9-4　串联文件的结构

串联文件的结构可以显著消除存储碎片，故可提高存储设备的利用率。使用串联文件在创建文件时无须知道文件的长度，可以根据文件的实际需要，动态为它分配必需的存储块。当文件动态增长时，可动态地再为它分配存储块。此外，对文件的增、删、改等操作也十分方便。

串联文件的文件目录的目录项仅需要包括文件名、指向首个存储块的链接指针（存储块号）等基本信息，如图 9-4 最右侧所示。

串联文件的缺点是它仅适合于顺序访问方式，随机访问时效率极低。另外，如果文件中的一个链接指针出现问题，将会导致文件后面部分无法访问。

在实际应用中，串联文件的链接指针有另外一种实现方式，称之为文件分配表（File Allocation Table，FAT）方式。串联文件将各个存储块的链接指针集中地存放在一个文件分配表中，文件分配表体现了文件前后存储块之间的链接关系，分配给文件的所有存储块的块号都按某种方式放在该表中。

文件分配表实质是长度为 N 的一维数组，数组的每个元素与存储空间的每一个存储块一一对应。文件分配表的元素 0 对应存储块 0、文件分配表的元素 1 对应存储块 1……文件分配表的元素 N-1 对应存储块 N-1。

文件分配表的元素取值是存储块的块号：元素 i 的取值是第 i 个存储块所在文件紧跟着第 i 个存储块的下一个存储块的块号。如果文件没有下一个存储块，即第 i 个存储块就是文件的最后一个存储块，则元素 i 的取值就是 NULL 或一些特殊的值。

文件的第一个存储块的块号在文件目录中指定。

图 9-5 展示了一个文件分配表的结构。图中存储空间被分成了 N 个存储块，块号从 0 到 N-1。文件分配表有 N 项，从元素 0 到元素 N-1 依次对应存储块 0 到存储块 N-1。

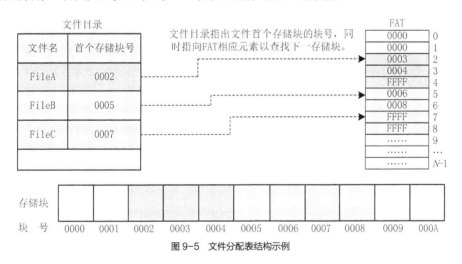

图 9-5 文件分配表结构示例

文件 FileA 占用存储块 2、存储块 3、存储块 4；文件 FileB 占用存储块 5、存储块 6、存储块 8；文件 FileC 仅占用存储块 7。

文件目录中记录有 FileA，FileB，FileC 3 个文件的首个存储块的块号分别是 2、5、7。因此，在文件分配表的第 2、5、7 个元素中，应分别填入 FileA，FileB，FileC 的下一个存储块的块号，即 3、6、NULL（本例中用 FFFF 代替 NULL）。NULL 意味着第 7 块已经是文件 FileC 的最末一块了。同样道理，在文件分配表的第 3、6 个元素中，应分别填入 FileA、FileB 的下一个存储块的块号 4 和 8。如此递推，直到每个文件的所有存储块的块号在文件分配表中都有记录。

微软公司的 FAT12、FAT16 和 FAT32 等文件系统都是典型的 FAT 系统，都属于串联文件系统。

9.3.3　索引文件

　　索引文件是指文件的逻辑块（数据块）存放在离散分配的存储块中，同时系统建立索引表，索引表中记录文件的逻辑块号（或键或逻辑记录号）和存储块号的对应关系。文件目录的目录项中记录文件名和文件对应的索引表的指针（索引表的存放地址）。用户先通过文件名查找文件目录，先找到对应的索引表，然后通过索引表再找到文件的全部存储块。索引文件的结构如图9-6所示。

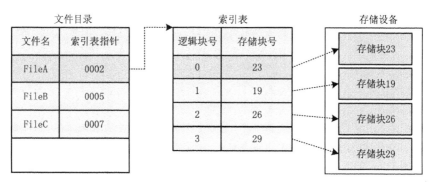

图9-6　索引文件结构示例

　　索引表可以是排序的，也可以是不排序的，但是通常按照逻辑块号排序，因为在排序的情况下索引表项的索引即逻辑块号，这样索引表中无须花费额外空间存储逻辑块号。例如，索引表的第 i 项指明文件第 i 个逻辑块所在磁盘块的块号。

　　每个索引文件都是由索引表和对应的若干存储块构成的。索引表本身也要占据额外的存储区域。索引文件保持了串联文件的优点，又避免了其缺点，既能顺序存取，又能随机存取，满足了文件动态增长、插入、删除等要求，能充分利用存储空间。

　　索引文件的主要问题是要花费较多的存储空间存储额外的索引表。每当建立一个文件时，便需要为之分配一个索引块。一般情况下，系统中总是中、小型文件居多，甚至有不少文件只需少数几个盘块，但是仍需要为之分配一个索引块。通常采用一个专门的磁盘块作为索引块，其中可存放成百上千个磁盘块号。可见，对于小文件采用索引分配方式时，其索引块的利用率是极低的。

9.4　磁盘存储空间管理

　　为方便给用户文件分配适当的磁盘存储空间，系统必须实时地管理和记录磁盘空间使用情况。当文件需要存储到磁盘时，需要知道哪些存储块可用，当文件被删除时，对应的存储块应当被收回以被再用。系统对磁盘的空闲存储块管理主要方法有：空闲文件目录、空闲块链、位示图等3种方法。

文件存储管理和
目录

1. 空闲文件目录

　　存储设备上一片连续的空闲区可以看成一个特殊文件，即空闲文件。空闲文件由多个连续的空闲存储块组成。存储设备上所有的空闲文件就代表了存储设备上的全部空闲空间。为空闲文件建立的专门目录称为空闲文件目录。在空闲文件目录中，每一目录表项就对应一个空闲文件，记录有空闲文件的第一个存储块号，存储块个数等重要信息。

2. 空闲块链

　　把存储设备上的所有空闲块用链表链接在一起。当申请者需要空闲块时，分配程序从链头开始摘取所需要的空闲块，然后调整链首指针。反之，当回收存储块时，把释放出来的空闲块逐个加在链尾上。

3. 位示图

系统在内存中划出若干个字节，字节的每一位（bit）对应一个存储块的使用情况，即空闲或被占用的状态。如果某一位为1，则表示对应的存储块是空闲块；如果为0，则表示对应的存储块已被分配出去了。

9.5 文件目录

9.5.1 文件目录功能

操作系统通过文件目录（directory）对计算机系统中的大量文件实施有效的管理。文件目录的核心功能是实现"按名存取"，即用户只需向系统提供所需访问文件的名字，便能快速、准确地找到指定文件在外存上的存储位置。文件目录提供了按名查找文件的功能，记录了文件名和文件存放地址的对应关系。

9.5.2 文件目录项

文件目录项（directory entry）作为文件目录的构成项，是描述该目录下所含文件的基本信息、使用信息和存取控制信息的数据结构。文件目录项与目录下所含的文件一一对应，文件目录项的有序集合称为文件目录。通常，文件目录也可被看作一个特殊文件，称为目录文件。

1. 常规的文件目录项

文件目录项主要包含以下3类信息。

（1）基本信息：文件名、文件物理位置、文件逻辑结构、文件物理结构等。

（2）使用信息：文件建立时间、文件修改时间等。

（3）存取控制信息：各类用户的文件存取权限等。

对于不同操作系统的文件系统，文件目录项的结构有所不同。以MS-DOS为例，其文件目录项结构如图9-7所示，其中包含文件名、属性、文件所在的第一个存储块号和文件大小等信息，共32Byte。

8Byte	3Byte	1Byte	10Byte	2Byte	2Byte	2Byte	4Byte
文件名	扩展名	属性	保留	时间	日期	首块号	大小

图9-7 MS-DOS的文件目录项结构

文件目录也被看作是一个特殊的文件，即目录文件。用户打开目录的操作，实际上就是打开和可视化显示目录文件的过程。目录文件中包含一系列文件目录项，每个文件目录项都对应该目录中的某一个文件。

2. 采用索引节点的文件目录项

在检索目录文件的过程中，只需要对比文件名，而其他一些文件描述信息在检索目录时一概不用，仅当找到文件名匹配的目录项时，才需要从该目录项中读出该文件的物理地址及其他描述信息。显然，这些信息在检索目录时不需要调入内存。

为此，在部分操作系统（如UNIX操作系统）中采用把文件名与文件描述信息分开的办法，使文件描述信息单独形成一个称为"索引节点"的数据结构，简称为 inode，每个索引节点有唯一编号。文件目录项仅由文件名和该文件所对应的索引节点编号所构成，如图 9-8 所示。在检索目录文件时，当匹配到文件目录项后，可以根据目录项中的索引节点编号访问该索引节点，进而可以获取索引节点中相应文件的描述信息。

文件名	索引节点编号
文件名1	
文件名2	
…	…

0　　　　　　　13 14　　　　　　　　　　　15

图 9-8　UNIX 的文件目录项结构

Linux0.11 使用了与 Minix 相同的文件系统，其中定义的目录项仅包含了文件的 i 节点号和文件的名称，参考代码 9-1。

```
1  ┌struct dir_entry {
2  │     unsigned short inode;
3  │     char name[NAME_LEN];
4  └};
```

代码 9-1　Linux0.11 目录项定义

假设不采用索引节点的一个文件目录项为 64Byte，存储块大小为 1 KB，则每个存储块中只能存放 16 个目录项；而在 UNIX 系统中一个目录仅占 16Byte，在 1KB 的存储块中可放置 64 个目录项，这样，为找到一个文件，可使平均启动磁盘次数减少到原来的 1/4，可大大节省磁盘开销。

Linux 系统中不带参数的 ls 命令仅可以列出目录文件中的文件名，但是 ls -i 命令却可以列出整个目录文件的内容，即文件名和索引节点编号。

```
# ls -i /etc
```

如果要查看文件的详细信息，就必须根据索引节点编号，访问索引节点，读取信息。ls -l 命令可以帮助列出文件的详细信息。

```
# ls -l /etc
```

3. 目录的权限

目录或目录文件的读权限（r）和写权限（w），都是针对目录文件本身，即不同用户能以什么权限访问操作该目录文件。由于目录文件内只有文件名和索引节点编号，因此如果用户对目录文件只有读权限，那么就只能获取文件名，而无法获取文件描述信息，因为文件描述信息都存储在索引节点中，而读取索引节点内的文件描述信息需要目录文件的执行权限（x）。

9.5.3　索引节点

为了减小检索目录项的开销，将文件描述信息从目录项中抽出，采用索引节点的数据结构专门存储文件的各种描述信息。UNIX 操作系统的目录项就是采用这种方式。

索引节点的数据结构在磁盘中和在内存中略有差异，当文件打开时，要将磁盘索引节点复制到内存索引节点中。

1. 磁盘索引节点数据结构

存放在磁盘上的索引节点称为磁盘索引节点，UNIX 中的每个文件都有一个唯一的磁盘索引节点，主要包括以下内容：

（1）文件主标识符，即拥有该文件的个人或小组的标识符；

（2）文件类型，包括普通文件、目录文件或特别文件；

（3）文件存取权限，指各类用户对该文件的存取权限；

（4）文件物理地址，每一个索引节点中含有 13 个地址项，即 iaddr(0)～iaddr(12)，它们以直接或间接方式给出数据文件所在盘块的编号，这一字段指明 UNIX 采用索引文件的文件物理结构；

（5）文件长度，指以字节为单位的文件长度；

（6）文件链接计数，表明在文件系统中所有指向该文件的指针计数；

（7）文件存取时间，指本文件最近被进程存取的时间、最近被修改的时间及索引节点最近被修改的时间。

2. 磁盘中索引节点的组织

硬盘被分区格式化后包括两部分：索引节点区（inode table）和数据区（block table）。索引节点区用来存储文件属性，数据区用来存储文件实际数据。磁盘建立好文件系统后，会生成固定大小的索引节点区和数据区。

ext3/ext4 文件系统中一个文件被创建后至少要占用一个索引节点和一个数据块。数据块的大小一般有 1KB、2KB、4KB，其中引导分区为 1KB，其他普通分区为 4KB。如果文件很大（例如达到 2GB），可能占用很多个数据块；如果文件很小，例如 100Byte，也至少占用一个数据块，并且这个数据块的剩余空间都会被浪费。

每个索引节点的大小，一般是 128Byte 或 256Byte。索引节点的总数，在格式化时就给定，一般是每 1KB、2KB 或 4KB 就设置一个索引节点。假定在一块 1GB 的硬盘中，每个索引节点的大小为 128Byte，每 1KB 就设置一个索引节点，那么索引节点区的大小就会达到 128MB，占整块硬盘的 12.8%。查看每个硬盘分区的索引节点总数和已经使用的数量，可以使用 df 命令：

df - i

存储空间的上限由两个参数决定，一是索引节点是否用完，二是看数据区是否占满。若其中一个用完，文件系统就不能再添加文件了。

3. 内存索引节点数据结构

内存索引节点较磁盘索引节点增加了以下内容：

（1）索引节点编号，用于标识内存索引节点；

（2）状态，指示索引节点是否上锁或被修改；

（3）访问计数，每当有进程要访问此索引节点时，将该访问计数加 1，访问完再减 1；

（4）文件所属文件系统的逻辑设备；

（5）链接指针，设置有分别指向空闲链表和散列队列的指针。

4. 索引节点编号

当文件被打开时，磁盘索引节点会被读取到内存中的索引节点表中，索引节点表的表项就是内存索引节点，使用索引节点编号来唯一标识。

采用索引节点的操作系统（例如 UNIX、Linux 系统）内部通常不使用文件名，而使用索引节点编号来标识文件。对于操作系统来说，文件名只会用于检索目录并获取索引节点编号。

用户通过文件名打开文件的过程，在操作系统内部分为 3 步：

（1）系统通过目录找到这个文件名对应的索引节点编号；

（2）通过索引节点编号，获取索引节点信息；

（3）根据索引节点信息，找到文件数据所在的数据块，读出数据。

使用 ls -i 命令可以查看文件名对应的索引节点编号：

```
# ls -i example.txt
```

9.5.4　目录结构

目录结构的组织，关系到文件系统的存取速度，也关系到文件的共享性和安全性。文件目录结构分为单级目录、两级目录和多级目录等。

1. 单级目录结构

单级目录结构是最简单的目录结构。在整个文件系统中只建立一个目录表，每个文件占一个目录项。单级目录结构如图 9-9 所示。

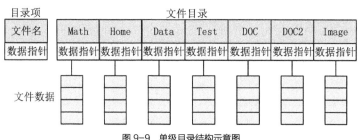

图 9-9　单级目录结构示意图

单级目录的优点是简单且能实现目录管理的基本功能——按名存取，但却存在下述一些缺点。

（1）查找速度慢。对于较大规模的文件系统，目录项数目比较多，因此查找一个指定的目录项要花费较多的时间。对于一个具有 N 个目录项的单级目录，为检索出一个指定目录项，平均需要查找 $N/2$ 个目录项。

（2）不允许重名。在一个目录表中的任意文件，都不能与另一个文件有相同的名字。然而，重名问题在多道程序环境下却又是难以避免的；即使在单用户环境下，当文件数较多时，也难于记忆，给用户带来不便。

（3）不便于实现文件共享。通常，每个用户都有自己的命名习惯。因此，应当允许不同用户使用不同的文件名来访问同一个文件。然而，单级目录却要求所有用户都用同一个名字来访问同一文件。

2. 两级目录结构

为了克服单级目录所存在的缺点，可以为每一个用户建立一个单独的用户文件目录，这些文件目录具有相似的结构。此外，在系统中建立一个主文件目录，在主文件目录中，每个用户目录文件都占有一个目录项，其目录项中包括用户名和指向该用户目录文件的指针。两级目录结构如图 9-10 所示。

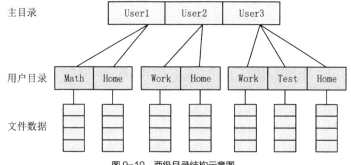

图 9-10　两级目录结构示意图

两级目录结构基本上克服了单级目录的缺点，并具有以下优点：提高了检索目录的速度；在不同的用户目录中可以使用相同的文件名；不同用户还可以使用不同的文件名访问系统中的同一个共享文件。

3. 多级目录结构

多级目录结构也称为树形结构。在多级目录结构中，每一个磁盘有一个根目录，在根目录中可以包含若干子目录和文件，在子目录中不但可以包含文件，而且还可以包含更低一级的子目录。这样递推下去就构成了多级目录结构，如图 9-11 所示。

采用多级目录结构的优点是用户可以将不同类型或不同功能或不同用户的文件分类存储，既方便文件管理和查找，还允许不同文件目录中的文件具有相同的文件名，解决了一级目录结构中的重名问题。Windows、UNIX、Linux 和 DOS 等操作系统采用的是多级目录结构。

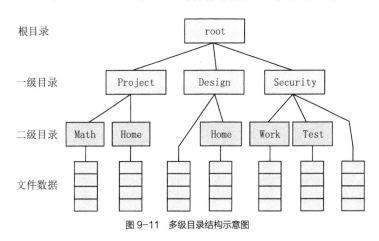

图 9-11 多级目录结构示意图

9.6 文件与目录的操作

9.6.1 文件操作

使用文件的目的是存储信息并方便以后的检索和处理。对于存储、检索和处理，不同的系统提供了不同的操作接口。与文件有关的常用操作包括文件的创建（Create）、删除（Delete）、打开（Open）、关闭（Close）、读（Read）、写（Write）、追加（Append）、定位（Seek）、获取属性（Get attributes）、修改属性（Set attributes）、重命名（Rename）、移动（Move）等。

Create，创建不包含任何数据的空白文件。操作的目的是创建文件，并对文件设置一些基本属性。

Delete，当文件不再需要时，必须删除它以释放硬盘空间。

Open，在使用文件之前，必须先打开文件。这个操作的目的是允许系统将文件属性和磁盘存储地址等相关信息保存到内存中，方便后续对文件的其他操作。

Close，当所有进程完成文件操作时，应关闭文件以释放内存空间。很多系统限制进程打开文件的个数，尽可能关闭不再使用的文件是有意义的。此外，磁盘之类的块设备都有缓冲机制，以存储块为单位写入，关闭文件的操作会确保缓冲区的内容被写入磁盘。

Read，从文件中读取数据。通常情况下，读取的数据来自文件的当前位置。调用者必须指定需要读取多少字节数据，并且提供存放这些数据的缓冲区。

Write，向文件写入数据，写操作一般也是从文件的当前位置开始进行。如果当前位置是文件的末尾，则会直接追加写入；如果当前位置在文件中，则现有数据被覆盖，并且永远消失。

Append，使用 Append 操作只能向文件末尾添加数据。

Seek，对于随机访问的文件，要指定从何处开始读写数据。通常的方法是用 Seek 操作，使当前位置指针指向文件中的特定位置。Seek 操作结束后，就可以从其指定位置开始读写数据了。

Get attributes，进程运行时读取文件的属性。

Set attributes，进程运行时用户可以设置文件的一些新属性。文件属性在文件创建之后也可以用这个操作再次改变。

Rename，用户更改文件已有的名字。

Move，移动文件是将文件从源位置迁移到目标位置。移动文件也可以理解为先复制源文件，然后删除源文件，是复制和删除两个操作的结合。

9.6.2 目录操作

为方便用户对目录进行管理，操作系统通常提供如下典型的目录操作。

Create，创建新的目录，除了目录项 . 和 .. 两个特殊子目录之外，目录内容为空。

Delete，删除目录，只有空目录可以被删除。只包含 . 和 .. 的目录被认为是空目录，这两个目录项通常不能被删除。

Rename，在很多方面目录和文件都相似。文件可以更名，目录也可以更名。

Link，链接技术允许在多个目录中出现同一个实体文件。这个操作能为一个已经存在的文件在多个不同目录中建立硬链接（hard link）。

Unlink，删除文件链接。如果被解除链接的文件只出现在一个目录中，则将它从文件系统中彻底删除；如果它出现在多个目录中，则只删除指定路径名的链接，依然保留其他路径名的链接。在 UNIX 操作系统中，用于删除文件的操作就是 Unlink。

9.7 文件共享与保护

文件共享使多个用户或进程共享同一份文件，系统中只需保留该文件的一份副本。如果系统不能提供共享功能，那么每个需要该文件的用户或进程都要有各自的副本，会对存储空间造成极大浪费。

操作系统的文件共享可以从静态和动态两个方面来讨论：静态共享是指多个用户共享文件系统中的同一物理文件，而动态共享是指多个进程在运行时同时访问同一文件。

9.7.1 文件静态共享

现代操作系统有两种常用的文件静态共享方式：硬链接与软链接。

1. 硬链接

当多个用户要共享一个文件或目录时，硬链接的共享方式会将不同用户的文件目录项链接到同一个索引节点上，如图 9-12 所示。因此，硬链接是基于索引节点的共享方式。

硬链接是一个文件的多个不同的入口路径。每个入口路径就是一个文件名。Linux 操作系统下的 ln 命令可以创建文件新的硬链接：

```
# ln 源文件 目标文件
```

运行上面这条命令以后，创建的目标文件与源文件的索引节点相同，都指向同一个文件。

在这种共享方式下，索引节点中有一个链接计数 count 字段，用于表示链接到该索引节点（文件）上的目录项的数目，如图 9-11 所示。当创建一个新文件时，其对应的索引节点的链接计数为 1；每当对文件创建新的硬链接时，就会使共享文件的链接计数加 1；每当用户对共享文件执行"删除"操作时，会使该文件的链接计数减 1，但并不会删除文件，只有当文件的链接计数减为 0 时，操作系统才会真正地删除该文件。

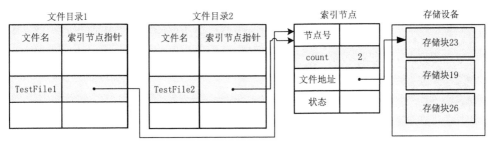

图 9-12　硬链接的共享方式

2. 软链接

软链接（soft link）是指在共享文件时由操作系统创建一个 LINK 类型的新文件，在新文件中只包含被共享文件的路径名，以链接 LINK 类型文件与原文件。这样的链接方法也被称为符号链接（symbolic link）。

LINK 类型文件中的路径名则只被看作符号链接，当用户访问 LINK 类型文件时，操作系统根据文件中的路径名去访问实际链接的文件，这样就利用符号链实现了文件的软链接。

在利用软链接方式实现文件共享时，只有文件拥有者才拥有指向其索引节点的指针；而共享该文件的其他用户则只有该文件的路径名，并不拥有指向其索引节点的指针。当文件的拥有者把一个共享文件删除后，其他用户试图通过符号链接去访问一个已被删除的共享文件时，操作系统会因找不到该文件而使访问失败，并将符号链接删除。

软链接与硬链接最大的不同：软链接文件仅指向原文件的文件名，而不是原文件的索引节点，因此原文件索引节点中的链接计数不会因此发生变化。Linux 系统下的 ln -s 命令可以创建软链接，命令格式如下：

```
# ln -s 源文件或目录 目标文件或目录
```

9.7.2　文件动态共享

文件的动态共享是指操作系统允许多个进程同时访问同一文件，而不用为每个进程复制一份文件副本。

进程为了访问文件会维护文件的偏移指针（指示当前的读写位置），而偏移指针不能存放在文件的索引节点中，因为如果这样，当多个进程在同时访问同一文件时会导致偏移指针错乱。

为了实现文件的动态共享，操作系统通常会另外维护一个与打开文件相关的数据结构。进程在访问文件前需要给出文件路径来打开文件并获得文件描述符（文件句柄），之后进程只能使用文件描述符来访问文件。进程的文件描述符唯一确定打开文件的数据结构，其中包含文件的索引节点指针（可以指向同一共享文件）以及文件偏移指针（各进程独立控制），这样就可实现多个进程对同一文件的共享访问。不同关系（父子关系或没有任何关系）的多个进程之间共享同一文件的差异请参考 9.8.3 节。

9.7.3　文件保护

为了防止文件共享可能会导致文件被破坏或未经核准的文件操作，操作系统会控制用户对文件的存取，即解决对文件的读、写、执行的许可问题，在文件系统中建立相应的文件保护机制。

1. 访问类型

可加以控制的访问类型主要有以下几类。

读：从文件中读。

写：向文件中写。

执行：将文件装入内存并执行。

添加：将新信息添加到文件结尾部分。

删除：删除文件，释放空间。

列表清单：列出文件名和文件属性。

此外还可以对文件的重命名、复制等加以控制。

2. 访问控制

最常用的方法是根据用户身份进行控制。通常为每个文件和目录增加一个访问控制列表（Access-Control List，ACL），以规定每个用户所允许的访问类型。访问列表采用"拥有者""组"和"其他"3种用户类型。

拥有者用户：创建文件的用户。

组用户：一组可以共享文件且具有类似访问权限的用户，文件的组就是文件拥有者用户所在的组。

其他用户：系统内的所有其他用户，即非拥有者和非组用户的其他用户。

文件拥有者在创建文件时，说明创建者用户名及所在的组名，系统在创建文件时也将文件主的名字、所属组名列在该文件的索引节点中。

文件创建者访问该文件时，按照拥有者所拥有的权限访问文件。如果用户和拥有者在同一个用户组则按照同组权限访问，否则只能按其他用户权限访问。UNIX 操作系统即采用此种访问控制方法。

9.8　文件系统实例

9.8.1　Windows 文件系统

Windows 支持的文件系统主要有 NTFS（NT File System）和 FAT（File Allocation Table）文件系统。后者是从 DOS 时代遗留下来的，它的格式相对比较简单，目前仍被广泛应用，尤其是在移动存储设备上，方便数据交换。除了 NTFS 和 FAT 文件系统，微软还为 Windows 提供了其他一些文件系统驱动程序，包括 CDFS 和 UDFS。CDFS 即 CD-ROM 文件系统，这是一种只读文件系统。UDFS 即 UDF 文件系统，主要针对 DVD-ROM。

在磁盘上，最基本的管理数据单元是扇区，扇区大小通常为 512Byte。文件系统可以以更大的粒度来管理磁盘上的数据，此粒度被称为簇(cluster)，其大小是扇区的整数倍。因此，从文件系统的管理角度，一个文件是由一组簇构成的，这些簇形成了文件数据流的存储空间。目录也包含一个或多个簇，这些簇中的数据描述了该目录中的文件信息，包括它们的文件属性和所拥有的簇的位置信息。不同的文件系统可以定义不同的磁盘结构。对于系统运行过程中被引用的文件或目录，文件系统驱动程序必须使用恰当的内存数据结构来重新描述它们，这些数据结构包括文件控制块（File Control Block，FCB）和目录控制块（Directory Control Block，DCB），类似于 Linux 的内存索引节点结构。

1. FAT 文件系统

FAT 指文件分配表，前面章节已经提及该概念，它属于串联文件的范畴。文件分配表是文件管理系统用来记录文件所分配的全部存储块信息的表格，即记录文件存放在磁盘的哪些存储块中。FAT 文件系统利用文件分配表来管理存储设备和文件。

FAT 在磁盘上紧接在引导扇区之后，且有两个副本，一个是基本 FAT，另一个是 FAT 的备份，两者在磁盘上前后紧排在一起，其大小根据分区的大小不同而变化。

磁盘按 FAT 文件系统格式化后，存储设备以簇为单位进行管理和分配。一个文件至少占用一个簇。当一个文件占用多个簇时，这些簇不一定连续，但是它们对应的簇号在存储该文件时已经被明确记录下来且确定了顺序，形成一个所谓的"簇号链"，每个文件都有其特定的簇号链。簇号链的逻辑关系实际上就存放在 FAT 中，可以从 FAT 中提取到每个文件的簇号链。具体参考 9.3.2 节中 FAT 相关内容。

FAT 的每个元素既能表明对应的簇（存储块，本节中簇和存储块的概念等同）是占用、空闲，还是已损坏，还能表明文件占用的下一个簇的簇号。损坏的簇可在格式化的过程中，通过 FORMAT 命令发现。在一个簇中，只要有一个扇区有问题，该簇就不能够被使用。

FAT 每个元素的位宽可能是 12 位、16 位或 32 位。显然，位数越少，能记录的簇的数量就越少，能支持的存储容量就越小；反之，位数越多能记录的簇的数量就越多，能支持的存储容量就越大。

对于 FAT12 文件系统，FAT 的每个元素位宽是 12 位，所以能够记录的簇数就是 2^{12} 个簇。假如每簇是 4 个扇区，即 2KB，则 FAT12 文件系统能支持的最大存储容量是 8MB：

$$2^{12} \times 2KB = 8MB$$

对于 FAT16 文件系统中，FAT 每个元素的位宽是 16 位。所以，能够记录的簇数就是 2^{16} 个簇。假如每簇是 64 个扇区，即 32KB，则 FAT16 文件系统能支持的最大存储容量是 2GB：

$$2^{16} \times 32KB = 2GB$$

显然，FAT16 文件系统无法适用于现代大容量硬盘。对于大容量硬盘，往往使用 FAT32 文件系统。FAT32 文件系统中 FAT 的位宽高达 32 位，且支持更大的簇，每簇有更多的扇区，因此 FAT32 文件系统支持更大容量的分区。

表 9-1 所示为 FAT12、FAT16、FAT32 文件系统中，文件分配表不同的元素值所代表的含义。

表 9-1　文件分配表的元素可取值及其含义

FAT12	FAT16	FAT32	含义
000	0000	00000000	0 值，该簇尚未被分配
001 – FEF	0001 – FFEF	00000001 – FFFFFFEF	当前簇被占用，且指示文件的下一个簇的簇号
FF0 – FF6	FFF0 – FFF6	FFFFFFF0 – FFFFFFF6	保留
FF7	FFF7	FFFFFFF7	该簇已损坏，不可用
FF8 – FFF	FFF8 – FFFF	FFFFFFF8 – FFFFFFFF	EOF，当前簇被占用，且当前簇是文件的结束簇

具有不同位宽的 FAT 表，其元素取值必须是下列值之一。

0 值：表示当前簇未被分配使用。

001H～FEF 或 0001～FFEF 或 00000001～FFFFFFEF 范围的值：表示该簇已经被占用，且该值为当前簇所在文件中下一个簇号的指针。

FF7、FFF7 或 FFFFFFF7：表示该簇有坏扇区，不能使用。

FF8～FFF、FFF8～FFFF 或 FFFFFFF8～FFFFFFFF 范围的值：表示该簇已经被占用，该簇是文件中的最后一簇。

图 9-13 所示为一个起始簇号为 5 的文件在 FAT 中被记录的例子，该文件依次占用了 5 号、8 号、7 号、10 号等 4 个簇。

图9-13　一个起始簇号为5的文件在FAT中被记录的例子

在 FAT 中，0 号元素和 1 号元素是表头，有效的簇从 2 号元素开始记录。对于 DOS 来说，系统隐藏文件 IO.SYS 的起始簇号总是 0002，即文件 IO.SYS 占用的第一个簇是存储设备的第 002 簇。

对于 FAT16 文件系统，查找一个文件的全部簇的步骤如下。

第一步，从文件目录中查得文件的起始簇号 S。

第二步，文件的当前簇是第 S 簇，获取第 S 簇。

第三步，读取 FAT 的第 S 个元素。该元素的值是文件下一簇的簇号。读取该簇号并用它更新 S。

第四步，如果簇号 S 不位于 001~FEF 范围，则退出循环；否则进入第二步。

使用 FAT 文件组织方式，文件的随机访问也会容易很多。虽然仍要顺着文件簇链在内存中根据给定的偏移量查找某个簇，但是整个簇链都存放在内存中，所以不需要在磁盘上做任何遍历，随机访问的速度依然很快。不管文件有多大，在目录项中只需记录一个整数（起始簇号），就可以找到文件的全部簇。

FAT 文件组织方式存在的缺点就是必须要把整个簇链表放在内存中。对于超大硬盘（例如 1TB）和较小的磁盘簇（1KB），那么这个 FAT 需要有 10 亿个元素，每个元素对应这 10 亿个磁盘簇中的其中一簇，每项至少要 3Byte。显然这个表太过庞大。所以，FAT 文件系统不能较好地应用于大容量磁盘中。

2. NTFS

NTFS（New Technology File System）是微软公司最初设计用于 Windows NT 的文件系统，目前已经在 Windows 系列操作系统上广为使用，很多场合已经取代了 FAT 文件系统。

当用户将硬盘的一个分区格式化为 NTFS 分区时就在该分区建立了一个 NTFS 文件系统。NTFS 同 FAT32 文件系统一样，也是用簇作为存储单位，一个文件总是占用一个或多个簇。

NTFS 使用逻辑簇号（LCN）和虚拟簇号（VCN）对分区进行管理。

逻辑簇号：对分区内的第一个簇到最后一个簇进行编号，NTFS 使用逻辑簇号对簇进行定位。

虚拟簇号：将文件所占用的簇从头到尾进行编号，虚拟簇号不要求在物理上是连续的。

NTFS 一共由 16 个元文件构成，它们是在分区格式化时写入硬盘的隐藏文件（以"$"开头），也是 NTFS 的系统信息。

NTFS 与 FAT 文件系统相比最大的特点是安全性。在 NTFS 分区上，支持随机访问控制，对共享文件夹可以指定权限，以免受到本地访问或远程访问的影响；对于在计算机上存储文件夹或单个文件，或者是通过链接到共享文件夹访问的用户，都可以指定权限，使每个用户只能按照系统赋予的权限进行操作，充分保护了系统和数据的安全。

NTFS 使用事务日志自动记录所有文件夹和文件更新，当出现系统损坏和电源故障等问题而引起操作失败时，系统能利用日志文件重做或恢复未成功的操作。主要作用体现在两个方面。

（1）通过 NTFS 许可保护网络资源

在 Windows NT 操作系统下，网络资源的本地安全性是通过 NTFS 许可权限来实现的。在一个格式化为 NTFS 的分区上，每个文件或者文件夹都可以单独地分配一个许可，这个许可使得这些资源具备更高级别的安全性，用户无论是在本机还是通过远程网络访问设有 NTFS 许可的资源，都必须具备访问这些资源的权限。

（2）使用 NTFS 对单个文件和文件夹进行压缩

NTFS 支持对单个文件或者目录的压缩。这种压缩不同于 FAT 结构中，对驱动器卷的压缩，其可控性和速度都要比 FAT 的磁盘压缩要好得多。

除了以上两个主要的特点之外，NTFS 还具有其他的优点，如：对于超过 4GB 的硬盘使用 NTFS 分区，可以减少磁盘碎片的数量，大大提高硬盘的利用率；NTFS 支持的文件大小可以达到 64GB，远远大于 FAT32 下的 4GB；支持长文件名等。

9.8.2 Linux 文件系统空间组织

1. ext 文件系统

ext 全称 Linux extended File System，即 Linux 扩展文件系统。ext2 就代表第二代扩展文件系统，ext3、ext4 以此类推，它们都是 ext2 的升级版。与 ext2 相比，ext3、ext4 为了在特定情况下快速恢复文件系统，缩短一致性检查的时间，增加了日志功能，所以 ext2 被称为索引式文件系统，而 ext3、ext4 则被称为日志式文件系统。

在 ext2 中，文件由索引节点 inode（包含文件的所有描述信息）进行标识。一个文件可能对应多个文件名，只有在所有文件名都被删除后，该文件才会被删除。此外，同一文件在磁盘中存放和被打开时内存中所对应的 inode 是不同的，并由内核负责同步。

ext2 采用三级间接块来存储数据块指针，并以数据块（block，默认为 1KB）为单位分配内存。其磁盘分配策略是尽可能将逻辑相邻的文件分配到磁盘上物理相邻的块中，并尽可能将碎片分配给尽量少的文件，以从全局上提高性能。ext2 将同一目录下的文件尽可能地放在同一个块组中，但目录则分布在各个块组中以实现负载均衡。在扩展文件时，以预留空间的形式，尽量一次性扩展 8 个连续块给文件。

2. 存储设备的空间组织

在 ext2 中，所有元数据结构的大小均基于数据块而不是扇区。块的大小随文件系统的大小而有所不同。典型的 block 大小是 1024Byte 或者 4096Byte。这个大小在创建 ext2 的时候被决定：

```
mkfs -t ext2/3 -b xx
```

其中，参数-b 设定块大小。硬盘分区上的 block 计数是从 0 开始的。需要注意的是，任何 ext2 分区中的第一个块不受 ext2 的管理，因为这一块是为分区的引导扇区所保留的。仅从第二个块开始的区域才被分割成块组。

一定数量的块组成一个块组（block group），每个块组的起始部分有多个描述该块组各种属性的元数据结构。每个块组的分布如图 9-14 所示。事实上，在设计相关的数据结构时，已经确保有些数据结构正好可以放在一块中，而另一些可能需要更多的块。在 ext2 文件系统中所有块组的大小相同，且按顺序存放。因此，内核通过块组的整数索引可以很容易地得到磁盘中一个块组的物理位置。

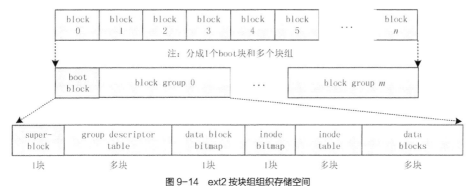

图 9-14 ext2 按块组组织存储空间

每个块组都对应一个块组描述符（group descriptor），每个块组描述符中有几个重要的 block 指针，指向块组中的 inode table、block bitmap 和 inode bitmap。由于内核尽可能地把属于同一个文件的数据块存放在同一块组中，因此块组可有效地提高文件连续性。每个块组均包含表 9-2 中的信息。

表 9-2　块组的结构和说明

数据结构	说明	块数	使用结构
Super block	超级块	1	ext2_super_block
GDT	组描述符表	N	ext2_group_desc
Datablock bitmap	数据块位图	1	
Inode bitmap	节点位图	1	
Inode table	节点表	M	ext2_inode
Data blocks	数据块	P	

说明：假定 blocksize = 4KB = 4096 Byte

ext2 的存储空间布局源自 UNIX 系统 FFS（Fast File System，快速文件系统）的设计思想：尽量将文件的数据元数据连续存放，同时尽量将相关文件连续存放，所谓的相关文件诸如相同目录下的所有文件，ext2 的块组思想就是连续存放的最好体现。

ext2 中对各个结构的定义都包含在源代码的 include/linux/ext2_fs.h 文件中，后文将具体分析超级块结构 super_block 和块组描述符结构 group_desc。

3. ext2 超级块 super_block

超级块 super_block 是指 ext2 存储在磁盘上的超级块结构。代码 9-2 展示超级块 super_block 结构的定义。磁盘超级块结构主要描述整个文件系统的信息，如文件系统中块组的数量、inode 数量、磁盘块的数量等。

```
1    struct ext2_super_block
2    {
3        __le32 s_inodes_count; /* Inodes count */
4        __le32 s_blocks_count; /* Blocks count */
5        __le32 s_r_blocks_count; /* Reserved blocks count */
6        __le32 s_free_blocks_count; /* Free blocks count */
7        __le32 s_free_inodes_count; /* Free inodes count */
8        __le32 s_first_data_block; /* First Data Block */
9        __le32 s_log_block_size; /* Block size */
10       __le32 s_log_frag_size; /* Fragment size */
11       __le32 s_blocks_per_group; /* # Blocks per group */
12       __le32 s_frags_per_group; /* # Fragments per group */
13       __le32 s_inodes_per_group; /* # Inodes per group */
14       __le32 s_mtime; /* Mount time */
15       __le32 s_wtime; /* Write time */
16       __le16 s_mnt_count; /* Mount count */
17       __le16 s_max_mnt_count; /* Maximal mount count */
18       __le16 s_magic; /* Magic signature */
19       __le16 s_state; /* File system state */
20       __le16 s_errors; /* Behaviour when detecting errors */
21       __le16 s_minor_rev_level; /* minor revision level */
22       __le32 s_lastcheck; /* time of last check */
23       __le32 s_checkinterval; /* max. time between checks */
24       __le32 s_creator_os; /* OS */
25       /*......其余字段省略......*/
26   };
```

代码 9-2　超级块 super_block 的结构

超级块 super_block 中的几个重要成员介绍如下。

（1）s_magic 魔幻数签名

对于 ext2 和 ext3 文件系统来说，s_magic 字段的值应该正好等于 0xEF53。如果不等于，那么这个硬盘分区上肯定不是一个正常的 ext2 或 ext3 文件系统。

（2）s_log_block_size

s_log_block_size 字段间接记录 block 的大小。通过 s_log_block_size 计算 block 大小的方式是：
`block_size = 1 << (s_log_block_size + 10 )`

单位是 Byte。如果 s_log_block_size 字段是 0，那么 block 的大小就是 1024Byte，这正好就是

最小 block 的大小；如果这个字段是 2，那么 block 大小就是 4096Byte。

（3）s_blocks_count 和 s_blocks_per_group

通过 s_blocks_count 和 s_blocks_per_group 两个成员可以获知硬盘分区上 block 的总数和每个 group 中有多少个 block。显然，文件系统上的 block groups 数量 Group_Num 可以如下公式计算：

Group_Num = (s_blocks_count - s_first_data_block - 1) / s_blocks_per_group + 1

减去 s_first_data_block 是因为 s_blocks_count 是硬盘分区上全部的 block 的数量，而在 s_first_data_block 之前的 block 是不归 block group 管的，所以当然要减去。最后要加 1，这是因为存储空间的末尾可能多出来一些 block，由于数量太少不够组成一个完整的块组，因此末尾的这些 block 需要把它划在一个规模相对较小的 group 里面。

（4）s_inodes_per_group

成员 s_inodes_per_group 记录每个块组中有多少个 inode。通过指定的 inode 号定位到该 inode 所在位置以读取其相关信息的过程中，s_inodes_per_group 起到了重要的作用。

用得到的 inode 号除以 s_inodes_per_group，就能知道目标 inode 是在哪一个目标 block group 里面，并能利用这个除法的余数获知目标 inode 在这个目标 block group 里面属于第几个 inode。可以先定位到目标 block group，利用其中的 group descriptor 数据结构，然后定位到目标 block group 中的 inode table，再从 inode table 中定位目标 inode。此后就可以从目标 inode 中读取其中的用户数据。计算目标块组的序号和目标 inode 的序号的公式如下：

Dest_block_group = （ inode_no - 1) / s_inodes_per_group

Offset_inode = (inode_no - 1) % s_inodes_per_group

其中，inode_no 就是要查找的 inode 的编号，Offset_inode 指出目标 inode 是目标块组 block group 里面的第几个 inode。

4. 块组描述符表

块组描述符表（block Group Descriptor Table，GDT）是一个包含若干个块组描述符的数组，用来定义所有块组的参数。每个块组描述符包含 inode bitmap、inode table、block bitmap 的位置以及空闲块、空闲 inode 的数量以及其他有用的信息。

块组描述符表跟在超级块后面。如果块大小为 1KB，那么它将在第三个块，或者如果块大小为 2KB 它将在第二个块。如果有超级块的副本，那么在超级块的副本后面同样有块组描述符表的副本。

如果块组有很多，块组描述符表可以申请多个块来存储相应的组描述符信息。

块组描述符表数据结构参考代码 9-3。块组描述符表内一条块组描述符的记录是 32Byte，它描述一个块组的相关信息，其中包含 3 个重要的 block 指针，分别指向该块组内的 block bitmap、inode bitmap 和 inode table。

```
struct ext2_group_desc
{
        __u32   bg_block_bitmap;      /* Blocks bitmap block */
        __u32   bg_inode_bitmap;      /* Inodes bitmap block */
        __u32   bg_inode_table;       /* Inodes table block */
        __u16   bg_free_blocks_count; /* Free blocks count */
        __u16   bg_free_inodes_count; /* Free inodes count */
        __u16   bg_used_dirs_count;   /* Directories count */
        __u16   bg_pad;
        __u32   bg_reserved[`];
};
```

代码 9-3　块组描述符表数据结构

bg_block_bitmap 指针指向该块组中的 block bitmap。block bitmap 中的每一位表示一个 block 是否空闲，如果该位为 0，表示对应的 block 中有数据，如果该位为 1，则表示对应的 block 是空闲的。这个 block bitmap 本身正好是一个 block 的大小。

bg_inode_bitmap 指针指向该块组中的 inode bitmap。inode bitmap 中的每一个位表示一个 inode 是否空闲。这个 inode bitmap 同样也是一个 block 的大小。

bg_inode_table 指针指向该块组中的 inode table。inode table 包含块组中的全部 inode。与上述两个位图不同的是，inode table 的大小可能会超出一个数据块。

9.8.3　Linux 文件系统文件实现

1. 索引节点 inode

从 ext2 开始，文件属性和文件内容是分开存储的，分别由索引节点 inode 和数据块 block 来负责。如 9.5.3 节所述，在 inode 中存储了文件类型、权限、文件所有者、大小、时间戳等元数据信息，最重要的是还存储了指向属于该文件 block 的指针，这样读取 inode 就可以找到属于该文件的 block，进而读取这些 block 获得该文件的数据。

以 ext2 为例，inode 数据结构的重要字段 ext2_inode 结构的定义参考代码 9-4。

（1）i_mode

i_mode 字段中指定了文件的类型和文件的访问权限，它们的宏定义在文件 sys/stat.h 中。

文件的类型定义如表 9-3 所示。

```
 1    struct ext2_inode
 2    {
 3        __u16 i_mode;        /* File mode */
 4        __u16 i_uid;         /* Low 16 bits of Owner Uid */
 5        __u32 i_size;        /* Size in bytes */
 6        __u32 i_atime;       /* Access time */
 7        __u32 i_ctime;       /* Creation time */
 8        __u32 i_mtime;       /* Modification time */
 9        __u32 i_dtime;       /* Deletion Time */
10        __u16 i_gid;         /* Low 16 bits of Group Id */
11        __u16 i_links_count; /* Links count */
12        __u32 i_blocks;      /* Blocks count */
13        ......
14        __u32 i_block[EXT2_N_BLOCKS]; /* Pointers to blocks */
15        ......
16    };
```

代码 9-4　ext2_inode 结构的定义

表 9-3　文件的类型定义

符号	类型	宏
−	Regular file/普通文件	S_ISREG(m)
d	Directory/目录	S_ISDIR(m)
c	Character Device/字符设备	S_ISCHR(m)
B	Block Device/块设备	S_ISBLK(m)
f	FIFO	S_ISFIFO(m)
s	Socket	S_ISSOCK(m)
l	Symbolic Link/符号链接	S_ISLNK(m)

文件的访问权限定义如表 9-4 所示。

表 9-4　文件的访问权限定义

域	读权限	写权限	执行权限	全部权限
User	S_IRUSR	S_IWUSR	S_IXUSR	S_IRWXU
Group	S_IRGRP	S_IWGRP	S_IXGRP	S_IRWXG
All	S_IROTH	S_IWOTH	S_IXOTH	S_IRWXO

（2）i_uid 和 i_gid

i_uid 和 i_gid 字段分别是文件所有者的用户 ID 和组 ID。

（3）i_size

i_size 字段记录了文件的实际大小，以字节为单位。

（4）i_atime、i_ctime、i_mtime 和 i_dtime

这 4 个字段分别记录了文件的最近访问时间、创建时间、最近修改时间和删除时间。

（5）i_links_count

i_links_count 字段是该索引节点的链接计数，记录了硬链接到该 inode 的目录项数量。

（6）i_blocks

i_blocks 字段记录了文件已使用的 block 数量。

（7）i_block[EXT2_N_BLOCKS]

数组结构 i_block[EXT2_N_BLOCKS]中存储了指向数据块的指针。宏 EXT2_N_BLOCKS 在 ext2 中被定义为 15，即在 i_block[ ]数组中有 15 个指针，它们所代表的含义如下。

i_block[0..11]：序列号 0~11 的 12 个元素（指针）指向文件开头的 12 个数据块。

i_block[12]：第 13 个元素指向单索引间接块。单索引间接块记录各个数据块的编号。

i_block[13]：第 14 个元素指向双索引间接块。双索引间接块记录更低一级的索引表编号，其后还有一级索引表、末级索引表各个数据块的编号。

i_block[14]：第 15 个元素指向三索引间接块。三索引间接块记录更低一级的索引表编号，其后还有二级索引表、末级索引表各个数据块的编号。关于各种间接块的详细含义参考后文和图 9-16。

i_block[ ]字段确定了文件系统所支持的单个文件最大长度。

2. 数据块的大小

数据块 block 是文件数据存储的原子单位，且每一个数据块只能存储一个文件的数据。当格式化一个文件系统时，如果选择不当，就会造成磁盘空间的大量浪费。

假如文件系统选择的数据块大小为 4KB，存储 10000 个小文件，每个 500Byte。可以计算这种情形下磁盘空间的浪费情况。

每个文件浪费的磁盘容量 = 4096 - 500 = 3596Byte，10000 个文件浪费的磁盘容量 = 10000 × 3596≈34MB，而实际文件容量 = 10000 × 500≈4.7MB。可见，实际存储容量不到 5MB，就浪费了 34MB，浪费率高达 680%，而且文件越多浪费越严重。

在理想情况下，只有当实际文件容量刚好等于系统最小存储单位时，磁盘才不存在浪费的情况。另外，若用户选择较小的数据块也可能存在新的问题，因为对于大型文件来说，会占用过多的数据块，造成 inode 记录过多的数据块号，文件系统的读写性能就会下降。所以，只有选择大小合适的数据块才能从整体上提高文件系统的性能和利用率。

3. 最大文件长度

文件数据实际存储在数据块中，为了能够快速地读取文件，每个文件都对应一个 inode 索引节点，记录所有的数据块编号，但是 inode 的大小只有 128Byte（ext2/3）或 256Byte（ext4），如果一个文件太大，数据块数量很有可能会超过 inode 可记录的数量。为此，inode 中的数据块索引表被设计为 12 个直接、1 个间接、1 个双间接、1 个三间接 4 类记录区，如图 9-15 所示。间接就是用 1 个数据块作为索引表，索引表中记录各个数据块的编号。双间接采用两级索引表，三间接采用三级索引表，它们的最后一级索引表记录真正存放数据的数据块号，其他层次的索引表都只是记录更低一级的索引表。每个索引表都占用一个数据块。

每个数据块号为数字，需要占据 4Byte，但是数据块的大小因设备和系统而异。下面将以 1KB、

2KB 和 4KB 的数据块大小为例计算单个文件的最大容量。

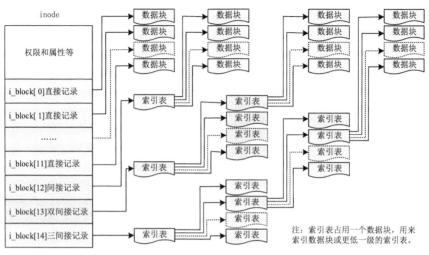

图 9-15　inode 结构示意图

（1）假设数据块的单位容量为 1KB

每个数据块能记录的数据块号为 1KB / 4 = 256 个。

12 个直接记录的容量 = 12 × 1KB =12KB

1 个间接记录容量 = 256 × 1KB = 256KB

1 个双间接记录容量 = 256 × 256 × 1KB = 65536KB

1 个三间接记录容量 = 256 × 256 × 256 × 1KB = 16777216KB

单个文件最大总量

= 12 个直接容量 ＋ 单间接容量 ＋ 双间接容量 ＋ 三间接容量

= (12 + 256 + 65536 + 16777216) / (1024 × 1024)

≈ 16.06GB

（2）假设数据块的单位容量为 2KB

每个数据块能记录的数据块号为 2KB/4=512 个。

12 个直接容量 = 12 × 2KB =24KB

1 个单间接容量 = 512 × 2KB = 1024KB

1 个双间接容量 = 512 × 512 × 2KB = 524288KB

1 个三间接容量 = 512 × 512 × 512 × 2KB = 268435456KB

单个文件最大总量

= 12 个直接容量 ＋ 单间接容量 ＋ 双间接容量 ＋ 三间接容量

= (24 + 1024 + 524288 + 268435456) / (1024 × 1024)

≈ 256.50GB

（3）假设数据块的单位容量为 4KB

每个数据块能记录的数据块码为 4KB/4=1024 个。

12 个直接容量 = 12 × 4KB =48KB

1 个单间接容量 = 1024 × 4KB = 4096KB

1 个双间接容量 = 1024 × 1024× 4KB = 4194304KB

1 个三间接容量 = 1024 × 1024 × 1024 × 4KB = 4294967296KB

单个文件最大总量

= 12 个直接容量 + 单间接容量 + 双间接容量 + 三间接容量

= (48 + 4096 + 4194304+ 4294967296) / (1024 × 1024× 1024)

≈ 4.00TB

4. 目录实现

目录本身以文件形式存在，同时目录文件也是一个表，这个文件中也包含很多条目，每个条目是一个文件目录项，其结构如代码 9-5 所示。

其中，name[ ]字段记录了文件名，inode 字段记录了索引节点编号，指向该文件对应的索引节点。

当创建一个目录时，文件系统会为该目录分配一个 inode 和至少一个数据块。inode 记录该目录的属性，并指向数据块。数据块记录该目录下所有文件（包括目录）的文件目录项。ext2 的目录组织方式，如图 9-16 所示。

```
1    struct ext2_dir_entry_2
2    {
3        __le32   inode;         /* Inode number */
4        __le16   rec_len;       /* Directory entry length */
5        __u8     name_len;      /* Name length */
6        __u8     file_type;
7        char     name[EXT2_NAME_LEN];  /* File name */
8    };
```

代码 9-5　文件目录项结构

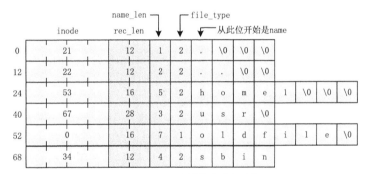

图 9-16　ext2 目录组织方式和示例

第一项，inode，4Byte，为该文件的 inode 号。

第二项，rec_len，2Byte，表示该目录项的长度。

第三项，name_len，1Byte，表示文件名的长度。

第四项，file_type，1Byte，表示文件的类型。

第五项，name，长度不限，存储实际的文件名。

如果删除了某个文件，那么将其 inode 设置为 0，然后将被删除文件的目录项的长度加到前一个目录项长度上。这样做可以避免因删除目录而产生 IO 开销。

如果一个目录中的文件数太多，以至于 1 个数据块容纳不下这么多文件目录项时，Linux 的文件系统会为该目录分配更多的数据块。

读取目录或文件时，需要告知操作系统相应的全路径。文件系统会先读取文件所在目录的 inode（这个操作是递归过程），通过 inode 获得其对应的数据块，在数据块中通过给定的文件名，查询到文件对应的 inode。

例如读取/x1/x2/x3 这个文件。文件系统先读取根目录的 inode_root，然后找到其索引的 block_root。在 block_root 中根据"x1"这个名字找到 x1 对应的 inode_x1，然后找到索引的 block_x1。在 block_x1 中根据 "x2" 这个名字找到 inode_x2，再索引到 block_x2。在 block_x2 中根据文件名

"x3" 找到 inode_x3，再索引到 block_x3，最后读取 block_x3 的内容，也即文件 x3 的内容。

5. 文件打开过程

用户使用 open() 系统调用来打开文件系统下的文件。以 ext2 为例，分析文件的打开过程，下面是 open 系统调用常见的一种使用方式：

fd = open("file", O_RDONLY);

open() 系统调用是由 fs/open.c 中的 sys_open() 函数实现的，而真正的工作是由 fs/open.c 中的 filp_open() 函数完成的，filp_open() 函数的实现参考代码 9-6。

filp_open() 主要调用以下两个函数。

（1）open_namei()：填充目标文件所在目录的 dentry 结构和所在文件系统的 vfsmount 结构。在 dentry 结构中 dentry->d_inode 就指向目标文件的索引节点。

```
1   struct file *filp_open(const char * filename, int flags, int mode)
2   {
3       int namei_flags, error;
4       struct nameidata nd;
5
6       namei_flags = flags;
7       if ((namei_flags+ ) & O_ACCMODE)
8           namei_flags++;
9       if (namei_flags & O_TRUNC)
10          namei_flags |= ;
11
12      error = open_namei(filename, namei_flags, mode, &nd);
13      if (!error)
14          return dentry_open(nd.dentry, nd.mnt, flags);
15
16      return ERR_PTR(error);
17  }
```

代码 9-6　filp_open() 函数的实现

（2）dentry_open()：创建目标文件的"上下文"，即 file 数据结构，并让它与当前进程的 task_struct 结构联系起来。同时，在这个函数中，调用了具体文件系统的打开函数，即 f_op->open()。该函数返回指向新创建的 file 数据结构的指针。

open_namei() 函数通过 path_walk() 与目录项高速缓存（即目录项哈希表）"打交道"，而 path_walk() 又调用具体文件系统的 inode_operations->lookup() 方法，该方法从磁盘找到并读入当前节点的目录项，然后通过 iget(sb, ino) 根据索引节点号从磁盘读入相应索引节点并在内存建立起相应的 inode 结构。

当索引节点读入内存后，通过调用 d_add(dentry, inode) 就将 dentry 结构和 inode 结构之间的链接关系建立起来了。dentry 结构中的指针 d_inode 指向 inode 结构，这是一对一的关系，因为一个目录项只对应着一个文件。反之则不然，同一个文件可以有多个不同的文件名或路径（参考 9.7.1 节，通过系统调用 link() 建立，注意与符号链接的区别，后者由 symlink() 建立），所以从 inode 结构到 dentry 结构的方向是一对多的关系。inode 结构的 i_dentry 是个队列，dentry 结构通过其队列头部 d_alias 挂入相应 inode 结构的队列中。

9.8.4　Linux 虚拟文件系统

Linux 最重要的特征之一就是可以同时支持多种文件系统，包括 ext、ext2、minix、msdos、fat32、ntfs、proc、rootfs 等。这些具体的文件系统也称逻辑文件系统。不同的逻辑文件系统对数据块的组织方式和操作方式可能各不相同，为方便内核同时支持多种逻辑文件系统，就必须采用统一规范的接口层管理不同的逻辑文件系统。虚拟文件系统（Virtual File System，VFS）正是覆盖在逻辑文件系统之上面向操作系统的一个接口层，它对每个逻辑文件系统的实现细节进行抽象，使得不同的文件系统在 Linux 核心以及其他进程看来，都是相同的。VFS 机制保证每一个逻辑文件系统之间互不干扰。在 Linux 的内核文件中，VFS 和具体的逻辑文件系统程序都放在/fs 目录中，每一种逻辑文件系统对应一个子目录，另外还有一些共用的 VFS 程序。在具体的实现上，每个逻辑文件系统都有自己的数据块组织方式和数据读写方式。VFS 接受用户对文件系统的各种系统调用，如 open、write、read、close 等，然后通过 VFS 定义的数据结构将它们转换成不同的逻辑文件系统的操作函数。譬如用户发出 open 系统调用，针对 ext2 文件系统，VFS 将其转换为 ext2_open 函数，而针对 FAT 文件系统，则被转换为 fat_open 函数。VFS 支持对多种逻辑文件系统的访问，同时也接受进程管理、内存管理等子系统对它的操作请求。虚拟文件系统的层次结构如图 9-17 所示。

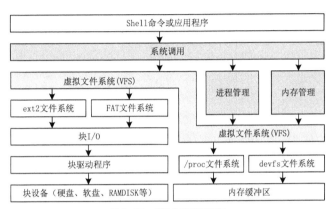

图 9-17　虚拟文件系统结构

1. VFS 定义的主要数据结构

VFS 与各种逻辑文件系统之间有统一的接口层，定义了一些标准的对象（即数据结构）和相关的操作接口，所有的逻辑文件系统都必须支持这些数据结构和操作接口，其中操作接口也被定义为相关的数据结构。VFS 设计有 super_block、file_system_type、file、inode 等 4 个描述不同层次对象的数据结构和描述它们操作的 super_operations、file_operations、inode_operations 等 3 个数据结构。这 7 个重要的数据结构实现了对不同逻辑文件系统的统一管理，实现了统一的操作接口，并能实现动态安装和卸载逻辑文件系统。inode 结构和 file_operations 结构前面已有介绍，此处不再赘述，仅描述其余数据结构。

super_block 是超级块，其结构如代码 9-7 所示。超级块描述一个逻辑文件系统，这个文件系统所含的 inode 都会连接到这个超级块上。super_block 的成员变量 s_op 是 super_operations 结构体类型变量，记录有超级块的操作函数表。因为每个文件系统所属的存储设备物理特性不同，所以每个文件系统都会有自己的超级块（例如 9.8.2 节介绍的 ext2 文件系统的超级块），且各自操作函数实现也不同。超级块对象在文件系统安装时建立，在文件系统卸载时被删除。所有文件系统的超级块集合起来可以形成超级块数组，代表 Linux 系统中所有的文件系统。

```
1  struct super_block {
2      dev_t s_dev;
3      unsigned long s_blocksize;
4      unsigned char s_blocksize_bits;
5      ......
8      struct super_operations *s_op;
9      ......
12     struct inode * s_covered;
13     struct inode * s_mounted;
14     ......
26  };
```

代码 9-7　超级块数据结构

file_system_type 用于描述不同的文件系统类型，如 minix、ext2、msdos、proc 等，内核将所有的文件系统类型构建成一个全局数组 file_systems[ ]，参考代码 9-8。第 2 行定义了一个 super_block 类型的超级块数组，用于保存所属文件系统类型的全部超级块。第 6 行定义了文件系统类型数组 file_systems[ ]，第 8、11、14 等行则分别定义了 minix、ext2、msdos 等文件系统类型填充在该数组的前 3 项中。mini_read_super、ext2_read_super 和 msdos_read_super 都是函数指针，分别用于读取指定文件系统的超级块并构成相应的超级块数组。

file 是结构体类型的数据结构，参考代码 9-9，其中主要保存文件的读写位置、文件节点指针和文件操作结构体 file_operations 指针。file 结构中也保存了两个链接指针，可以实现双向文件链表。file 也称为文件描述符（file descriptor, fd）。

```
1  struct file_system_type {
2      struct super_block *(*read_super) (struct super_block *, void *, int);
3      char *name;
4      int requires_dev;
5  };
6  struct file_system_type file_systems[] = {
7  #ifdef CONFIG_MINIX_FS
8      {minix_read_super,   "minix",   1},
9  #endif
10 #ifdef CONFIG_EXT2_FS
11     {ext2_read_super,   "ext2",   1},
12 #endif
13 #ifdef CONFIG_MSDOS_FS
14     {msdos_read_super,   "msdos",   1},
15 #endif
16 ......
34     {NULL,        NULL,      1}
35 };
```

代码 9-8　文件系统类型和相应数组

```
1  struct file {
2      mode_t f_mode;
3      dev_t f_rdev;
4      off_t f_pos;
5      unsigned short f_flags;
6      unsigned short f_count;
7      unsigned short f_reada;
8      struct file *f_next, *f_prev;
9      struct inode * f_inode;
10     struct file_operations * f_op;
11 };
```

代码 9-9　file 文件结构体定义

VFS 层定义了 super_block、inode、file 等对象的相关操作，这些操作分别用 super_operations、inode_operations 和 file_operations 等数据结构表示。

super_operations 数据结构主要完成将 VFS 对超级块的各种操作转化为逻辑文件系统相应的操作函数的工作，参考代码 9-10。每一行定义的函数指针可以指向不同文件系统中不同的实现函数。

```
1  struct super_operations {
2      void (*read_inode) (struct inode *);
3      int (*notify_change) (int flags, struct inode *);
4      void (*write_inode) (struct inode *);
5      void (*put_inode) (struct inode *);
6      void (*put_super) (struct super_block *);
7      void (*write_super) (struct super_block *);
8      void (*statfs) (struct super_block *, struct statfs *);
9      int (*remount_fs) (struct super_block *, int *, char *);
10 };
```

代码 9-10　super_operations 数据结构定义

inode_operation 数据结构主要完成将 VFS 对节点的各种操作转化为逻辑文件系统相应的操作函数的工作，参考代码 9-11。每一行定义的函数指针可以指向不同文件系统中不同的实现函数。

file_operations 主要完成将 VFS 对文件的各种操作转化为逻辑文件系统相应的操作函数的工作。这个结构体在前面 8.7.3 节有介绍，可参考代码 8-8。

```
1  struct inode_operations {
2      struct file_operations * default_file_ops;
3      int (*create) (struct inode *,const char *,int,int,struct inode **);
4      int (*lookup) (struct inode *,const char *,int,struct inode **);
5      int (*link) (struct inode *,struct inode *,const char *,int);
6      int (*unlink) (struct inode *,const char *,int);
7      int (*symlink) (struct inode *,const char *,int,const char *);
8      int (*mkdir) (struct inode *,const char *,int,int);
9      int (*rmdir) (struct inode *,const char *,int);
10     int (*mknod) (struct inode *,const char *,int,int,int);
11     int (*rename) (struct inode *,const char *,int,struct inode *,char *,int);
12     int (*readlink) (struct inode *,char *,int);
13     int (*follow_link) (struct inode *,struct inode *,int,int,struct inode **);
14     int (*bmap) (struct inode *,int);
15     void (*truncate) (struct inode *);
16     int (*permission) (struct inode *, int);
17 };
```

代码 9-11　inode_operations 数据结构定义

2. 进程与 VFS 的联系

进程在运行过程中会用到多个文件，每个进程至少都会用到终端文件，因此进程的任务结构体(task_struct)中有若干个成员变量与 VFS 相关，其中包括 files 类型的数组 filp[NR_OPEN]、inode 指针类型的 pwd、root 等变量。

Linux 的进程通过文件描述符访问文件，而非文件名。系统启动时，文件 0、文件 1、文件 2 分别对应的标准输入设备、标准输出设备、标准错误输出设备都会被打开，对应的文件描述符也被准备好。用户还可能打开其他一些文件，所有打开的文件其文件描述符记录在 filp[NR_OPEN] 数组中，该数组也称为用户打开文件表，属于进程私有数据。注意，同一个文件在不同的进程中被打开后，其文件描述符是不同的。

进程执行时还必须知道进程的当前工作目录位置和当前工作目录所在文件系统的根目录的位置。这些信息存储在 inode 指针类型的 pwd、root 等变量中。pwd 表示进程当前工作目录的节点，root 表示当前工作目录所在文件系统的根目录的节点。

3. 文件的打开与使用的数据结构

一个文件被打开以后，系统要为它分配相应的数据结构，包括在当前进程的用户打开文件描述符表中为它分配一项，并将文件描述符的节点指针指向该文件的 inode。采用 file 结构的文件描述符可以很方便实现两种方式的共享：共享 inode 方式和共享文件描述符方式。

共享 inode 方式，即多个文件描述符指向同一个 inode。通过文件链接（link）可以实现这种方式的共享方式。一般两个无亲缘关系的进程打开同一个文件即属于这种共享方式。

共享文件描述符方式，即多个文件描述符共享同一个 file 结构。父子进程之间共享同一个打开的文件就是这种方式的共享。当执行 fork() 系统调用产生一个子进程后，子进程将父进程的文件描述符复制到子进程中。这样，子进程和父进程的打开文件表是一样的，都指向同一个 file 结构，且共享其文件读写指针。

4. 逻辑文件系统的安装与卸载

VFS 需要管理逻辑文件系统的动态安装和卸载。安装逻辑文件系统的过程实际就是向 VFS 注册的过程，即向系统的文件系统类型数组 file_systems[ ] 填充新的逻辑文件系统类型数据，这个工作由 mount 命令完成。逻辑文件系统的卸载刚好相反，由 umount 命令完成。逻辑文件系统一般在系统初始化时向 VFS 安装，也可以由用户在系统运行过程中临时注册。逻辑文件系统即可以安装在内核中，也可以作为模块插入内核。

9.9 文件读写性能

9.9.1 高速缓存技术

最常用的减少磁盘访问次数的技术是使用缓冲区高速缓存（buffer cache）。高速缓存指的是一系列的块，它们在逻辑上属于磁盘，但基于性能的考虑实际上被保存在内存中，基本原理参考 8.3 节和 8.5 节相关内容。

管理高速缓存基本的思路是检查全部的读写请求，查看在高速缓存中是否有所需要的块。如果存在，就直接在缓冲区中执行读写操作而无须访问磁盘；如果不存在，那么首先把它读入高速缓存，再重复先前的操作。之后，对同一个块的请求都通过高速缓存来完成。

由于高速缓存中有许多块，因此需要某种方法快速确定所需的块是否存在。常用方法是将设备地址进行散列操作，然后，在散列表中查找结果。具有相同散列值的块在一个链表中连接在一起，这样就可以沿着冲突链查找其他块，详细原理参考 8.5 节。

如果高速缓存已满，而此时又需要调入新的块，那么要把原来的某一块调出高速缓存以腾出空间。如果要调出的块在上次调入后已经被修改过，则视为脏块需要把它写回磁盘。这种情况与内存页面淘汰过程非常相似，关于页面淘汰算法在第 7 章已经介绍，例如 FIFO 算法、LRU 算法，它们都适用于此处的高速缓存的更新操作。

9.9.2　块提前读

在需要用到文件块之前，如果系统已经提前将其读入了高速缓存，则会大大提高系统运行效率。许多文件都是顺序读取，如果请求某个文件中的块 k，那么文件系统执行相关操作并且在完成之后，会检查高速缓存，以确定块 $k+1$ 是否已经在高速缓存中。如果不在，文件系统会为块 $k+1$ 安排一次预读取，因为文件系统预计不久的将来块 $k+1$ 有可能会被用到。这样，当将来块 $k+1$ 真的被用到的时候进程就能够直接从高速缓存中读取。事实上这种提前读技术十分有效。

9.9.3　减少磁盘臂运动

读写磁盘的过程中，磁盘臂运动会消耗时间，如果把有可能顺序访问的块放在一起（最好是在同一个柱面上）从而减少磁盘臂的移动次数，也会节约大量的读写时间。

当执行写操作时，文件系统就必须按照要求一次一次地分配空闲磁盘块。如果用位图来记录空闲块会有助于提高查找空闲块的效率，因为位图位于内存中，所以选择与前一块最近的空闲块很容易实现，且时间成本很低。

9.10　本章习题

1. 什么是文件?
2. 什么是文件系统?
3. 什么是文件的逻辑结构? 有哪两种典型的文件逻辑结构?
4. 什么是文件的物理结构? 有哪 3 种典型的文件物理结构?
5. 什么串联文件结构? 有什么特点?
6. 简述串联文件结构的文件分配表的作用和工作原理。
7. 试描述索引文件的结构和特点。
8. 何为空闲文件? 何为空闲文件目录?
9. 文件目录的基本功能是什么?
10. 什么是文件目录项? 其中包含哪些信息?
11. 什么是目录文件?
12. 采用多级文件目录的优点是什么?
13. 查阅资料了解 FAT16 文件系统原理。
14. 查阅资料了解软盘被 FAT16 系统格式化后的物理结构和主要的数据。
15. 查阅资料了解 Linux 虚拟文件系统的概念和作用。
16. 查阅资料了解文件恢复工具恢复被删除文件的原理。